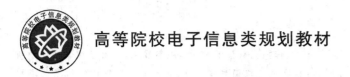高等院校电子信息类规划教材

数字电视传输与组网技术

（第2版）

余兆明　李　欣　编著

U0304004

北京邮电大学出版社
www.buptpress.com

内 容 简 介

本书系统地介绍了数字电视传输与组网技术的新理论、新技术、新标准、新成果,反映了该领域的最新研究成果和发展趋势。全书共分 10 章,分别为:数字电视传输系统概述、数字电视传输中的信息处理技术、数字电视信号调制和解调技术、数字电视地面广播技术、数字电视卫星传输、数字电视在光纤骨干网上的传输、数字电视在 HFC 网络上的传输、数字电视的其他传输方式、移动通信数字电视传输网和数字电视显示技术。

本书取材新颖,内容丰富,系统性强,可作为高等院校广播电视专业、多媒体通信类专业、移动通信专业的研究生、本科生教材,还可供电视台、有线电视台从事数字电视传输与组网的工程技术人员、广大数字电视设备生产厂家的技术人员和管理人员阅读参考。

图书在版编目(CIP)数据

数字电视传输与组网技术 / 余兆明,李欣编著. -- 2 版. -- 北京 : 北京邮电大学出版社,2021.6
ISBN 978-7-5635-6369-2

Ⅰ. ①数…　Ⅱ. ①余…②李…　Ⅲ. ①数字电视—数字信号传输—高等学校—教材　Ⅳ. ①TN949.197

中国版本图书馆 CIP 数据核字(2021)第 078791 号

策划编辑:姚　顺　刘纳新　　责任编辑:王小莹　　封面设计:七星博纳

出版发行:北京邮电大学出版社
社　　　址:北京市海淀区西土城路 10 号
邮政编码:100876
发 行 部:电话:010-62282185　传真:010-62283578
E-mail:publish@bupt.edu.cn
经　　　销:各地新华书店
印　　　刷:唐山玺诚印务有限公司
开　　　本:787 mm×1 092 mm　1/16
印　　　张:20.5
字　　　数:511 千字
版　　　次:2021 年 6 月第 1 版
印　　　次:2021 年 6 月第 1 次印刷

ISBN 978-7-5635-6369-2　　　　　　　　　　　　　　　　　　　　　定价:48.00 元

前　言

电视正全面走向"数字时代",数字电视的飞速发展远远超出人们的预料。

数字 DVD、数字摄像机、数字电视接收机、数字录像机、数字电视机顶盒等产品已家喻户晓。数字点播电视(VOD)、数字交互电视(ITV)、数字高清晰度电视、数字立体电视等逐步形成整个电子行业潮流的主导。

全球数字电视的发展经历过五大浪潮。第一次浪潮:1994 年初,VCD(MPEG-1 标准)播放机在我国上市,并持续流行达 8 年之久。1994 年 6 月,美国 DirecTV 开始数字 SDTV(标准清晰度数字电视)的卫星直接广播。2002 年 7 月,美国 DirecTV 和 EchoStar 两家公司共有卫星数字电视 1 840 万用户(占用户总数的 96.4 %)。第二次浪潮:1998 年 11 月,美国开始数字电视(以 MPEG-2 标准的 HDTV 为重点)的地面广播,英国开始数字 SDTV 的地面广播。2000 年夏,美国用户数接近 100 万。第三次浪潮:从 2000 年 12 月开始,亚洲东部和拉丁美洲各国陆续推出数字电视。日本于 2000 年 12 月采用 ISBT-S 标准,发展 BS 卫星直接广播业务(其中有 HDTV 和数据业务),很快就达到 1 000 万用户。新加坡于 2000 年 12 月采用欧洲 DVB-T/COFDM 标准,在公共交通车辆上开展数字 SDTV 业务的移动接收。韩国于 2001 年 12 月采用美国 ATSC/8VSB 标准,在首尔先后有 5 家公司发射地面广播的数字 HDTV。中国台湾于 2001 年 6 月否定了采纳美国 ATSC/8VSB 的决定,改为采用欧洲 DVB-T/COFDM 标准,在公共交通车辆上开展数字 SDTV 的移动接收。2001 年 12 月,中国台湾的华视公司的电视台开始发送 DTV 信号。国家新闻出版广电总局于 2001 年 11 月采用 DVB-C 标准,在有线电视网络中发展数字电视业务。2008 年夏,北京举办奥运会时,中国主要的大城市(含港澳)普及数字 HDTV 的实用广播。中国数字电视的发展速度比美国、日本、韩国稍慢,但比拉丁美洲的国家、欧洲的国家更快,因为拉丁美洲、欧洲的数字HDTV 发展迟缓。第四次浪潮:2004—2008 年,东南亚各国家、俄罗斯、富裕的阿拉伯国家、少数非洲国家开始发展数字电视。第五次浪潮:从 2008 年开始,贫穷的阿拉伯国家、多数贫穷的非洲国家开始发展数字电视。全球大约将在 2025 年完成从模拟电视转化为数字电视的历程。

目前,绝大部分国家与地区已完成了数字电视的转化,而且视频的清晰度从 SDTV 到HDTV,再到 4K UHD 逐渐过渡,电视的传输方式也从传统的电视传输网络固定接收向广电网络、移动网络融合移动接收的方式转变。

在数字电视地面传输标准方面：美国在 1986 年提出数字电视地面广播 ATSC 标准，在 2009 年 9 月颁布 ATSC 的升级版 ATSC-MPH 标准，在 2016 年 4 月又发布 ATSC 3.0 标准。欧洲在 1993 年制定 DVB-T 标准，在 2009 年 9 月颁布 DVB-T 的升级版 DVB-T2 标准。2000 年 2 月日本制定数字电视地面传输 ISDB-T 标准。2006 年 8 月中国公布了数字电视地面广播传输 DTTBS 标准，并于 2011 年 12 月纳入国际推荐标准 ITU-R BT. 1306-6[2]、ITU-R BT. 1368-9[3]。这样，继美国 ATSC-T、欧洲 DVB-T 和日本 ISDB T 之后，DTTBS 标准成为世界第四大数字电视地面传输标准。随着数字电视传输标准的建立和设备的推出，不少国家和地区纷纷对各大标准的设备进行测试，以确定本国和本地区的数字电视标准，使数字电视在全球范围内得到广泛的发展。

针对数字电视传输技术的发展和传输标准的更新，本书在第 1 版的基础上，增加了相关内容的介绍，包括数字电视传输与组网技术的新理论、新技术、新标准、新成果，反映了该领域的最新研究成果和发展趋势。全书共分十章，第 1 章是数字电视传输系统概述；第 2 章是数字电视传输中的信息处理技术；第 3 章是数字电视信号调制和解调技术；第 4 章是数字电视地面广播技术；第 5 章是数字电视卫星传输；第 6 章是数字电视在光纤骨干网上的传输；第 7 章是数字电视在 HFC 网络上的传输；第 8 章是数字电视的其他传输方式；第 9 章是移动通信数字电视传输网；第 10 章是数字电视显示技术。本书的第 1、2、3、10 章由李欣老师编写，第 4、5、6、7、8、9 章由余兆明教授编写。并且余兆明教授对全书章节进行了仔细安排，李欣老师对全书进行了审校工作。

由于时间仓促，加之作者水平有限、数字电视技术发展快速，疏漏之处还望读者不吝赐教。

作 者

目　　录

第1章　数字电视传输系统概述

1.1　数字电视传输系统

数字电视信号是一种数字信号,数字电视传输系统归属数字通信系统,遵循数字通信系统的一般规律。数字电视传输系统中对信号的处理方法、关键技术以及很多名词术语都来自数字通信系统。所以,由数字通信系统概念引出数字电视传输系统概念。

1.1.1　数字通信系统

数字通信系统组成如图 1.1.1 所示。整个通信系统包括信源部分、信道部分和信宿部分。信源部分主要由信源编码组成,信道部分主要由信道编码、传输线路(简称信道)和信道解码组成,信宿部分主要由信源解码组成。

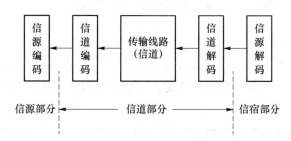

图 1.1.1　数字通信系统组成

在数字电视传输系统中,信源部分可细分为数字视频信源压缩编码、数字音频信源压缩编码和数据编码。通过节目流多路复用将压缩的数字视频信源、数字音频信源和数据编码三种信号复用在一起,使之成为节目流,传输流多路复用是将多个节目流复用在一起形成传输流,如图 1.1.2 所示。

信宿部分是信源部分的反过程。首先将收到的信号进行传输流多路解复用,变成各个节目流,再从节目流中进行多路解复用,分解出数字视频信号、数字音频信号和数据信号,最后分别进行解压缩,恢复得到原始的各类信号,如图 1.1.3 所示。

传输线路包括卫星、微波、光纤、同轴电缆、电话线和开路广播(大气作为媒介)等。

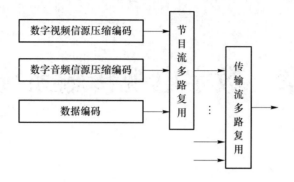

图 1.1.2 数字电视信源部分组成

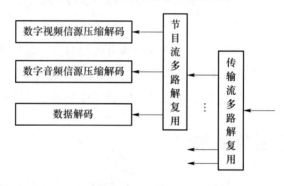

图 1.1.3 数字电视信宿部分组成

1.1.2 数字电视传输系统信道处理

为了提高通信的可靠性,信道部分对信号的处理极其严格,也极其复杂,处理方法也较多。因此,把信道部分细分为外信道和内信道,如图 1.1.4 所示。中间方框图表示传输信道(可以是无线传输或有线传输),传输信道的左边是发送端信号处理方框图,右边是接收端信号处理方框图。

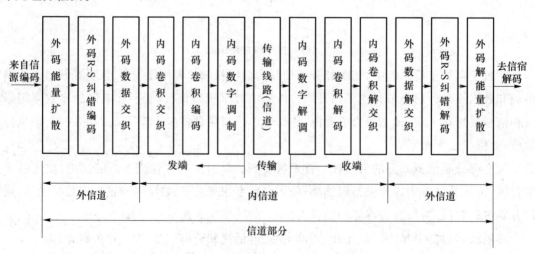

图 1.1.4 数字电视传输信道部分详图

外信道包括外码能量扩散、外码 R-S 纠错编码、外码数据交织、外码数据解交织、外码 R-S 纠错解码、外码解能量扩散等。

内信道包括内码卷积交织、内码卷积编码、内码数字调制、传输线路(信道)、内码数字解调、内码卷积解码、内码卷积解交织等。

上述是从数字通信系统的观点出发阐述数字电视传输系统的一般概念。但传输线路不同,传输条件各异。针对各个国家提出的不同传输标准,信道部分对信号处理还是有些差别的。下面再进行详细分析。

数字电视可以通过数字卫星、数字微波、数字光纤网、数字有线电视网进行传输,也可以通过开路广播方式进行数字电视广播。由于传输的方式不同,所以传输前对数字电视信号的处理方式有所差异。下面各节分析在各种不同的传输方式中信道处理的方法。

1.2　数字电视卫星传输系统

数字电视卫星传输系统发射端的信号处理如图 1.2.1 所示。它包括能量扩散、外码 R-S 纠错编码、内码卷积交织、内码卷积编码、基带整形、QPSK 调制等。QPSK 调制后的中频(IF)信号,再经频谱搬移到射频上,通过卫星天线发射到卫星上。

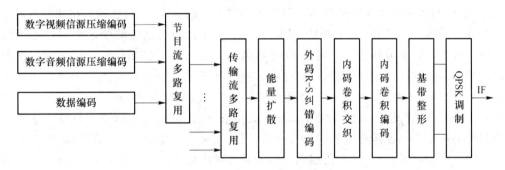

图 1.2.1　数字电视卫星传输系统发射端的信号处理

数字电视卫星传输系统是为了满足卫星信号的传输特点及卫星转发器的带宽而设计的。如果我们将所要传输的有用信息称为"核",那么它的周围包裹了许多保护层,使信号在传输过程中有更强的抗干扰能力,视频、音频以及数据被放入固定长度打包的 MPEG-2 传输流中,然后进行信道处理,在卫星系统中,信道处理过程包括以下几步。

(1) 进行同步字节的倒相,倒相为每隔 8 个同步字节进行一次。

(2) 进行数据的能量扩散(数据随机化),避免出现长串的 0 或 1。

(3) 为每个数据包加上前向纠错的 R-S 编码,也称为外码。R-S 编码的加入会使原始数据长度由原来的 188 字节增加到 204 字节(见 DVB 标准)。

(4) 进行数据交织。

(5) 加入卷积码(格状编码)纠错,也称为内码,采用内码的种数可以根据信号的传输环境进行调节。

(6) 对数据流进行 QPSK 调制,如图 1.2.1 所示。

数字电视卫星直接业务(也称为直接到家业务,简称 DTH)的卫星功率是否充分利用,对接收天线的尺寸有直接影响,相对来说,由于有码率压缩,所以对频谱利用率的要求可以放到第二位考虑。为了达到最大的功率利用率,又不使频谱利用率有大幅度降低,卫星系统采用 QPSK 调制并使用卷积码(格状编码)和 R-S 级联纠错的方式,取得较好的效果。在接收端,内码输入端即使有很大的误码率仍能很好的工作,这一误码率在 $10^{-2} \sim 10^{-1}$。经内码较正输出即可达到 2×10^{-4} 或更低的误码率,这一误码率相当于外码输出近似无误码(QEF)(误码率可为 $10^{-11} \sim 10^{-10}$),相应于每小时少于一个不可纠正的误码。

总之,传输系统首先对突发的误码进行离散化,然后加入 R-S 外纠错码保护,内纠错码(格状编码)可以根据发射功率、天线尺寸以及码流率进行调节。例如,一个 36 MHz 带宽的卫星转发器采用 3/4 的卷积码(格状编码)时可以达到的码流率是 39 Mbit/s,这一码流率可以传送 5~6 路高质量电视信号。

数字卫星电视传输系统接收端的信号处理是发射端的反过程,在此不多叙。

1.3 数字电视有线传输系统

数字电视有线传输系统发射端的信号处理可由框图 1.3.1 表示。传输组网可采用 HFC(混合光纤同轴电缆)技术或 IPTV(电信光纤)技术。为了使各种传输方式尽可能兼容,除了信道调制外的大部分处理均与卫星传输系统中的处理相同,也即有相同的能量扩散(伪随机序列扰码)、相同的 R-S 纠错、相同的卷积交织。随后进行的处理是专门用于电缆电视的。首先进行字节到符号的转换,如 64QAM 是将 8 bit 数据转换成 6 bit 为一组的符号,然后将头两比特进行差分编码,再将剩余的 4 bit 转换成相应星座图中的点。该方案可以适应 16QAM、32QAM、64QAM 三种调制方式。对于 PDH 三次群码率 34.368 Mbit/s,在占用 8 MHz 带宽的情况下,只要 32QAM 调制就足够了,这样就大大降低了价格。这在选择复用器码率输出大小方面有重要的参考价值,因为如果选择高效码率复用器输出,在传输时要使用高一层的传输码率,在通道编码和解码时要使用更多层次电平的 QAM 调制,从而造成设备价格和处理复杂度的无谓增加。

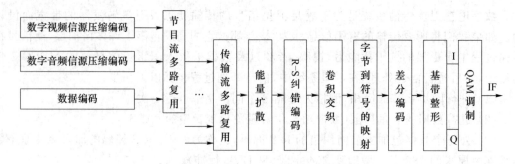

图 1.3.1 数字电视有线传输系统发射端的信号处理

有线网络系统的核心与卫星系统的相同,但数字调制系统是以正交幅度调制(QAM)为基础,而不是 QPSK,而且可不需要内码编码(格状编码)。该系统以 64QAM 为中心,但是也能够使用 16QAM 和 32QAM。在每一种情况下,在系统的数据容量和数据的可靠性之间进行折中处理。

较高水平的系统(如 128QAM 和 256QAM)也是可能的,但它们的使用取决于有线网络的容量是否能应付降低了的解码余量。如果使用 64QAM,那么 8 MHz 频道能够容纳 38.5 Mbit/s 的有效载荷容量。

数字电视有线传输系统接收端的信号处理是发送端的反过程,在此不多叙。

1.4　数字电视地面广播传输系统

1.4.1　COFDM 调制方案

欧洲数字电视开路广播传输系统采用编码正交频分多路调制(COFDM)方式,它是由内码编码和正交频分多路调制相组合而形成的一种数字调制方式。这种调制方式可以分成适用于小范围单发射机运行的 2k 载波方式和适用于大范围多发射机的 8k 载波方式。COFDM 调制方式将信息分布到许多个载波上,这种技术曾经成功地运用到数字音视频广播 DAB 上,用来避免传输环境造成的多径反射效应,其代价是引入传输"保护间隔"。这些"保护间隔"会占用一部分带宽,通常对于给定的最大反射时延,COFDM 的载波数量越多,传输容量损失越小,但是总有一个平稳点。增加载波数量会使接收机的复杂性增加,又会破坏相位噪声灵敏度。

由于 COFDM 调制方式具有抗多径反射功能,它可以允许在单频网中相邻网络的电磁覆盖重叠,在重叠的区域内可以将来自两个发射塔的电磁波看成是一个发射塔的电磁波与其自身反射波的叠加。但是如果两个发射塔相距较远,发自两塔的电磁波的时延比较长,系统就需要较大的保护间隔。由该种数字调制方式组成的数字电视传输系统如图 1.4.1 所示。发射端的信道处理电路由能量扩散、外码纠错(R-S)、外码交织、内码卷积交织、映射、正交频分多路调制和射频输出等部分组成。从前向纠错码来看,由于传输环境的复杂性,COFDM 数字电视传输系统不仅包含内外码纠错编码,而且加了内外码交织。接收部分是发送端的反过程,在此不多叙。

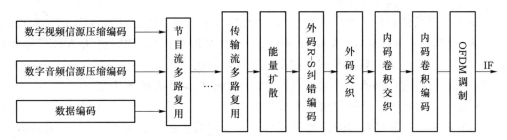

图 1.4.1　带有正交频分多路数字调制的数字电视传输系统

1.4.2　残留边带调制方案

1994 年,美国大联盟 HDTV 方案传输部分采用残留边带(VSB)进行高速数字调制,该地面广播收发系统如图1.4.2所示。对于发射机部分,图像、伴音的打包数据先送入R-S编码器,再经数据交织、格状编码、多路复用(数字视音频数据、段同步、行同步复用),再插入导频信号。插入导频信号的目的是便于收端恢复载波时钟。然后进行残留边带(VSB)调制,最后送往发射机,发射机输出射频。接收机部分是发射机部分的反过程,在此不多叙。

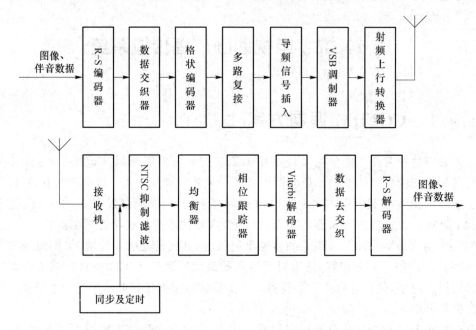

图1.4.2 残留边带(VSB)调制数字电视传输系统

1.5 有条件接收系统

1.5.1 对有条件接收系统的要求

为维护电视系统管理者和广大合法用户的权益,保护节目拥有者的利益,防止非授权用户的收看,即实行有条件接收(Conditional Access),必须对各数字电视(如ATSC标准)中所传输的视频、音频、辅助数据及其他控制数据进行加扰。

根据有条件接收广播系统的要求,设计加扰系统时,应考虑以下几点。

(1)隐匿。在加扰系统中所加扰的图像或声音、数据要有充分的保密性。

(2)质量还原。解扰后的图像或声音与没有被加扰的原图像或声音相比,质量劣化应在允许范围之内。

(3)高安全。他人不易用不正当手段将加扰信息还原。

(4)扩展。在限定的条件控制系统中,要考虑到将来功能的扩展。

(5)廉价。接收机应尽量采用通用元件,降低接收机的成本。

1.5.2　普通电视的加扰

在现有普通电视中,常用的加扰方法有许多种,如图 1.5.1 所示。

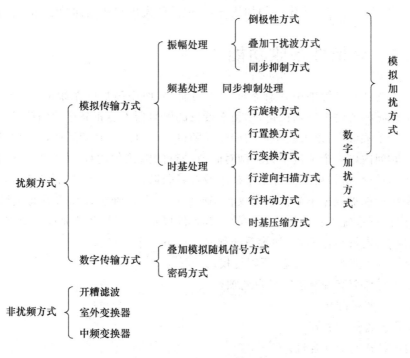

图 1.5.1　常用的加扰方法

加扰方法如下所述。

(1) 倒极性方式只是将视频信号极性按伪随机码进行倒相,在接收端将视频信号伪随机码逐行或逐帧地进行倒相恢复。

(2) 叠加干扰波方式通常与滤波器或陷波器方式配合使用,在发射端的图像和声音信号中叠加干扰波信号,在接收端利用滤波器或陷波器将干扰波滤掉。

(3) 同步抑制方式是在前端,用伪随机码减小射频信号同步脉冲幅度的方式进行加扰。

(4) 行旋转方式将视频有效行随机分为二段,将此二段进行顺序颠倒,分割点位置由PN 算法决定。

(5) 行置换方式是改变一场中扫描行的顺序。

(6) 行变换方式是挪动时分复用信号或图像信号相对于同步信号的位置。

(7) 行逆向扫描方式是将某些扫描行进行逆向扫描后再传送的方式。

(8) 行抖动方式使每一行有效视频信号的起始点随机地变化。

(9) 时基压缩方式是将色度尺 R-Y、B-Y 及亮度 Y 信号进行压缩,以时分多工传送,并在接收端再进行扩张的方式。

(10) 叠加模拟随机信号方式将信号数字化,在编码序列中再把摸拟随机信号发生器的信号相加传送。

(11) 密码方式是把数字化信号的码序列分割成适当长度,按照数据加密标准(DES)、格式、控制符、自适应逻辑(FEAL)等密码算法传送的方式。

振幅处理方式较为低级,对图像质量有影响,且安全程度不高,各种数字加扰方式则属高级加扰方式。欧洲及北美、日本等针对国家各地区的不同情况,采用几种加扰方式综合的各自独立、相互保密的加密系统。针对不同的付费要求、不同的用户、不同的系统,要采用不同的加扰方式,不可能有一个统一的加扰方式,但总的发展趋势是向数字加扰方向发展。

1.5.3　有条件接收功能

在数字电视加扰系统中引入有条件接收功能,从而提高加扰系统的可靠性和灵活性。有的工作机理是将传输数据随机化,以使未授权的解码器不能正确地解码信号,而授权解码器则被授予一个关键字,该关键字可初始化反随机解码电路。在随后的讨论中,以"加扰"代表在某一段时间内以一个关键字为基础对码流进行的随机化过程,以"加密"代表将关键字转换成密钥的过程,这样可使关键字不被未授权者获取。从密码学的观点来看,这种关键字的转换是系统中保护数据不被蓄意侵权者获取的唯一关键部分。如果没有关键字的加密,仅有加扰处理,则系统本身是极不可靠的。有条件接收(CA)是系统完成关键字加密和传送的统称。对数字电视传输而言,加扰系统须满足以下 5 个要求。

(1) 保护节目拥有者的权益,严防侵权。

(2) 分别对每个节目源进行各自的加密。

(3) 用户设备标准化。

(4) 用户设备灵活兼容。

(5) 用户设备的价格合理。

各个数字电视标准的传输协议支持有条件接收功能,即能够灵活地支持传输过程所用到的应用密钥加密及解扰过程。如果需要的话,有条件接收功能还可以在编程时灵活地选择加扰码流的类型。

1.5.4　条件接收系统的组成和工作原理

有条件接收系统由加扰器、解扰器、加密器、控制字产生器、用户授权控制系统、用户管理系统和有条件接收子系统等部分组成。其方框图如图 1.5.2 所示,工作原理如下:在信号的发送端,首先由控制字发生器产生控制字(CW),然后将它提供给加扰器和加密器 A。控制字的典型字长为 60 bit,每隔 2～10 s 改变一次。加扰器根据控制字发生器提供的控制字对来自复用器的 MPEG-2 传送比特流进行加扰运算,此时,加扰器的输出结果即为经过扰乱以后的 MPEG-2 传送比特流,控制字就是加扰器加扰所用的密钥。加密器接收到来自控制字发生器的控制字后,则根据用户授权系统提供的业务密钥对控制字进行加密运算,加密器 A 的输出结果即为经过加密以后的控制字,它被称为授权控制信息(ECM)。业务密钥在送给加密器 A 的同时也被提供给加密器 B,加密器 B 与加密器 A 稍有不同,它能自行产生密钥,并可以用此密钥对授权控制系统送来的业务密钥(Service Key)进行加密,加密器 B 的输出结果为加密后的业务密钥,它被称为授权管理信息(EMM)。经过这样一个过程产生的 ECM 和 EMM 信息均被送至 MPEG-2 复用器,与被送至同一点复用器的图像、声音和数据信号比特流一起打包成 MEPG-2 传送比特流并输出。

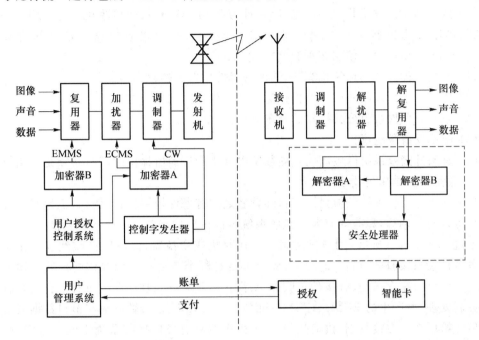

图 1.5.2 有条件接收子系统方框图

在 MPEG-2 系统标准中,对在数据包中存储有条件接收控制信息及密钥的位置有规定,所以,ECM 和 EMM 均可以打入 MPEG-2 数据包中。另外,在发送端还有用户管理系统和用户授权控制系统。用户管理系统根据用户订购节目和收看节目的情况,一方面可以向授权控制系统发生指令,决定哪些用户可以被授权看哪些节目或接收哪些服务;另一方面可以向用户发送账单。用户授权控制系统则是根据用户管理系统的指令来决定哪些用户该授权收看、用户该接收哪些信息,即产生出业务密钥。

在信号的接收端,在最开始的瞬间控制字还没有恢复出来以前,经过解调后的加扰比特流在没有解扰的情况下,通过解扰器而送至解复用器,由于 ECM 和 EMM 信号被放置于 MPEG-2 传送比特流包头的固定位置,因此,解复用器很容易地解出 ECM 和 EMM。从解复器出来的 ECM 和 EMM 信号被分别送至智能卡(Smart Card)中的解密器 A 与解密器 B,并与智能卡中的安全处理器共同工作,从而恢复出控制字,并将它送至解扰器。恢复控制字的过程十分短暂,一旦在接收端恢复出正确的控制字以后,解扰器便能正常解扰,将加扰比特流恢复成正常的比特流。

由此可知,整个 DVB 有条件接收系统的安全性得到三层保护。第一层保护是用控制字对复用器输出的图像、声音和数据信号比特流进行加扰,扰乱正常的比特流,使其在接收端不解扰的话就收看、收听不到正常的图像、声音及数据信息;第二层保护是通过对控制字用业务密钥加密,从而使控制字在传送给用户的过程中即使被盗,被盗者也无法对加密后的控制字进行解密;第三层保护是对业务密钥的加密,它使得整个系统的安全性更强,使非授权用户即使在得到加密业务密钥的情况下,也不能轻易解密。解不出业务密钥就解不出正确的控制字,没有正确的控制字就无法解出并获得正常信号的比特流。

数字电视的有条件接收是一个比较复杂的问题,各个国家、各个公司都希望保守各自的秘密,大家很难达成一致意见,最终 DVB 标准达成以下共识。

(1) 两种加解扰方式共存于市场:第一种为 Simulcrypt,每台接收机只能使用单一的解扰方式,排斥其他的解扰方式;第二种为 Multicrypt,每台接收机通过定义的公共接口(Common Interface)允许使用多种解扰方式。

(2) 定义一种公共的加解扰算法,使消费者使用单一的解码器。

(3) 要求有条件接收的供应商提供进入数字解码器的接口方法。

(4) 公布有条件接收公共接口的技术规格。

(5) 起草反盗版建议。

(6) 有条件接收系统供应商向其他数字电视生产厂商所提供的产品必须是合情合理的产品,并且是禁止排斥公共接口的产品。

(7) 有条件接收系统必须允许节目经营者之间有条件控制转移,例如,卫星有条件接收的节目进入有线网后,原有的有条件接收系统可以被新的有条件接收系统替换。

通过 Simulcrypt 方式,用户只使用一个接收机或变换器,便可以接收到该传输信道传输的各个被授权接收的节目,而不用管哪个节目是哪个节目提供商提供的。其传输方式如图 1.5.3 所示。在发送端,有条件接收器 A 和 B 同时对进入复用器的所有节目进行有条件接收控制处理,所产生的 ECM1、EMM1 和 ECM2、EMM2 信号数据流与节目数据流复合后一同传送给用户。在接收端,机上变换器 A 由于装有有条件接收系统 1 的子系统,所以能够对有条件接收器 A 产生的 ECM1 和 EMM1 进行解码,接收 A 授权的节目;若机上变换器 A 得到所有被加扰节目的授权,则它仅用装有条件接收系统 1 的子系统,便能收看到所有从发送端传来的节目。

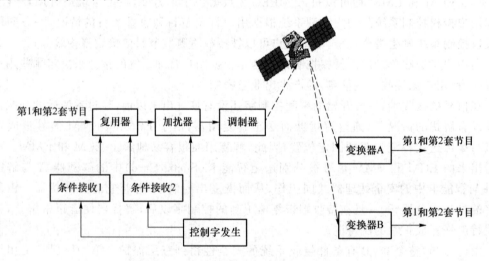

图 1.5.3　Simulcrypt 方式的有条件接收系统

Multicrypt 方式的有条件接收系统传输方式如图 1.5.4 所示。在发送端,节目提供商提供的第 1 套节目由有条件接收系统 1 加扰,经调制后传输;节目提供商提供的第 2 套节目由有条件接收系统 2 加扰,经调制后传输。在接收端,用户只要在其机上变换器的公用接口上分别插上有条件接收系统 1 和 2 的子系统模块,就可以用这个机上变换器接收到第 1 套和第 2 套节目;若在机上变换器中只装有有条件接收系统 1 的子系统,则机上变换器只能正确接收第 1 套节目,即便是在发送端授权其机上变换器接收第 2 套节目,其机上变换器也不能接收到第 2 套节目。当发送端节目提供商数和提供的节目数多于两个时时,可以类推。

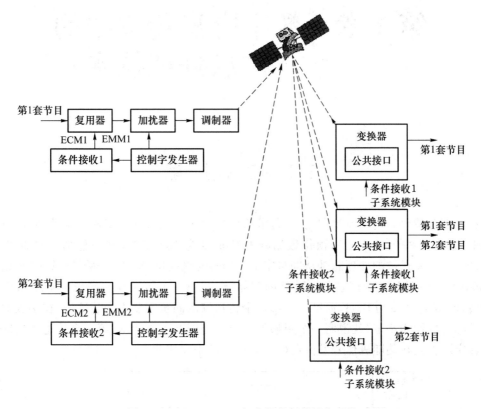

图 1.5.4　Multicrypt 方式的有条件接收系统

Multicrypt 与 Simulcrypt 方式的相同点是在用户接收端只使用一个接收机或机上变换器,便可以接收到该传输信道传输的各个被授权接收的节目。Multicrypt 方式与 Simulcrypt 方式的不同点是在接收用户必须在机上变换器的公共接口插上相应的有条件接收子系统模块,才能接收到相应的节目。不难看出,Multicrypt 方式与 Simulcrypt 方式的整体布局不同,由于它们在发送端的不同结构导致它们对接收机的要求不同。在同样授权的情况下,Multicrypt 方式需要具有多个子模块才能接收到多个不同的授权节目,而 Simulcrypt 方式只要 ·个子模块便可接收多个授权节目。

第2章　数字电视传输中的信息处理技术

2.1　能量扩散

　　在经信源编码和传输流复用之后,传输流将以固定数据长度组织成数据帧结构。例如,欧洲 DVB 标准的传输流复用帧每数据帧的总长度为 188 字节,其中包括 1 个同步字节(01000111)。发送端的处理总是从同步字节(47H)的最高位(MSB)开始,即从"0"开始。每 8 个传送帧为一帧群。为区别每一帧群的起始点,在第一个传送帧的同步字节中每个比特都翻转,即由 47H 变为 B8H,而第二至第八个传送帧的同步字节不变。这样,在接收端只要检测到翻转的同步字节,就说明一个新帧群开始。如图 2.1.1 所示,第一个传送帧的同步字节翻转实际上是在伪随机信号发生器(即能量扩散)中完成的。

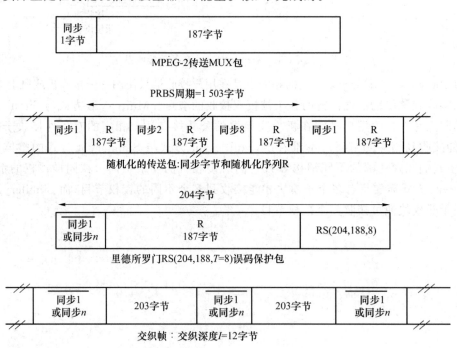

注:同步1=不随机化的补码同步字节;同步n=不随机化的同步字节,n=2,3,…,8。

图 2.1.1　固定长度数据帧结构

　　经上述处理后的传输数据流按图 2.1.2 中描述的格式进行数据随机化(即能量扩散)。

能量扩散的目的是使数字电视信号的能量不过分集中在载频或"1""0"电平相对应的频率上,从而减小对其他通信设备的干扰,并有利于载波恢复。具体做法是将二进制数据中较集中的"0"或"1"按一定的规律分散开来,这个规律由伪随机信号发生器的生成多项式决定。例如,如果某一时刻"1"过于集中,就相当于该时刻发射功率能量集中在"1"电平相对应的频率上。如果在另一时刻"0"过于集中,就相当于此时刻发射功率集中在载频上。这种在信号的发射过程中能量过于集中的现象,不利于载波恢复,影响接收效果。如果在信号发射之前,将二进制数据随机化,即能量扩散,使"1"和"0"分布较为合理,即在整个数据系列中,数据从"0"到"1"或从"1"到"0"的跳变较为频繁,这将大大有利于载波恢复,提高接收信号的稳定可靠性。数据随机化过程也称数据扰码过程,收、发两端是同步进行的,以确保原始数据的恢复。

能量扩散是通过伪随机二进位序列(PRBS)寄存器来完成的,需要能量扩散的数字信号送往图 2.1.2 所示的电路就可完成。伪随机发生器电路是由生成多项式决定的。例如,欧洲 DVB 标准采用的伪随机二进位序列发生器的生成多项式为

$$1+x^{14}+x^{15} \tag{2-1-1}$$

如图 2.1.2 所示,在每 8 个传送帧开始时,对 15 个寄存器进行初始化,加载"100101010000000"数据,输入到 PRBS 寄存器中。为了向扰码器提供初始信号,第一个传送帧的同步字节将自动从 47H 反转到 B8H,这一过程称为传输流复用调整。PRBS 寄存器输出的第一位应与反转后的同步字节(B8H)后的第一位同步。为了向加扰器提供初始信号"100101010000000",在每 8 个传送帧的第 1 个传送帧的同步字节(Byte)期间,扰码将继续进行,但输出"使能"端关断,即第一传送帧的同步字节并不加扰,未被随机化。因此,PRBS序列帧群的总长度为 8×188−1=1 503 字节。当调制器输入数据流不存在,或者它与传输流格式(1 同步字节+187 字节数据)不一致时,也必须进行随机化,这是为了避免发送未被调制的载波。

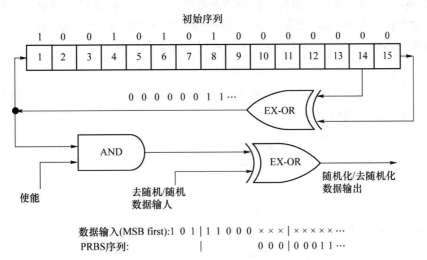

图 2.1.2　数据随机化/去随机化(能量扩散/解扩散)电路

值得注意的是,收、发两端均采用相同的能量扩散、解扩散电路,而且是同步工作的。在图 2.1.2 中,1,2,…,15 表示 15 个移位寄存器,AND 表示或门,EX-OR 表示异或门。在发

端,数据要进行随机化时,将要随机化的数据从图 2.1.2 中下方异或门的去随机/随机数据输入端口加入,再经异或门随机化后输出已被能量扩散后的随机数据。在接收端解能量扩散电路是与发端相同的电路,需要去随机化的数据从图 2.1.2 中下方异或门的去随机/随机数据输入端口加入,再经异或门去随机化后,输出已被解能量扩散后的数据。

2.2 纠错编码

在数字电视传输中,常见的纠错编码有:(1)R-S 码;(2)BCH 码;(3)Turbo 码;(4)LDPC 码;(5)格状码;(6)Polar 码(极化码)。下面分别加以介绍。

2.2.1 R-S 码

外码纠错编码常采用 R-S(Reed 和 Solomon 是两个人名)码。R-S 码是一种性能优良的分组线性码,在同样编码冗余度下 R-S 码具有很强的纠错能力。同时近年来超大规模集成电路(VLSI)技术快速发展,使原来非常复杂、难以实现的译码电路集成化,目前功能很强的长 R-S 码的编译码器芯片商业化了,因此 R-S 码在通信领域已被广泛地应用。当前国内外所提出的各种数字电视传输方案无不采用 R-S 码。以 R-S 码作为外码,并以多电平格状编码作为内码的级联码,加上数据交织,为数字电视传输提供强有力的前向纠错能力。此处介绍 R-S 码的纠错和应用。

(1) R-S 码的纠错

在实际应用中,有限域元素个数一般取为 2 的幂,即 $q=2^m$,于是码长 $N=2^m-1$。例如,在 ATSC-M/P/H 传输方案中,采用(255,245)R-S 码。这时 $m=8$,码字由 255 个 8 bit 字符组成,能纠正 $t=5$ 个随机错误。在数字电视中,R-S 码和格状码级联使用,如果在系统中采用充分的数据交织,则可以认为 R-S 码译码器输入的数据差错是纯随机的。若用 P_{bi} 表示 R-S 码译码器输入的误比特率,则 R-S 码译码器输入的误符号率为

$$P_{si}=1-(1-P_{bi})^m \tag{2-2-1}$$

如果 R-S 码的最小 Hamming 距离为 $d=2t+1$,则该码可以纠正任意 t 个符号错误,所以 R-S 码的译码错误概率为

$$P_e \leqslant \sum_{k=t+1}^{N} C_N^k P_{si}^k (1-P_{si})^{N-k} \tag{2-2-2}$$

而译码器输出的误符号率为

$$P_{so}=1-(1-P_e)^{1/N} \tag{2-2-3}$$

译码器输出的误比特率为

$$P_{bo}=1-(1-P_{so})^{1/m} \tag{2-2-4}$$

格状内码的 Viterbi 译码器还可以提供关于判决可靠性的边信息(Side Information),如在 Viterbi 译码中最大路径值和次最大路径值之差是否小于某个门限。在上述信息中,若判决小于某门限,则可以认为这时的判决是不可靠的,从而输出一个删除空格。R-S 码既可

用于纠正符号错误,又可用来正确填充删除空格。对于一个距离 $d=2t+1$ 的 R-S 码,它可纠正 $i<2t$ 个删除错误,同时可纠正 $j<t(i)$ 个符号错误,其中

$$t(i)=\left[\frac{2t-i}{2}\right] \tag{2-2-5}$$

式中,$[x]$ 表示小于或等于 x 的最大整数,对于同时纠正符号错误和删除错误的码来说,其译码错误概率为

$$P_{t}\leqslant\sum_{i=0}^{2t}C_{N}^{i}P_{ers}^{i}\sum_{j=t(i)+1}^{N-j}C_{N-i}^{j}P_{si}^{j}(1-P_{si}-P_{ers})^{N-i-j} \tag{2-2-6}$$

式中,P_{ers} 表示输入符号被删除的概率,输出误比特率由式(2-2-6)求出,其中用 P_t 代替前面的 P_e。同时纠正符号错误和删除错误的 R-S 码可以进一步提高纠错能力。

（2）R-S 码在数字电视传输标准中的应用

到目前为止,R-S 纠错技术已用于国内外所有数字电视传输标准中。在此介绍一些 R-S 码的应用知识。上述已对 R-S 纠错编码进行了理论分析,对于实际工程计算,可以对 R-S 码纠错技术总结如下要点:

① R-S 码的基本参数

- 输入信息可分为 $k\times m$ 比特一组,每组有 k 个符号,每个符号由 m 比特组成。
- 码长:$n=2^{m}-1$ 个符号或 $m(2^{m}-1)$ 比特。

信息段:k 个符号或 km 比特。

可纠错能力:t 个符号或 mt 比特。

监督段:$n-k=2t$ 符号或 $m(n-k)=2mt$ 比特。

最小距离:$d=2t+1$ 符号或 $md=m(2t+1)$ 比特。

② R-S 码的纠错能力

- R-S 码同时具有纠正随机与突发差错的能力,且纠突发能力更强。
- R-S 码可纠正的错误图样如下:

总长度 $b_1=(t-1)m+1$ 比特的单个突发。

总长度 $b_2=(t-3)m+3$ 比特的两个突发。

总长度 $b_i=(t-2i+1)m+2i-1$ 比特的 i 个突发。

2.2.2　BCH 码

1959 年,Bose、Chandhari 和 Hocquenghem 发明了一类能纠多个随机错误的循环码,并以他们名字的第一个字母命名,这就是 BCH 码。BCH 码解决了生成多项式与最小码距之间关系的问题,根据所要求的纠错能力,可以很容易地构造出 BCH 码。BCH 码的译码比较简单,因此是线性分组码中应用最为普遍的一类码。BCH 码具有纠多个错误的能力,纠错能力强,构造方便,编译码方法简单,有严格的代数结构,在短中等码长下其性能接近理论值。BCH 码在许多领域得到了广泛应用。

BCH 码分为本原 BCH 码和非本原 BCH 码。二进制 BCH 码的码长都为奇数。能纠单个错误的循环汉明码是一种本原 BCH 码,而著名的高莱(Golay)码就是非本原 BCH 码。BCH 码的译码方法分为时域译码和频域译码两类。

本原 BCH 码的码长 $n=2^m-1$，m 为任意正整数，本原 BCH 码的生成多项式 $G(x)$ 含有最高次数为 m 次的本原多项式，最高次数为 m 的本原多项式必须是一个能除尽的既约因式，但除不尽 x^r-1，其中 $r<2^m-1$。例如，当 $m=3,2^m-1=8-1=7$ 时，最高次数为 3 次的本原多项式有两个：x^3+x^2+1,x^3+x+1。它们都除得尽 x^7-1，但除不尽 $x^6-1,x^5-1,\cdots$。

非本原 BCH 码的码长 n 是 2^m-1 的一个因子，即码长 n 一定除得尽 2^m-1。且非本原 BCH 码的生成多项式中不含本原多项式。

BCH 码的码长 n 与监督位、纠错能力之间的关系如下：对任一正整数 m 和 $t,t<m/2$，必存在一个码长 $n=2^m-1$，监督位不多于 mt 位，能纠正所有小于或等于 t 位随机错误的二进制本原 BCH 码。若码长为 $n=(2^m-1)/i$（$i>1$，且除得尽 2^m-1），则为非本原 BCH 码。

对任何正整数 $m(m\geqslant3)$ 和 $t(t\leqslant2^{m-1})$，存在一个二元 BCH 码，其码长为 $n=2^m-1$，一致校验位数目为 $n-k\leqslant mt$，最小距离为 $d\geqslant2t+1$。称此码为纠正 t 个错误的 BCH 码，这种码有如下特点。

- 译码时不用存储错误图样。
- 对码在纠错范围内的 t 个随即错误的位置没有限制。
- 可以由生成多项式 $g(x)$ 确定码的最小距离。

这些特点使其可以找到简便的译码算法。

（1）BCH 码编码电路举例

例如，有 BCH(762,752)码，下面我们来分析编码过程。

BCH(762,752)码由 BCH(1023,1013)码缩短而成，在 752 bit 信息位前添加 261 bit 0 后成为 1 013 bit，编码成 1 023 位，信息位在前，校验位在后，然后再将前 261 bit 0 丢掉，形成 762 码。

BCH(762,752)码的生成多项式为 $G(x)=1+X^3+X^{10}$。

编码过程就是解决以生成多项式为模的除法问题，采用线性反馈移位寄存来实现多项式的除法运算，编码电路如图 2.2.1 所示。

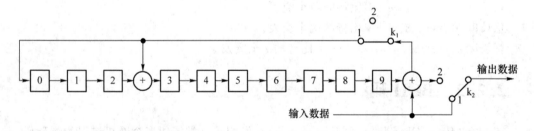

图 2.2.1　BCH(762,752)码的编码电路

在图 2.2.1 中，0～9 分别为 10 个寄存器，⊕表示加法器，通常由异或门实现，在二进制时，若码生成多项式的系数为 1，则反馈直接连通，为 0 则断开。当开关 k_1、k_2 分别接 1 时，输入的有效数据 752 bit 一路直接输出，另一路进入编码电路，进入编码电路的数据进行运算得到校验比特。当 752 bit 有效数据输入完毕后，开关 k_1、k_2 分别接 2，移位寄存器中的 10 比特校验位移出电路，此时输出的数据总数为 762 bit，从而完成一帧 BCH 编码。然后，移位寄存器清零，电路复位。BCH(762,752)码输入、输出、校验比持的时序图如图 2.2.2 所示。BCH编码硬件电路比较简单，使用 10 个移位寄存器、两个加法器和两个门电路即可实现。

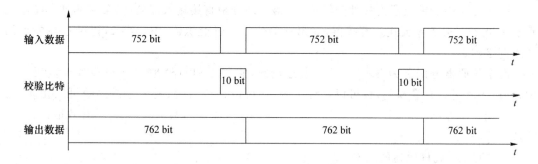

图 2.2.2　BCH(762,752)码输入、输出、校验比特时序图

（2）译码方法和电路

BCH 码属于循环码,图 2.2.3 是 BCH 译码电路。输入信号一路送给校正子计算电路,另一路送给 k 级缓存器。校正子计算电路经过计算后把数据送给错误图样识别器,最后错误图样识别器送出的信号与 k 级缓存器送出的信号进行模 2 加后就得到纠错后的信号输出。

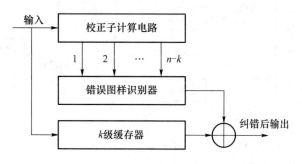

图 2.2.3　BCH 译码电路

2.2.3　Turbo 码

1993 年在 ICC 国际会议上两位法国教授与一位缅甸籍博士生共同提出了 Turbo 码,在英文中前缀 Turbo 带有涡轮驱动的意思,即反复迭代的含义。

（1）Turbo 码的编码原理

Turbo 码的编码原理如图 2.2.4 所示。

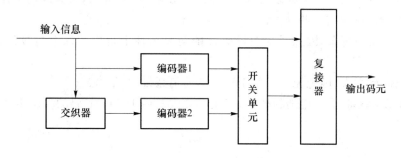

图 2.2.4　Turbo 码编码原理框图

图 2.2.4 中的编码器由三部分组成：①第一部分是直接输入部分；②第二部分先经过编码器 1，再经过开关单元送入复接器；③第三部分先经过交织器、编码器 2，再经过开关单元送入复接器。

两个编码器分别称为 Turbo 码二维分量码，它可以很自然地推广到多维分量码。其中，分量码既可以是卷积码，也可以是分组码，还可以是级联码；两个分量码既可以相同，也可以不同。从原则上讲，分量码既可以是系统码，也可以是非系统码，但为了有效地迭代，必须选系统码。

（2）Turbo 码译码器的结构

Turbo 码译码器的结构如图 2.2.5 所示。译码算法采用软入/软出（SISO）的 BCJR 迭代算法。当分量码采用简单递归型卷积码，交织器大小为 256 ×256 时，计算机仿真结果表明，当 $E_b/N_0 \geq 0.7 \, \text{dB}$，BER$\leq 10^{-5}$ 时，性能极其优良。

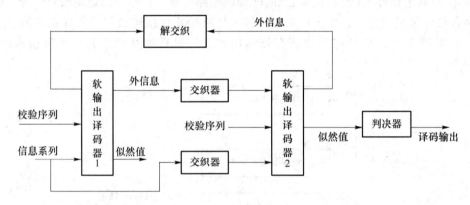

图 2.2.5　Turbo 码译码器的结构框图

（3）Turbo 码的性能分析

Turbo 码的主要优点可概括如下。

① 发端交织器起到随机化码重分布的作用，使 Turbo 码最小重量尽可能大，即起到随机化编码的作用。

② 收端交织器与相应的多次迭代译码起到随机译码的作用，同时对有突发错误的衰落信道起到化突发为随机独立差错的作用。

③ 级联编、译码起到利用短码构造长码的作用，再加上交织的随机性使级联具有随机性，从而克服了固定级联渐近性能差的缺点。

④ 并行级联结构与最优的多次迭代软入/软出的 BCJR 算法，大大改进了译码的性能。

同时，Turbo 码也有一些缺点。

① 译码设备很复杂，因此寻找在译码性能与复杂性上折中的改造型算法是一项关键技术。

② 译码时延太大，因此无法应用于实时的通信系统（如话音）。

③ 在低误码率时会产生地板效应，其主要原因是由于 Turbo 码的自由距离太小。

2.2.4　LDPC 码

低密度奇偶校验(Low Density Parity Check,LDPC)码是由 R. G. Gallager 在 1962 年提出的。之后很长的一段时间里它没有受到人们的重视。直到 1993 年,Berrou 等提出了 Turbo 码,人们发现从某种角度来说 Turbo 码也是一种 LDPC 码。近几年人们重新认识到 LDPC 码所具有的优越性能和巨大的实用价值。迄今为止,LDPC 码是性能最好的码,是信道编码领域的研究热点。国内外对 LDPC 码的理论研究和工程应用都有了重大进展。

LDPC 码是一种普通的线性分组码,可以用生成矩阵和校验矩阵来表示。LDPC 码又是一种特殊的分组码,特殊性就在于它的奇偶校验矩阵中 1 的数目远小于 0 的数目,这称为稀疏性,低密度也来源于此。尽管 LDPC 码的纠错能力非常强,但是由于它的设置过于复杂,所以人们几乎遗忘了它。然而,在 20 世纪 90 年代,D. J. C. MacKay 和 R. M. Neal 重新发现了它,其在误码率的改进上有重大的贡献。

(1) LDPC 码的历史

1962 年 R. G. Gallager 发现了一个迭代译码算法,并将其用于一类新的编码中。由于奇偶校验码矩阵必须较为稀疏才能具有良好的特性,所以 R. G. Gallager 将这些编码命名为低密度奇偶校验码。因为当 LDPC 码很长时,需要十分复杂的估算,所以在很长一段时间里忽略了 LDPC 码的存在。

1993 年,C. Berrou 等人发明了 Turbo 码以及相关的迭代译码算法。Turbo 码显著的性能引起许多的争议以及对迭代技术的广泛关注。

1995 年,MacKay 和 Neal 重新发现了 LDPC 码,并根据人工智能体系使自己的迭代算法与 Pearl 的置信算法建立了联系。与此同时,M. Sipser 和 D. A. Spielman 用 R. G. Gallager 的原始译码算法对扩展码进行了译码。

MacKay 和 Neal 的文章标志着 LDPC 码领域中一项伟大工程的开始。关于 LDPC 码的大部分主流文章都集中在 IEEE 的信息理论与处理的特性刊物中,如其中的不规则码、密度变化、接近码容量的设计等。

同时,McEliece 等人验证了 Turbo 码的译码是 Pearl 置信算法的一个例子。图表成为纠错码的一种标准表示形式,F. R. Kschischang 通过因素图表指出了这一点。因素图表是一个和成果总和(Sum-product)算法有关的广泛类型的图表,而这个图表的目的是通过同样的形式来描述许多不同的算法。这项工作最初是由 Tanner 和 N. Wiberg 等人进行的。

因此,LDPC 码是汇集了信道编码领域中两项重要革新的方法,这两项重要革新是以图表为基础的编码描述和迭代译码技术。

(2) LDPC 码的特点

LDPC 码的性能优于 Turbo 码:具有较大的灵活性和较低的差错平底特性;描述简单,对严格理论分析具有可验证性;译码复杂度低于 Turbo 码,且可实现完全的并行操作,硬件复杂度低,因而适合硬件实现;吞吐量大,极具高速译码潜力。和 Turbo 码相比,LDPC 码在良好的距离性、低复杂度和高并行译码方法上都展示了更优越的性能。因此,广泛认为 LDPC 码可作为下一代通信网的纠错码。新的欧洲卫星广播系统 DVB-S2 同样采用由 LDPC码和 BCH 码组成的连接码。

　　然而,LDPC 码的编码复杂度仍然过高,这是在其设置上需要解决的主要问题。现在已经有一些研究通过采用特殊形式的矩阵(如低阶三角矩阵或者半随机矩阵)来降低其编码复杂度。

　　标准的 LDPC 编码过程需要将奇偶校验矩阵 **H** 转化成等价系统形式,这可以通过高斯化简来完成。高斯化简需要大量的内存和计算。因为采用的半随机技术的编码过程不需要高斯化简,所以它比使用其他矩阵简单。而一个线性时间编码只需要很小的内存。

　　(3) LDPC 码的定义

　　LDPC 码是通过校验矩阵 **H** 来定义的,**H** 具有稀疏性,在它的行和列中非零元素很少。较精确表示 LDPC 码的方法是利用参数(n, ρ, γ)来定义,其中,n 为码长,ρ 为该码字校验矩阵的行重(每行包含 1 的个数),γ 为校验矩阵的列重(每列包含 1 的个数)。

　　这时,校验矩阵 **H** 的行数定义为

$$r = n\gamma/\rho \tag{2-2-7}$$

码率的范围为

$$R \geqslant 1 - \gamma/\rho \tag{2-2-8}$$

　　为了大家能更好地理解 LDPC 码校验矩阵的特点,这里列举了$(20, 4, 3)$码的校验矩阵,如图 2.2.6 所示。

$$
\begin{array}{cccccccccccccccccccc}
1&1&1&1&0&0&0&0&0&0&0&0&0&0&0&0&0&0&0&0\\
0&0&0&0&1&1&1&1&0&0&0&0&0&0&0&0&0&0&0&0\\
0&0&0&0&0&0&0&0&1&1&1&1&0&0&0&0&0&0&0&0\\
0&0&0&0&0&0&0&0&0&0&0&0&1&1&1&1&0&0&0&0\\
0&0&0&0&0&0&0&0&0&0&0&0&0&0&0&0&1&1&1&1\\
1&0&0&0&1&0&0&0&1&0&0&0&1&0&0&0&0&0&0&0\\
0&1&0&0&0&1&0&0&0&1&0&0&0&0&1&0&0&0&0&0\\
0&0&1&0&0&0&1&0&0&0&1&0&0&0&0&1&0&0&0&0\\
0&0&0&1&0&0&0&1&0&0&0&1&0&0&0&0&1&0&0&0\\
0&0&0&0&0&0&0&0&0&0&0&1&0&0&1&0&0&1&0&1\\
1&0&0&0&0&1&0&0&0&1&0&0&0&1&0&0&1&0&0\\
0&1&0&0&0&1&0&0&0&1&0&0&0&1&0&0&1&0&0\\
0&0&1&0&0&0&1&0&0&0&1&0&0&0&1&0&0&1&0\\
0&0&0&1&0&0&0&1&0&0&0&1&0&0&1&0&1&0\\
0&0&0&0&1&0&0&0&1&0&0&0&1&0&0&0&1
\end{array}
$$

图 2.2.6　一种$(20, 4, 3)$码的校验矩阵

　　除了用传统的奇偶校验矩阵来定义 LDPC 码外,通常也用与 **H** 相关的图(Tanner 图)来定义。Tanner 图也称为二分图,它主要由两部分节点组成:n 个比特节点(Symbol Nodes),它对应的是矩阵的列;r 个校验节点(Check Nodes),它对应的是校验矩阵的行。该图的边(Edges)对应于校验矩阵 **H** 的非零点位置。上述的$(20, 4, 3)$码对应的二分图如图 2.2.7 所示。

　　LDPC 码的性质可以由下面不同的特性来定义,如最小汉明距离 d_0、Tanner 图中最小的环长 g_0、奇偶校验矩阵的行重和列重。

　　这里把行和列中 1 的个数分别相等的 LDPC 码称为正则码,否则就称为非正则码。重量的分布可以用生成函数 $\lambda(x)$ 和 $\rho(x)$ 来定义,即

$$\lambda(x) = \sum_{i=2}^{d_v} \lambda_i x^{i-1} \tag{2-2-9}$$

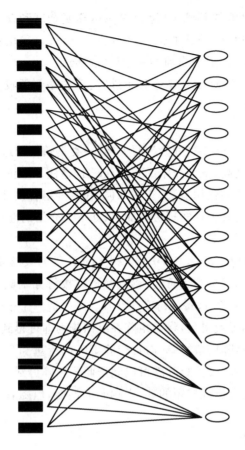

图 2.2.7 （20，4，3)码的二分图

$$\rho(x) = \sum_{i=2}^{d_c} \rho_i x^{i-1} \qquad (2\text{-}2\text{-}10)$$

式中，λ_i 表示重量为 i 的列所占的比率；ρ_i 表示重量为 i 的行所占的比率；d_v、d_c 分别为列和行对应的最大重量。

通常，正则码建立在已知的特性参数之上，这样就可以利用这些参数来分析正则码的性能。然而对好的正则码的分析是采用概率的方法逐渐获得的，由于码的质量由码字的平均性能来决定，所以可以通过适当地选择码重的分布使得码字在低 SNR（AWGN 信道）中获得增益。通过增加 SNR（信噪比），码的距离特性在一定错误概率的情况下是确定的。增益可以通过分析正则码的最小距离、采用比较好的光谱特性等方法而获得。

（4）LDPC 编码

随机构造的 LDPC 码在长码时具有很好的纠错能力，然而过长的码长过长，以及校验矩阵与生成矩阵的不规则性使得编码过于复杂，硬件实现复杂度高，而且编码时间过长也限制了其在实时系统中的应用。结构化构造的 LDPC 码在中短码长时具有相当强的纠错能力，且性能接近随机构造的 LDPC 码，而其硬件实现极其简单，因此具有很好的应用前景。

目前还未找到完善的、系统的 LDPC 编码理论，LDPC 编码方法的研究主要集中在如何直接利用稀疏的校验矩阵进行编码，以使其编码复杂度随码长线性增长。未来的发展趋势就是要在保证 LDPC 码性能的基础上,综合考虑运算复杂度和存储复杂度、设计复杂度低的编码方法。准循环 LDPC 码的性能优异,而且其编码可以采用移位寄存器实现,编码复杂度低,因此准循环 LDPC 码成为当前的一个研究热点。

对 LDPC 码编码方法的研究主要分两步进行:首先是奇偶校验矩阵的构造;然后是基于奇偶校验矩阵的编码算法。

① 校验矩阵的构造

LDPC 码校验矩阵的构造方法可分为两大类:一类是随机构造法,其校验矩阵与生成矩阵不规则,使得编码复杂度高,下文介绍的 Gallager 构造法、π-旋转矩阵构造法和 PEG 构造法等属于此类;另一类是结构化构造法,它由几何、代数和组合设计等方法构造,其校验矩阵具有某种特殊的结构,因而其硬件实现极其简单,如下文介绍的准循环构造法。

• Gallager 构造法

Gallager 提出了一种构造(n,j,k)规则 LDPC 码的校验矩阵 $\boldsymbol{H}$ 的方法(n 表示码长,j,k 分别为校验矩阵的行重和列重)。将校验矩阵按行分割成 k 个大小相同的子矩阵,每个子矩阵中每一列只有一个 1,每一行有 j 个 1。先构造一个子矩阵,其余子矩阵可以通过对第一个子矩阵的行列置换得到,将子矩阵在纵向排列即可得到校验矩阵 $\boldsymbol{H}$。

在此种方法下,校验矩阵构造简单,而且校验矩阵的行重和列重容易控制,只需先根据码长和行重构造一个子矩阵,校验矩阵就可以利用此子矩阵得到。由于随机构造的原因,在码长较短时二分图中可能会出现较短的环,影响码的性能,但随着码长的增加,短环出现的概率会变得很小。

• π-旋转矩阵构造法

π-旋转矩阵构造法的核心思想是利用单位置换矩阵来构造校验矩阵。该方法和 Gallager 构造法有些相似,都是由子矩阵构成校验矩阵,但在此种方法中子矩阵为单位置换矩阵,其行重和列重均为 1。多个子矩阵在纵向和横向排列构造得到校验矩阵,有更大的灵活性。子矩阵的大小要根据码长、码率以及校验矩阵的行重、列重进行设计,而且子矩阵的大小对码的性能有较大的影响。

• PEG 构造法

Hu Xiaoyu 等提出的 PEG(Progressive Edge Growth)方法是一种使得变量节点的局部环长最大的构造方法。假设在二分图上前 $i-1$ 个变量节点的边已经构造出来,在构造下一个变量节点的边时,每次向二分图上添加一条边,新添加的边使得经过第 i 个变量节点的最小环长最大化。

由于短环的存在对译码性能存在很大的影响,利用 PEG 方法构造的校验矩阵使得最小环长最大,因而一般来说,利用 PEG 方法构造的校验矩阵比利用 Gallager、旋转矩阵等方法构造的校验矩阵性能好。但此种方法要对边的分布进行优化,其复杂度随之增加。

• 准循环构造法

准循环(Quasi Cyclic)LDPC 码的校验矩阵由一些零矩阵和循环置换单位子矩阵构成。定义 $\boldsymbol{P}_i$ 为 $l \times l$ 阶单位阵循环移动 i 次得到的循环置换子矩阵,其中,$\boldsymbol{P}^{\infty}$ 意味着零矩阵。校验矩阵 $\boldsymbol{H}$ 为 $ml \times nl$ 阶,可按如下方式构造:

$$H = \begin{bmatrix} P_{11}^{a} & P_{12}^{a} & \cdots & P_{1(n-1)}^{a} & P_{1n}^{a} \\ P_{21}^{a} & P_{22}^{a} & \cdots & P_{2(n-1)}^{a} & P_{2n}^{a} \\ \vdots & \vdots & & \vdots & \vdots \\ P_{m1}^{a} & P_{m2}^{a} & \cdots & P_{m(n-1)}^{a} & P_{mn}^{a} \end{bmatrix}$$ (2-2-11)

这里的 $a_{ij} \in \{0, 1, \cdots, \infty\}$。

对于准循环 LDPC 码只需存储循环置换单位子矩阵第一行中 1 元素的位置以及循环置换单位子矩阵在校验矩阵中的位置，所需要的存储量大为减少，变为原来的 1/1。准循环 LDPC 码具有循环码的一些特性，可以采用移位寄存器完成编码，硬件实现复杂度低。

② 编码算法

在传统编码过程中，一般生成矩阵是必需的。尽管 LDPC 码的奇偶校验矩阵是非常稀疏的，但其生成矩阵的稀疏性却无法保证，这样就可能会导致编码的运算量和存储复杂性大大增加，而且如果通过行列变换的方式将稀疏奇偶校验矩阵 H 转换为生成矩阵 G，再根据 G 来进行编码，运算复杂度为 $O(n^2)$，这将不具有实用性。因此，出现了一些新的编码方法，不再产生生成矩阵，直接利用校验矩阵进行编码，以期获得低的编码复杂度。

• LU 分解方法

记 $m \times n$ 阶的校验矩阵为 $H = [A|B]$，其中子矩阵 A 为 $m \times k$ 阶，子矩阵 B 为 $m \times m$ 阶，$k + m = n$。通过对子矩阵 B 进行 LU 分解，得到下三角矩阵 L 和上三角矩阵 U，然后利用前向迭代就可以方便地根据信息位求得到校验位，完成编码，这就是 LU 分解法。

LU 分解法的运算复杂度与码长 n 为线性关系。对于可能出现的校验矩阵 LU 分解失败的情况，Su Chang Chae 提出 PABR(Pivoting and Bit-Reversing Algorithm)方法，采用行列置换或比特反转的方法来重构子矩阵 B，进而完成 LU 分解。PABR 方法还可以消除 H 矩阵中长度为 4 的环，构造大环长的校验矩阵。矩阵的 LU 分解已有成熟的算法，采用此种方法时可以采取离线 LU 分解的策略。对于特定的 LDPC 码，在编码时只存储和利用 L、U 矩阵，这样可以降低运算和存储复杂度。

• 贪婪算法

Thomas J. Richardson 等指出如果只通过行列置换能够将 LDPC 码的校验矩阵 H 变换成图 2.2.8 所示的形式，就说矩阵 H 具有近似下三角形式，并且提出了将矩阵变换成近似下三角形式的"蚕食算法"。因为只进行了行列的置换，所以变换后的矩阵仍然是稀疏的。

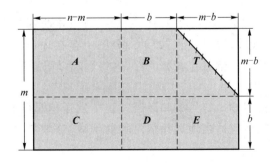

图 2.2.8　近似下三角形式的奇偶校验矩阵

基于图 2.2.8 所示校验矩阵,再采用一些数值计算的技巧,此种编码算法的运算复杂度为 $O(n+b^2)$,与参数 b 有关,近似为线性。然而不同的校验矩阵变换之后得到的参数 b 有差异,影响最终的运算复杂度。此种方法要首先利用"蚕食算法"对校验矩阵进行变换,而参数 b 与初始校验矩阵有关,这样就不能够保证在所有情况下都具有低的编码复杂度,因此具有一定的局限性。

• IRA 方法

在构造校验矩阵 $\boldsymbol{H}$ 时将子矩阵 $\boldsymbol{B}$ 设定为双对角的下三角形式,这样就可以直接采用前向迭代求解线性方程组的方法求解得到,此即为非规则重复累加(Irregular Repeat Accumulate,IRA)方法。

这种编码方法简单,运算复杂度很低,直接运用前向迭代即可完成编码,相当于子矩阵 $\boldsymbol{B}$ 具有特殊结构的 LU 分解法或 $b=0$ 的贪婪算法。相对于前两种编码方法,IRA 方法甚至不需要预分解或变换,具有最低的运算复杂度,而且因为子矩阵 $\boldsymbol{B}$ 的特殊结构,存储复杂度也较低。但特殊结构的校验矩阵会给 LDPC 码的性能带来影响,如 DVB-S2 中采用此种方法构造的 LDPC 码有 0.1 dB 的性能损失。

(5) LDPC 译码

由于校验矩阵的稀疏性,LDPC 码译码方法相对比较简单,其运算量随码长线性增长,但不同的译码方法要进行的运算不一样,译码性能会有差异,硬件实现难度也不同。总体而言,性能好的译码方法对应的复杂度要高,而复杂度低的译码方法性能的相对就要欠缺一些。例如,BP 译码算法要进行复杂的乘法运算等,比特翻转译码算法仅需要简单的异或和大小比较等运算,而 BP 译码算法的性能要优于比特翻转译码算法。

BP 译码算法译码性能优异,但其复杂度较高,对 BP 译码算法的各种简化算法成为研究的热点,在保障译码性能的基础上降低复杂度是未来发展的方向。比特翻转译码算法的复杂度很低,在一些特殊场合具有重要的应用前景。在实际应用中,要根据 BER 的性能要求和硬件条件等因素综合考虑,在译码性能和复杂度之间进行一个折中,选择合适 LDPC 码的译码方法,开发相应的硬件产品。

① 消息传递算法

在消息传递(Message Passing,MP)算法中,概率信息依据二分图在变量节点和校验节点之间传递,逐步进行迭代译码。节点沿边发送的信息与上次接收到的信息无关,而取决于相连的其他边上接收的信息。目的在于使得任一条边上只有外来信息传递,从而保证译码性能。

如果 LDPC 码对应的二分图中不存在环,则任一节点接收的信息都与从该节点发出的信息无关,从而保证了迭代译码的性能。如果二分图中存在环,经过一定次数的迭代之后,节点收到的信息将与其发出的信息存在相关性,这将影响译码算法的性能。

② 置信传播算法

当消息传递算法的信道输出符号集和译码过程中发送信息的符号集相同,都为实数集时,即采用连续性的消息时,应适当地选择信息映射函数,这就是置信传播(Belief Propagation,BP)算法。

该算法核心思想在于利用接收到的软信息在变量节点和校验节点之间进行迭代运算,从而获得最大编码增益,因此具有很好的性能,适用于对性能有较高要求的场合。在 BP 算法的迭代过程中,如果译码成功,则译码过程立即结束。BP 算法不是进行固定次数的迭代,这有效地减少了算法的迭代次数,降低了运算复杂度。而且如果算法在预先限定的最大迭代次数到达后仍未找到有效的译码结果,译码器将报错,这时的译码错误为"可检测的"。同时,BP 算法是一种并行算法,在硬件中的并行实现能够极大地提高译码速度。

LDPC 码利用 BP 译码算法能够得到很好的译码性能,但是由于需要进行大量的乘法运算,所以采用 BP 算法的硬件复杂性较高。置信传播算法是对消息传递算法的改进,如果对应的二分图中存在短环,其性能同样会受到很大的影响。

③ 最小和译码算法

最小和(Min Sum)译码算法是根据对数域 BP 译码算法提出的一种近似简化算法,它利用求最小值的运算简化了函数运算,大大降低了运算复杂度且不需要对信道噪声进行估计,但其性能也有一定程度的降低。

④ 比特翻转译码算法

比特翻转(Bit Flipping,BF)译码算法首先将输入译码器的数据进行硬判决,然后将得到的 0、1 序列代入所有的校验方程,找出使校验方程不成立数目最多的变量节点,最后将该变量节点所对应的比特位翻转,至此完成一次迭代。整个译码过程不断地进行迭代,直到所有的校验方程都成立或者达到了设定的最大迭代次数。

比特翻转译码算法只进行比特位的翻转等几种简单的运算,没有复杂的操作,因此非常适合硬件实现,但其性能相对于 BP 译码算法有所降低,适用于硬件条件受限而对性能要求较低的场合。

⑤ 加权比特翻转译码算法

Kou Yu 等人提出了一种加权比特翻转(Weighted Bit Flipping,WBF)译码算法,它将每一个校验方程中涉及的所有变量节点中最不可信的一个节点上的信道输出的软信息作为该校验方程的权重信息,是对比特翻转译码算法的改进。

该算法相对于比特翻转译码算法增加了运算量,因为它需要更多的加法和比较大小的运算,但具有更好的译码性能。在每次迭代译码过程中,要翻转的变量节点个数可能只有一个,收敛速度可能变得较慢。

(6) LDPC 码的一般结论

LDPC 码是线性码,它的奇偶校验矩阵中非零元素很少。但是,这样的定义没有给出构造奇偶校验矩阵的方法,而且,构造 LDPC 码一般采用的是概率的方法。不过,现在已经有了一些关于 LDPC 码的结论,这些结论都是考虑到全体的码字和它们的平均特性而得到的。LDPC 码的整体性能都是由奇偶校验矩阵行和列的重量分布参数(γ, ρ)来定义的(参数指的是矩阵中非零元素的数目),码长 n 这个参数也是在给定(γ, ρ)的条件下获得的。

R. G. Gallager 指出,对于满足参数(n, ρ, γ)的码的全体,必定存在另一个参数 δ,随着码长 n 增加,几乎所有码都有最小的距离 $n\delta$,δ 不随着 n 变化而变化。所以,大多数码的最小距离随着 n 线性增长。

Pinsker 和 Zyablov 提出一些 LDPC 码的译码算法可以纠正 $n\delta$ 个错误,且复杂度仅为 $n\log_2 n$。

同时,Richardson 和 Urbanke 讨论过一些关于 LDPC 码译码的分析问题和码的重量分布 $\lambda(x)$ 和 $\rho(x)$ 的问题。对于在通信信道(BSC、BEC 和 AWGN 等)中传输和采用置信传播译码的 LDPC 码,必定存在参数 σ(称为阈值)。当数据在参数为 σ 的信道中传输,且随着迭代的次数增加错误的概率趋于 0 或者错误概率达到比较低的正数界限时,参数 σ 通常定义为"信道参数"(如信道 AWGN 的噪声散射)。行和列的重量的优化过程就是在低的 SNR 条件下不断优化(提高)阈值。这种在给定重量分布 $\lambda(x)$ 和 $\rho(x)$ 的条件下计算阈值的过程称为密度演进(Density Evolution)。但是,这种分析是近似的,在给定重量分布和特定码长的情况下,并没有给出任何一种构造出码字的方法。当已知重量分布和环长 g_0 的最大值(它提供了密度演化过程能够成功的条件)时,能够构造码字。

2.2.5　格状码

1982 年 Ungerboeck 提出格状编码调制(Terris Coded Modulation,TCM)技术又称码调,将编码和调制技术有机地结合起来。图 2.2.8 所示的是卷积编码(格状编码)的一种。经过卷积编码后,使原来无关的数字符号序列在前后一定间隔内有了相关性。应用这种相关性可根据前后码符关系来解码,通常根据收到的信号从码符序列可能发展的路径中选择最似然的路径进行译码,这比起逐个信号判决解调性能要好得多。然后把编码和调制结合在一起,使符号序列映射到信号空间所形成的路径之间的最小欧氏距离(称为自由距离)为最大。用这种信号波形传输时有最大的抗干扰能力。

(1) 格状编码

首先介绍卷积编码及格状图;然后介绍调制映射与最小自由路径距离,为了讨论时读者有一具体概念,这两部分内容都以较简单的残留边带调制的格状编码为例进行讨论,之后介绍二维信号的 16QAM 和 32QAM 的格状编码,这是在 QAM 和 OFDM 传输方案中所采用的;最后讨论格状编码调制的性能。

① 卷积编码及格状图

卷积码是 1955 年由 Elias 最早提出的,由于编码方法可以用卷积这种运算形式表达,因此得名。卷积码是有记忆编码,有记忆系统,即对于任意给定的时段,其编码的 n 个输出不仅与该时段 k 个输入有关,而且还与该编码器中存储的前 m 个输入有关。

卷积码是纠错码中的一种。现用图 2.2.9(a)所示的一种简单而实用的(2,1,3)卷积码来说明。所用的数码是二进制数字。在卷积码 (n,k,m) 的表示法中参数 k 表示输入信息码位数,n 表示编成的卷积码位数。图示的这种卷积码,$k=1,n=2$ 即每输入 1 位信息码,输出 2 位码,$r=k/n$ 称为信息率。把 j 时刻输入信息码记为 $x(j)$,这个卷积编码器中用了一个有两个存储单元 M_2、M_1 的移位寄存器,分别存储着前两位信息码 $M_2(j)=x_1(j-2)$,$M_1(j)=x_1(j-1)$。按图示的结构,j 时刻编成的码为

$$\begin{cases} y_0(j)=M_1(j)=x_1(j-1) \\ y_1(j)=M_2(j)\oplus x_1(j)=x_1(j-2)\oplus x_1(j) \end{cases} \tag{2-2-12}$$

式中,$\oplus$ 表示模 2 和运算($0+0=1+1=0,0+1=1+0=1$),式(2-2-12)可写成通式

$$y_i = \sum_{k=0}^{m-1} x_1(j-k) \cdot C_i(k) \tag{2-2-13}$$

式中,$\sum$ 是模 2 和累加;$\cdot$ 是乘法运算;$m-1$ 是编码器存储单元数。式(2-2-13)说明编成

码字 y_i 是输入码序列 x_i 和单位脉冲响应 C_i 卷积的结果,这也就是卷积码名称的由来。在图 2.2.9(a)所示的卷积编码器中,$C_0(0)=0,C_0(1)=1,C_0(2)=0;C_1(0)=1,C_1(1)=0,$ $C_1(2)=1$。使用 $m-1$ 个寄存器单元时,编成的卷积码和前 $m-1$ 位码元输入码及当前码共 m 位输入码有关系。m 称为约束,在本例中 $m=3$。

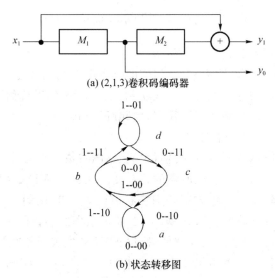

(a) (2,1,3)卷积码编码器

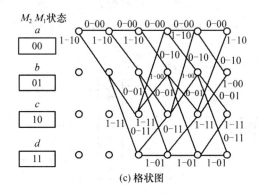

(b) 状态转移图

(c) 格状图

图 2.2.9　卷积码及格状图

卷积码的编码可用存储单元 M_2M_1 状态转移图表示,如图 2.2.9(b)所示。两个存储单元(M_2,M_1)可组成 4 个状态(00,01,10,11),用顶点(a,b,c,d)表示,状态转移用弧线表示,并标注编码关系 $x_1 \rightarrow y_1y_0$,把接连的状态转移连在一起可构成格状图,如图 2.2.9(c)所示。从格状图可看到编码所有可能的发展路径。图 2.2.9(c)为从状态 a 开始,由发展的所有可能编码路径构成的格状图,从 a 点开始经过 3 段后,方可发展到 4 个态的任一个态,后面各段格状结构都是重复的。

卷积编码形成了码序列之间的相关性,反映在格状图上就是格状图上的路径。有些路径从一段上来看,这种编码器编成的码绝不会发生,如 $a \rightarrow c$,$a \rightarrow d$,$b \rightarrow a$,$b \rightarrow b$;$c \rightarrow c$,$c \rightarrow d$;$d \rightarrow a$,$c \rightarrow b$ 的转移。那么在接收时就只要考虑格状图上已有的路径即可。因此,接收端要有和发送端相同的编码器,用来产生格状图上的路径,以便从中寻找出沿着一条路径发展的编码 y_1y_0 序列和收到码序列相同或差别最小的,以此作为最可能路径,并按每段 $x_1 \rightarrow y_1y_0$

关系逆推出 x_1 序列,将其作为发送的码序列。这条找到的路径叫作似然路径。从格状图路径中找出似然路径的方法是 Viterbi 译码算法。

收到的码和路径发展编成码之间或路径与路径之间的一种距离叫作汉明距离,定义为把码序列 $\{u_i\}$ 和 $\{v_i\}$ 作比较:

$$d_H = \sum_i |u_i - v_i| \tag{2-2-14}$$

例如,$\{u_i\} = 101001$,$\{v_i\} = 100101$,则 $d_H = 2$。

所以格状图上的路径之间距离越大,信道的抗噪声干扰能力越强,只要噪声干扰引起的误码在一定限度内,误码的存在就不会引起误判,从而可做到准确解码。只有当干扰过大,误码数超过限度时,才会误判到错误路径上,引起解码错误。

② 调制映射与最小自由路径距离

格状编码调制把信道编码与调制传输信号星座图看成一个总体来进行设计。通常把信号集合扩展一倍,以为纠错编码提供所需的冗余度。在美国 ATSC-M/P/H 的传输方案中,传输数据率为 21.28 Mbit/s,传输方案采用格状编码,8VSB 调制,8VSB-TCM 的结构如图 2.2.10 所示。即把原 2bit 数据采用 $r = k/n = 2/3$ 信息率的卷积码编成 3 位码,再把 3 位码映射成为 8 个信号符号。映射方法要选使编成的码序列发展成路径之间的自由欧氏距离为最大。这种 $(3,2,3)$ 卷积编码器由图 2.2.9(a) 中的 $(2,1,3)$ 卷积编码器按式 $(2-2-9)$ 把 x_1 编成 $y_1 y_0$ 再加上 $y_2(j) = x_2(j)$ 构成。由于用的存储单元和前面一样为两个,约束 $m = 3$,而现在信息码为 $x_2 x_1$,$k = 2$,编好的码在 mn 个码位内有相关性,mn 称为约束长度。

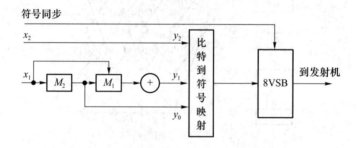

图 2.2.10　8VSB-TCM 的结构

如上所述,为了提供纠错编码所需的冗余度,对于原来需要 2^D 个信号的集合传输,进行编码调制可扩展成使用 2^{D+1} 个信号的集合传输。Ungerboeck 对于 D 数值较小时提出了一种映射方法。设 2^{D+1} 个信号星座点间的最小距离为 Δ_0,先把它对分成两个子集,要使子集信号间的最小距离 $\Delta_1 > \Delta_0$,然后把子集进一步划分,每一次划分使新子集信号间的最小距离大于原子集信号间的最小距离,直到进行 $D+1$ 次划分为止,且 $\Delta_D > \cdots > \Delta_1 > \Delta_0$。现在以 8VSB 的一维星座点为例说明这种分割方法,如图 2.2.11 所示。

信号距离用相应于平均功率的电压来归一化。假设 8VSB 各信号出现的概率相等,按标注的比例电平值,平均功率为 $2 \times (7^2 + 5^2 + 3^2 + 1^2)/8 = 21$,相应于平均功率的电压为 4.58,最小信号距离归一化比值为 $\Delta_0 = 2/4.58 = 1/2.29$。用了归一化值后可以对不同的调制情况进行比较。

在对 8VSB 星座点做 3 次子集划分后,就要确定卷积码 $y_2 y_1 y_0$ 中不同的码位对应哪一

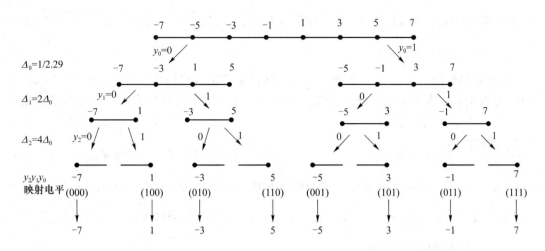

图 2.2.11　8VSB 信号的映射构成方法

次的划分,原则是哪一个码位重要就由它确定距离大的划分。

根据图 2.2.11 的结构,分配 y_2 决定最后一次划分。由于 y_2 直接等于 x_2,因此 y_2 和 x_2 前面的码位无关。但又由于处于整个 $(3,2,3)$ 卷积码结构中,y_2 所决定的信号还取决于 x_1 及其前面 2 位 x_1 码所确定的状态。如果前面的 x_1 码译码正确,而 y_2 判错,便会前功尽弃,因而 y_2 比较重要。现在使 $y_2=0$ 和 $y_2=1$ 所确定的电平差别为 $\Delta_2=4\Delta_0$,判决起来就困难。这种映射还有一个特点:$y_2=0$ 时不管 x_1 处在什么状态,分配到的总是负电平信号 $(-7,-5,-3,-1)$,而 $y_2=1$ 时分配到的总是正电平信号 $(1,3,5,7)$。

y_1y_0 两位码的映射要和格状图联系起来。图 2.2.11 中 y_1y_0 的编码器和图 2.2.9 中的卷积编码器一样,可直接应用图 2.2.9(b)、2.2.9(c) 的状态转移图和格状图。图 2.2.9(c) 中卷积编码器的格状图有一个特点:任一顶点只能从两条路径中的一条转移出去,而且也只能从两条路径中的一条转移过来,而两条路径中走哪一条则决定于码位 y_1。例如,$a\rightarrow a$ 态编成码为 00,$a\rightarrow b$ 编成码为 10,所以从 $a\rightarrow a$ 的路径还是 $a\rightarrow b$ 的路径取决于 y_1 是 0 还是 1。又例如,从 $b\rightarrow d$ 和 $d\rightarrow d$ 编成的码分别为 11 和 01,也是取决于 y_1 是 1 还是 0,以此类推。由于 y_1 这个关系相对比较重要,因此分配由它确定 $\Delta_1=2\Delta_0$ 的一次子集划分,即两条可能路径在起点的一段与在终点的一段距离为 $2\Delta_0$。最后留下 y_0 确定最先的 Δ_0 划分。

用这样的办法来安排映射,就可以得到路径之间较大的自由距离。这里由于编码和调制结合在一起,测度应用欧氏距离。为增加欧氏距离,TCM-QAM 中采用非均匀星座的 QAM,这有利于纠错。

从图 2.2.9(c) 格状图可看出,编码 $m=3$ 时,从一个顶点有两条路径经过 3 段转移后重合到另一顶点。转移段数更多时从一个顶点到另一顶点就会有更多的路径。但是 3 段转移重合的两顶点两条路径之间的距离是最小的,这就是这种格状编码的自由距离 d_{free}。在译码过程中遇到不同路径经过相同的两顶点时,要把收到的信号和按这两条路径编成的信号进行比较,选择其中距离最小的那条路径作为似然路径,而把另一条路径删去,自由距离大就不易选错路径。在图 2.2.9(c) 中看到从 a 点出发经过 3 段转移后又到 a 点的两条路径为 $a\rightarrow a\rightarrow a\rightarrow a$ 和 $a\rightarrow b\rightarrow c\rightarrow a$。根据图 2.2.9(b),经这两条路径的编成码 y_1y_0 分别是 00,00,00 和 10,01,10。在第 1 段上两条路径的输出为 00 和 10,按上面映射关系距离为 $2\Delta_0$;第 2 段为

00 和 01 的距离是 Δ_0;第 3 段为 00 和 10 的距离是 $2\Delta_0$。所以 $d_{\text{free}} = \sqrt{(2\Delta_0)^2 + \Delta_0^2 + (2\Delta_0)^2} = 3\Delta_0 = 3 \times \dfrac{1}{2.29} = 1.31$(归一化值)。

格状码的性能决定于 d_{free},而普通调制性能决定于信号空间中信号最小距离 $d_{\min}$,两者相仿,可以用它们来做粗略的分析比较。这里,把 TCM-8VSB 和原来的 4VSB 传输方案比较一下。4VSB 的 4 个信号电平比较关系为 $(-3, -1, 1, 3)$,相应于平均功率的电平为 $\sqrt{\dfrac{2(3^2 + 1^2)}{4}} = \sqrt{5}$,归一比后的 $d_{\min} = \dfrac{2}{\sqrt{5}} = 0.884$。可看出 TCM-8VSB 方案的性能较 4VSB 方案要好 3.32 dB,即在达到同样符号错误概率时,TCM-8VSB 方案比 4VSB 方案对信噪比的要求可低 $20\log\dfrac{1.31}{0.884} = 3.32$ dB。这是粗略分析的结果,实测结果的确也差不多。

③ 16/32QAM 格状编码

虽然美国 ATSC-M/P/H 已采用 TCM-8VSB 调制,但其他方案采用 TCM-QAM 调制,而且 OFDM 传输方案也拟采用 TCM-32QAM 调制到 512 个信道上。本部分介绍的 QAM 格状编码也采取和以前所介绍内容相同的构成原则:用 $r = D/(D+1)$ 信息率的卷积码,把所需的信号集合中的信号数扩展 1 倍,以增加冗余度;使在格状图上可能编码发展路径间的 d_{free} 尽可能比较大;卷积码和调制信号间有一个好的映射方法。

图 2.2.12(a)是编码器的原理结构框图,当 $x_4 \to y_4$ 线断开时,输入 $x_3 x_2 x_1$ 信息码,经过 $(4,3,3)$ 卷积码编码 $(r = 3/4)$ 成为 $y_3 y_2 y_1 y_0$,映射到 16QAM 信号即成为 TCM-16QAM。当接通 $x_4 \to y_4$ 线时,变为经过 $(5,4,3)$ 卷积码编码 $(r = 4/5)$ 成为 $y_4 y_3 y_2 y_1 y_0$,这时用作 32QAM,即成为 TCM-32QAM。编码器中使用了 3 个存储单元,其中 x_1 信息码经过两个存储单元,是最多的,约束是按最多的一路编码使用的存储单元数计算的,为 $m = 2 + 1 = 3$。编码方程式为

$$\begin{cases} y_4 = x_4 \ (\text{在 16QAM 时不用}) \\ y_3 = x_3 \\ y_2 = M_2(j) \oplus x_1(j) = x_2(j-1) \oplus x_1(j) \\ y_1 = M_1(j) \oplus x_2(j) = x_2(j) \oplus x_1(j-2) \\ y_0 = M_3(j) = x_1(j-1) \end{cases} \tag{2-2-15}$$

采用图 2.2.12(a)所示结构 16/32QAM 格状编码的格状图是相同的,由 M 状态转移图重复构成,图 2.2.12(b)所示的为 M 的状态转移图。图 2.2.14 和图 2.2.15 是 16QAM 和 32QAM 信号划分成子集信号的方法。

这种格状编码调制用的卷积码约束为 $m = 3$,因此,两顶点间至少经过 3 次转移才有不同的编码路径,可从 3 段转移的两顶点间不同路径中的距离最小的定为 d_{free},如图 2.2.13 所示。

从 $M(000)$ 出发有四条路径,最后回到 $M(000)$ 也是四条路径。和前面 TCM-8VSB 中四状态格状图不同,在那里,每一顶点出发或进入都只有两条路径。在图 2.2.14 和图 2.2.15 映射时分配给 $y_2 y_1$,以区分可能的编码路径,由于 y_2 和 y_1 划分时的 Δ_2 和 Δ_1 不同,所以顶点发出四条路径转移段的距离为 $\Delta_2 = 2\Delta_0$ 或 $\Delta_1 = \sqrt{2}\Delta_0$,同样,进入一个顶点四条路径转移

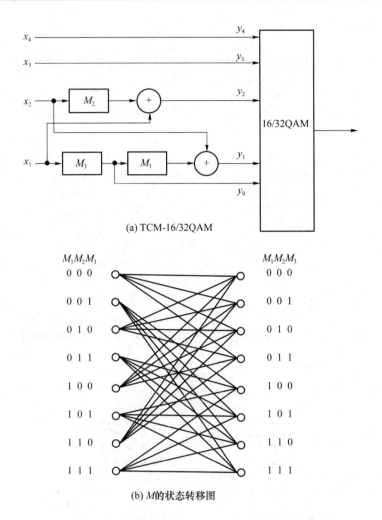

(a) TCM-16/32QAM

(b) M的状态转移图

图 2.2.12　一种 TCM-QAM 调制器

段的距离为 $\Delta_2 = 2\Delta_0$ 或 $\Delta_1 = \sqrt{2}\Delta_0$。在图 2.2.14 中把七条路径和原来的 $M(000) \to (000) \to$ $(000) \to (000)$ 转移路径相比,两条路径 $(000) \to (011) \to (100) \to (000)$ 和 $(000) \to (011) \to$ $(110) \to (000)$ 与该路径的距离最小。这两条路径上的编成码 $y_2 y_1 y_0$ 分别为 $110,101,010$ 和 $110,110,110$。与原来路径编码 $000,000,000$ 相比,按图 2.2.14 和图 2.2.15 的映射,各 段距离分别是 $\sqrt{2}\Delta_0$、Δ_0、$\sqrt{2}\Delta_0$,所以最小距离是 $d_{\min} = \sqrt{(\sqrt{2}\Delta_0)^2 + \Delta_0^2 + (\sqrt{2}\Delta_0)^2} = \sqrt{5}\Delta_0$。 16QAM 相应信号平均功率的电平为 $\sqrt{10} = 3.162$,32QAM 的为 $\sqrt{20} = 4.472$,所以这个自 由距离归一化值分别为 $\sqrt{5}\left(\dfrac{2}{\sqrt{10}}\right) = 1.414$ 和 $\sqrt{5}\left(\dfrac{2}{\sqrt{20}}\right) = 1$。单纯 16QAM 调制的归一化 $\Delta_{\min} = \dfrac{2}{\sqrt{10}} = 0.632$。所以 TCM-16QAM 和 TCM-32QAM 分别比 16QAM 大致上好 7 dB 和 4 dB。

④ 格状编码调制的性能

图 2.2.16 为传送相同数据率的 4VSB、16QAM 和 16QAM-OFDM 的性能曲线,三者相

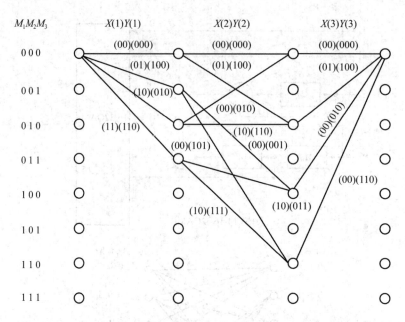

图 2.2.13 从 $M(000)$ 开始经过 3 次转移后回到 $M(000)$ 的可能编码路径

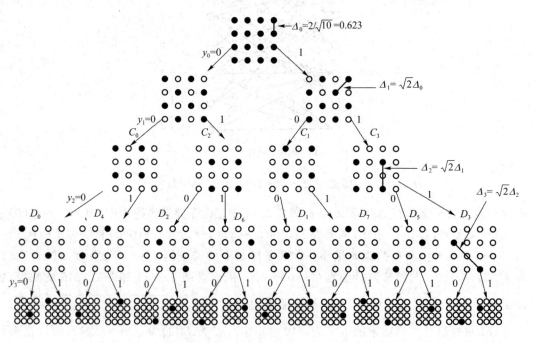

图 2.2.14 16QAM 信号划分和映射方法

差不多,只是 4VSB 略好一些。对于属于 MPAM 类型调制的 MVSB,把 PAM 比特误码率公式中的比特信噪比改换成信号平均功率信噪比,式中 erfc 的宗量除以 $\log_2 M$ 就成为符号错误概率和信噪比的关系,即

$$P_{\text{MVSB}} = \frac{M-1}{M}\text{erfc}\left[\sqrt{\frac{3}{(M^2-1)}\frac{1}{\log_2 M}\left(\frac{P_{\text{sav}}}{N}\right)}\right] \qquad (2\text{-}2\text{-}16)$$

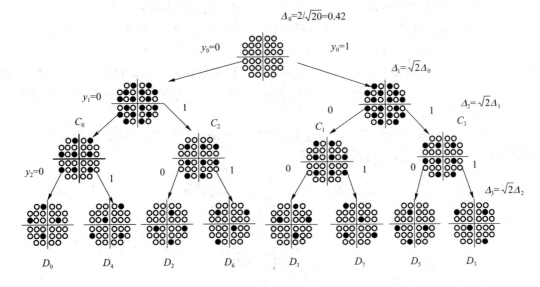

图 2.2.15　32QAM 信号划分和映射方法(略去最后 2 次划分映射)

式中，$\dfrac{P_{sav}}{N}$ 为信号平均功率信噪比，erfc 为误差函数。

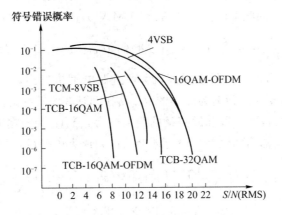

图 2.2.16　白高斯噪声下格状编码的性能

MQAM 可以看成正交载波上两个分开的 PAM 信号。接收时 MQAM 信号分成两个 $\sqrt{M}$ PAM 信号来进行检测。每一路载波 PAM 的符号错误概率为

$$P_{\sqrt{M}}=\left(1-\frac{1}{\sqrt{M}}\right)\operatorname{erfc}\left[\sqrt{\frac{3}{(M-1)}\frac{1}{\log_2\sqrt{M}}\left(\frac{P_{sav}}{N}\right)}\right] \tag{2-2-17}$$

因为要两路检测正确时才算正确，而两路检测正确的概率为 $(1-P_{\sqrt{M}})^2$，于是 MQAM 的符号错误概率为

$$P_{MQAM}=1-(1-P_{\sqrt{M}})^2 \tag{2-2-18}$$

在小的符号错误概率时，$(1-P_{\sqrt{M}})^2\approx1-2P_{\sqrt{M}}$，所以

$$P_{MQAM}=2\left(1-\frac{1}{\sqrt{M}}\right)\operatorname{erfc}\left[\sqrt{\frac{3}{(M-1)}\frac{1}{\log_2\sqrt{M}}\left(\frac{P_{sav}}{N}\right)}\right] \tag{2-2-19}$$

4VSB 应用式(2-2-16),16QAM 应用式(2-2-19),故 16QAM 的符号错误概率近似为 4VSB 的两倍,如果载波频带一样,单位频带噪声一样,解调时 16QAM 采用锁定于 I/Q 载波上解调,在信号幅度上可得到相干解调 3 dB 的增益,则 16QAM 应用式(2-2-19)时相当于 P_{sav} 乘以两倍。这就说明 16QAM 在性能上和 4VSB 非常相近。16QAM-OFDM 本质上是 16QAM,只不过把单一载波调制变成多正交载波调制,所以它的符号错误概率性能也可和 16QAM 一样用式(2-2-18)或式(2-2-19)计算。

下面讨论格状编码的性能。译码是按照搜索似然路径进行的,误差是由于偏离正确路径所引起的,当 P_d 小时,译码错误概率为

$$P_{\text{e}} = 1 - \prod_{d=d_{\text{free}}}^{\infty} (1 - P_d) \tag{2-2-20}$$

或

$$P_{\text{e}} \leqslant \prod_{d=d_{\text{free}}}^{\infty} A_d P_d \tag{2-2-21}$$

式中,A_d 为偏离正确途径距离为 d 的路径数,P_d 为译到这条路径的概率。出现错误路径很多,而它们和正确途径的距离不小于 d_{free}。在一般情况下,只要 d 稍大,P_d 就会迅速减小,所以错误译码概率的限值为 $P_{\text{e}} \approx A_{\text{df}} P_{\text{df}}$,式中,$A_{\text{df}}$ 为偏离正确路径距离为 d_{free} 的路径数,P_{df} 为译到这些路径的概率。因此可以粗略地估计 TCM-VSB 的性能。事实上,M 进制和星座点最小距离 Δ_0 的关系为 $\frac{3}{M^2-1} = \left(\frac{\Delta_0}{2}\right)^2$,在式(2-2-19)中 erfc 的宗量为 $\sqrt{\left(\frac{\Delta_0}{2}\right)^2 \frac{1}{\log_2 M}\left(\frac{P_{\text{sav}}}{N}\right)}$,式中,$\Delta_0$ 为 M 进制两信号电平的最小距离,而 M 进制电平按($\pm 1, \pm 3, \pm 5, \cdots$)比例关系设置。前面讲的卷积码 $m=3$,距离为最小的 d_{free} 路径都是 3 段转移的路径。根据调制映射与最小自由路径距离的讨论,每段和原路径的距离应为 $a_i \Delta_0$(a_i 为根据随调制和卷积码的不同得出的系数)。要逐段都判到该路径段上才会错误判成为该路径,所以对于 VSB

$$P_{\text{df}} = \left(\frac{M-1}{M}\right)^3 \prod_{i=1}^{3} \text{erfc}\left[\sqrt{\left(\frac{\Delta_0}{2}\right)^2 \frac{1}{\log_2 M}\left(\frac{P_{\text{sav}}}{N}\right)}\right] \tag{2-2-22}$$

当 x 大时,误差函数可用近似式 $\text{erfc}(x) \approx \frac{1}{\sqrt{2\pi} x} \text{e}^{-\frac{x^2}{2}}$ 表示,用此式代入式(2-2-22),三项连乘式中有 $\text{e}^{-\left(\frac{a_1 \Delta_0}{2}\right)^2} \cdot \text{e}^{-\left(\frac{a_2 \Delta_0}{2}\right)^2} \cdot \text{e}^{-\left(\frac{a_3 \Delta_0}{2}\right)^2}$(可化成 $\text{e}^{-(a_1^2 + a_2^2 + a_3^2)\left(\frac{\Delta_0}{2}\right)^2} = \text{e}^{-\left(\frac{d_{\text{free}}}{2}\right)^2}$),并有 3 个 x_i 相乘出现在分母中,则式(2-2-22)在数值上小于在用式(2-2-16)计算中把 $\frac{3}{M^2-1} = \left(\frac{\Delta_0}{2}\right)^2$ 换为 $\left(\frac{d_{\text{free}}}{2}\right)^2$ 的结果。在计算中把 Δ_0 换为 d_{free} 相当于把符号错误概率曲线在信噪比 $\frac{S}{N}$ 横坐标向左移 $20\log\frac{d_{\text{free}}}{\Delta_0} = G$ dB。在 TCM-8VSB 中,按上文讨论中的分析,由于噪声使译码误判到最近的 d_{free} 路径数为 $A_{\text{df}} = 1$,故这结果可以作为符号错误概率的上界。这种近似估计也可用到 TCM-16/32QAM 中,不过按图 2.2.14 分析,这时 $A_{\text{df}} = 2$。现把 4VSB、16QAM 和 16QAM-OFDM 的符号错误概率曲线和 TCM-8VSB、TCM-16/32QAM 和 TCM-16QAM-OFDM 的符号错误概率曲线示于图 2.2.16 中。可看到在低符号错误概率下按自由路径改

善 G dB 数左移可作为近似估计。

前文已述,把信道编码拆成外信道编码和内信道编码,内信道编码和调制结合在一起优化成格状编码调制,其结果在不改变波形速率,也就是不改变带宽的条件下,扩展了使用的信号电平数,也就是扩展了采用的信号数目,使得按波形的符号错误概率的性能得到了改善,但也使设备相应变得复杂了。进一步改善抗干扰性能的话要用外信道编码——R-S 码——来解决。

能不能不分内信道编码和外信道编码,而设计成一个信道编码和调制结合,以达到最佳的性能? 下面分析这个问题。内外信道编码分工的结果如图 2.2.17 所示。由图可知,格状编码再加上外信道 R-S 码后符号错误概率可得到改善。设计一个统一的信道码,可使其和调制结合起来达到同样的性能,但是频率利用率大为降低。采用格状编码,符号波形速率不变,即在没有增加传输带宽时,性能得以改善。例如,前文介绍的 R-S 码采用串行传输系统 GA 推荐的(208,188)码,只比原信息码增加了 10.6% 的码率,即增加的传输带宽非常有限。如果使用一种统一的信道编码,要达到同样的效果的话频带的增加量相当大。所以,采用内外信道分别编码,在同样的传输数据率和限定频带的条件下,能使用最低的信噪比工作,即能得到最优的性能。

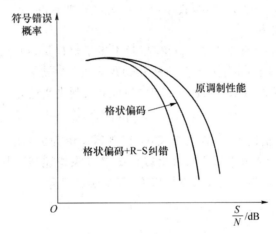

图 2.2.17　内外信道分工的结果

（2）格状编码调制的维特比译码算法

已经介绍了以"集合划分映射"为基础,将纠错编码和数字调制合二为一的格状编码调制技术(TCM),它在不损失数据速率或不增加带宽的情况下,增加信道中传输信号集内的信号状态数目,也增加了发送信号的冗余度,加大了信号序列之间的欧氏距离,从而在很大程度上改善了信号传输的抗干扰性能。为了充分体现格状编码调制的这一优越性能,在接收端一般采用软判维特比(Viterbi)算法进行译码。

在不同调制方式下,采用不同约束长度 m 的卷积编码,TCM 可以有不同的编码增益,从 2.55 dB 到 7.37 dB 不等。当然,由于维特比译码器的复杂程度随着卷积编码器的约束长度 m 的增加而迅速增加,所以约束长度 m 的选择必须满足译码速度的要求,不能选太大。

从前面的讨论可知,格状编码调制-维特比译码给 HDTV 地面广播的传输系统所带来的好处是明显的,但由于调制方式、卷积码的约束长度及码率不同,故 TCM 的种类多种多样,相应的维比特译码方法也不同,如前面用到的 TCM-32QAM 和 TCM-8VSB 的维特比译码器。在此,讨论维持比译码算法的原理,并以四状态卷积码为例,简单介绍硬判决维特比译码算法的译码过程;以 HDTV 地面广播中使用的 TCM-32QAM 为例,介绍软判决维特比译码算法的译码过程。

① 维特比译码算法的基本原理

维持比译码方法是 1967 年 Viterbi 提出的一种最大似然译码方法,它不仅是卷积码的一种重要译码方法,而且可用于一般的时间离散、状态有限的马尔科夫过程的最佳估值。

参考图 2.2.18,若编码器输出码序列为 $c = (c_1, c_2, \cdots, c_L)$,是从 S_0 状态出发经由格状图上的不同分支,最后回到 S_0 状态的一条路径。也可以用一个状态序列 $S = \{S_0, S_1, \cdots, S_L\}$ 来表示相应的码字,其中 S_k 为第 kT 时刻编码器所处的状态。若接收序列为 R,则按最大后验概率译码,对于可能的发送序列 C_i,应将 R 译为 $p(c_i \mid R)$ 最大的码字 C_{opt}。

由贝叶斯定理,按

$$p(c_i|R) = \frac{p(c_i, R)}{p(R)} = \frac{p(R|c_i) \cdot p(c_i)}{p(R)} \tag{2-2-23}$$

最大进行判决。

在式(2-2-23)中,$p(c_i \mid R)$ 为将接收序列 R 译为 c_i 的概率,$p(R \mid c_i)$ 为发送序列 c_i 由于干扰而错误成为 R 的概率。

对于独立信源,对于所有 i,其 $P(c_i)$ 相等;对于无记忆信道,对于所有 i,其 $p(R)$ 相等。所以按式(2-2-23)最大进行判决就是按 $p(R \mid c_i)$ 最大进行判决。

由于 $\lg x$ 是 x 的单调函数,因此,为处理方便,定义判决变量为

$$\Gamma(R, c_i) = \lg[p(R|c_i)] \tag{2-2-24}$$

对于二元双向对称信道 BSC(BSC 定义为:调制器输出为二元信号;噪声的幅度分布是对称的;解调器的输出为 2 电平量化),可用转移概率 p 来描述。p 表示发送端发 0 而接收端收到 1 或发送端发 1 而接收端收到 0 的概率,即错误概率为

$$p = p(R_m = 0 | c_m = 1) = p(R_m = 1 | c_m = 0) \tag{2-2-25}$$

正确概率为

$$q = 1 - p = p(R_m = 0 | c_m = 0) = p(R_m = 1 | c_m = 1) \tag{2-2-26}$$

所以,对于无记忆二元双向对称信道,其最大似然译码的判决变量为

$$\begin{aligned} \Gamma(R, c_i) &= \lg\Big[\prod_{m=1}^{L} p(R_m \mid c_i)\Big] = \sum_{m=1}^{L} \lg p(R_m \mid c_i) \\ &= d(R, c)\lg p + [L - d(R, c)]\lg(1 - p) \end{aligned} \tag{2-2-27}$$

式中,$d(R, c_i)$ 为接收序列 R 与可能的码序列 c_i 相比不相等的位数,即它们之间的汉明距离。

综上所述,由于经过卷积编码,相邻的码字之间具有一定的相关性,并不是所有的码序列都可以作为译码序列,要根据相应的状态转移格状图,确定可能的码序列。维特比译码的准则就是,比较接收序列与可能的码序列之间的距离,取与接收序列具有最小距离的码序列作为判决序列,在相应的状态转移格状图上,这一码序列称为具有最短距离(路径)。

维持比译码的关键是,在状态转移格状图上,若从状态 S_0 到状态 S_L 的最短路径以 P 表

示,它经过格状图中的某一中间状态 S_k 时的路径以 P_k 表示,则 P_k 必是从状态 S_0 到状态 S_k 的最短路径。

以上介绍的二元对称信道的调制器输入和解调器输出到译码器均为二元信号,在此我们称解调器为硬判决,译码器中信号之间的差别用汉明距离来表示。当解调器的输出不是二元信号,而是多值信号时,我们称解调器为软判决,译码器中信号之间的差别用欧氏距离来表示。由于软判决充分利用了接收信号的信息,因此比硬判决可得到更多的好处,当然其实现难度也增加不少。为说明问题,下面从另一角度简单介绍一下软判决和欧氏距离。

一般而言,假设噪声对每个符号的影响是独立的,并且是均值为 0、方差为 $\sigma^2 = \dfrac{N_0}{2}$ 的高斯过程,由式(2-2-24)可知:

$$\Gamma(R, c_i) = \lg[P \mid c_i] = \lg\left\{\prod_{m=1}^{L}\left[\frac{1}{\sqrt{\pi N_0}}\right]e^{-\frac{(R_m - c_m)^2}{N_0}}\right\} = -\sum_{m=1}^{L}\frac{(R_m - c_m)^2}{N_0} \cdot \lg\left[\frac{1}{\sqrt{\pi N_0}}\right]^L$$

$$(2\text{-}2\text{-}28)$$

在欧氏距离 d 为最小时,

$$d^2 = \sum_{m=1}^{L}(R_m - c_m)^2 \qquad (2\text{-}2\text{-}29)$$

可得到式(2-2-28)的最大值,式(2-2-29)为接收信号与可能的码序列之间的欧氏距离。

② 硬判决维特比译码的过程

硬判决维特比译码是在检测判决成二进制序列后进行译码。下面以图 2.2.9 中的卷积码为例来说明硬判决维特比译码的过程。

假设编码器的初始态为全零态(S_0),输入的信息序列为 $u = \{1011100\}$。从图 2.2.9 的状态转移图中可知,编码生成的卷积码字为 $c = \{10,01,00,11,01,11,10\}$。由于信道中存在干扰,收到的码序列成为 $R = \{10,01,00,11,00,11,00\}$。

按照图 2.2.9 的状态转移图,将译码的前两步表示于图 2.2.18(a)和图 2.2.18(b)中,在译码开始的第一步和第二步,路径从两条发展到四条,相应的译码序列和距离标注在图中。

译码的第三步见图 2.2.18(c),此时译码的路径已发展到八条,这八条路径的起点是一个点,终点是四点,也即到达同一终点的路径有两条。此时可以删去其中距离较大的一条路径,而保留另一条距离较小的路径作为幸存路径。例如,到达状态 S_0 的一条路径为 $S_0 \rightarrow S_0 \rightarrow S_0 \rightarrow S_0$,相应的译码序列和码字序列分别为 000 和 00,00,00,距离为 2;另一条路径为 $S_0 \rightarrow S_1 \rightarrow S_2 \rightarrow S_0$,相应的译码序列和码字序列分别为 100 和 10,01,10,距离为 1。于是保留第二条路径作为幸存路径。这样做的理由是,不管以后发展下去的路径如何,其加上被淘汰路径的距离总是大的,所以可删除。

在译码的第三步以后,每发展一步就会产生八条路径,对于到达每一状态的路径只保留一条距离小的,因此四个状态共保留四条幸存路径。

如果在某一步进入某一状态的两条路径的距离相同,则任选一条作为这一状态的幸存路径。

译码的第四步到第七步见图 2.2.18(d)至 2.2.18(g),从图 2.2.18(g)可知,一条距离为 1 的路径距离最小,其译码序列为 1011101。如果此时发送结束,译码输入信号继续为零,译码器继续向下译码。由于干扰的影响,图 2.2.18 中的四条幸存路径在译到第七步时,只重合了三步,要等译到第十一步时,才重合了七步,得到的最终结果为 1001100。

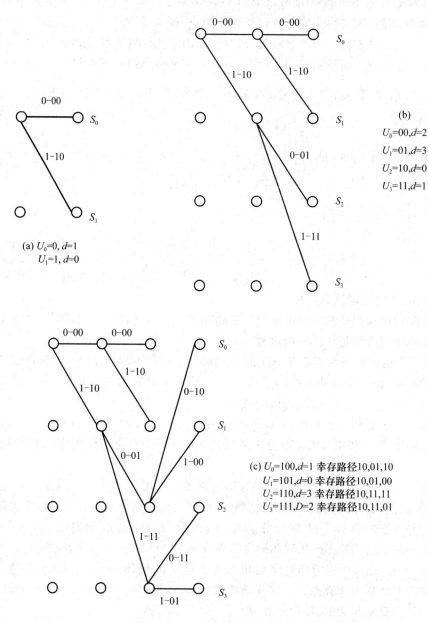

图 2.2.18 卷积码的译码步骤

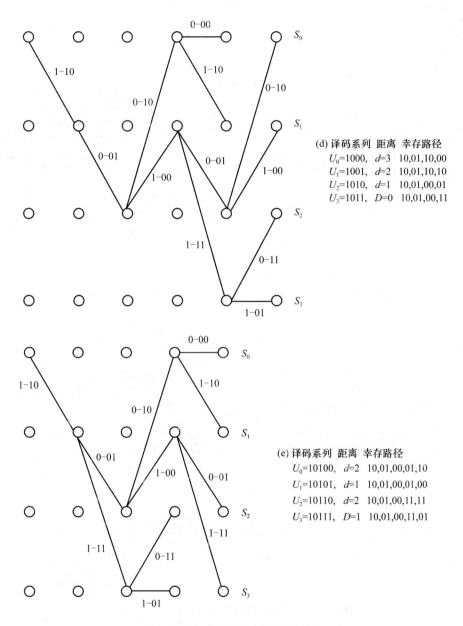

(d) 译码系列　距离　幸存路径
U_0=1000,　d=3　10,01,10,00
U_1=1001,　d=2　10,01,10,10
U_2=1010,　d=1　10,01,00,01
U_3=1011,　D=0　10,01,00,11

(e) 译码系列　距离　幸存路径
U_0=10100,　d=2　10,01,00,01,10
U_1=10101,　d=1　10,01,00,01,00
U_2=10110,　d=2　10,01,00,11,11
U_3=10111,　D=1　10,01,00,11,01

图 2.2.18　卷积码的译码步骤(续)

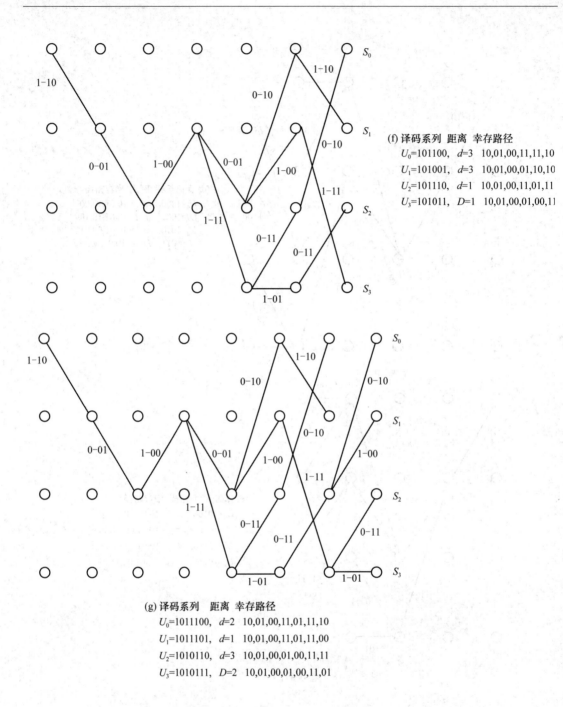

(f) 译码系列 距离 幸存路径
U_0=101100, d=3 10,01,00,11,11,10
U_1=101001, d=3 10,01,00,01,10,10
U_2=101110, d=1 10,01,00,11,01,11
U_3=101011, D=1 10,01,00,01,00,11

(g) 译码系列 距离 幸存路径
U_0=1011100, d=2 10,01,00,11,01,11,10
U_1=1011101, d=1 10,01,00,11,01,11,00
U_2=1010110, d=3 10,01,00,01,00,11,11
U_3=1010111, D=2 10,01,00,01,00,11,01

图 2.2.18 卷积码的译码步骤(续)

③ 软判决维特比译码的过程

软判决维特比译码是对输入信号进行较精细的量化,用欧氏距离代替汉明距离作为判据,以此来计算假设路径与接收信号间的距离并选定幸存路径、进行译码的方法。

下面以 HDTV 地面广播中使用的 8 状态 TCM-32QAM 为例,介绍软判决维特比译码的过程。

　　为说明问题,图 2.2.19 给出了编码器的结构,图 2.2.20 给出了星座点映射,在图 2.2.21 给出了状态转移图。在图 2.2.21 中 D_i 为第 i 个子集,其编码器输出的低 3 位为 i(八进制),由输入信号和当前状态决定,高两位代表并行转移的四条路径。

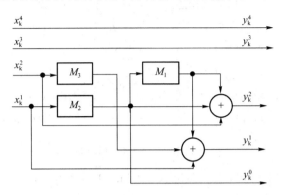

图 2.2.19　TCM-32QAM 编码器

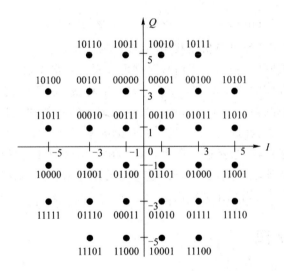

图 2.2.20　TCM-32QAM 的星座点

　　由图 2.2.19 的编码器和图 2.2.21 的状态转移格状图可知,从每一状态出发可以到达下一时刻的四个不同状态,其中,从每一状态到达下一时刻的另一状态可以有四条并行路,到达当前每个状态的路径可以来自前一时刻的四个不同状态。

　　按维持比译码算法的原理,实际的译码方法过程如下。

　　首先,在时刻 kT,计算接收信号与星座图中各点的欧氏距离,选择并行转移路径中的最小值作为当前状态 S_j 在下一时刻 $(k+1)T$ 到某一状态 S_i 的分支度量 $\lambda_{ij,k}$。

　　其次,计算时刻 $(k+1)T$ 到达各个状态的所有路径的距离,将存储到达各个状态的所有路径的欧氏距离中的最小值 $\gamma_{i,k+1}$ 作为该状态的积累度量并将相应的路径作为该状态的幸存路径,即

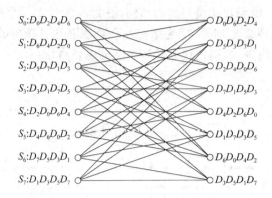

图 2.2.21　8 状态 TCM-32QAM 的状态转移图

$$\begin{cases} \gamma_{0,k+1} = \min(\gamma_{00,k} + \gamma_{0,k}, \gamma_{01,k} + \gamma_{1,k}, \gamma_{04,k} + \gamma_{4,k}, \gamma_{05,k} + \gamma_{5,k}) \\ \gamma_{1,k+1} = \min(\gamma_{12,k} + \gamma_{2,k}, \gamma_{13,k} + \gamma_{3,k}, \gamma_{16,k} + \gamma_{6,k}, \gamma_{17,k} + \gamma_{7,k}) \\ \qquad\qquad\vdots \\ \gamma_{7,k+1} = \min(\gamma_{72,k} + \gamma_{2,k}, \gamma_{73,k} + \gamma_{3,k}, \gamma_{76,k} + \gamma_{6,k}, \gamma_{77,k} + \gamma_{7,k}) \end{cases} \qquad (2\text{-}2\text{-}30)$$

在任一时刻,幸存路径数目与状态数相同,在此为八条。

维特比译码器在实际应用时,由于信号序列可以看作是半无限的,因此需要把幸存路径截短到某个可以实际存储的长度 δ,即在 kT 时刻必须对 $(k-\delta)T$ 时刻的码元做出判决。一般只要取得足够大,例如,在 $\delta = (4{\sim}5)m(m$ 为卷积编码器中的约束长度,即编码输出信号与输入信号相关联的个数,在此为 3)时,在 kT 时刻的幸存路径以很大的概率早在 $(k-\delta)T$ 时刻以前就合并成一条路径,当然这一概率与译码输入信号所受到的干扰程度有一定的关系。若信号受到的干扰比较严重,在 $(k-\delta)T$ 时刻的路径未合并,则将 kT 时刻距离最小的幸存路径在 $(k$ -$\delta)T$ 时刻的码元作为输出。

2.2.6　极化码

极化码(Polar Codes)是一种新型信道编码方式,其可以实现对称二进制输入离散无记忆信道〔如二进对称信道(BSC,Binary Symmetric Channel)和二进制擦除信道(BEC,Binary Erasure Channel)〕容量的代码构造方法,极化码是 2008 年由土耳其毕尔肯大学 Erdal Arikan 教授首次提出的,是信道编码界的新星。极化码首次推出后,在学术界引发广泛关注。各通信巨头都对极化码进行了研究,这里面也包括华为公司。极化码可达到香农极限,并且是具有可实用的线性复杂度编译码能力的信道编码技术,成为下一代通信系统 5G 中信道编码方案的强有力候选者。2016 年 11 月 18 日,在美国内华达州里诺结束的 3GPP 的 RAN1♯87 会议上,3GPP 确定了将华为等中国公司主推的极化码方案作为 5G eMBB(增强移动宽带)场景的控制信道编码方案。至此,5G eMBB 场景的信道编码技术方案完全确定,其中极化码作为控制信道的编码方案 。

极化码是一种新型信道编码方式,也是目前 3GPP 标准中的一种候选编码技术方案,通过对华为极化码试验样机在静止和移动场景下的性能测试,针对短码长和长码长两种场景,在相同信道条件下,相对于 Turbo 码,可以获得 0.3~0.6 dB 的误包率性能增益。同时,华为还测试了极化码与高频段通信相结合的场景,实现了 20 Gbit/s 以上的数据传输速率,验证了极化码可有效支持 ITU 所定义的三大应用场景。

（1）信道极化模型

假设一组二进制对称输入离散无记忆（B-DMC）信道 W,采用一种编码方法,使各个子信道呈现出不同的可靠性,随信道数目的增加,这些子信道呈现两极分化现象,称作信道极化,这种信道极化现象普遍存在。

图 2.2.22 是二个信道 W 的极化模型,从图 2.2.22 可看出,数据在极化信道的传输分为编码、传输两个步骤。显然,编码部分存在如式（2-2-31）的关系。

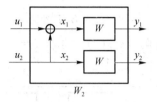

图 2.2.22　二个信道的极化模型

$$(x_1, x_2) = (u_1, u_2)\boldsymbol{F} = (u_1, u_2)\begin{pmatrix} 1 & 0 \\ 1 & 1 \end{pmatrix} \tag{2-2-31}$$

式中,$\boldsymbol{F} = \begin{pmatrix} 1 & 0 \\ 1 & 1 \end{pmatrix}$。

四个信道的极化模型如图 2.2.23 所示。图 2.2.23 极化模型的编码关系由式（2-2-32）给出。

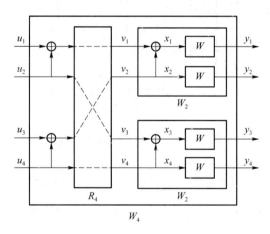

图 2.2.23　四个信道的极化模型

$$(x_1, x_2, x_3, x_4) = (u_1, u_2, u_3, u_4)\boldsymbol{G}_4 = (u_1, u_2, u_3, u_4)\begin{pmatrix} 1 & 0 & 0 & 0 \\ 1 & 0 & 1 & 0 \\ 1 & 1 & 0 & 0 \\ 1 & 1 & 1 & 1 \end{pmatrix} \tag{2-2-32}$$

值得注意的是,在图 2.2.23 中,存在一个位置交换的结构,称为比特翻转。

在式(2-2-32)中，$G_4 = \begin{bmatrix} 1 & 0 & 0 & 0 \\ 1 & 0 & 1 & 0 \\ 1 & 1 & 0 & 0 \\ 1 & 1 & 1 & 1 \end{bmatrix}$ 是四个信道的比特翻转矩阵，G_4 和 F 可以写成如

下数学关系式：

$$G_4 = B_4 F^{\otimes 2} \tag{2-2-33}$$

式中，B_4 是比特翻转矩阵，$F^{\otimes 2} = F \otimes F$ 是克罗内克积。可推广得到，当信道数目为 $N(=2^n)$ 时，生成矩阵可表述为

$$G_N = B_N F^{\otimes n} \tag{2-2-34}$$

式中，B_N 是 $N(=2^n)$ 信道的比特翻转矩阵，$F^{\otimes n}$ 是 $N(=2^n)$ 信道的克罗内克积。$N(=2^n)$ 信道极化模型如图 2.2.24 所示。

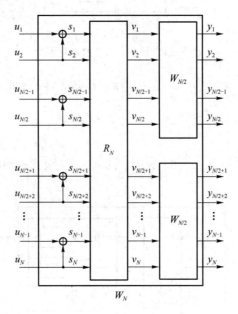

图 2.2.24　$N(=2^n)$ 信道极化模型

（2）信道参数

设信道 W 是一组二进制对称输入离散无记忆信道(B-DMC)，输入符号集为 X，输出符号集为 Y。信道的转移概率为 $W\left(\dfrac{y}{x}\right)$。其中，$x|X, y|X$。如果有 N 个 W 的等效信道 W^N，则存在 $W^x, X^N | Y^N$，并且转移概率为 $W^N(y_1^N \mid x_1^N) = \prod\limits_{i=1}^{N} W(y_i \mid x_i)$，其中，$x_1^N = (x_1, x_2, \cdots, x_N)$，$y_1^N = (y_1, y_2, \cdots, y_N)$。在极化信道中存在两个重要参数：对称容量(Symmetric Capacity)和巴塔恰利亚系数(Bhattacharyya Parameter)。对称容量表示信道速率，而巴尔系数反映了信道的可靠性。

对称容量：

$$I(W) \triangleq \sum_{y \in Y} \sum_{x \in X} \frac{1}{2} W(y \mid x) \log \frac{2W(y \mid x)}{W(y \mid 0) + W(y \mid 1)} \tag{2-2-35}$$

巴塔焓利亚系数：

$$Z(W) \triangleq \sum_{y \in Y} \sqrt{W(y \mid 0) + W(y \mid 1)} \qquad (2\text{-}2\text{-}36)$$

当信道数目扩展到 $N = 2^n$ 时,可以采用以下递归关系获取子信道的对称容量 $\{I(W_N^{(i)})\}$。

奇数信道的递归关系：

$$I(W_N^{(2i-1)}) = I(W_{N/2}^{(i)})^2 \qquad (2\text{-}2\text{-}37)$$

偶数信道的递归关系：

$$I(W_N^{(2i)}) = 2I(W_{N/2}^{(i)}) - I(W_{N/2}^{(i)})^2 \qquad (2\text{-}2\text{-}38)$$

当信道为二进制删除信道(删除概率为 ε)时,$I(W_1^{(1)}) = 1 - \varepsilon$。显然各子信道容量呈现两极分化的现象：一部分趋近于 1；一部分趋近于 0。这样,保留趋于 1 的子信道,冻结趋于 0 的子信道。

（3）极化码的构造方法

下面介绍其中一种基于线性陪集的极化码构造方法。

从 N 个信道中选择信道质量较好的部分子信道作为信息传输信道,剩余部分子信道作为冻结比特传输信道,并用式(2-2-39)完成编码。

$$x_1^N = u_A G_N(A) \bigotimes u\, A^c G_N(A^c) \qquad (2\text{-}2\text{-}39)$$

信道质量可以采用前述的对称容量或者边氏系数来衡量。下面采用对称容量作为衡量指标,构造任意码率 R 的极化编码算法如下。

- 用式(2-2-37)或式(2-2-38)计算信道容量值 $I(W)$。
- 将 $I(W)$ 按值从大到小排序,排序过程中用标记数组 Flag 记录原信道的索引值,保持两个数组的同一个下标记录的值对应同一个子信道。
- Flag 中的前 $N \times R$ 个记录就是该信道下需要找出的信息位下标,将其存入 A 中,剩余部分存入 A^c 中。
- 构造生成矩阵 G_N,从中选取 A 所对应的行构造 $G(A)$,其余部分构造 $G(A^c)$。
- 冻结比特序列到 u_A,全部置 0,用式(2-2-39)完成编码。

值得注意的是,在构造成矩阵 G_N 时,如果采用了比特翻转,译码结果即为信息序列,否则在译码时,则需停止比特翻转。

（4）极化码译码算法的实现

下面介绍一种基于抵消的极化译码算法的实现。图 2.2.25 给出了 SC 译码算法流程。显然,该算法是一种基于似然比的译码方法。在 BEC 下,接收到的信道是硬判决的结果,在噪声的影响下,接收符号集为 $\{0, ?, 1\}$,其似然比信息可用递归公式(2-2-37)、式(2-2-38)表达。

$\hat{u}_{1,0}^{2i-2}$ 和 $\hat{u}_{1,\in}^{2i-2}$ 分别表示前 $2i-2$ 个译码估计值序列中的奇数项和偶数项。

$$L_N^{(2i-1)}(y_1^N, \hat{u}_1^{2i-2}) = \frac{L_{N/2}^{(i)}(y_1^{N/2}, \hat{u}_{1,0}^{2i-2} \bigoplus \hat{u}_{1,\in}^{2i-2}) L_{N/2}^{(i)}(y_N^{N/2}, \hat{u}_{1,\in}^{2i-2}) + 1}{L_{N/2}^{(i)}(y_1^{N/2}, \hat{u}_{1,0}^{2i-2} \bigoplus \hat{u}_{1,\in}^{2i-2}) + L_{N/2}^{(i)}(y_{N/2}^{(i)}, \hat{u}_{1,\in}^{2i-2})} \qquad (2\text{-}2\text{-}40)$$

$$L_N^{(2i)}(y_1^N, \hat{u}_1^{2i-2}) = [L_{N/2}^{(i)}(y_1^{N/2}, \hat{u}_{1,0}^{2i-2})]^{1 - 2\hat{u}_{2i-1}} \times L_{N/2}^{(i)}(y_{N/2}^N, \hat{u}_{1,\in}^{2i-2}) \qquad (2\text{-}2\text{-}41)$$

$$L_1^{(1)}(y_i)=\frac{W(y_i\,|\,0)}{W(y_i\,|\,1)}\qquad\qquad(2\text{-}2\text{-}42)$$

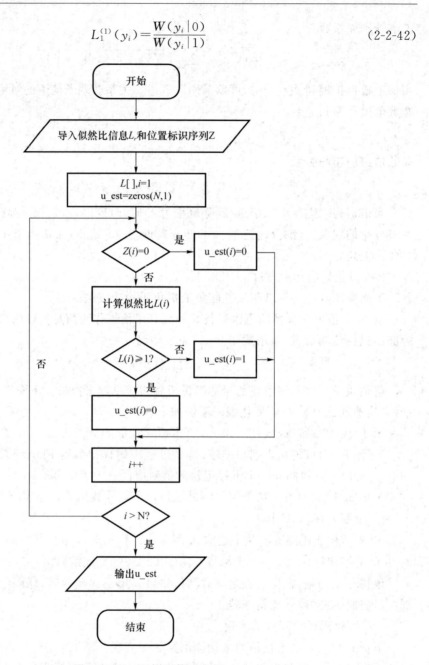

图 2.2.25　SC 译码算法流程

在图 2.2.25 所示的算法中设计了一个位置标志序列 $\mathbf{Z}$,该标记序列是一个二进制向量,明确指示了码字中的信息位("1"表示)和冻结位("0"表示)。译码时当识别到某一位符号 $Z_i=0$ 时,即认定为冻结位,对应的比特直接译码为 $u_i=0$。由于在编码过程中,采用了比特翻转,所以其译码结果即为最终结果。

2.3　数据交织和解交织

交织器实际上就是将数据序列中的元素重新置位,从而得到交织序列的过程。数据交织也称作数据交织编码,交织编码通过交织与解交织将一个有记忆的突发差错信道改造为无记忆的随机独立差错的信道。纠错编码在实际应用中往往要结合数据交织技术,然后再用纠随机独立差错的码来纠错。因为许多信道差错是突发的,即在发生错误时,信道差错往往有很强的相关性,可能连续一片数据都出错。这时由于错误集中在一起,常常超出了纠错码的纠错能力。所以在发送端加上数据交织器,在接收端加上解交织器,使得信道的突发差错分散开,把突发差错信道变成独立随机差错信道,这样可以充分发挥纠错编码的作用。

交织器的作用可以总结为:①可以产生长码,便于纠错;②使两个纠错编码器的输入不相关,编码过程趋于独立。交织使编码产生随机度,使码随机化、均匀化,起着对码重量整形的作用,直接影响纠错码的性能。原不可纠正的错误事件在交织后被打散,在译码端成为可纠正差错。若在信道中加上交织与解交织,那系统的纠突发差错能力可以提高好几个数量级。

对于交织器的设计,应该满足以下准则。

- 最大限度地置乱原数据排列顺序,避免置换前相距较近的数据在置换后仍相距较近,特别要避免置换前相邻数据在置换后再次相邻。
- 尽可能避免与同一信息位直接相关的两个分量编码器中的校验位在复用时均被删余。
- 对非归零编码器,交织器要避免出现"尾效应"图案。
- 使码字之间的最小距离(或自由距离)d_{min} 尽可能大,而重量为 d_{min} 的码字数要尽可能少,以改善纠错码在高信噪比时的性能。
- 交织器的存在使得纠错编码是面向帧数据的,即以帧或块(Block)为单位进行编译码。因此,在设计交织器时,应考虑具体应用系统的数据帧大小,使交织深度在满足时延要求的前提下,与数据帧大小相一致或是数据帧长度的整数倍。

交织器是通信传输系统信道部分的重要组成部分。从实现技术上说,不同的交织方式的实现的代价几乎相同,但是它们对于编解码的效果却不同,因此,选择一个好的交织方案对于提高纠错码的误码性能是非常必要的。

交织器从总体上讲可分为三大类:规则交织器、不规则交织器和随机交织器。下面介绍经常使用的几种交织器。

2.3.1　规则交织器

常用的规则交织器有块交织器和卷积交织器。

1. 块交织器

常用的块交织有比特块交织、字符块交织、字节块交织、对角交织等。

块交织在发端将已编码的数据构成一个 M 行 N 列的矩阵,按行写入随机存储器(RAM),再按列读出并送至发信信道。在收端将接收到的信号按列顺序写入 RAM,再按行读出。假设传输过程中的突发错误使整列错误,而在收端,纠错是以行为基础的,故被分配到每行只有一个错误。这样,把连续的突发错误分散为单个随机错误,有利于纠错。下面采用矩阵形式再进行详细分析。

(1) 块交织器的原理分析

① 设发端待发送的一组信息为 $\boldsymbol{X}=(A_{01}, A_{02}, A_{03}, A_{04}, A_{05}, A_{06}, A_{07}, A_{08}, A_{09}, A_{10}, A_{11}, A_{12}, A_{13}, A_{14}, A_{15}, A_{16}, A_{17}, A_{18}, A_{19}, A_{20}, A_{21}, A_{22}, A_{23}, A_{24}, A_{25})$,

② 交织存储器为一行列交织矩阵,它按列写入,按行读出:

$$\boldsymbol{X}_1 = \begin{bmatrix} A_{01} & A_{06} & A_{11} & A_{16} & A_{21} \\ A_{02} & A_{07} & A_{12} & A_{17} & A_{22} \\ A_{03} & A_{08} & A_{13} & A_{18} & A_{23} \\ A_{04} & A_{09} & A_{14} & A_{19} & A_{24} \\ A_{05} & A_{10} & A_{15} & A_{20} & A_{25} \end{bmatrix} \tag{2-3-1}$$

③ 交织器输出并送入突发信道的信息为

$\boldsymbol{X}'=(A_{01}, A_{06}, A_{11}, A_{16}, A_{21}, A_{02}, A_{07}, A_{12}, A_{17}, A_{22}, A_{03}, A_{08}, A_{13}, A_{18}, A_{23}, A_{04}, A_{09}, A_{14}, A_{19}, A_{24}, A_{05}, A_{10}, A_{15}, A_{20}, A_{25})$

④ 设信道产生两个突发错误:第一个产生于 $A_1 A_6 A_{11} A_{16} A_{21}$,连错 5 位;第二个产生于 $A_3 A_8 A_{13} A_{18}$,连错 4 位。

⑤ 突发信道输出端的信息为 $\boldsymbol{X}''$,可表示为

$\boldsymbol{X}''=(\underline{A}_{01}, \underline{A}_{06}, \underline{A}_{11}, \underline{A}_{16}, \underline{A}_{21}, A_{02}, A_{07}, A_{12}, A_{17}, A_{22}, \underline{A}_{03}, \underline{A}_{08}, \underline{A}_{13}, \underline{A}_{18}, \underline{A}_{23}, A_{04}, A_{09}, A_{14}, A_{19}, A_{24}, A_{05}, A_{10}, A_{15}, A_{20}, A_{25})$

⑥ 收端进入去交织存储器后,送入另一存储器,这也是一个行列交织矩阵,按行写入,按列读出:

$$\boldsymbol{X}_2 = \begin{bmatrix} \underline{A}_{01} & \underline{A}_{06} & \underline{A}_{11} & \underline{A}_{16} & \underline{A}_{21} \\ A_{02} & A_{07} & A_{12} & A_{17} & A_{22} \\ \underline{A}_{03} & \underline{A}_{08} & \underline{A}_{13} & \underline{A}_{18} & A_{23} \\ A_{04} & A_{09} & A_{14} & A_{19} & A_{24} \\ A_{05} & A_{10} & A_{15} & A_{20} & A_{25} \end{bmatrix} \tag{2-3-2}$$

⑦ 去交织存储器的输出为 $\boldsymbol{X}'''$:

$\boldsymbol{X}'''=(\underline{A}_{01}, A_{02}, \underline{A}_{03}, A_{04}, A_{05}, \underline{A}_{06}, A_{07}, \underline{A}_{08}, A_{09}, A_{10}, \underline{A}_{11}, A_{12}, \underline{A}_{13}, A_{14}, A_{15}, \underline{A}_{16}, A_{17}, \underline{A}_{18}, A_{19}, A_{20}, \underline{A}_{21}, A_{22}, A_{23}, A_{24}, A_{25})$

⑧ 由上可见,经过交织矩阵与去交织矩阵后,原来信道中的突发错误(即突发的 5 位连错和 4 位连错)变成了 $\boldsymbol{X}'''$ 中随机性的独立差错。

(2) 块交织的基本性质

设分组长度为 $L=M\times N$,即信号序列由 M 列 N 行的矩阵构成,其中交织存储器按列写入,按行读出,然后送入信道,进入去交织矩阵存储器后,则按行写入按列读出。利用这种行、列倒换,可将突发信道变换为等效的随机独立信道。这类交织器属于分组周期性交织

器,具有如下性质。

- 任何长度 $l \leqslant M$ 的突发差错经交织后成为至少被 $N-1$ 位隔开后的一些单个独立差错。
- 任何长度 $l > M$ 的突发差错经去交织后,可将长突发差错变换成长度为 $l_1 = l/M$ 的短突发差错。
- 在不计信道时延的条件下,完成交织与去交织变换后将产生 $2MN$ 个符号的时延,其中发、收端各占一半。
- 在很特殊的情况下,周期为 M 的 k 个单个随机独立差错序列,经交织和去交织后会产生长度为 l 的突发差错。

由以上的性质可见,块交织器是克服深衰落的有效方法,并已在数字通信中获得广泛应用,但主要缺点是带来附加的 $2MN$ 个符号的延时,对实时业务(如图像和声音)带来不利的影响。

(3) 利用块交织原理组成的比特交织器实例

在 CMMB 数字电视标准中,系统带宽包括两个:一个是 8 MHz;另一个是 2 MHz。采用的信道传播技术是多载波的调制方式。在信道编码上采用了 LDPC 编码,在 LDPC 编码后使用了比特交织器进行交织。比特交织器采用 $M_b \times I_b$ 的块交织器,M_b 和 I_b 的取值见表 2.3.1。LDPC 编码后的二进制序列按照从上到下的顺序依次写入块交织器的每一行,直至填满整个交织器,再从左到右按列依次读出(见图 2.3.1)。

表 2.3.1　比特交织器的参数取值

带宽	M_b	I_b
$f_B = 8$ MHz	384	360
$f_B = 2$ MHz	192	144

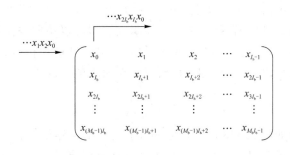

图 2.3.1　比特交织

(4) 利用块交织原理组成的字节交织器实例

在 CMMB 数字电视标准中,为了针对一些更恶劣的情况,也为了更提高接收终端的效果,附加了一个 R-S 码,并采用了字节块交织。广播信道功能的情况是这样的:首先有一个上层的数据流,这个上层的数据流来了以后进行 R-S 的编码和字节交织,然后进行 LDPC 编码,再插入连续导频后射频发送。该标准和其他标准不一样的是它的扰码放在后面,而不是放在前面,这样使得 R-S 纠错和字节块交织完全统一起来,可更加简单方便地在芯片上实现。

R-S 纠错和字节块交织相结合的工作原理如图 2.3.2 所示。字节数据按列方式写入，然后按行方式进行 R-S 纠错，也就是说，输入数据以字节的形式按列写入图 2.3.2 所示的矩阵中，待填充满后，按行进行 R-S 纠错。待对所有行的 R-S 纠错完成后，再按列从图示矩阵中读出字节数据，作为输出。这样既完成了 R-S 纠错，又完成了字节块交织。其中，参数 K 表示字节交织器的深度。

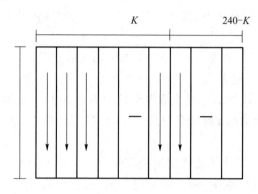

图 2.3.2　R-S 纠错和字节块交织相结合的工作原理

（5）纠错性能分析

在信道中加上交织与解交织后，可以使输入数据按照一定的规则进行重新排列，对于我们经常使用的外信道采用 R-S 码（纠错能力为 t），内信道加上交织与解交织（交织深度为 I）后，整个系统的纠错能力提高到 tI。交织器的输入是周期（交织分支数即交织深度）轮流的输入，一个 (t, I) 同步交织器在该交织器输出上的任何一个长度为 I 的数据串中不包含交织前原来数据序列中相距小于 I 的任何两个数据。也就是说，在解交织时，这 I 个数据会被分散到 I 个 R-S 码中，每个 R-S 码的纠错能力为 t，故整个系统的纠错能力为 tI。

2. 卷积交织器

上述讨论的块交织器有两大缺点：第一，附加延时；第二，将随机独立差错变为突发差错。为改善块交织器，提出了卷积交织器。卷积交织器可以仿照块交织器来组成，即把行、列形成的块状交织，从左上角到右下角作一对角线，对角线的下部分组成发端交织器，对角线的上部分为收端解交织器。很显然，在相同数据交织的情况下，卷积交织器的器件数量、延时各少了一半。

（1）卷积交织原理

卷积交织的原理如图 2.3.3 所示。它的性质与块交织器相似。

在图 2.3.3 中以箭头表示四个开关自上而下往返同步工作，M 表示能存储 5 个比特的移位寄存器。工作步骤分如下两步。

① 将来自编码器的信息符号序列送入并行寄存器组。

② 收端的寄存器与发端互补。

下面仍以 $L=MN=5\times5=25$ 个信息序列为例加以说明。

设待传送信息序列为

$\boldsymbol{X}=(A_{01},A_{02},A_{03},A_{04},A_{05},A_{06},A_{07},A_{08},A_{09},A_{10},A_{11},A_{12},A_{13},A_{14},A_{15},A_{16},A_{17},A_{18},A_{19},A_{20},A_{21},A_{22},A_{23},A_{24},A_{25})$

发端交织器是码元分组交织器，25 个信息码元分为 5 行 5 列，按行输入，步骤如下。

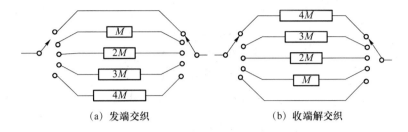

（a）发端交织　　　　　　　　　（b）收端解交织

图 2.3.3　卷积交织器的原理

① A_{01} 输入交织器直通至输出，至第一行第一列位置。

② A_{02} 输入交织器经 $M=5$ 位延迟后输出，至第二行第二列位置。

③ A_{03} 输入交织器经 $2M=2\times5=10$ 位延迟后输出，至第三行第三列位置。

④ A_{04} 输入交织器经 $3M=3\times5=15$ 位延迟后输出，至第四行第四列位置。

⑤ A_{05} 输入交织器经 $4M=4\times5=20$ 位延迟后输出，至第五行第五列位置。

若用矩阵表示交织器的输入，则它按行写入，每行为 5 个码元，即

$$\boldsymbol{X}_1=\begin{bmatrix} A_{01} & A_{02} & A_{03} & A_{04} & A_{05} \\ A_{06} & A_{07} & A_{08} & A_{09} & A_{10} \\ A_{11} & A_{12} & A_{13} & A_{14} & A_{15} \\ A_{16} & A_{17} & A_{18} & A_{19} & A_{20} \\ A_{21} & A_{22} & A_{23} & A_{24} & A_{25} \end{bmatrix} \tag{2-3-3}$$

经过并行的 N 个$(0,1,2,\cdots,N-1)$存储器后，有

$$\boldsymbol{X}_2=\begin{bmatrix} A_{01} & A_{22} & A_{18} & A_{14} & A_{10} \\ A_{06} & A_{02} & A_{23} & A_{19} & A_{15} \\ A_{11} & A_{07} & A_{03} & A_{24} & A_{20} \\ A_{16} & A_{12} & A_{08} & A_{04} & A_{25} \\ A_{21} & A_{17} & A_{13} & A_{09} & A_{05} \end{bmatrix} \tag{2-3-4}$$

按行读出送入信道的码元序列：

$\boldsymbol{X}'=(A_{01}，A_{22}，A_{18}，A_{14}，A_{10}，A_{06}，A_{02}，A_{23}，A_{19}，A_{15}，A_{11}，A_{07}，A_{03}，A_{24}，A_{20}，$
$A_{16}，A_{12}，A_{08}，A_{04}，A_{25}，A_{21}，A_{17}，A_{13}，A_{09}，A_{05})$

在信道中仍受到两个突发的干扰：第一个为 5 位：$\underline{A_{01}}\,\underline{A_{22}}\,\underline{A_{18}}\,\underline{A_{14}}\,\underline{A_{10}}$。第二个为 4 位：
$\underline{A_{11}}\,\underline{A_{07}}\,\underline{A_{03}}\,\underline{A_{24}}$。接收端收到的码元序列为

$\boldsymbol{X}''=(\underline{A_{01}}，\underline{A_{22}}，\underline{A_{18}}，\underline{A_{14}}，\underline{A_{10}}，A_{06}，A_{02}，A_{23}，A_{19}，A_{15}，\underline{A_{11}}，\underline{A_{07}}，\underline{A_{03}}，\underline{A_{24}}，A_{20}，A_{16}，A_{12}，$
$A_{08}，A_{04}，A_{25}，A_{21}，A_{17}，A_{13}，A_{09}，A_{05})$

在接收端送入去交织器，去交织器结构与发端交织器结构互补，且同步运行，即并行寄存器数自上而下为 $4M$、$3M$、$2M$、M、0（直通）。

接收端去交织器，用 5×5 矩阵表示如下。

输入：

$$\boldsymbol{X}_3 = \begin{bmatrix} \underline{A}_{01} & \underline{A}_{22} & \underline{A}_{18} & \underline{A}_{14} & \underline{A}_{10} \\ A_{06} & A_{02} & A_{23} & A_{19} & A_{15} \\ \underline{A}_{11} & A_{07} & \underline{A}_{03} & \underline{A}_{24} & A_{20} \\ A_{16} & A_{12} & A_{08} & A_{04} & A_{25} \\ A_{21} & A_{17} & A_{13} & A_{09} & A_{05} \end{bmatrix} \tag{2-3-5}$$

输出：

$$\boldsymbol{X}_4 = \begin{bmatrix} \underline{A}_{01} & A_{02} & \underline{A}_{03} & A_{04} & A_{05} \\ A_{06} & A_{07} & A_{08} & A_{09} & \underline{A}_{10} \\ \underline{A}_{11} & A_{12} & A_{13} & \underline{A}_{14} & A_{15} \\ A_{16} & A_{17} & \underline{A}_{18} & A_{19} & A_{20} \\ A_{21} & \underline{A}_{22} & A_{23} & \underline{A}_{24} & A_{25} \end{bmatrix} \tag{2-3-6}$$

按行读出并送入信道译码器的码序列为

$\boldsymbol{X}''' = (\underline{A}_{01}, A_{02}, \underline{A}_{03}, A_{04}, A_{05}, A_{06}, \underline{A}_{07}, A_{08}, A_{09}, \underline{A}_{10}, \underline{A}_{11}, A_{12}, A_{13}, \underline{A}_{14}, A_{15}, A_{16}, A_{17}, \underline{A}_{18}, A_{19}, A_{20}, A_{21}, \underline{A}_{22}, A_{23}, \underline{A}_{24}, A_{25})$

可见信道中的突发差错经过去交织变换器后成为随机独立差错,这些随机独立差错就很容易纠正过来了。

2.3.2 不规则交织器

1. 对角交织器(列数据循环上移交织)

对角交织器采用列数据循环上移交织方法,采用每列数据循环上移的方法来改变数据的位置。具体操作如下:n 个比特顺序写入,按 $L_1 \times L_2$ 排成阵列,L_1 为行,L_2 为列,并取 L_2 为偶数。交织时,第一列不变,第二列的每个数据相对第一列循环上移一位,第三列的每个数据相对第一列循环上移两位,依次类推,直到最后一列。将 n 个重排后的数据顺序读出,即完成交织。图 2.3.4 给出了当 $n=42$,$L_1=7$,$L_2=6$ 时对角交织方案交织前后的数据对比。

a_1	a_2	a_3	a_4	a_5	a_6
a_7	a_8	a_9	a_{10}	a_{11}	a_{12}
a_{13}	a_{14}	a_{15}	a_{16}	a_{17}	a_{18}
a_{19}	a_{20}	a_{21}	a_{22}	a_{23}	a_{24}
a_{25}	a_{26}	a_{27}	a_{28}	a_{29}	a_{30}
a_{31}	a_{32}	a_{33}	a_{34}	a_{35}	a_{36}
a_{37}	a_{38}	a_{39}	a_{40}	a_{41}	a_{42}

a_1	a_8	a_{15}	a_{22}	a_{29}	a_{36}
a_7	a_{14}	a_{21}	a_{28}	a_{35}	a_{42}
a_{13}	a_{20}	a_{27}	a_{34}	a_{41}	a_6
a_{19}	a_{26}	a_{33}	a_{40}	a_5	a_{12}
a_{25}	a_{32}	a_{39}	a_4	a_{11}	a_{18}
a_{31}	a_{38}	a_3	a_{10}	a_{17}	a_{24}
a_{37}	a_2	a_9	a_{16}	a_{23}	a_{30}

　　(a) 交织前的数据阵列　　　　　(b) 交织后的数据阵列

图 2.3.4　对角交织方案交织前后比较

通过比较交织前后数据的排列顺序可以看到,对角交织(列数据循环上移交织)的特点是以交织前数据阵列首列的各行数据为起始数据并沿相应的对角线方向依次读取数据。同时因为 L_2 是偶数,原来在奇数位的数据经过交织以后仍然在奇数位,原来在偶数位的数据交织后仍在偶数位。从图 2.3.4 交织方法的性能来看,交织以后不动点的个数为 8 个,相关系数为 8/42＝0.190,可见交织的性能比较好。

2. 双射变换交织器

双射变换交织器要求不论信息比特的位置在交织前后如何变化,必须保证对于某一位置上的信息比特,在交织以后一定有唯一位置与之对应,也即交织变换必须是一个双射。双射变换交织器的算法如下。

假设交织器的长度为 N,满足 $N=2m,m>2,k$ 为信息比特的位置,$k=1,2,\cdots,N$。然后定义一组映射。

- 映射 $f:k \to 1+[k(k-1)/2 \bmod N]$。
- 循环映射 $g:f(k) \to f(k+1)$。
- 对换映射 $h:g(f) \to g((f+N/2)\bmod N)$,其中,$f \in [1,N]$。

可以确定一个交织方案,具体实现方法如下。

- 选择好交织长度 N,满足 $N=2m$。
- 用 1～N 这 N 个数组成的集合 S_1 表示信息比特的位置。
- 将 S_1 按规律 f 映射成序列 S_2,用 S_2 表示新序列信息比特的位置。
- 将 0～N 依序列 S_2 进行 g 映射,得到序列 S_3(若 $k=N$,则令 $k+1=0$)。
- 将 S_3 的前 $N/2$ 和后 $N/2$ 个数对换,得到序列 S_4。
- 以 S_4 所示信息比特的位置顺序写出原序列的元素,交织结束。

以下给出按此种交织方法进行交织的例子,其中,$N=16,k$ 的取值为 [1,16]。

设信息序列为 $a_1,a_2,a_3,a_4,a_5,a_6,a_7,a_8,a_9,a_{10},a_{11},a_{12},a_{13},a_{14},a_{15},a_{16}$;经过 f 映射后变为 $a_1,a_2,a_4,a_7,a_{11},a_{16},a_6,a_{13},a_5,a_{14},a_8,a_3,a_{15},a_{12},a_{10},a_9$;经过 g 映射后变为 $a_2,a_4,a_{15},a_7,a_{14},a_{13},a_{11},a_3,a_1,a_9,a_{16},a_{10},a_5,a_8,a_{12},a_6$;再经过 h 映射后变为 $a_1,a_9,a_{16},a_{10},a_5,a_8,a_{12},a_6,a_2,a_4,a_{15},a_7,a_{14},a_{13},a_{11},a_3$。

双射变换交织方法的特点如下。

- 该分组交织器生成算法是经过三步映射变换而来的,在数学构造上的规律性使得它特别适合于变长帧的数据传输,而且对于一定的交织长度,其交织位置是确定的,但对于小交织器其性能略差。
- 该交织方法对交织长度施加了较强的限制,交织长度应该为 2 的整数次幂。
- 从相关系数来看,选取 $N=210$,经本交织方法交织后不动点的个数为 2,相关系数为 2/1 024＝0.002,说明该交织方案性能很好。

3. 幻方交织器

在古典数学中的幻方其实是一种双射,它可以作为一种交织方法。以三阶幻方为例,设原来信息序列为 $a_1,a_2,a_3,a_4,a_5,a_6,a_7,a_8,a_9$,将信息序列下角标 1～9 组成一个三阶幻方(如图 2.3.5 所示),然后将其按行排列或列排列的方式读出,便可完成序列的交织。其按行排列方式交织后的信息序列为 $a_8,a_1,a_6,a_3,a_5,a_7,a_4,a_9,a_2$。该交织方案具有以下特点。

a_8	a_1	a_6
a_3	a_5	a_7
a_4	a_9	a_2

图 2.3.5　幻方交织

- 由于构成方阵的矩阵转过 $90°$ 仍构成幻方。因为幻方的表现矩阵不同,所以该交织方法必须事先预定。在发送端和接收端有相同的交织方法,以保证解交织后能恢复正确的序列位置。
- 幻方交织器对交织长度施加了较强的限制,交织长度应该为某整数的平方。
- 幻方交织器对于某些分组数在相关性上表现很好。现我们将幻方交织器和传统的对角分块交织器的性能进行对比。分别选用交织长度为 $11×11$、$21×21$、$31×31$、$88×88$ 几种分组,理论计算结果说明幻方交织方案对于这些分组在相关性上优于传统的对角分块交织方案(如表 2.3.2 所示)。

表 2.3.2　幻方交织方案和对角交织方案的性能对比

型　　式	$11×11$	$21×21$	$31×31$	$88×88$
对角交织不动点数	11	21	31	88
幻方交织不动点数	1	1	1	3 872
对角交织相关系数	0.090 9	0.047 6	0.032 3	0.012 3
幻方交织相关系数	0.083	0.002 3	0.001	0.5

应该指出的是,对于幻方交织器来讲,在某些分组上其相关性表现很差,例如,对于 $88×88$ 进行交织,其不动点为 3 872,远远大于对角交织的不动点 88,也即幻方交织器对于不同分组的信息序列的性能表现不同。但考虑到在发射端和接收端可选用指定类型的信息序列,故幻方交织器仍具有很好的实用价值。

4. 三种交织方案的仿真结果

下面对对角交织、幻方交织、双射变换交织进行仿真实验。在仿真实验中,选择的交织长度为 1 024,对于对角交织方案和幻方交织方案,两者均对应于 $32×32$ 的矩阵;对于双射变换交织方案,则对应为 2^{10}。图 2.3.6 给出了在其他条件相同时,三种交织方案对 Turbo 码误比特率(BER)性能影响的仿真曲线。

从图 2.3.6 可以看出,在低信噪比的情况下,三种交织方案的性能差别不大,其中对角交织方案和幻方交织方案的性能稍好于双射变换交织方案,此时在选择交织方案时可以用对角交织或幻方交织,但是随着信噪比的增加,双射变换交织方案和幻方交织方案的性能明显要优于对角交织方案,这时可以选择双射变换交织或者幻方交织方案。

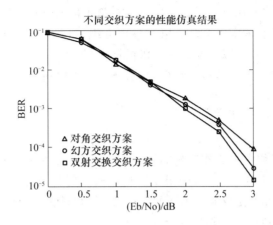

图 2.3.6　三种交织方案对 Turbo 码误比特率性能影响的仿真曲线

2.3.3　随机交织器

无论是块分组式交织器还是卷积式交织器,它们都属于固定周期式排列的交织器,避免不了在特殊情况下将随机独立差错交织成突发差错的可能性。为了基本上消除这类意外的突发差错,建议采用伪随机式的交织器。

在正式进行交织前,应先通过一次伪随机的再排序处理。其方法为先将各个信息符号陆续地写入一个随机存取的存储 RAM,然后再以伪随机方式将其读出。也可以将所需的信息按伪随机排列方式存入只读存储器中,并按它的顺序从交织器的存储器中读出。

2.3.4　频率交织器

考虑到无线电信道的特性,当行车速度很低进行移动接收时,时域中可能出现时间较长的深度衰落;当多径辐射只有很少的线路时延差时,在频域中可能出现较宽频率范围的深度衰落。因此要考虑时间交织和频率交织。

不同节目的载波分配在不同的频率点,频率交织如图 2.3.7 所示。交织参数的选择在频域中受载波间隔和总的可供使用的带宽的限制。频率交织简单地说就是将原始连续的比特尽可能配置到相距较远的载波上,而将原始时间分开的比特安置在相近的载波上。

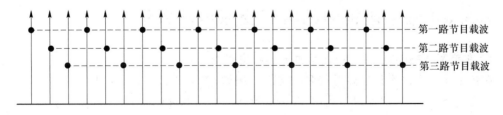

图 2.3.7　频率交织

频率交织根据相邻的比特在尽可能远的不同载波上传送的原则,进行简单的数学上的组合排列。若不进行频率交织,尽管相邻的比特在不同的时刻点传送,但是实现这种传输的载波频率保持不变,则在低速行车时移动接收或在静止接收时,对于传输频段的一部分来说也有可能产生持续期较长的深度衰落。通过频率交织,相邻的比特安置在大于无线电信道相对带宽的不同载波上,就可以消除这种衰落的影响,即如果形成了块差错,该差错经过去交织后变为不连续的单个差错,可被纠错。具有频率交织的纠错码可减少单载波的衰落。

2.3.5　时间交织器

时间交织器和去交织器的工作原理如图 2.3.8 所示。在时域中受最大允许的信号时延(收、发端之间存储器延时时间之和)的限制。连续的串行比特流 a_k 首先在一个串/并变换器中被中间存储,然后各个比特流在不同的帧中(即在不同的时刻传送)自上而下往返同步工作,T_F 表示能延时的单位。工作步骤分如下两步。

- 将来自编码器的信息序列送入并行寄存器组。
- 收端的寄存器与发端互补。

去交织的任务是对交织时相对时延予以补偿,并经并/串变换器重新变成保持发端原始顺序的串行数据被读出。

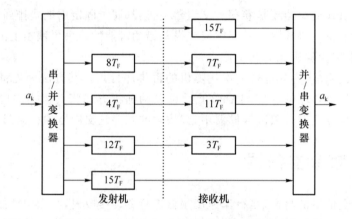

图 2.3.8　时间交织器和去交织器的工作原理

时间交织仅适用于主业务信道的所有子信道,而快速信息信道和多路复合控制信号不进行时间交织。无论是快速业务信道还是主业务信息信道,在对各载波调制之前都要进行频率交织。具有时间交织的纠错码亦可减少单载波的衰落。

2.3.6　数字电视中的实际交织电路举例

1. 在美国 ATSC-M/P/H 中使用过的卷积交织器

在数字电视标准中往往要进行多次交织。例如,美国 ATSC-M/P/H 中,在 R-S 码和格状编码之间要加交织,这是因为利用 Viterbi 算法进行格状译码时,会出现差错扩散,引起突发差错。为了对抗因来自信道的脉冲干扰而引起的突发错误,在格状编码和信道之间也要加交织器。

为了有效地进行交织,必须要具有关于突发长度 B 的统计知识。对于脉冲干扰来说,突发长度就是脉冲长度。对于由 Viterbi 算法的误码扩散所引起的突发错误,目前尚缺少一个好的统计模型。按 CCITT 规定,突发错误定义为"一组首尾是错误的数据比特串,其中任何两个前后错误比特之间隔小于某个常数"。对于 Viterbi 算法产生的突发错误,通常这个常数等于 $K-1$,其中 K 是格状码的约束长度。

最简单的交织器例子是块交织器。它是一个二维存储器阵列,把数据先按行存入,然后按列读出。更一般的交织器称为同步交织器。在同步交织器中,每时刻存入一个数据,同时读出一个数据。

一个(n_2, n_1)同步交织器满足如下要求:在该交织器输出上的任何一个长度为 n_2 的数据串中不包含交织前原来数据序列中相距小于 n_1(交织分支数)的任何两个数据。显然,在发送端采用交织器,在接收端就要用解交织器把数据恢复过来。可以证明,与(n_2, n_1)交织器相对应的解交织器自身是一个(n_2, n_1)交织器。

对于(n_2, n_1)交织器来说,有两个性能是设计者关心的:一个是编码延时 D,它定义为从数据进入交织器到这个数据离开交织器输出的最大延时;另一个是交织器和解交织器的存储容量 S、S_u。我们希望 D 和 S、S_u 尽量小,但对(n_2, n_1)交织器来说

$$\begin{cases} D \geqslant n_2(n_1-1) \\ S+S_u \geqslant D \end{cases} \tag{2-3-7}$$

图 2.3.9 表示一种在 ATSC-M/P/H 方案中采用过的卷积型交织器。该方案采用缩短 R-S 码(208 字节,188 字节),可纠正 10 个字节错误。每字节是八比特,所以图中每一节移位寄存器是 1 字节。

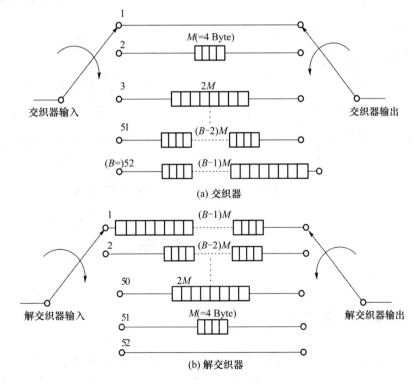

图 2.3.9　ATSC-M/P/H 方案中的交织器与解交织器($M=4, B=52$)

这是一个 $n_2 = 208, n_1 = 52$ 的交织器,它的任何一个长度为 208 的输出数据串(或一个 R-S 码字)中不包含输入数据序列中相距小于 52 的任何两个数据。收、发两端整个交织器的延时 $D = 10\,608$ 字节,每个交织器的存储器容量 $S = S_u = 5\,304$ 字节,所以延时和存储器数目均是最佳的,因而它的结构比其他(如块交织器)相同性能的交织器要简单。相应的解交织器与交织器一样,只是把卷积次序颠倒。整个交织器的交织深度为 10 608 字节。因为 R-S(208 字节,188 字节)能纠正 10 字节错误,所以与交织器相结合可纠正长度为 $52 \times 10 = 520$ 字节的突发错误长度。这极大地增加了 R-S 码的纠错能力。

2. 在欧洲 DVB-H 标准中使用的卷积交织器

在欧洲 DVB-H 标准中使用的交织器采用一个深度为 $I = 12$ 的卷积交织(见图 2.3.10),产生一个交织帧。$I = 12$ 的卷积交织处理过程基于 Forney 逼近,其兼容 Ramsey Ⅲ 逼近。交织帧由重叠的纠错包组成,同时以 MPEG-2 同步字节为边界(保留 204 bit 的周期)。

交织器由 $I = 12$ 个分支组成,控制输入开关循环连接到 12 个分支的输入比特流。每一个分支都有先进先出(FIFO)移位寄存器,且深度为 M 的单元(其中:$M = 17$ 字节 $= N/I$;$N = 204$ 字节,为纠错帧长;$I = 12$,为交织深度;j 为分支号)。FIFO 单元为一个字节,且输入输出开关同步。

为了保证同步,同步字节和倒相同步字节始终被送入交织器的分支 0 中(相当于零延时)。收、发两端整个交织器的延时 $D = 2\,244$ 字节,每个交织器的存储器容量 $S = S_u = 17 \times (1+11) \times 11/2 = 1\,122$ 字节。因为 R-S(204 字节,188 字节)能纠正 8 字节错误,所以与图 2.3.10 所示的交织器相结合可纠正长度为 $12 \times 8 = 96$ 字节的突发错误长度,这极大地增加了 R-S 码的纠错能力。

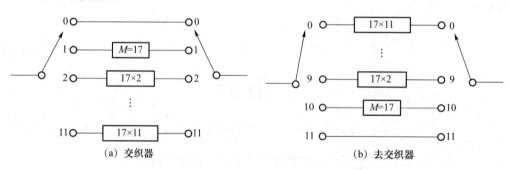

(a) 交织器　　　　　　　　　　　　(b) 去交织器

图 2.3.10　在 DVB-H 标准中使用的交织器和去交织器

2.4　统 计 复 用

2.4.1　统计复用的引出

在数字电视多套节目信号传输中,几路相互独立的数字电视节目信号采用统计复用技术共享一个信道,能使总码率低于每路信号源所产生的最大码率之和。在数字卫星电视、地面数字视频广播等中,也采用了统计复用技术,使在一个固定带宽信道内尽可能传输多的视频节目,以更有效地利用有限的频谱资源。采用统计复用技术传输可获得统计增益,以充分利用网络资源。

在数字电视的传输时,若采用的传输通道总速率为 38 Mbit/s,则在 38 Mbit/s 中,通常用 1 Mbit/s 为条件接收(CA)发送授权控制信息(ECM)、授权管理信息(EMM)数据,用 2 Mbit/s 为电子节目指南(EPG)发送服务信息(SI),再保留 1 Mbit/s,所以可使用的数字电视节目总速率为 34 Mbit/s。一般来说,目前一套节目平均速率为 5 Mbit/s,因此在一个传输流中最多复用 6 套节目。如采用统计复用技术,可传送 7~8 套电视节目,所以通过统计复用可以更加经济地利用信道资源。

多路数字电视信号复接后在一个信道上传输时,如果简单地采用恒定比特流复接,会造成资源的浪费,因为这样没有考虑各个独立视频信源的统计特性,使得复杂节目可能一直以较低的质量传送,而相对简单的信号则使其输出缓存利用率较低,有时甚至处于填充(Padding)状态,这样便使信道资源没有得到合理利用。

统计复用是根据信号的特点,动态地调整每路信号的码率。统计复用在节目传输中起到的作用是十分明显的,因为它有效地减少了数字编码特有的影响,也就是减少了偶然由图像内容引起的图像质量下降现象,从而抑制主观上不能接受的干扰。

数字电视信源输出通常采用两种方式:固定比特率(Constant Bit Rate,CBR)和可变比特率(Variable Bit Rate,VBR)。CBR 使输出码率保持恒定,便于信道传输控制,但它忽略了图像活动性差异,容易造成图像画面质量的波动。VBR 使量化因子固定,保证图像质量不变,但由于图像活动性的差异,造成输出码率变化较大,使传输控制复杂。采用优质的统计复用技术,这些问题都可得到解决。

2.4.2　统计复用的基本原理

VBR 编码按图像复杂度调整输出码率,CBR 编码的图像质量更加稳定。当多路可变码率编码的视频业务在同一固定速率信道内传输时,采用统计复用技术可使各业务码率相互补偿地动态分配固定的信道容量。这样,不但各视频业务的图像质量得以保持稳定,而且充分利用了信道资源,能获取较高的统计复用增益(统计复用增益定义:在一固定速率信道内,可传输的经过复用且具有同等或更佳图像质量的 VBR 视频业务数目与可传输的 CBR 视频业务数目之比),以在同样的信道中传输更多套视频节目。但可变码率编码传输控制比较复杂,而且在固定速率信道内传输容易产生信元丢失(Cell Loss)的情况。

统计复用概念的提出弥补了 VBR 编码视频的这个缺陷:在传输 N 路 VBR 业务时,采取降低各业务互相关性的办法,可避免各业务码率同时达到最大或最小,使各业务码率复用(累加)时,不同码率相互补充,使复合业务的码率小于各路业务码率的直接累加,即

$$C(n) < \sum_{n=1}^{N} X_i(n) \tag{2-4-1}$$

式中,$X_i(n)$ 为各 VBR 业务的码率,$C(n)$ 为统计复用后的码率。实现统计复用的关键问题是如何对图像序列随时进行复杂度评估,如何实时地进行视频业务的动态分配带宽。如图 2.4.1 所示,对于复用业务仍然存在的小幅度波动可采用缓存器加以吸收,以进一步平滑业务,便于传输信道的接入。

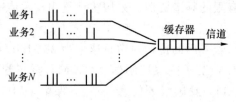

图 2.4.1　统计复用实现过程

2.4.3　统计复用的实现方法

（1）基于帧平移法的 VBR 视频统计复用

H.264 编码 VBR 视频业务具有明显的伪周期性,如图 2.4.2 所示。从图可以看出:以 GOP(12 帧)为周期,出现 I 帧较大的尖峰;在每个 GOP 中,按照 P 帧的间隔出现较小的峰值。这表明 I 帧码率远大于 B、P 帧码率,而 P 帧码率又要大于 B 帧的码率。

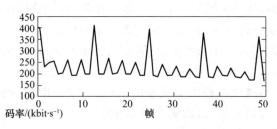

图 2.4.2　VBR 业务的帧率分布

这种业务不利于信道接入,如果按最大峰值(I 帧码率)分配信道容量,则多数时间码率小于峰值,必然浪费信道资源,而若以平均码率分配信道带宽,则业务接入信道前,需利用缓冲器吸收最大峰值超出平均值的部分。由图 2.4.2 可见,I 帧的码率超出 B、P 帧许多,所以在图 2.4.1 中缓冲器的容量必须很大,这将增加传输延时,而且峰值码率(I 帧)出现的时间很短,降低了缓冲器的使用效率。为此,通过引入帧平移法实现统计复用,如图 2.4.3 所示。利用 I、P、B 帧码率的差异,以第 1 路视频业务为基准,将后续接入的业务相对前一业务滞后一帧,这样就可以通过利用不同帧类型码率分布的差异减小各业务同时达到峰值的可能性。

IBBPBBPBBPBBIBBPBBP　第 1 路
IBBPBBPBBPBBIBBPBB　第 2 路
IBBPBBPBBPBBIBBPB　第 3 路

图 2.4.3　帧平移法

帧平移法较为简单,但也存在着不足:平移方式固定,不能根据各视频业务活动性的实际变化而进行相应的调整,这主要是由于帧码率分布不能有效反映该帧内各局域活动性对码率的影响。

（2）基于宏块条(slice)互相关的 VBR 视频统计复用

H.264 编码视频在帧以下还有两个层次:宏块条(Slice)和宏块(Macroblock, MB)。宏块由 16×16 个像素组成,对于 720×576 的图像,通常由一行 45 个宏块构成 1 个宏块条,因此,一帧有 36 个宏块条。对于同一个序列,尽管 I、P、B 帧的码率相差较大,但各帧 36 个宏块条码率样本的包络形状大致相同,这说明 VBR 编码的视频业务能较好地反映画面的活动性。因此可利用不同宏块条码率的差异对各路 VBR 视频业务按某种方式进行滞后平移,以减小复用时各路业务宏块条的码率样本的互相关程度,达到平滑复用业务的目的。

基于宏块条互相关的 H.264 VBR 视频业务统计复用,充分利用了图像活动性所提供的细节,根据互相关函数极小点的位置对不同业务的宏块条样本实现平移,减小了各业务间的互相关性,降低了复用后业务的波动,有效地平滑了业务流量。

(3) 缓存器反馈控制法

统计复用的控制策略一般有两种。第一种策略是在编码过程开始前,对将要编码的信号进行预测,并结合各路缓冲器的状态决定每一编码器要输出的码率,以使所有经过编码的图像尽量达到一种用户可接受的质量。这种方法能很快地对图像的变化作出反应,但需要专门的协处理器来进行预测。第二种策略则相对简单,由编码器统计各帧编码后的比特数及其质量的好坏(这通常可由平均量化步长反映出来),并把该信息送给复用控制器,复用控制器则根据编码器送来的图像特性及各缓冲器的状态负责各路视频缓冲器的读出控制。这种办法减少了硬件实现的复杂性,但对图像瞬时变化的敏感程度不如第一种,它通常要在几帧之后才作出反应。

对于第 2 种策略,在每个编码器后加入缓存器,复用控制器先对这些缓存器的状态进行比较,读出最满的一路,直到其他路的缓存器更满。实际实现时,解码器端同样需要一个缓冲器,如图 2.4.4 所示,以保证解码器正常工作。复用控制器必须防止编码器及解码器两端的缓冲器溢出。这可由下面较为简单的方法实现:由于编码器输出至解码器输入的延时是固定值 Δ,也就是说,解码器在 Δ 时间间隔内必须得到它所需要的数据流,否则该解码器的缓冲区将下溢出。所以复用控制器应保证编码器在时刻 t 编码的数据在 $t+\Delta$ 时间后被解码。复用控制器内对竞争失败的各路编码器缓冲区内的数据设有计时器,若某一路的数据在编码后的 Δ 时间内还一直未竞争成功,则中断原来的判决,优先发送该路数据(这通常表示该路视频信号一直较其他的信号简单得多)。

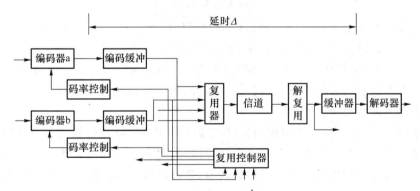

图 2.4.4　统计复用系统简图

(4) 基于率失真理论的联合码率控制

统计复用技术利用视频 VBR 编码技术,能有效地利用信道容量,但存在下列缺点。

① 统计复用遵循“大数定律”,即只有在复用业务的数目 N 足够大($N>10$)时,各路码率相互补偿,才能产生高的统计复用增益。若信道容量有限,同时传输的业务数目不多,则

复用后总码率波动仍会较大,在固定速率信道中的传输容易产生数据丢失的情况。

② 统计复用虽然避免各业务的峰值码率直接累加,但因图像内容变化不能预知,故复用后总输出码率在某一时间段仍可能超过信道容量,致使传输过程中发生数据丢失的情况。特别是丢失重要信息(如包头、DCT 直流及低频系数)时,会严重影响图像甚至该图像所在的整个 GOP 质量。

在广播式数字电视领域中,往往信道容量有限,同时传输的视频节目数较少(如 36 Mbit/s 卫星转发器只能同时传输 6 路码率为 5 Mbit/s 的 CBR 节目)。另外,如果广播式数字电视对图像质量要求较高时,单独的统计复用技术难以满足广播式数字电视需要,因而,又提出联合码率控制技术。以率失真理论为基础,在一定近似条件下,建立信源各路节目的率失真关系,进而在保持各路节目失真度一致的前提下,为它们分配相应的比特数。

① TM5 码率控制策略

在单路节目中采用的 H.264 Test Model 5 码率控制策略,其分为以下三个步骤。

第一步:比特分配。这一步以图像组为单元,对其中的每一个图像按其性质分配比特数。首先根据编码比特数和量化级大小计算刚被编过图像的复杂度:$X_{\mathrm{I,P,B}} = S_{\mathrm{I,P,B}} Q_{\mathrm{I,P,B}}$。其中,$S_{\mathrm{I,P,B}}$ 为最近已编码 I、P、B 帧的编码比特数,$Q_{\mathrm{I,P,B}}$ 为相应的帧平均量化级。由于 I、P、B 帧复杂度不同,反映其具有不同的压缩效率,据此可给 I、P、B 帧分配不同的比特数,从而实现符合图像内容的高效压缩。通常,I 帧可分配的比特数为 P 帧的 2～3 倍,为 B 帧的 4～6 倍。

下边就为当前要处理的图像计算相应的目标比特数。

$$\begin{cases} T_{\mathrm{I}} = \max\left(\dfrac{R}{1 + N_{\mathrm{P}} X_{\mathrm{P}} (X_{\mathrm{I}} K_{\mathrm{P}})^{-1} + N_{\mathrm{B}} X_{\mathrm{B}} (X_{\mathrm{I}} K_{\mathrm{B}})^{-1}}, R_{\mathrm{ref}} \right) \\[2mm] T_{\mathrm{P}} = \max\left(\dfrac{R}{N_{\mathrm{P}} + N_{\mathrm{B}} K_{\mathrm{B}} X_{\mathrm{B}} (X_{\mathrm{P}} K_{\mathrm{B}})^{-1}}, R_{\mathrm{ref}} \right) \\[2mm] T_{\mathrm{B}} = \max\left(\dfrac{R}{N_{\mathrm{B}} + N_{\mathrm{P}} K_{\mathrm{P}} X_{\mathrm{B}} (X_{\mathrm{B}} K_{\mathrm{B}})^{-1}}, R_{\mathrm{ref}} \right) \end{cases} \quad (2\text{-}4\text{-}2)$$

式中,T_{I}、T_{P}、T_{B} 分别为对应 I、P、B 图像时的目标比特数。对某一个具体图像,只能用相应类型的式子用于计算。其中:R 为一组图像按码率算出的比特数减去已用去的比特数;N_{P}、N_{B} 为一组图像中还未编码的 P 和 B 图像的数目;K_{P}、K_{B} 为经验常数。对每类图像,分母中第一项为本类图像在当前组中所剩的数目,而后面的一项或两项则为将其他类型剩余图像折算成本类型时的数目。

第二步:码率控制。这一步根据图像已编部分码字的实际比特数与目标比特数之间的符合情况来调整当前的量化级。利用虚拟缓存器,通过每个宏块实际编码比特数与分配的目标比特数的差最终完成量化尺度因子的调节,并且这种差值在虚拟缓存器里是积累的,在编码宏块 $j(j \geqslant 1)$ 之前,计算虚拟缓存器的占有率:

$$d_j^{\mathrm{I,P,B}} = d_0^{\mathrm{I,P,B}} + B_{j-1} - \frac{T_{\mathrm{I,P,B}}}{\mathrm{MB\_cnt}}(j-1) \quad (2\text{-}4\text{-}3)$$

式中,$d_0^{\mathrm{I,P,B}}$ 为三种帧类型虚拟缓存器的初始占有率;B_j 为图像中至第 j 个宏块已编码比特数总和;$\mathrm{MB\_cnt}$ 为每帧图像的宏块总数;$d_j^{\mathrm{I,P,B}}$ 分别为三种帧类型在第 j 个宏块时虚拟缓存器占有率。由此可得第 j 个宏块的参考量化尺度因子为:

$$Q_j = \frac{31d_j}{r} \tag{2-4-4}$$

式中,r 为反映参数,$r = 2 \times \dfrac{\text{bit-rate}}{\text{picture-rate}}$。

第三步:自适应量化调整。前面各步基本上是从一个组或一个图像的角度对量化级做调整。在图像内复杂度变化较大时,它的控制能力明显不足,因此须对每一宏块的复杂度对量化级再做一次调整。以均方差作为块复杂度计算标准,再根据整个图像的平均复杂度求得调整参数。最后求出最终的宏块量化级。

CBR 编码就是主要采用了 TM5 控制策略,使输出码率保持恒定。

② 联合码率控制

H. 264 图像编码的核心是混合编码。由于混合编码中变字长编码产生的是不均匀码流,这就与通常信道传输所要求的均匀码流产生矛盾。为了使之在恒定速率的信道上传输,必须在编码器末端设置一缓冲器,以平滑输出的码流速率。为了防止上溢和下溢,必须采取码率控制策略,如上述的 TM5 控制策略。

在多路节目复用的情况下,一个频道可以平均划分给各个信源。每个信源的编码器各自独立工作。与上述做法不同,联合码率控制在保证信道中传输恒定速率比特流的前提下,允许各信源以变速率码流编码,以适应不断变化着的信源需求,如图 2.4.5 所示。

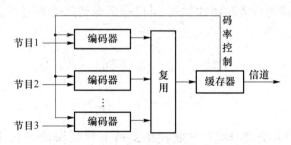

图 2.4.5 联合编码方式示意图

它采用一信道缓存,取代各信源编码器后接的缓存器,码率控制也是基于此信道缓存的。这样就赋予了各编码器更大的灵活性,同时保证在复用后的比特流速率恒定。

设在一个可用频道中有 N 个节目实现复用。为使问题简化,进一步假定在任一时刻各信源传送的图像类型保持一样。在此基础上定义超帧:由某一时刻来自 N 个信源的 N 个编码帧构成。与帧的 I、P、B 类型一致,超帧同样具有 I、P、B 三种类型,并且由构成帧的类型决定。这样,确定目标比特数的方法与 TM5 中的方案完全相似,只是将针对帧的参量改换为针对超帧的参量。从而得到待编超帧的目标比特数。

由于各路构成帧的复杂程度不同,为使它们的重建质量保持一致,必须相应地分配不同数目的比特,在满足 $D_1 = D_2 = \cdots = D_N$ 时,其表达式为

$$\sum_k R_k = T \qquad k = 1, 2, \cdots, N \tag{2-4-5}$$

式中,T 为超帧的目标比特;R_k 为第 k 路节目帧的目标比特;D_k 为第 k 路节目的失真度量。

很显然,如果能确定各路节目图像的率失真函数关系,那么问题就迎刃而解。但是,由于视频信源的统计特性随时间甚至图像的不同区域而不断变化,使得率失真关系难以确定,

造成了将率失真理论应用于多路节目编码比特分配的复杂性。统计结果表明,在分类图中 8×8 DCT 块的 AC 系数满足拉普拉斯分布:

$$f(X_{i,j}) = \frac{1}{2a_{i,j}} e^{-\frac{|X_{i,j}|}{a_{i,j}}} \tag{2-4-6}$$

式中,$a_{i,j}$ 为一系列连续 8×8 DCT 块中相应系数 $X_{i,j}$ 绝对值的均值,$a_{i,j} = \frac{1}{N}\sum_{k=1}^{N} |X_{k,i,j}|$。$N$ 的选取不应过大,以确保系数满足相同的分布,但也不应过小,以保证均值估计的可靠性。基于以上考虑,选取 N 为一个宏块条中所包含的 8×8 块数。

拉普拉斯分布下的熵值为

$$H(i,j) = -\int_{-\infty}^{+\infty} f(i,j)\log_2 f(i,j)\mathrm{d}X_{i,j} = \log_2(2e^{a_{i,j}}) \tag{2-4-7}$$

如果以量化误差的绝对值作为失真度量,根据差值失真度量下率失真函数的计算,在一定近似条件下,可以推导得出每一个系数所需要的比特数为 $\gamma(X_{i,j}) = \log_2(2a_{i,j}/Q)$,这就是宏块条中对应系数所需的平均比特数。为保持图像不同区域量化控制的一致性,可在帧的级别上确定一个合适的参考量化因子,并根据图像局部区域的活动性进行自适应地调整。这样,位于图像不同区域具备相同活动性的宏块就可得到相同程度的量化。若以选取的帧参考量化因子代入前述的生成比特数公式,可以分别得到第 1 个宏块条及第 k 路图像编码所需的比特 γ_l 与 $R_k(Q)$:

$$\begin{cases} r_l = \sum_{i,j} r(X_{i,j})l_{\text{block}} = \sum_{i,j}\log_2\left(\frac{2a_{i,j}}{Q}\right)l_{\text{block}} \\ R_k(Q) = \sum_i r_l \qquad 0 \leqslant 1 \leqslant N_{\text{slice}} \end{cases} \tag{2-4-8}$$

式中,l_{block} 指宏块条中包含的 DCT 块数。在多路节目复用的情况下,有必要为各路构成帧赋予统一的量化因子。在相同量化因子作用下,较复杂的帧显然将获得更多的比特。到此,由图像的统计参量已推算出率失真函数关系。但要注意的是,根据上述关系得到的估计比特数仅与图像自身的空间活动性有关,而与码率等没有关系,与实际编码比特数往往相差很大。通过各路图像编码所需比特数的比例关系,进一步为之分配相应比特数,可得

$$R_k = \frac{R_k Q_{\text{ref}}}{\sum_k R_k Q_{\text{ref}}}(T - T_{\text{h}}) + R_{\text{kh}} \tag{2-4-9}$$

式中,R_{kh} 和 R_{n} 分别为超帧及节目帧的头信息比特,可取最近刚编码过的相同类型图像的值(此时假设时间序列上存在很强的相关性);针对不同类型的帧(I,P,B),Q_{ref} 可选取的量化因子为

$$Q_{\text{I,P,B,ref}} = \frac{\sum_k S_{k,\text{I,P,B}} Q_{k,\text{I,P,B}}}{\sum_k S_{k,\text{I,P,B}}} \tag{2-4-10}$$

根据编码上一个同类型超帧所花费的比特数及平均量化因子,来获取当前待编码超帧

的参考量化因子。至此,各路节目根据其复杂度获取了相应的分配比特。根据各路节目的复杂程度而动态地分配比特,可减小图像序列在时间轴上的质量差异,降低在时间轴上变化剧烈序列的质量波动,而对质量波动较小的序列影响不大。

图 2.4.6 为统计复用示意图,左边有 6 路独立节目电视信号,每一路信号都是随时间速率可变的,右边是经统计复用后的信号。经过统计复用后,各路信号处于填充状态,统计复用后的信道总速率恒定不变,该总速率低于 6 路独立电视节目速率之和,这经济地利用了信道资源。在接收端通过解计复用就可恢复各路单节目电视信号。

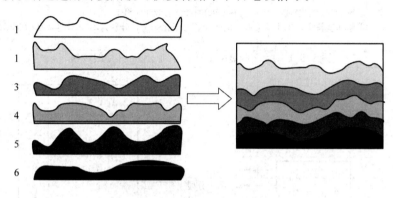

图 2.4.6　统计复用示意图

2.5　字节到符号的映射

此处的"字节"指的是传输流中每字节的数据,通常每字节的数据量永远不变,为 8 bit。"符号"指的是送到数字调制器去的一组数据,一般是并行送出的,每组数据称作一个符号。由于采用的数字调制的方法不同,故一个符号所包含的比特数目不相等。例如,16QAM 数字调制器输入的一个符号数据量为 4 bit,32QAM 为 5 bit,64QAM 为 6 bit,8VSB 为 3 bit,16VSB 为 4 bit,等等。针对不同的数字调制方法,要把字节(8 bit)数据映射成一个一个符号,再进行数字调制。

在卷积交织后,字节到符号的映射要精确的执行。在调制系统中,映射依赖于比特边缘。在每一种情况下,符号 Z 的 MSB 由字节 V 的 MSB 所取代。相应地,下一符号的有效位将被下一字节的有效位取代。在 $2^m - \text{QAM}$ 调制中,处理器将从 k bit 映射到 n 个符号,如

$$8k = nm \tag{2-5-1}$$

在图 2.5.1 中,以 64QAM(其中,$m=6,k=3,n=4$)为例说明了处理过程。

美国有线电视网曾采用过 16VSB 数字调制,在调制之前要进行字节到符号的映射,它的映射方式如图 2.5.2 所示,因为 16VSB 中的每个符号需 4 bit 信息,所以一个字节可映射成两个符号。

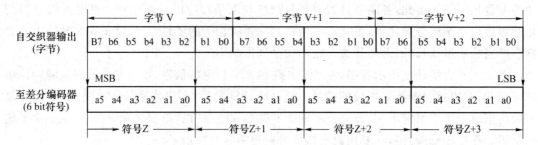

注：① b0为每个字节或mbit符号(m-tuple)的最低有效位(LSB)。
② 这个变换中，每个字节产生的m bit符号不止一个，分别为Z、Z+1等，且Z在Z+1之前传送。

图 2.5.1　用于 64QAM 的字节到 m bit 符号的转换

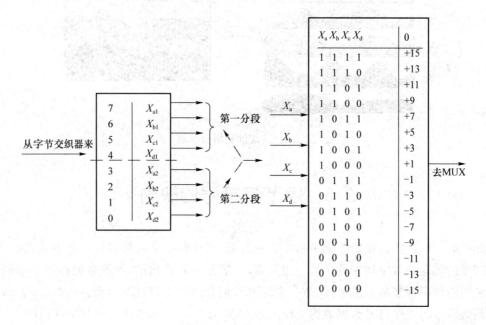

图 2.5.2　16VSB 映射器

2.6　空时编码

空时编码(Space-Time Coding,STC)技术是通过利用阵列天线处理技术开发多输入多输出系统(MIMO)性能的革命性发展,它可以有效抵消衰落,提高频谱效率。空时编码的概念是基于 Winters 在 20 世纪 80 年代中期所做的开创性工作。20 世纪 90 年代 Stanford 的 Raleigh 和 Cioffi、瑞士 ASCOM 的 Wittneben 进一步奠定了空时编码的基础。最近,确定了空时编码的概念,空时编码的有效工作需要在发射和接收端使用多个天线,因为空时编码同时利用时间和空间两维来构造码字,这样才能有效抵消衰落,提高功率效率,并且能够在传输信道中实现并行的多路传送,提高频谱效率。需要说明的是,空时编码技术因为属于分集的范畴,所以要求在多散射体的多径情况下应用,天线间距应适当拉开,以保证发射、接收信号的相互独立性,以充分利用多散射体所造成的多径。

2.6.1　空时编码技术及其分类

空时编码在不同天线所发送的信号中引入时间和空间的相关性,从而不用牺牲带宽就可以为接收端提供不编码系统所没有的分集增益和编码增益,空时编码的基本工作原理如下:从信源给出的信息数据流到达空时编码器后,形成同时从许多个发射天线上发射出去的矢量输出,这些调制符号称为空时符号(STS)或者空时矢量符(STVS),一个空时矢量符STVS 可以表示成一个复数的矢量,矢量中数的个数等于发射天线的个数。

目前提出的空时编码方式主要有正交空时分组码(Orthogonal Space-Time Block Coding,OSTBC)、贝尔分层空时结构(Bell Layered Space-Time Architecture,BLAST)和空时格型码(Space-Time Trellis Coding,STTC)。这 3 类属于接收机,需要已知信道传输系数的空时编码,另外,还有适于少数不知道信道传输系数情况的有效期分空时编码。

2.6.2　正交空时分组码

正交空时分组码包括两大类。

① 空时发射分集(STTD)。它由 Alamouti 于 1998 年以两个发射天线的简单发射分集技术为例提出,其基本思想类似于接收分集中的最大比接收合并 MRRC,后经 V. Tarokh 等人于 1999 年利用正交化设计思想推广到多天线情况,称为空时分组码。数据经过空时编码后,编码数据分为多个支路数据流,分别经过多个发射天线同时发射出去;接收端的最大似然译码可以通过对不同天线发射的数据解偶来得到更简单的实现形式,利用的是空时码字矩阵的正交性,从而得到基于线性处理的最大似然译码算法。

② 正交发射分集(OTD)。它由 Motorola 作为 CDMA2000 3G CDMA 的标准提出。这两种方法都具有不扩展信号带宽的优点,即可以不牺牲频谱效率,并且解码可以由线性运算按照最大似然算法给出,优于标准的 Viterbi 译码,接收机可以比较简单,但是它们也不能够提供编码增益。

空时分组码的构造问题:通常,如果在 p 个时隙周期内,有 k 个符号被发送出去,则定义编码比率为 $R=k/p$。对两个天线的复信号的情况,共编码比率为 1。这里的编码矩阵的行代表发射天线的空间维,列代表时间维的各个发射时隙或符号周期。空时分组码的构造问题其实就是码字矩阵的正交性设计,各阵元所发射的信号在一帧内互相正交,即码字矩阵的行正交。类似地,从空时正交性这个基本关键点出发,也可以设计出其他多个发射天线的空时分组码,它们所提供的分集增益与通常的发射天线个数乘以接收天线个数的接收最大比具有相同的信噪比,即具有相同的分集增益。

对于任何空时分组码,最大似然解码算法都可以在接收机处通过线性处理来实现,这就意味着,接收机的结构可以很简单,而这一点在实际应用中对移动用户的接收机设计很有意义。

类似地,其他空时分组码的译码器同样可以推导得出,对各个符号的检测判断可以相互独立地通过线性运算得出,其实上面的最大似然检测是一种相干检测方法,这种相干检测方案可以使空时编码的译码性能获得所能达到的最佳性能。

2.6.3　贝尔分层空时结构(BLAST)

贝尔分层空时结构最初由朗讯公司的贝尔实验室的 G. J. Foschini 于 1996 年提出,其于 1998 年研制出了实验系统 V-BLAST,并申请了专利。它需要在发射端和接收端使用多个天线(接收端天线数目不少于发射端天线数目),并且在译码时需要知道精确的信道信息,主要适合不需要进行有线连接的室内固定不动的办公环境和郊区等地区的固定无线接入。高速信息流先被解复用地分成多个单独的低速数据支流;各个支路数据分别用各自的信道编码器编码,这些编码器可以是二进制卷积编码,也可以根本就不编码;各个信道编码器的输出再经过分层空时结构编码和调制后送至各个独立的发射天线,并且使用同一个载波频率/符号波形(对 TDMA 系统)同时发射出去,对 CDMA 系统使用同样的扩频码。

由各个信道编码器的输出的信号有 3 种分层空时结构编码方案:对角分层空时结构(DLST)、垂直分层空时结构(VLST)和水平分层空时结构(HLST)。其中,DLST 具有较好的空时特性及层次结构,使用较多。

在接收端,一般按照对角线数据流层进行译码,这要经过 3 个步骤的处理:干扰信号及未检测信号的迫零(ZF)消除、已检测信号的干扰消除和补偿。前端首先使用一个空间波束形成或者迫零处理,从而分开各个单独的数据流层。

已证明,对于 N 个发射天线和 N 个接收天线的情况,系统容量随线性增长,当采用的天线个数 $N=8$ 时,在 1% 的中断概率和 21 dB 信噪比条件下系统的频谱利用率为 42 bit/s/Hz,约为相同发射功率和带宽的单发单收系统的 40 倍。

2.6.4　空时格型码(STTC)

空时格型码(STTC)编译码的基本原理:TCM 编码器的基本结构在多数情况下可以看作一个有限状态的状态转移器,最新的信息源比特流数据用来确定编码器从当前状态到下一个状态的状态转移,状态转移的结果就是要从多个发射天线上同时发射出去一个空时矢量符 STS,STS 的组成符号从原理上可以选择任何星座图,如 QPSK、8PSK、16QAM 等。

空时格型码最初由 V. Tarokh 等人提出,它是 TCM 的推广。它是两天线 8PSK 的 8 态空时编码,与 TCM 编码很相像,只不过每一个状态转移结果的空时矢量符 STS 代表同一时刻分别从两个天线发射出去的符号。

空时编码可以根据编码增益和分集增益准则设计出来,只是好码字的搜索设计非常麻烦。空时格型编码的设计其实是在接收端已知信道信息的条件下最大化任意两个码字矩阵之间的欧氏距离,可以实现数据传输速率、分集增益和格型复杂度及译码复杂度的最佳折中,所以在3 种空时编码方案中,它的性能是最佳的,但是目前因为其译码复杂度而影响了它的应用,空时分组编码就是基于此考虑所提出的,目前以其较低的编译码复杂度得到了广泛认同。

2.6.5　差分空时编码

推导空时编码的构造准则和在接收端进行译码时都需要知道较为准确的信道信息 CSI,这在多数情况下是可行的,但是,在快衰落或者发射、接收天线数目较多时等少数情况下,就可能得不到精确的信道估计,这就需要研究发射端和接收端都不需要信道衰落系数的空时编码。受常规的单发单收无线通信系统中差分调制技术的启示,人们试图将差分调制方法推广到多发射天线的情况。Hochwald 和 Marzetta 提出了酉空时编码(Unitary Space-Time Codes),最优酉空时码的设计是最小化任意两个码字矩阵之间的相关系数,但是它们的灵敏级编码、译码复杂度使其更像一种理论上的最优编码。随后,Hochwald 等人提出了具有多项式编码复杂度和指数级译码复杂度的第二种结构,其同样在实际环境中难以使用。与此同时,V. Tarokh 等人提出了针对两个发射天线的基于正交设计和空时分组编码的差分编码方案,该方案是第一个具有简单编译码复杂度的差分编码方案。所以目前差分检测方案应该是适合实际应用的未知信道信息的发射分集方案。需要指出的是,与空时分组编码相比,这种差分空时编码的相干检测性能有 3 dB 的损失,这也算是对无需信道估计所付出的代价。

第3章 数字电视信号调制和解调技术

在国内外的数字电视标准中,调制的种类可分为单载波调制和多载波调制。单载波调制主要有 QPSK、Offset-QAM、16QAM、32QAM、64QAM、256QAM、1024QAM、8VSB(8电平残留边带调制)、16VSB(16 电平残留边带调制);多载波调制有 OFDM。

下面各节主要介绍数字电视标准中的调制种类。

3.1 数字电视调制的种类

3.1.1 数字电视调制的分类

数字电视目前主要有三种传输方式:有线 HFC 网传输、卫星广播传输、地面广播传输。随着技术的发展,3G、4G、5G 将是数字电视传输网络之一。不同的传输方式采用不同的调制方式。

使用有线 HFC 网传输时,普遍采用 MQAM 调制方式,尤其以 64QAM 调制方式居多。频谱利用系数较高(理论值为 6 bit/s/Hz)。

数字电视使用卫星广播传输时,由于传输的距离较远,要求采用抗干扰能力较强的调制方法。一般采用四相相移键控调制(Quadrature phase-shift keying,QPSK)。这种调制方法抗干扰能力较强,但频谱利用系数较低(理论值为 2 bit/s/Hz)。

在数字电视使用地面广播传输时,由于要考虑室内接收和移动接收情况,其中,室内电磁波受到严重的屏蔽衰减、墙壁之间的反射影响以及天电干扰、电火花干扰,移动接收时受多普勒效应影响和信号的多径反射等,所以要求采用抗干扰能力极强的多载波调制技术。如采用编码正交频分多路调制(Code Orthogonal Frequency Division Multiplexing,COFDM)方式,这种方式抗干扰能力极强,它可满足移动接收的条件。美国采用多电平残留边带调制(More Voltage Vestigial Side Band,M-VSB)方式,这种调制方式的频谱利用率较高,由于采用了其他抗强干扰的措施,除了能满足在美国地理条件和房屋结构情况下的室内接收外,也能满足移动接收。我国有的实验方案提出采用偏置正交幅度调制(Offset-QAM)方式,通过实验,可满足移动接收的苛刻条件,而且频谱利用率也较高。

对于手机电视 3G、4G、5G 网络传输,移动接收时受多普勒效应影响和信号的多径反射等,要求采用抗干扰能力极强的调制技术。单载波调制一般采用 BPSK(DPSK)、8PSK(8DPSK)、QPSK(DQPSK)、16APSK(16DAPSK)、Offset-QAM;多载波调制技术采用了编码正交频分多路调制(COFDM)。这种调制方法的频谱利用系数较高,抗干扰能力较强。

这里要进一步说明的是,在 5G 标准中采用了极强的纠错编码等措施,为提高频谱利用率,也采用了 256QAM、1 024QAM 调制方式。

3.1.2　数字调制的理由

数字电视信号经数字调制后,相当于模拟信号,可以在模拟信道中传输。经压缩后的数字电视信号速率是以比特每秒(bit/s)为单位,再经数字调制后信号的频率单位变成了赫兹(Hz),赫兹单位是惯用的模拟信号带宽单位。所以,可以说数字电视信号经数字调制后,相当于模拟信号,可以在模拟信道中传输。

在数字电视初期实验阶段,数据率较低,图像质量较差。随着人们对图像质量的要求越来越高,希望得到标准清晰度(SDTV)或更高清晰度(HDTV)图像,但这些图像信息速率分别为 8 Mbit/s、20 Mbit/s。要将如此高速率的信息传送至用户端,图像压缩编码系统与传输处理系统是两大关键技术环节。图像压缩编码已提出了 MPEG 系列和 H.26X 系列标准,但在国内外高清数字电视标准中主要采用 H.264、H.265 压缩标准,因为它的压缩比高,在相同图像质量情况下,数码率较低。数字视频传输为了提高频谱利用率,以及在同样带宽的情况下多传送几套节目,必须进行数字调制。在国内外数字电视传输标准中,信道传输处理方案大体相似,但在调制方式上却有不同选择。而且,不同的传输方式(有线 HFC 网,卫星广播,地面广播,3G、4G、5G 蜂窝网等)采用不同的调制方式。

采用 QPSK、M-QAM、M-VSB、COFDM 及 Offset-QAM 数字调制技术能有效地提高频谱利用率和抗干扰能力,满足数字电视系统的传输要求。下面将对它们的工作原理做简要的介绍。

3.2　QPSK 数字调制技术

3.2.1　QPSK 原理分析

四相移相键控(QPSK)是目前微波、卫星及地面广播手机电视通信中最常采用的一种单载波传输方式,它具有较强的抗干扰性,在电路实现上也比较简单。四相移相键控等效于二电平正交调幅,它是讨论正交幅度调制的基础。

QPSK 是一种恒定包络的角度调制技术,其调制器框图如图 3.2.1 所示。

由图 3.2.1 可知,QPSK 包含同相与正交两个分量。每个分量都用二进制序列进行键控。

功率谱公式为

$$S_s(f) = \frac{A^2 T_s}{2} \left[\frac{\sin \pi (f - f_0) T_s}{\pi (f - f_0) T_s} \right]^2 \tag{3-2-1}$$

其功率谱密度如图 3.2.2 所示。

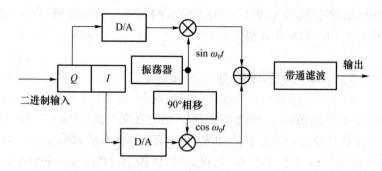

图 3.2.1　QPSK 调制器

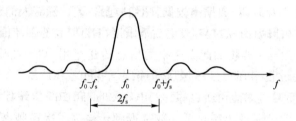

图 3.2.2　QPSK 的功率谱密度

MPSK 的频谱利用率为 $\log_2 M$ Mbit/s/Hz。$M=4$ 时,QPSK 的频谱利用率为 2 bit/s/Hz。

QPSK 在实际应用中往往还与其他处理电路相连接,这可使其功能更加完善。由图 3.2.3 可知,在 QPSK 调制之前有卷积编码、收缩及基带形成处理。

内码使用卷积编码,这一系统允许使用不同比特的收缩卷积码(Punctured Convolutional Codes),但都基于 1/2 卷积码,其约束长度为 $K=7$。使用这种方法可以由使用者根据数码率来选择相应的误码纠正程度。由图 3.2.3 可知,串行比特流先按 1/2 卷积编码成 X、Y,然后经去除不传送的比特(这一过程称为"收缩")。各种比率卷积码在收缩过程中传输和不传输的比特见表 3.2.1。该系统使用卷积格雷码 QPSK 调制,但不使用差分编码而使用绝对比特映射,其星座图见图 3.2.3。

QPSK 调制使用具备完全映射的传统格雷码(无差错编码)。信号空间位映射如图 3.2.3 所示。

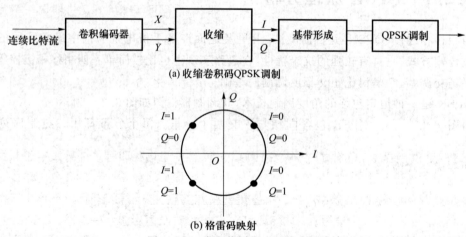

(a) 收缩卷积码QPSK调制

(b) 格雷码映射

图 3.2.3　卷积格雷码 QPSK 调制

表 3.2.1　收缩卷积码定义

1/2	$d_{\mathrm{free}}=10$	$X=1$ $Y=1$	$I=X_1$ $Q=Y_1$
2/3	$d_{\mathrm{free}}=6$	$X=10$ $Y=11$	$I=X_1\,Y_2\,Y_3$ $Q=Y_1\,X_3\,Y_4$
3/4	$d_{\mathrm{free}}=5$	$X=101$ $Y=110$	$I=X_1\,Y_2$ $Q=Y_1\,X_3$
5/6	$d_{\mathrm{free}}=4$	$X=10101$ $Y=11010$	$I=X_1\,Y_2\,Y_4$ $Q=Y_1\,X_3\,X_5$
7/8	$d_{\mathrm{free}}=3$	$X=1000101$ $Y=1111010$	$I=X_1\,Y_2\,Y_4\,Y_6$ $Q=Y_1\,Y_3\,X_5\,X_7$

在调制前 I 和 Q 信号要进行升余弦平方根滤波,滚降系数应是 0.35,其形状由式(3-2-2)定义:

$$
\begin{cases}
H(f)=0 & |f|<f_{\mathrm{N}}(1-\alpha) \\
H(f)=\left\{\dfrac{1}{2}+\dfrac{1}{2}\sin\dfrac{\pi}{2f_{\mathrm{N}}}\left[\dfrac{f_{\mathrm{N}}-|f|}{\alpha}\right]\right\}^{\frac{1}{2}} & f_{\mathrm{N}}(1-\alpha)\leqslant|f|\leqslant f_{\mathrm{N}}(1+\alpha) \\
H(f)=0 & |f|>f_{\mathrm{N}}(1+\alpha)
\end{cases}
\tag{3-2-2}
$$

式中,$\alpha=0.35$,$f_{\mathrm{N}}=I=R_0$ 是 Nyquist(奈奎斯特)频率。

3.2.2　QPSK 误码性能要求

连接在 IF 环中的 QPSK 调制解调器应满足表 3.2.2 给出的系统中 IF 环 BER 和 E_{b}/N_0 的性能要求。

表 3.2.2　在系统中 IF 环 BER 和 E_{b}/N_0 的性能要求

内码编码	E_{b}/N_0 R-S 编码后 Viterbi QEF(BER=0.000 2)
1/2	4.5
2/3	5.0
3/4	5.5
5/6	6.0
7/8	6.4

注:① E_{b} 指的是 R-S 编码前的有用位率,包括由于外部编码($10\log_2 188/204=-0.36$ dB)所造成的调制解调器 0.8 dB 的衰减和噪声带宽的增加。N_0 指的是出现的噪声误码。

② 准无误(QEF)是指每小时传输少于一个未纠误码,对应解复用器的输入 BER 为 $10^{-11}\sim10^{-10}$。

表 3.2.2 给出系统中 IF 环的各项性能指标。图 3.2.4 给出了调制器输出信号频谱的模板,同时也给出了 Nyquist 调制滤波器的硬件实现的可能掩模板。在图 3.2.4 和图 3.2.5 中,点 A 到点 S 的特性有一一对应关系。滤波器频率响应假设输入信号为理想的 Dirac delta

信号，信号周期为 $T_s = 1/R_s = 1/2f_N$，在矩形波输入的情况下，则要进行适当的 $x/\sin(x)$ 校正。图 3.2.5 给出 Nyquist 调制滤波硬件实现的群时延。图 3.2.4 和图 3.2.5 以国际卫星地球站标准（IESS）308 号为基础，根据不同的滚降而有不同的修正。

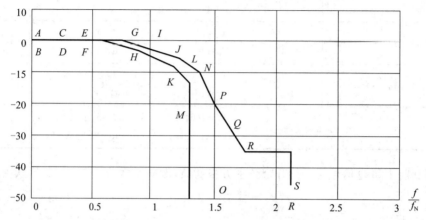

图 3.2.4　基带频域表示的调制器输出信号频谱

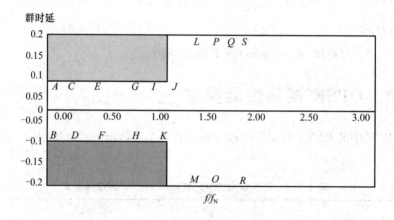

图 3.2.5　调制滤波器的群迟延

传输系统首先对突发的误码进行离散化，然后加入 R-S 外纠错码保护，内纠错码可以根据发射功率、天线尺寸以及码流率进行调节变化。例如，一个 36 MHz 带宽的卫星转发器采用 3/4 的卷积码时可以达到的码流率是 38.9 Mbit/s，这一码流率可以传送 5～6 路高质量电视信号，见表 3.2.3。

表 3.2.3　各种转发器带宽及相应的码率

BW (−3 dB)/ MHz	BW′ (−1 dB)/ MHz	Rs BW/Rs=1.28/ Mbaud	Ru QPSK+1/2/ (Mbit·s⁻¹)	Ru QPSK+2/3/ (Mbit·s⁻¹)	Ru QPSK+3/4/ (Mbit·s⁻¹)	Ru QPSK+5/6/ (Mbit·s⁻¹)	Ru QPSK+6/7/ (Mbit·s⁻¹)
54	48.6	42.2	38.9	51.8	58.3	64.8	68.0
46	41.1	35.9	33.1	44.2	49.7	55.0	58.0

BW (−3 dB)/MHz	BW′ (−1 dB)/MHz	Rs BW/Rs=1.28/Mbaud	Ru QPSK+1/2/(Mbit·s⁻¹)	Ru QPSK+2/3/(Mbit·s⁻¹)	Ru QPSK+3/4/(Mbit·s⁻¹)	Ru QPSK+5/6/(Mbit·s⁻¹)	Ru QPSK+6/7/(Mbit·s⁻¹)
40	36.0	31.2	28.8	38.4	43.2	48.0	50.4
36	32.4	28.1	25.9	34.6	38.9	43.2	45.4
33	29.7	25.8	23.8	31.7	35.8	39.6	41.6
30	27.0	23.4	21.6	28.8	32.4	36.0	37.6
27	24.3	21.1	19.4	25.9	29.2	32.4	34.0
26	23.4	20.3	18.7	25.0	28.1	31.2	32.8

3.3　MQAM 数字调制技术

3.3.1　MQAM 的功率谱分析

MQAM 是一种节省频带的数字调幅方法,在 2 400 bit/s 以上的中、高速调制中常被采用,并广泛应用于手机电视的地面广播传输中。MQAM 有较高的频谱利用率,同时有较高的信噪比。

MQAM 的调制器框图如图 3.3.1 所示。

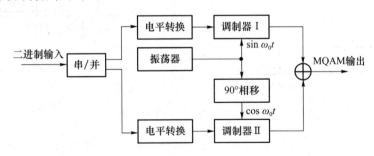

图 3.3.1　MQAM 调制器框图

两种 QAM 信号的平均功率谱密度分别如下。

16QAM 信号:

$$\frac{S_u(f)}{E_{sm}}=\frac{5}{9}\left[\frac{\sin \pi(f-f_0)T_s}{\pi(f-f_0)T_s}\right]^2 \tag{3-3-1}$$

64QAM 信号:

$$\frac{S_u(f)}{E_{sm}}=\frac{3}{7}\left[\frac{\sin \pi(f-f_0)T_s}{\pi(f-f_0)T_s}\right]^2 \tag{3-3-2}$$

将 16QAM、64QAM 的平均功率谱密度和 QPSK 的平均功率谱密度一起画在图 3.3.2

中。由图 3.3.2 可知,QPSK 的频谱利用率为 2 bit/s/Hz,16QAM 的频谱利用率为 4 bit/s/Hz,64QAM 的频谱利用率为 6 bit/s/Hz。

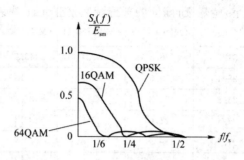

图 3.3.2　几种数字调制信号的功率谱密度

MQAM 数字调制器的实际框图如图 3.3.3 所示。被压缩的 H.264 数字视频信号送入数据接口电路,再经能量扩散送入 R-S 纠错电路,经数据交织再送入 M-QAM 数据映射,分两路信号输出,分别经数字滤波、D/A 变换,再经模拟低通滤波,送入正交平衡调制电路,输出为中频信号,最后变为射频信号发射出去。

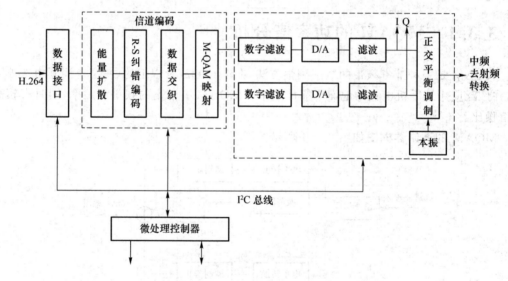

图 3.3.3　MQAM 数字调制器

3.3.2　16QAM 频谱利用系数及其星座图

(1) 16QAM 频谱利用系数

下面从理论上分析一下 16QAM 频谱利用系数,如图 3.3.4 所示。图中 LPF 是低通滚降滤波器。二进制串行数据输入以后,以 4 bit 为一组,分别取出 2 bit 送入上下两个 2-4 电平转换器,再分别送入调制器 1、调制器 2 进行幅度调制,调制后的信号线性相加,得到 16QAM 的输出信号。如果输入二进制数的速率为 f_a 的话,则送到 2-4 电平转换的速度为 $\dfrac{f_a}{4}$。a_1,a_2,b_1,b_2 有真值表,如表 3.3.1 所示。

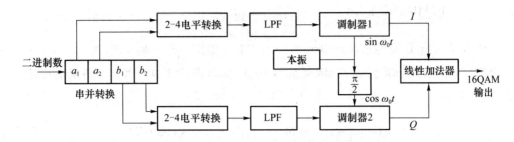

图 3.3.4　16QAM 调制器信号形成过程图

表 3.3.1　电平转换真值表

输入		输出	输入		输出
a_1	a_2		b_1	b_2	
0	0	−1	0	0	−1
0	1	−3	0	1	−3
1	0	+1	1	0	+1
1	1	+3	1	1	+3

经过 2-4 电平转换后,可得到 −1,−3,+1,+3 四个电平,则调制器 1 输出的 4 个信号为 $+3\sin \omega_0 t$,$+1\sin \omega_0 t$,$-1\sin \omega_0 t$,$-3\sin \omega_0 t$;调制器 2 输出的 4 个信号为 $+3\cos \omega_0 t$,$+1\cos \omega_0 t$,$-3\cos \omega_0 t$,$-1\cos \omega_0 t$。线性相加后,可得到 16QAM 星座图。图 3.3.5 为利用 16QAM 正交调幅法形成 16QAM 信号的过程图。在 16QAM 调制信号中,各个 16QAM 调制器电平状态所对应的 Q 电平及 I 电平由表 3.3.2 表示。

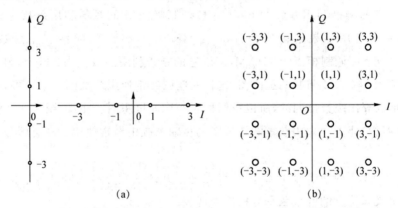

图 3.3.5　16QAM 信号的形成过程

表 3.3.2　各电平状态所对应的 Q 电平及 I 电平

状态	1	2	3	4	5	6	7	8	9	10	11	12	13	14	15	16
Q 电平	−3	−3	−3	−3	−1	−1	−1	−1	+1	+1	+1	+1	+3	+3	+3	+3
I 电平	−3	−1	+1	+3	−3	−1	+1	+3	−3	−1	+1	+3	−3	−1	+1	+3

（2）QAM 的频谱利用率分析

下面分析一下 16QAM 信号的带宽情况。设输入的二进制速率为 10 Mbit/s,2-4 电平

转换的输入为 $\frac{10\ \text{Mbit/s}}{4} = 2.5\ \text{Mbit/s}$,由信息论知识可得,1 Hz 最高可传输的 PCM 信号为 2 bit,所以它的基带信号的最高频率为 2.5/2 MHz。根据平衡调幅原理(见图 3.3.6),可做如下数字分析,设本振频率为 f_0,调制信号频率为 Ω,进行平衡调幅时,调幅后的输出信号为

$$\sin \Omega t \sin \omega_0 t - \frac{1}{2}\cos(\omega_0 - \Omega)t - \frac{1}{2}\cos(\omega_0 + \Omega)t \tag{3-3-3}$$

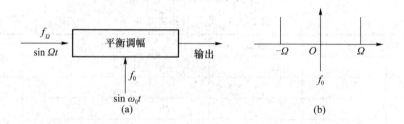

图 3.3.6　平衡调幅数字分析

从式(3-3-3)可知,带宽为 2Ω,若 $\Omega = 2.5/2$ MHz,则 $2\Omega = 2.5$ MHz。即对于 10 Mbit/s 的二进制数,经 16QAM 调制后的模拟信号带宽为 2.5 MHz,则频谱利用率为

$$\frac{10\ \text{Mbit/s}}{2.5\ \text{MHz}} = 4\ \text{bit/s/Hz} \tag{3-3-4}$$

所以,16QAM 调制理论上的频谱利用系数为 4 bit/s/Hz,$16 = 2^4$。同理,可证明在 64QAM 中,$64 = 2^6$,则它的频谱利用系数为 6 bit/s/Hz,128QAM 的频谱利用系数为 7 bit/s/Hz,256QAM 的频谱利用系数理论值为 8 bit/s/Hz,1024QAM 的频谱利用系数理论值为 10 bit/s/Hz。QPSK 调制相当于 4QAM,所以它的频谱利用系数应为 2 bit/s/Hz。

图 3.3.7 为 64QAM 调制的星座图,这种星座图经常使用。从图 3.3.7 可以看出,图中 I/Q 轴坐标是以等比级数排列的,所以我们称它为均匀星座图。相反,图 3.3.8 称为非均匀星座图。非均匀星座图在采用双重纠错方案的传输系统中经常使用。注意区分两个图中坐标的不同刻度。

在进行 64QAM 调制前,I 和 Q 信号将先进行升余弦平方根滚降滤波。滚降系数 α 为 0.15。下面定义理论上的升余弦平方根滚降滤波。

$$H(f) = 1 \quad |f| < f_N(1-\alpha) \tag{3-3-5}$$

$$H(f) = 1 \quad |f| > f_N(1+\alpha) \tag{3-3-6}$$

$$H(f) = \sqrt{\left[\frac{1}{2} + \frac{1}{2}\sin\frac{\pi}{2f_N}\left(\frac{f_N - |f|}{\alpha}\right)\right]} \quad f_N(1-\alpha) \leqslant |f| \leqslant f_N(1+\alpha) \tag{3-3-7}$$

$$f_N = \frac{1}{2T_B} = \frac{R_S}{2} \tag{3-3-8}$$

式中,f_N 是奈奎斯特频率,此处滚降系数可取 $a = 0.15$。

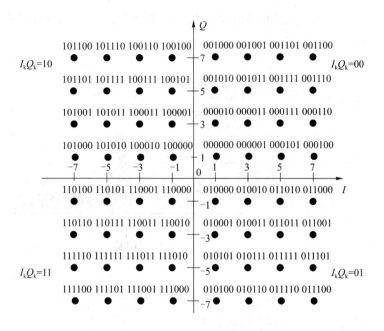

图 3.3.7　64QAM 均匀星座图

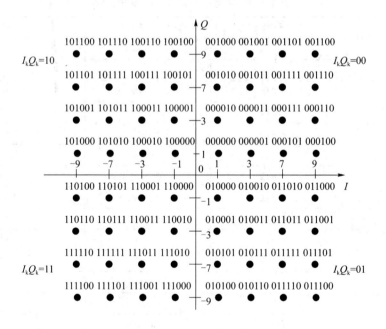

图 3.3.8　64QAM 非均匀星座图

3.3.3　64QAM 奈奎斯特基带滤波器的特性

图 3.3.9 给出用最简单的硬件实现奈奎斯特滤波器的模板。这个模板不仅考虑了数字滤波的设计极限,也顾及了来自系统模拟处理部件的人为因素(如 D/A 转换、模拟滤波器等)。滤波器带内纹波的 r_m 将提高到 $0.85f_N$,同时奈奎斯特频率 f_N 将降低 0.4 dB,滤波器阻带抑

制将高于 43 dB。在 f_N 之内，滤波器应保持群时延波动值为 $0.1T_s$，相位特性为线性，其中 $T_s = 1/R_s$ 为符号间隔。

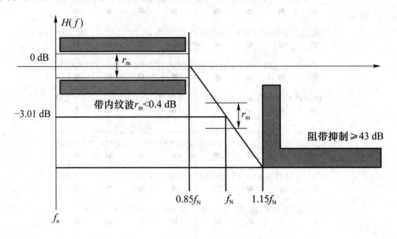

图 3.3.9　奈奎斯特滤波器的模板

奈奎斯特滤波器的模板参数详见表 3.3.3。

表 3.3.3　奈奎斯特滤波器模板的参数

点	频率	相对功率/dB	群迟延
A	$0.0f_N$	+0.25	$+0.07/f_N$
B	$0.0f_N$	−0.25	$−0.07/f_N$
C	$0.2f_N$	+0.25	$+0.07/f_N$
D	$0.2f_N$	−0.40	$−0.07/f_N$
E	$0.4f_N$	+0.25	$+0.07/f_N$
F	$0.4f_N$	−0.40	$−0.07/f_N$
G	$0.8f_N$	+0.15	$+0.07/f_N$
H	$0.8f_N$	−1.10	$−0.07/f_N$
I	$0.9f_N$	−0.50	$+0.07/f_N$
J	$1.0f_N$	−2.00	$+0.07/f_N$
K	$1.0f_N$	−4.00	$−0.07/f_N$
L	$1.2f_N$	−8.00	
M	$1.2f_N$	−11.00	
N	$1.8f_N$	−35.00	
P	$1.4f_N$	−16.00	
Q	$1.6f_N$	−24.00	
S	$2.12f_N$	−40.00	

　　手机电视采用 MPEG-2 的传输流。多载波采用 OFDM 调制，抗干扰能力强，并加上了前向纠错码保护。子载波调制采用 64QAM 方式，有时也可以采用 16QAM、32QAM 或更高的 128QAM、256QAM。对于 QAM 调制而言，在一个 8 MHz 标准电视频道内，如果使用

64QAM,则所传输的数据速率为 38.5 Mbit/s,见表 3.3.4。

表 3.3.4　DVB-C 在 CATV 网中的应用实例

有用比特率 Ru MPEG-2 TV/ (Mbit·s⁻¹)	总比特率 Ru' 包括 R-S 附加比特/ (Mbit·s⁻¹)	电缆符号率/ Mbaud	占用的带宽/ MHz	调制方式
38.1	41.34	6.89	7.92	64QAM
31.9	34.61	6.92	7.96	32QAM
25.2	23.34	6.84	7.86	16QAM
31.672 PDH	33.367	6.87	7.90	32QAM
18.9	25.52	3.42	3.93	64QAM
16.0	17.40	3.48	4.00	32QAM
12.8	13.92	3.48	4.00	16QAM
9.6	10.44	1.74	2.00	64QAM
8.0	8.7	1.74	2.00	32QAM
6.4	6.96	1.74	2.00	16QAM

3.3.4　QPSK 和 MQAM 传输速率应用实例

在数字电视传输时,常有上行数据和下行数据之分。上行数据一般采用 QPSK 和 16QAM 调制。下行数据均采用 64QAM 或更高阶调制。在上行数据中,为了抑制上行的噪声积累,采用 16QAM 和 QPSK 调制方式,其实用特性如表 3.3.5 所示。

表 3.3.5　16QAM 和 QPSK 调制方式的实用特性

信号码率/ (ksym·s⁻¹)	信道带宽/ MHz	16QAM 理想 传输速率/(bit·s⁻¹)	16QAM 实际 传输速率/(bit·s⁻¹)	QPSK 理想 传输速率/(bit·s⁻¹)	QPSK 实际 传输速率/(bit·s⁻¹)
160	0.2	0.64	~0.6	0.32	~0.3
320	0.4	1.28	~1.2	0.64	~0.6
640	0.8	2.56	~2.3	1.28	~1.2
1 280	1.6	5.12	~4.6	2.56	~2.3

在美国的地面数字电视广播和 HFC 有线数字电视传输中常使用 64QAM 和 256QAM 调制,而且一个电视频道带宽只有 6 MHz。表 3.3.6 列出了实际应用实例。这样高的调制方案为发送器及接收器带来更大的挑战。由于符号数量增加,故系统需要更高的信噪比(SNR)或更低的噪声。由于这类信号的峰值与平均值之比相对更大,因此需要更好的线性度。

表 3.3.6　64QAM 和 256QAM 调制实际应用实例

调制方式	信道带宽/MHz	信号码率/(Msym·s⁻¹)	理想传输速率/(Mbit·s⁻¹)	实际传输速率/(Mbit·s⁻¹)
64QAM	6	5.057	30.34	~27
256QAM	6	5.361	42.88	~38

从表3.3.5和表3.3.6可以明显看出,上行数据速度和下行数据速度是不平衡的。

3.3.5　1 024QAM 调制

5G有几个新的技术:第一是大带宽和毫米波;第二是大规模天线阵;第三是使用了新的空口标准。5G提出了高阶调制制式256QAM或者1 024QAM。与此同时,5G还加了一些相位偏转,甚至还包括新编码方式的改进。例如,华为主导的Polar码成了5G的eMBB控制信道的编码标准。5G是彻头彻尾的革新性变化,而不是传统意义上4G的延续。

在5G中,由于下行传输的数码率要求高,所以采用了1 024QAM调制。采用更高阶的1 024QAM调频技术后,子载波之间的间隔更小,容易产生误判,因此要求收、发设备具有更高的抗误码能力。

图3.3.10表示1 024QAM星座图。每一象限的星座点为 $16 \times 16 = 256$,四个象限总的星座点为 $256 \times 4 = 1 024$ 。

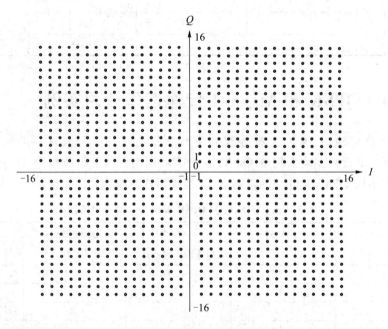

图 3.3.10　1024QAM 星座图

3.3.6　4 096QAM 频谱利用系数及其星座图

4 096QAM的频谱利用系数为 12 bit/s/Hz。

图3.3.11为4 096QAM星座图。每个象限的星座点共1 024个,四个象限的星座点共4 096个。

从1 024QAM和4 096QAM星座图可以看出,星座点非常密集,为使接收端不造成误判,要求传输道有非常强的纠错措施,并且传输信道要有较高的信噪比。在美国的ATSC3.0标准和5G标准中,上述两点都做到极致。

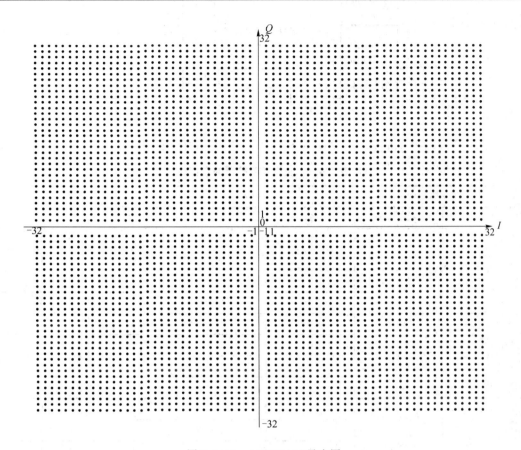

图 3.3.11　4 096QAM 星座图

3.4　π/2 旋转不变 QAM 星座的获得

在数字电视信号传输中,接收端的相干载波是从收到的信号中提取的,由于信号集的布局不同,它可以在不同程度上产生相位模糊度(Phase Ambiguity)。相位模糊度与星座有关。当提取的相干载波发生 90°、180°、270° 相移时,势必会造成后面译码的差错。解决这个问题的主要途径是将差分的概念应用到 QAM 调制中,使星座信号点的角度取决于相对差值,而不直接与角度的绝对值挂钩。这种不受相干载波相位混淆的 QAM 星座称为 π/2 旋转不变的 QAM 星座。

为获得 π/2 旋转不变的 QAM 星座图,对每个符号的两个最高有效位进行差分编码,如图 3.4.1 所示。根据差分编码原理,码变换器的输出 I_kQ_k 与输入 A_kB_k 符合表 3.4.1 所示的逻辑关系。

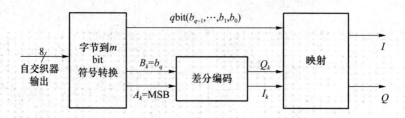

图 3.4.1　对 QAM 调制中两个最高位进行差分编码

表 3.4.1　收端码变换器的真值表

前一输入双比特		本时刻输入		输出数据	
A_{k-1}	B_{k-1}	A_k	B_k	I_k	Q_k
0	0	0	0	0	0
		0	1	0	1
		1	1	1	1
		1	0	1	0
0	1	0	0	1	0
		0	1	0	0
		1	1	0	1
		1	0	1	1
1	1	0	0	1	1
		0	1	1	0
		1	1	0	0
		1	0	0	1
1	0	0	0	0	1
		0	1	1	1
		1	1	1	0
		1	0	0	0

因此由图 3.4.1 可得两个 MSB 位的差分编码逻辑式,即

$$\begin{cases} I_k = \overline{(A_k \oplus B_k)}(A_k \oplus I_{k-1}) + (A_k \oplus B_k)(A_k \oplus Q_{k-1}) \\ Q_k = \overline{(A_k \oplus B_k)}(B_k \oplus Q_{k-1}) + (A_k \oplus B_k)(B_k \oplus I_{k-1}) \end{cases} \tag{3-4-1}$$

根据表 3.4.1 可得到卡诺图,如图 3.4.2 所示。

例如,对于 16QAM 信号矢量,可按图 3.4.3 配置。16QAM 每个信号矢量对应四比特码组,用 $a_1 b_1 a_2 b_2$ 表示(即 $A_k = a_1$ 和 $B_k = b_1$)。利用差分编码得到的两个最高位 $a_1 b_1$ 比特规定信号矢量所处的象限位置,并对其进行四进制差分编码,这时参考载波的四重相位模糊度对 $a_1 b_1$ 码恢复没有影响。另外,两个比特 $a_2 b_2$ 用来规定每个象限中信号矢量的位置,这种配置呈现出 $\pi/2$ 的旋转对称性。由图 3.4.3 可知,结果恢复载波的相位无论是 0°、90°、180°、270°中的哪一个,解调输出的矢量代码都将保持不变。0°时,A 点与 I 轴位置译出其代码为 11。90°时,恢复载波与 Q 轴相同,此时 A 点与 Q 轴的位置关系相当于 A' 点和 I 轴的

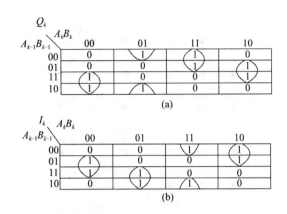

图 3.4.2 卡诺图

位置关系,解出的代码仍为 11。可以判定解调得到 a_2b_2 与相位模糊度无关。以上这种方法减少了差分编码的比特数,因而减少了译码时的误码扩散,可推广到 MQAM 中。

图 3.4.3 表示的是 16QAM 调制符合 $\pi/2$ 的旋转不变原则的星座图。从图 3.4.3 易知,星座图中如果移去两个最高位,则相邻两个象限的配置呈现 $\pi/2$ 的旋转对称性。而两个最高位正好确定它所处象限的位置。32QAM、64QAM 调制符合 $\pi/2$ 的旋转不变原则的星座图见图 3.4.4、图 3.3.5。

表 3.4.2 是图 3.4.3 中第一象限星座点到星座图中其他象限的转换表。

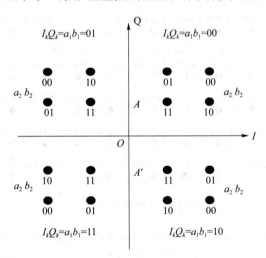

图 3.4.3 16QAM 调制符合 $\pi/2$ 的旋转不变原则的星座图

表 3.4.2 图 3.4.3 中第一象限星座点到星座图中其他象限的转换

相限	MSBs	LSBs 旋转
1	00	0
2	10	$+\pi/2$
3	11	$+\pi$
4	01	$+3\pi/2$

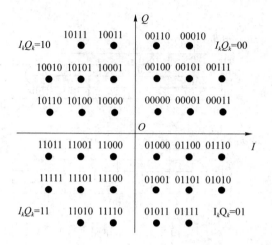

图 3.4.4　32QAM 调制符合 π/2 的旋转不变原则的星座图

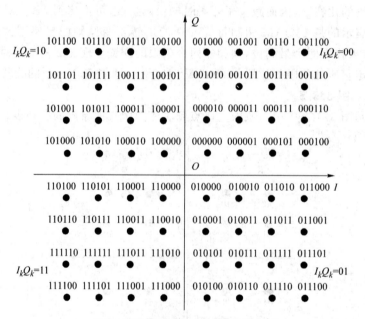

注：I_kQ_k 为每个象限中的两个 MSB 位。

图 3.4.5　64QAM 调制符合 π/2 的旋转不变原则的星座图

3.5　Offset-QAM 数字调制技术

3.5.1　Offset-QAM 电路框图

QAM 调制广泛应用于数字电视传输中。在此，介绍一种高精度数字 Offset-QAM 系统的硬件电路设计。整个系统基于 LSI Logic 公司生产的 L64767 QAM 编码芯片。L64767 QAM 编码芯片是一个专用于卫星电视接收系统的高集成化器件，具有 Offset-QAM 数字信号处理的全部功能。将数字卫星接收下来的信号经 QPSK 数字解调后,再送入 L64767 进行 Offset-QAM 数字调制,调制后的信号可以送往手机电视网中。

以这一芯片为基础,加上输入信号预处理电路、I/Q 合成电路、D/A 变换电路和 LC 滤波电路,就构成了基带数字 Offset-QAM 调制系统。整个系统可以接收来自 H.264 传输编码器或卫星接收机的输入数据,输出的数据经调谐电路可直接送到手机电视传输系统中。Offset-QAM 全数字调制系统框图见图 3.5.1。

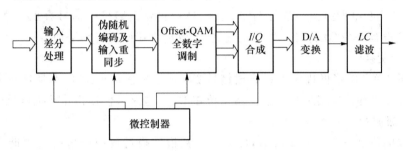

图 3.5.1　Offset-QAM 全数字调制系统框图

该 Offset-QAM 全数字调制系统具有以下特点。

- 可以对 H.264 数据流进行 16QAM、32QAM、64QAM、128QAM 或 256QAM 调制,也即调制系数是可以选择的。
- 对于 I、Q 信号进行数字式合成。
- 只需要一个数模转换器。
- I、Q 合成后直接连接中频。
- 可以下载 QAM 调制所需的奈奎斯特滤波系数。
- 在滤波系数下载后整个系统自行工作。可以接受外部 MPEG 数据流,也可以用其内部的伪随机码源产生一个比特流(可用于测试)。

由图 3.5.1 可知,整个系统分为 6 个部分。

（1）输入差分处理

这是 Offset-QAM 全数字调制系统的输入部分,DVB 兼容的信号通常来源于 QPSK 解调器或 H.264 视频源。H.264 数据流可以是字节并行或比特串行格式。

每一个输入信号都是差分对的形式,所以先进行差分处理,使数据由双极性变换为单极性。

（2）伪随机码源

这一模块要求执行两个功能。

① 将 H.264 输入源送到 Offset-QAM 调制器,进行差分处理后再进行伪随机编码和输入重同步。重同步产生的数据用于测试。

② 当没有外部输入数据时,由伪随机码源 PRBS 产生周期性的伪随机码,用于系统测试 Offset-QAM 调制器的性能。随机码的生成多项式为 $1+\overline{X^{14}}+X^{15}$。当有外部输入数据时,对输入数据整形后送至后续的 Offset-QAM 调制器电路。因此,这一模块将包括一个数据源选择电路,而内外数据源选择的控制信号由微处理器电路提供。在本书中,用一片 CPLD 来编程实现这些功能。

（3）Offset-QAM 全数字调制

Offset-QAM 全数字调制模块基于 L64767 芯片,它接收来自卫星或 PRBS 的数据,并对输入数据进行 Offset-QAM 全数字调制所要求的一切数字信号处理过程,其输出是两路相互正交的 10 bit 信号 I 和 Q。

（4）I/Q 合成

I/Q 合成电路将 Offset-QAM 数字调制器 L64767 输出的 10 bit 的 I 和 Q 信号合成为一路码流。输入数据率为符号时钟,转换器以 4 倍符号率对信号进行抽样。

将 I/Q 信号数字合成可以改善系统性能,并降低成本。传统的合成信号的方法要用两个 DAC,分别对 I/Q 两路信号进行 D/A 变换,然后再将两路模拟信号叠加。这样的话,如果两个 DAC 没有完全匹配,将产生相位失真,导致接收端误比特率增加。

（5）D/A 变换

10 bit 的 DAC 电路将数字 I/Q 合成信号变换成模拟信号。DAC 本身是一个非线性器件,所以还要应用补偿电路进行补偿。本系统在 DAC 电路后使用模拟放大电路进行补偿。

（6）LC 滤波

LC 滤波电路是一个带通滤波器,可以消除数模转换过程中产生的高频谐波分量。滤波器要设计成在整个滤波范围内的群时延为线性,因为任何非线性滤波都将导致信号失真。

3.5.2　Offset-QAM 调制原理分析

从 L64767 输出的信号是两路 10 bit 的 I/Q 数字信号,首先要把这两路数字信号合为一路信号,再对一路合成数字信号进行模数转换,将其变为模拟 MQAM 信号,最后将其经调谐发送至信道。这种 I/Q 信号的数字合成比传统的 QAM 调制少用了一个 DAC,这样可消除两个 DAC 锁相不稳定造成的影响,提高了系统性能。

先讨论全数字 Offset-QAM 调制解调的原理。

设发信 MQAM 波形可表示为

$$u(t)_T = I(t)\cos(2\pi f_c t) + Q(t)\sin(2\pi f_c t) \qquad (3\text{-}5\text{-}1)$$

模数变换器的抽样速率为 f_s,则式(3-5-1)可表示为:

$$u(k)_T = I(k)\cos(2\pi f_c/f_s \cdot k) + Q(k)\sin(2\pi f_c/f_s \cdot k) \qquad 0 \leqslant k \leqslant +\infty \qquad (3\text{-}5\text{-}2)$$

假设在每一周期中仅取 4 个等间隔样点,即 $f_s = 4f_c$,则有

$$u(k) = I(k)\cos\left(\frac{\pi}{2}k\right) + Q(k)\sin\left(\frac{\pi}{2}k\right) \qquad (3\text{-}5\text{-}3)$$

而 $\cos\left(\frac{\pi}{2}k\right)$ 可以表示为$(+1,\ 0,\ -1,\ 0,\ \cdots)$采样序列,$\sin\left(\frac{\pi}{2}k\right)$可以表示为$(0,\ +1,\ 0,\ -1,\ \cdots)$采样序列,相应同相及正交样本序列构成的 $u(k)$ 样本序列即变成为$(I_1, Q_2, -I_3, -Q_4, I_5, Q_6, -I_7, -Q_8, \cdots)$。

由此数字式调制过程即相当于交替对 I/Q 两路数据抽抽样值,并隔组求反,两路数据组成一个输出序列,送至数/模变换器,转成模拟 MQAM 信号,即完成了全数字调制处理。

由以上分析,设计 I/Q 合成的电路就只要交替对 L64767 输出的 I/Q 两路数据抽抽样值,并隔组求反,组成一个输出序列,就可将 I/Q 两路数字信号合成为一路。

本系统 I/Q 合成电路的设计仍用一片 EPM7128 实现,而对 I/Q 两路数字信号采样并

隔组求反的操作用 VHDL 语言编程可轻易实现。

  I/Q 两路数据抽抽样值过程及 I/Q 抽样值合成过程如图 3.5.2 所示。从该图可知,正交调制的精度(即严格的 π/2 关系)由对 I/Q 信号进行采样来确保。而采样时钟的精度可以设得很高,也就是确保严格的正交关系。因此,这从某种意义上来说消除了相位模糊度,数字解调时不会造成误码,即抗误码能力很强。

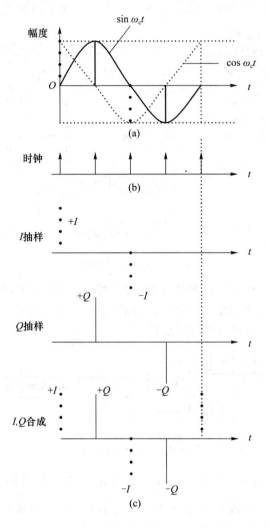

图 3.5.2　I/Q 两路数据抽样过程及 I/Q 抽样值合成过程

3.6　M-VSB 数字调制技术

3.6.1　8VSB 数字调制后的频谱利用率

  美国数字电视地面广播标准(ATSC-M/H/P)采用 8VSB 数字调制,8VSB 的实现原理如图 3.6.1 所示。ATSC-MPH 标准系统由格状编码器、预编码器、8 电平符号映射器

(8VSB 映射器)组成。

ATSC-MPH 标准系统的 VSB 传输模式采用 $2/3(R=2/3)$ 的格状编码(具有一个未编码比特),即采用 $1/2$ 的卷积编码,将一个输入码编码为两个输出比特,而另一个输入码则保持未编码(见图 3.6.1 中的 X_1 输入,两个 Z_0、Z_1 输出)。

数字调制采用的信号波形是 8 电平(3 bit)一维的星座,采用相对简单(短)的四状态格状编码器。长的格状编码会造成较长的突发差错并需要更多的交织过程。

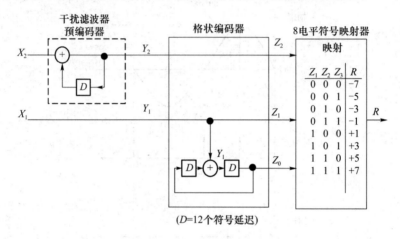

图 3.6.1 8VSB 的实现原理

如图 3.6.2 所示,串行数据以每组 3 bit 输入串/并转换器中,经串/并转换以后,送入 D/A 中,由数字信号变为模拟信号,然后送入调制器进行幅度调制,调制后的信号最后经残留边带滤波,则完成了残留边带的调制过程。

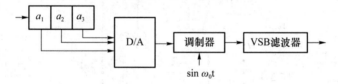

图 3.6.2 8VSB 实现框图

假设输入的串行数据流速率为 10 Mbit/s,因此 D/A 变换器的输入速率为 $\frac{10}{3}$ Mbit/s。由信息论知识可得,1 Hz 最高可传输 PCM 信号 2 bit,所以它的基带信号最高频率为

$$\frac{\frac{10}{3}}{2}=\frac{5}{3} \text{ MHz} \tag{3-6-1}$$

由平衡调制原理知,调制后的信号带宽为

$$2\times\frac{5}{3}=\frac{10}{3} \text{ MHz} \tag{3-6-2}$$

若只考虑单边带(SSB)滤波时,则 SSB 的频谱利用率为

$$\frac{10}{\frac{5}{3}}=6 \text{ bit/s/Hz} \tag{3-6-3}$$

残留边带滤波器的频率特性如图 3.6.3 所示。

从图 3.6.3 可知，VSB 让一个边带全部通过，而另一个边带只残留一部分余迹。VSB 比单边带 SSB 带宽多一部分，因此其频谱利用率降低。降低量由滚降系数 α 决定，$\alpha = f_r/f_H$。一般，滚降系数 α 取值为 $0.1\sim0.25$，它表示残留边带占信号带宽的量。这里，α 取值为 0.12，可得 8VSB 的频谱利用率为

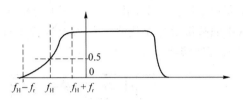

图 3.6.3　残留边带滤波器的频率特性

$$6 - 6 \times 0.12 \approx 5.3 \text{ bit/s/Hz} \tag{3-6-4}$$

3.6.2　16VSB 数字调制后的频谱利用率

16VSB 原理与 8VSB 基本相同，只是串行数据流以 4 bit 一组送入 D/A 变换器中。进行与上面相似的分析，可得 16VSB 的频谱利用率为（滚降系数 α 取值为 0.11）

$$8 - 8 \times 0.11 \approx 7.1 \text{ bit/s/Hz} \tag{3-6-5}$$

3.7　OFDM 数字调制技术

3.7.1　OFDM 调制的引出

在无线传输系统中，特别是在手机电视广播系统中，由于城市建筑群或其他复杂的地理环境，发送的信号经过反射、散射等传播路径后，到达接收端的信号往往是多个幅度和相位各不相同的信号的叠加，使接收到的信号幅度出现随机起伏变化，形成多径衰落，引起信号的频率选择性衰落，导致信号畸变。在实际的移动通信中，多径干扰根据其产生的条件大致可分为以下三类：第一类多径干扰是由于快速移动的用户附近物体的反射形成的干扰信号，其特点是在信号的频域上产生 Doppler(多普勒)扩散，从而引起时间选择性衰落；第二类多径干扰是由远处山丘与高大建筑物的反射而形成的干扰信号，其特点是信号在时域和空间角度上发生了扩散，从而引起相对应的频率选择性衰落和空间选择性衰落；第三类多径干扰由基站附近的建筑物和其他物体的反射而形成的干扰信号，其特点是严重影响到达天线的信号入射角分布，从而引起空间选择性衰落。

以前，为了对付这三类多径干扰而引起的选择性衰落，人们想了很多办法，如专门为克服由角度扩散而引起的空间选择性衰落的分集接收技术、专门为克服由多普勒频率扩散而引起的时间选择性衰落的信道交织编码技术，以及专门为了克服由多径传播的时延功率谱的扩散而引起的频率选择性衰落的 Rake 接收技术。

现在，采用多载波传输的方式研究如何克服由多径效应而引起的时延功率谱的扩散而带来的频率选择性衰落。"多载波传输"的概念出现于 20 世纪 60 年代。

图 3.7.1 是 OFDM 系统的一种实现方案。设有 L 个载波，并有 L bit，每比特对应一个

载波进行正交调制,调制以后的频谱见图 3.7.2。在图 3.7.1 中,$2L$ 个子通道以 $1/T$ 波特率同步工作。其中,第 $1 \sim L$ 个子通道的输入数据延迟为 $T/2$。这样,在 k 信道和 $(L+k)$ 信道中的基带信号在载波频率 f_k 上进行抑制载波的调幅,这里,$f_k = f_1 + (k-1)f_0$,$1 \leqslant k \leqslant L$,$f_0$ 代表波特率 $1/T$。

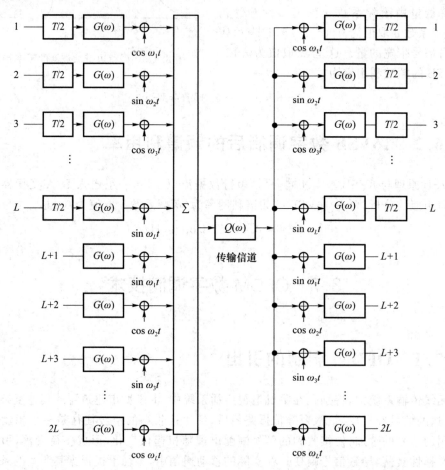

图 3.7.1　OFDM 系统的一种实现方案

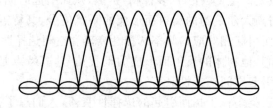

图 3.7.2　OFDM 信号频谱

因此,相邻的载波频率以波特率相间。这样,第 k 个和第 $k+L$ 个信号形成第 k 级的 QAM 信号。满足奈奎斯特准则的滤波器 $G(\omega)$ 不论在发送端或接收端都相同。这种多载波正交调制称作 OFDM(Orthogonal Frequency Division Multiplexing)。

3.7.2　多载频到单载频的解决方案

OFDM 调制常要几百或上千个载频,这给实际应用带来极大困难,Weinstein 提出一种利用离散傅里叶变换(DFT)来实现 OFDM 的方案,将多载波变成单载波来处理,这大大简化了处理电路。

设 OFDM 信号发射周期为 $[0, T]$,在一个周期内传输的 N 个符号为 $(C_0, C_1, \cdots, C_{N-1})$,$C_k$ 为复数。第 k 个载波为 $e^{j2\pi f_k t}$,所以合成的 OFDM 信号为

$$X(t) = \mathrm{Re}\Big\{ \sum_{k=0}^{N-1} C_k e^{j2\pi f_k t} \Big\} \qquad t \in [0, T] \tag{3-7-1}$$

在一般的 OFDM 系统中,f_k 选择为

$$f_k = f_c + k\Delta f \tag{3-7-2}$$

式中,f_c 为系统的发射载波;Δf 为子载波间的最小间隔,一般取

$$\Delta f = \frac{1}{T} = \frac{1}{Nt_s} \tag{3-7-3}$$

式中,t_s 为符号序列 $(C_0, C_1, \cdots, C_{N-1})$ 的时间间隔,显然,$T = Nt_s$。所以

$$X(t) = \mathrm{Re}\Big\{ \sum_{k=0}^{N-1} C_k e^{j2\pi(f_c+\frac{K}{T})t} \Big\} = \mathrm{Re}\Big\{ \Big(\sum_{k=0}^{N-1} C_k e^{j2\pi\frac{K}{T}t} \Big) e^{j2\pi f_c} \Big\} = \mathrm{Re}\{S(t)e^{j2\pi f_c}\} \tag{3-7-4}$$

$X(t)$ 的低通复包络为

$$s(t) = \sum_{k=0}^{N-1} C_k e^{j2\pi\frac{K}{T}t} \tag{3-7-5}$$

以 $f_s = \frac{1}{t_s}$ 为采样频率对 $S(t)$ 采样,$[0, T]$ 内共有 $\frac{T}{t_s} = N$ 个样值,即

$$S_n = S(t)\,|_{t=nt_s} = \sum_{k=0}^{N-1} C_k e^{j2\pi\frac{K}{T}t} \qquad 0 \leqslant n \leqslant N-1 \tag{3-7-6}$$

所以,以 f_s 对 $S(t)$ 抽样所得的 N 个样值 $\{S_n\}$ 正是 $\{C_k\}$ 的逆傅里叶变换。因此 OFDM 系统可以这样来实现:在发端,先由 $\{C_k\}$ 的 IDFT(离散傅里叶反变换)求得 $\{S_n\}$,再经过一个低通滤波器即得所需的 OFDM 信号 $S(t)$;在收端,先对 $S(t)$ 抽样,得到 $\{S_n\}$,再对 $\{S_n\}$ 求 DFT(离散傅里叶变换),即得 $\{C_k\}$。当 $N = 2^m$(m 为正整数)时,可用快速算法,实现过程其简单。这样,把多载波概念转换成基带数字信号处理,实际调制时只采用单载波,如图 3.7.3 所示。

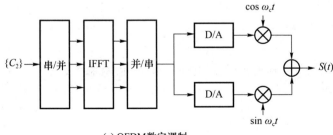

(a) OFDM数字调制

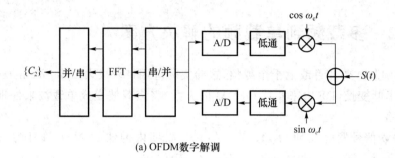

(a) OFDM数字解调

图 3.7.3　OFDM 数字调制、解调

3.7.3　消除符号间干扰的措施

由于 OFDM 信号的频谱不是严格限带,多径传输会引起线性失真,使得每个子信道的能量扩散到相邻信道,从而产生符号间的干扰。一种防止符号间干扰的方法是延长符号的持续时间或增加载波数量,使失真变得不是那么明显。然而,由于载波容量、多普勒效应以及 DFT 大小的限制,这种方法很难实现。另一种防止符号间干扰的方法是周期性地加入保护间隔,在每个 OFDM 符号前面加入信号本身周期性的扩展。符号总的持续时间为 $T_{\text{total}} = T + \Delta$,其中,$\Delta$ 是保护间隔,T 是有用信号的持续时间。当保护间隔大于信道脉冲响应或多径延迟时就可以消除符号间干扰。由于加入保护间隔会导致数据流量增加,因此通常 Δ 小于 $T/4$。OFDM 信号在时域上是分开的,而在频域上信号会重叠。通过在时域上加保护间隔,可使重叠的频域信号分开,这种结构符合电视广播信道的特性,如图 3.7.4 所示。

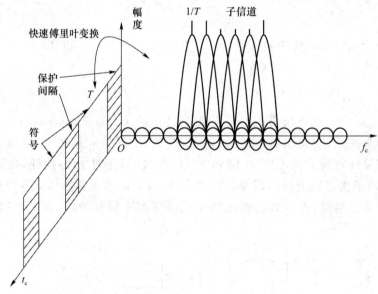

图 3.7.4　采用保护间隔的 OFDM 时频表示

3.7.4　OFDM 的时域表示

（1）OFDM 时域原理示意图

图 3.7.5 是 OFDM 时域原理的示意图。

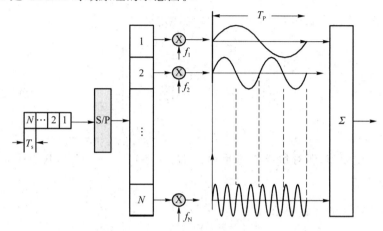

图 3.7.5　OFDM 时域原理的示意图

（2）OFDM 时域原理解释

① 输入为高速串行信息数据码元 1，2，…，N，其经过串/并变换后为 N 路低速码元，再分别调制在 N 个正交子载波上，最后在时域波形上相加并发送至信道。

② 实际发送的并行码元信号周期 $T_P \geqslant NT_s$，即大于串行信息码元周期的 N 倍，而为给定信号带宽的 B 中所选用的子载波数。

③ N 越大，实际发送的并行码元信号周期 $T_P \geqslant NT_s$ 就越大，抗符合间串扰（ISI）的能力也就越强，同时，OFDM 信号的功率谱也就越逼近理想低通特性。

图 3.7.6 为 $N=16$ 时 OFDM 信号的功率谱密度图，图中纵坐标为归一化频率。图 3.7.6 也给出了 BPSK 的归一化功率谱密度。

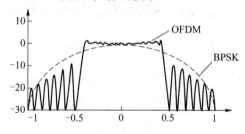

图 3.7.6　OFDM 和 BPSK 的功率谱密度

3.7.5　OFDM 的等效频域表示

（1）OFDM 频谱数学表达

① 由前面 OFDM 的时域表示，可以直接给出相应的等效频域表达式，矩阵表达式为

$$R = HS + N \qquad (3\text{-}7\text{-}7)$$

式中，R 为接收信号矩阵，$R = (R_1, R_2, \cdots, R_{K_c})^\mathrm{T}$；$H$ 为信道矩阵，且为 $K_c \times K_c$ 矩阵(其中 K_c 为并行子系统(子载波)数)，反映信道的复衰落系数；S 为信源矩阵，$S = (S_1, S_2, \cdots, S_{K_c})^\mathrm{T}$；$N$ 为叠加性高斯白噪声(AGWN)，$N = (N_1, N_2, \cdots, N_{K_c})^\mathrm{T}$。

② 信道矩阵 H 由于采用 K_c 个正交子载波，则

$$H = \begin{pmatrix} H_1 & & & \\ & H_2 & & \\ & & \ddots & \\ & & & H_N \end{pmatrix} \qquad (3\text{-}7\text{-}8)$$

H 为一对角线矩阵，而对角线上的元素为 $H_n(n = 1, 2, \cdots, K_c)$，其表示每个子信道的平坦衰落系数。

(2) OFDM 系统的频域表示

根据以上数学分析，OFDM 系统的频域等效框图如图 3.7.7 所示。

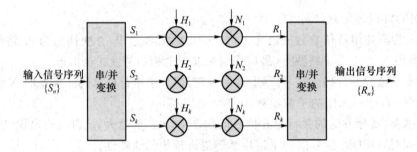

图 3.7.7 OFDM 系统的频域等效框图

为了便于物理实现，将式 $R = HS + N$ 改写为频域的变量表达式，即

$$R_n = H_n S_n + N_n \quad n = 1, 2, \cdots, K_c \qquad (3\text{-}7\text{-}9)$$

式中，R_n 表示频域接收信号序列中的第 n 个值；S_n 为信源信号序列中的第 n 个值；H_n 为 n 个子载波信道的复衰落系数；N_n 为第 n 个子信道的 AWGN。

OFDM 符号和 OFDM 帧的时频结构如图 3.7.8 所示。

在实际应用中，经常将 K_s 个 OFDM 符号组合为一个 OFDM 帧，其帧长为

$$T_F = K_s T_s' \qquad (3\text{-}7\text{-}10)$$

而 $T_s' = T_s + T_g$，$T_g > \tau_{\max}$，即 OFDM 的符号周期 T_s' 应为理论周期 T_s 加上插入的保护间隔 T_g。

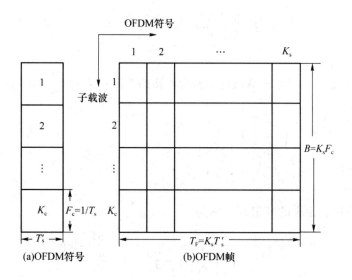

图 3.7.8　OFDM 符号和 OFDM 帧的时频结构

3.7.6　OFDM 的频谱利用率

接下来分析 QAM-OFDM 的频谱利用率。

设串行数据流的符号周期为 Δt，Δf 为各子载波间的最小间隔。为提高频谱利用率，一般取 $\Delta f = \dfrac{1}{T} = \dfrac{1}{N\Delta t}$（串行传输的符号被分成长度为 N 的段）。OFDM 系统的总带宽为 $B = f_{N-1} - f_0 + 2\delta$，其中，$f_k (0 \leqslant k \leqslant N-1)$ 为第 k 个子载波，δ 为子载波的单边带宽。OFDM 系统的总带宽如图 3.7.9 所示。

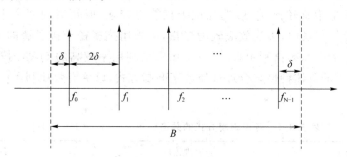

图 3.7.9　OFDM 系统的总带宽

因为 $f_{N-1} - f_0 = (N-1)\Delta f$，又有 $\Delta f = \dfrac{1}{T} = \dfrac{1}{N\Delta t}$，所以 $f_{N-1} - f_0 = (N-1)\dfrac{1}{N\Delta t} = \left(1 - \dfrac{1}{N}\right)\dfrac{1}{\Delta t}$。

由于 N 个子载波用 MQAM 调制，所以 MQAM 的频谱利用率为 $\log_2 M$，因此，OFDM 系统的频谱利用率为

$$\beta = \frac{\log_2 M}{B \Delta t} = \frac{\log_2 M}{\left(1 - \frac{1}{N}\right) + 2\delta \Delta t} \qquad (3\text{-}7\text{-}12)$$

对于各子载波满足正交性且各子载波的频谱为严格的带限频谱的 OFDM 系统，有 $\delta = \frac{1}{2}\Delta f =$

$\frac{1}{2} \cdot \frac{1}{N \Delta t}$，所以 $\beta = \frac{\log_2 M}{B \Delta t} = \frac{\log_2 M}{\left(1 - \frac{1}{N}\right) + \frac{1}{N}} = \log_2 M$。但实际中

$$\delta = \frac{1}{2} \cdot \frac{1}{N \Delta t}(1 + \alpha)$$

式中，α 为滚降系数。相应的频谱利用率为

$$\beta' = \frac{\log_2 M}{B \Delta t} = \frac{\log_2 M}{\left(1 - \frac{1}{N}\right) + \frac{1 + \alpha}{N}} = \frac{\log_2 M}{1 + \frac{\alpha}{N}} \leqslant \log_2 M \qquad (3\text{-}7\text{-}13)$$

在 OFDM 系统中，要想获得较高的频谱利用率，应选择较大的 N 值，同时应尽可能使滚降系数 α 小一些。

3.8　各种数字调制频谱利用系数的比较

以上针对数字电视传输系统中常用数字调制方式的功率谱特性及频谱利用率进行了数学分析，表 3.8.1 列出各种数字调制技术的频谱利用率。表 3.8.2 为三种典型数字调制技术实现的难易比较。

在进行数字电视传输系统的设计时，调制方式的选择依赖所采用的传输信道特性。例如，卫星信道的天电干扰较严重，应选择抗干扰能力较强，但频谱利用率不高的 QPSK 技术；在地面广播无线传输中，多径效应较为严重，可采用抗多径干扰显著的 OFDM 技术；在有线电视传输中，为提高频谱利用系数，可采用频谱利用率较高的 QAM 技术。总之，设计者应根据传输信道的具体特性来合理选择数字调制方式，以更有效地利用信道资源，消除各种噪声干扰。

表 3.8.1　各种调制方式的频谱利用率（单位为 bit/s/Hz）

调制技术	理论值	实用值
BPSK（DBPSK）	1	约 0.9
QPSK（DQPSK）	2	1.4
16QAM	4	3.3
32QAM	5	4.3
64QAM	6	5.3
128QAM	7	6.1
256QAM	8	6.6
1 024QAM	10	8.5

调制技术	理论值	实用值
4 096QAM	12	10.2
OFDM-16QAM	4	3.3
8VSB		5.3
16VSB		7.1

注:表中实用值为经验数据,供参考。

表 3.8.2　QAM、VSB、OFDM 三种数字调制技术实现的难易比较

调制技术	实现难易	单频组网能力	应用地区	实现复杂度
QAM	易	无	美国	相对复杂
Offset-QAM	易	有	中国	相对复杂
VSB	易	无	美国	易
OFDM	可以	有	欧洲	复杂

第4章　数字电视地面广播技术

4.1　数字电视国内、外地面广播标准

1986 年,美国成立高级电视技术委员会(Advanced Television Systems Committee, ATSC),对建立美国高级电视的步骤、组织、技术进行了周密准备,提出了全数字 HDTV 方案。

1993 年,欧洲对媒体感兴趣的主要团体、消费电子制造商、通信提供商和政策制订组织组建了欧洲推进组织,制定了数字视频地面广播(Digital Video Broadcasting -Terrestrial, DVB-T)标准。2009 年 9 月,欧洲颁布 DVB-T 的升级版 DVB-T2 标准(但尚未列入 ITU-RBT 两个文件)。

1997 年,欧洲 DVB 和美国 ATSC 两大数字电视信道传输标准相继完成,MPEG-2 信源标准和 DVB/ATSC 信道标准相结合,在 1997 年形成了数字电视的解决方案。

2000 年 2 月,日本数字电视地面传输标准 ISDB-T(Integrated Services Digital Broadcasting-Terrestrial)经 ITU 批准成为正式建议标准。

2006 年 8 月 18 日,中国数字电视地面广播传输系统标准(Digital Television Terrestrial Broadcasting System, DTTBS)被正式批准,国标号为 GB 20600—2006 的《数字电视地面广播传输系统帧结构、信道编码和调制》于 2007 年 8 月 1 日起实施,并于 2011 年 12 月纳入国际推荐标准 ITU-R BT. 1306-6[2]、ITU-R BT. 1368-9[3]。这样,我国的 DTTBS 成为继美国ATSC-T、欧洲 DVB-T 和日本 ISDB-T 后的世界第四大数字电视地面传输标准。

下面对各标准的主要内容进行介绍。

4.2　中国数字电视地面传输标准

4.2.1　中国数字电视地面广播传输系统描述

标准规定了在 48.5～862 MHz 频段中,每 8 MHz 频带内,地面 DTV 广播信号的帧结构、信道编码和调制技术规范。该标准可支持 HDTV、SDTV 信号发送,也可支持固定接收和移动接收,并规范了 DTV 无线传输的技术要求。

(1) 地面广播:支持地面(室内外)接收和移动接收;支持多频网和单频网组网模式。

（2）固定接收：SDTV、HDTV、DAB、多媒体广播和数据服务业务。

（3）移动接收：DTV、DAB、多媒体广播和数据服务业务。

发送端原理框图如图 4.2.1 所示。

地面数字电视广播系统发送端完成 MPEG-TS 传送码流到地面信道广播信号的转换。输入数据码流经过扰码器（随机化）、前向纠错编码（FEC），然后进行比特流到符号流的星座映射，再进行数据交织，最后形成基本数据块，基本数据块与系统信息组合（复用）后并经过帧体数据处理形成帧体，帧体与相应的帧头（PN 序列）复接为信号帧（组帧），经过基带后处理形成输出信号（8 MHz 带宽内）。该信号经变频形成射频信号（48.5～862 MHz 频段范围内）。

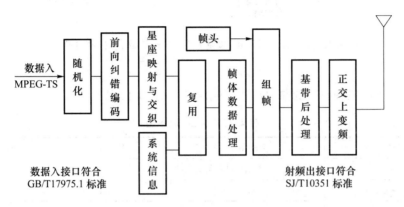

图 4.2.1　发送端原理框图

4.2.2　信道处理、调制技术和帧结构

1. 扰码（能量扩散）

能量扩散的目的是使数字电视信号的能量不过分集中在载频上或 1、0 电平相对应的频率上，从而减小对其他通信设备的干扰，并有利于载波恢复。例如：在某一时刻，如果 1 过于集中，就相当于该时刻发射功率能量集中在 1 电平相对应的频率上；在另一时刻，如果 0 过于集中，就相当于此时刻发射功率集中在载频上。这种在信号的发射过程中能量过于集中的现象不利于载波恢复，影响接收效果。

能量扩散是通过伪随机二进位序列发生器来完成的，需要能量扩散的数字信号送往图 4.2.2 所示的电路。伪随机发生器电路是由生成多项式决定的。采用的伪随机二进位序列（PRBS）发生器的生成多项式为

$$1 + x^{14} + x^{15} \tag{4-2-1}$$

数据随机化/去随机化（能量扩散/解扩散电路）如图 4.2.2 所示。

2. 前向纠错码

扰码后的比特流接着进行前向纠错编码。FEC 码的具体参数见表 4.2.1。FEC 码由外码（BCH）和内码（LDPC）级联实现，BCH 采用（1 023，1 013）的缩短码（762，752），码字长 762 bit，其中，信息位长 752 bit，监督位长 10 bit，该 BCH 码字的生成多项式为

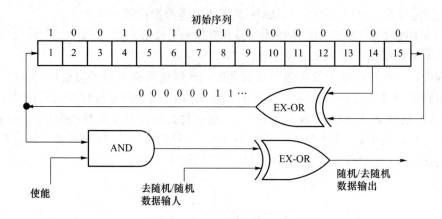

图 4.2.2　数据随机化/去随机化(能量扩散/解扩散电路)

$$G_{BCH(x)} = 1 + x^3 + x^{10} \qquad (4\text{-}2\text{-}2)$$

表 4.2.1 中的三种码率的前向纠错码使用同样的 BCH 码。

表 4.2.1　FEC 码参数

编号	块长/bit	信息比特	对应的内码码率
码率 1	7 488	3 008	0.4
码率 2	7 488	4 512	0.6
码率 3	7 488	6 016	0.8

表 4.2.1 中的三种码率分别分成 BCH 组数。

(1) 3 008÷752＝4 组 752 bit(94 字节)。

(2) 4 512÷752＝6 组 752 bit(94 字节)。

(3) 6 016÷752＝8 组 752 bit(94 字节)。

BCH 码属于二元线性循环码,纠错能力强。LDPC 码是一种逼近香农限、易实现和系统复杂度低的线性纠错码。LDPC 码采用基于矩阵分解中的两个信息符号的 R-S 码法,构造 LDPC 码的循环转置矩阵,得到其生成矩阵。其生成矩阵 G_{qc} 表示为

$$G_{qc} = \begin{bmatrix} G_{0,0} & G_{0,1} & \cdots & G_{0,c-1} & I & O & \cdots & O \\ G_{1,0} & G_{1,1} & \cdots & G_{1,c-1} & O & I & \cdots & O \\ \vdots & \vdots & G_{i,j} & \vdots & \vdots & \vdots & & \vdots \\ G_{k-1,0} & G_{k-1,1} & \cdots & G_{k-1,c-1} & O & O & \cdots & I \end{bmatrix} \qquad (4\text{-}2\text{-}3)$$

式中,I 是 $b \times b$ 阶单位矩阵,O 是 $b \times b$ 阶零矩阵,而 G_{ij} 是 $b \times b$ 循环矩阵。令 $0 \leqslant i \leqslant k-1$,$0 \leqslant j \leqslant c-1$。LDPC 码由循环矩阵 G_{ij} 生成。

三种不同码率的 FEC 码的结构分别如下所述。

(1) 码率为 0.4 的 FEC(7 488,3 008)码。先由 4 个 BCH(762,752)码和 LDPC(7 493,3 048)码级联构成,然后将 LDPC(7 493,3 048)码前面的 5 个校验位删除。LDPC(7 493,3 048)码的生成矩阵 G_{qc} 具有式(4-2-3)所示的矩阵形式,其中,参数 $k=24$,$c=35$ 和 $b=127$。

$$752 + 10 = 762, 762 \times 4 = 3\ 048$$

(2) 码率为 0.6 的 FEC(7 488，4 512)码。先由 6 个 BCH(762，752)码和 LDPC(7 493，4 572)码级联构成，然后将 LDPC(7 493，4 572)码前面的 5 个校验位删除。LDPC(7 493，4 572)码的生成矩阵 $\boldsymbol{G}_{qc}$ 具有式(4-2-3)所示的矩阵形式，其中，参数 $k=36，c=23$ 和 $b=127$。

$$752\times6=4\,512，762\times6=4\,572$$

(3) 码率为 0.8 的 FEC(7 488，6 016)码。先由 8 个 BCH(762，752)码和 LDPC(7 493，6 096)码级联构成，然后将 LDPC(7 493，6 096)码前面的 5 个校验位删除。LDPC(7 493，6 096)码的生成矩阵 $\boldsymbol{G}_{qc}$ 具有式(4-2-3)所示的矩阵形式，其中，参数 $k=48，c=11$ 和 $b=127$。

$$752\times8=6\,016，762\times8=6\,096$$

3. 符号星座映射

前向纠错编码后的比特流要转换成均匀的 nQAM(n 为星座点数)符号流(最先进入的第一个比特数据是符号码字 LSB)。5 种符号映射关系为 64QAM、32QAM、16QAM、4QAM、4QAM-NR。各种符号映射加入相应的功率归一化因子，使各种符号映射的平均功率趋同。

(1) 16QAM 映射

对于 16QAM，每 4 bit 对应于 1 个星座符号。FEC 编码输出的比特数据被拆分成以 4 bit 为一组的符号($b_3b_2b_1b_0$)，该符号的星座映射的同相分量为 $I=b_1b_0$，正交分量为 $Q=b_3b_2$，星座点坐标对应的 I 和 Q 的取值为 $-6，-2，+2$ 和 $+6$。图 4.2.3 是实现 16QAM 调制的原理示意图。在二进制串行数据输入以后，以 4 bit 为一组，分别取出 2 bit 送入上下两个 2-4 电平转换器，再分别进行低通滤波，然后分别送入调制器进行正交幅度调制，将调制后的两信号矢量相加，便得到 16QAM 的输出信号。经过图 4.2.3 上端的 2-4 电平转换后，可得到 $-6，-2，2，6$ 四个电平，4 个电平与 $I=b_1b_0$ 的对应关系如表 4.2.2 所示。调制器 1 输出的 4 个信号为 $-6\cos\omega t，-2\cos\omega t，2\cos\omega t，6\cos\omega t$。经过图 4.2.3 下端的 2-4 电平转换后，也可得到 $-6，-2，2，6$ 共 4 个电平，4 个电平与 $Q=b_3b_2$ 的对应关系如表 4.2.3 所示。调制器 2 输出的 4 个信号为 $-6\sin\omega t，-2\sin\omega t，2\sin\omega t，6\sin\omega t$。两正交电平 Q、I 的调制对应值如表 4.2.4 所示。

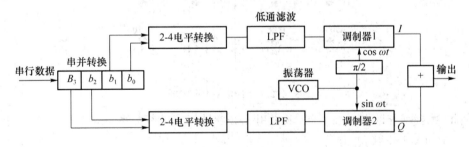

图 4.2.3　实现 16QAM 调制的原理示意图

表 4.2.2　正交电平 I 幅值与码的对应关系

幅值	编码(b_1b_0)
-6	00
-2	01
2	11
6	10

表 4.2.3　正交电平 Q 幅值与码的对应关系

幅值	编码(b_3b_2)
-6	00
-2	01
2	11
6	10

表 4.2.4　两正交电平 Q、I 的调制对应值

对应值		序号															
		1	2	3	4	5	6	7	8	9	10	11	12	13	14	15	16
Q	幅值	-6	-6	-6	-6	-2	-2	-2	-2	2	2	2	2	6	6	6	6
	b_3b_2	00	00	00	00	01	01	01	01	11	11	11	11	10	10	10	10
I	幅值	-6	-2	2	6	-6	-2	2	6	-6	-2	2	6	-6	-2	2	6
	b_1b_0	00	01	11	10	00	01	11	10	00	01	11	10	00	01	11	10

其幅度与码之间的关系见 16QAM 星座图(如图 4.2.4 所示)。

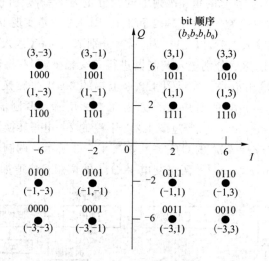

图 4.2.4　16QAM 星座图

因此,此标准与欧洲标准不同,未采用 π/2 旋转不变星座关系。

(2) 64QAM 映射

对于 64QAM,每 6 bit 对应于 1 个星座符号。FEC 编码输出的比特数据被拆分成以 6 bit 为一组的符号($b_5b_4b_3b_2b_1b_0$),该符号的星座映射的同相分量为 $I=b_2b_1b_0$,正交分量为 $Q=b_5b_4b_3$,星座点坐标对应的 I 和 Q 的取值为 -7、-5、-3、-1、$+1$、$+3$、$+5$ 和 $+7$。其星座映射见图 4.2.5 所示。

(3) 32QAM 映射

对于 32QAM,每 5 bit 对应于 1 个星座符号。FEC 编码输出的比特数据被拆分成 5 bit 为一组的符号($b_4b_3b_2b_1b_0$),星座点坐标对应的 I 和 Q 的取值为 -7.5、-5.5、-1.5、$+1.5$,

+4.5 和+7.5。其星座映射见图 4.2.6。

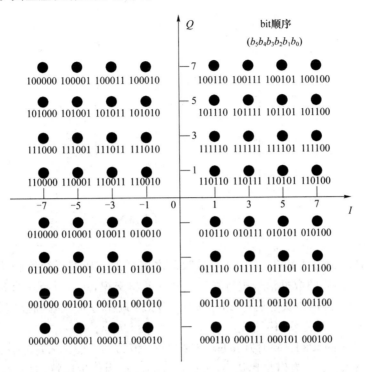

图 4.2.5 64QAM 星座图

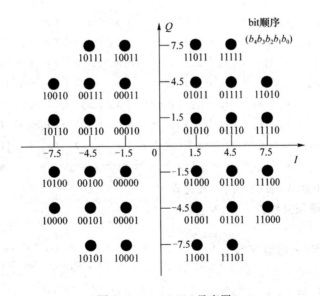

图 4.2.6 32QAM 星座图

（4）4QAM 映射

对于 4QAM，每 2 bit 对应于 1 个星座符号。FEC 编码输出的比特数据被拆分成以 2 bit 为一组的符号 $(b_1 b_0)$，该符号的星座映射是同相分量为 $I=b_0$，正交分量为 $Q=b_1$，星座点坐标对应的 I 和 Q 的取值为 $-4.5, +4.5$。其星座映射见图 4.2.7 所示。

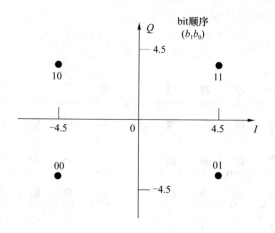

图 4.2.7　4QAM 星座图

（5）4QAM-NR 映射

4QAM-NR 映射方式是在 4QAM 符号映射之前增加 NR 准正交编码映射。按符号交织方法对 FEC 编码后的数据信号进行基于比特的卷积交织，然后进行一个 8 bit 到 16 bit 的 NR 准正交预映射，再把预映射后每 2 bit 按照 4QAM 调制方式映射到星座符号，直接与系统信息复接。NR 映射关系如下描述：

NR 映射将输入的每 8 bit 映射为 16 bit，将这 16 bit 表示为 $x_0 x_1 x_2 x_3 x_4 x_5 x_6 x_7 y_0 y_1 y_2 y_3 y_4 y_5 y_6 y_7$，其中，$x_0 x_1 x_2 x_3 x_4 x_5 x_6 x_7$ 为信息比特，$y_0 y_1 y_2 y_3 y_4 y_5 y_6 y_7$ 为衍生比特，取值均为 0 或者 1，其约束关系满足：

$$y_0 = x_7 + x_6 + x_0 + x_1 + x_3 + (x_0 + x_4)(x_1 + x_2 + x_3 + x_5) + (x_1 + x_2)(x_3 + x_5) \qquad (4\text{-}2\text{-}4)$$

$$y_1 = x_7 + x_0 + x_1 + x_2 + x_4 + (x_1 + x_5)(x_2 + x_3 + x_4 + x_6) + (x_2 + x_3)(x_4 + x_6) \qquad (4\text{-}2\text{-}5)$$

$$y_2 = x_7 + x_1 + x_2 + x_3 + x_5 + (x_2 + x_6)(x_3 + x_4 + x_5 + x_0) + (x_3 + x_4)(x_5 + x_0) \qquad (4\text{-}2\text{-}6)$$

$$y_3 = x_7 + x_2 + x_3 + x_4 + x_6 + (x_3 + x_0)(x_4 + x_5 + x_6 + x_1) + (x_4 + x_5)(x_6 + x_1) \qquad (4\text{-}2\text{-}7)$$

$$y_4 = x_7 + x_3 + x_4 + x_5 + x_0 + (x_4 + x_1)(x_5 + x_6 + x_0 + x_2) + (x_5 + x_6)(x_0 + x_2) \qquad (4\text{-}2\text{-}8)$$

$$y_5 = x_7 + x_4 + x_5 + x_6 + x_1 + (x_5 + x_2)(x_6 + x_0 + x_1 + x_3) + (x_6 + x_0)(x_1 + x_3) \qquad (4\text{-}2\text{-}9)$$

$$y_6 = x_7 + x_5 + x_6 + x_0 + x_2 + (x_6 + x_3)(x_0 + x_1 + x_2 + x_4) + (x_0 + x_1)(x_2 + x_4) \qquad (4\text{-}2\text{-}10)$$

$$y_7 = x_0 + x_1 + x_2 + x_3 + x_4 + x_5 + x_6 + x_7 + y_0 + y_1 + y_2 + y_3 + y_4 + y_5 + y_6 \qquad (4\text{-}2\text{-}11)$$

式中，加法为模二加运算，乘法为模二乘运算。

4. 符号交织(卷积交织)

卷积交织如图 4.2.8 所示。

- M：交织深度（延迟缓存器）。
- B：交织支路数。
- 交织总延时：$M \times (B-1) \times B$。
- 模式 1：$B=52$，$M=240$ 符号，总延时为 170 个信号帧
- 模式 2：$B=52$，$M=720$ 符号，总延时为 510 个信号帧。

5. 频率交织

频域交织在 4K（$C=3\,780$）模式下使用，数组 $X(3\,780)$ 的前 36 个元素为系统信息符号，后 3 744 个元素为数据符号。

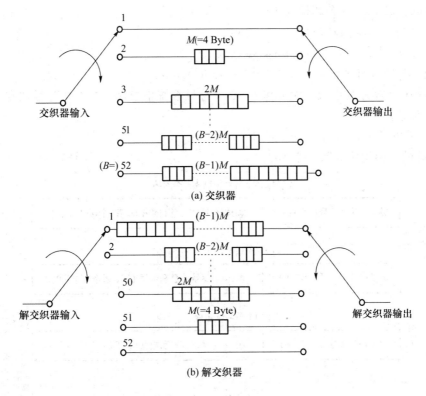

(a) 交织器

(b) 解交织器

图 4.2.8　卷积交织

6. 复帧结构

复帧结构如图 4.2.9 所示。

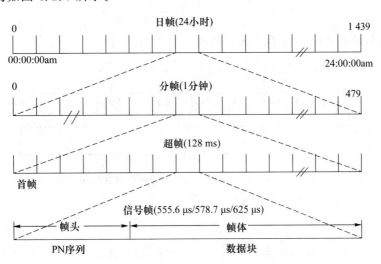

图 4.2.9　复帧结构

- 日帧:00:00:00am—24:00:00am(0~1 439)。1 日帧＝1 440 个分帧,时间为 24 小时。
- 分帧:持续时间一分钟。1 分帧＝480 个超帧。

- 超帧:125 ms。8 个超帧为 1 s。
- 信号帧:555.6 μs/578.7 μs/625 μs。
- 信号帧:帧头(PN 序列)、帧体(数据块)。
- 帧头和帧体符号率=3 780×2 000=7.56 Mbit/s。
- 帧头由 PN 序列组成。帧体包括 36 个符号系统信息和 3 744 个符号数据,共 3 780 个符号。

(1) 信号帧的三种结构

信号帧的三种结构见图 4.2.10。

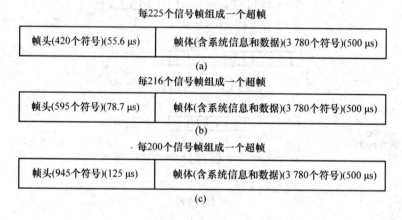

每225个信号帧组成一个超帧

| 帧头(420个符号)(55.6 μs) | 帧体(含系统信息和数据)(3 780个符号)(500 μs) |

(a)

每216个信号帧组成一个超帧

| 帧头(595个符号)(78.7 μs) | 帧体(含系统信息和数据)(3 780个符号)(500 μs) |

(b)

每200个信号帧组成一个超帧

| 帧头(945个符号)(125 μs) | 帧体(含系统信息和数据)(3 780个符号)(500 μs) |

(c)

图 4.2.10　信号帧的三种结构

(2) 帧头

帧头模式 1:帧头信号 420 个符号(PN420)。

$$G_{255}(x) = 1 + x + x^5 + x^6 + x^8 \tag{4-2-12}$$

模式 1 信号帧前八阶 m 序列生成结构如图 4.2.11 所示。

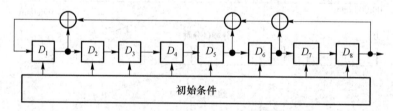

图 4.2.11　模式 1 信号帧前八阶 m 序列生成结构

帧头模式 2:帧头信号 595 个符号。

$$G_{255}(x) = 1 + x^3 + x^{10} \tag{4-2-13}$$

PN420 在 PN255 序列前填充 82 个符号作为前同步,在后面填充 83 个符号作为后同步,如图 4.2.12 所示。

| 前同步82个符号 | PN255 | 后同步83个符号 |

图 4.2.12　PN420 结构

模式 2 信号帧前十阶 m 序列生成结构如图 4.2.13 所示。

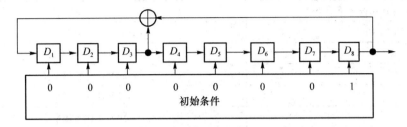

图 4.2.13　模式 2 信号帧前十阶 m 序列生成结构

帧头模式 3：帧头信号 945 个符号的帧头信号（PN945）。945 个符号由一个前同步、一个 PN511 序列和一个后同步构成，如图 4.2.14 所示。

$$G_{511}(x)=1+x^2+x^7+x^8+x^9 \tag{4-2-14}$$

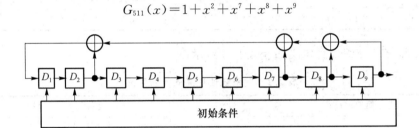

图 4.2.14　模式 3 信号帧前九阶 m 序列生成结构

PN945 在 PN511 序列前填充 217 个符号作为前同步，在后面填充 217 个符号作为后同步，如图 4.2.15 所示。

前同步217个符号	PN511	后同步217个符号

图 4.2.15　PN945 结构

7. 系统信息

系统信息为每个信号帧提供必要的解调和解码信息，包括符号映射方式、LDPC 编码的码率、交织模式信息、帧体信息模式等。预设 64 种不同的系统信息模式，并使用扩频技术传输。

第 0～3 比特（$S_3 S_2 S_1 S_0$）：编码调制模式。系统信息第 0～3 比特的定义如表 4.2.5 所示。

表 4.2.5　系统信息第 0～3 比特的定义

第 0～3 比特（$S_3 S_2 S_1 S_0$）	表示含义
0000	奇数编号的超帧的首帧指示符号
0001	4QAM，LDPC 码率 1
0010	4QAM，LDPC 码率 2
0011	4QAM，LDPC 码率 3
0100	32QAM，LDPC 码率 1
0101	4QAM-NR，LDPC 码率 1

第0~3比特($S_3S_2S_1S_0$)	表示含义
0110	4QAM-NR,LDPC 码率 2
0111	4QAM-NR,LDPC 码率 3
1000	32QAM,LDPC 码率 2
1001	16QAM,LDPC 码率 1
1010	16QAM,LDPC 码率 2
1011	16QAM,LDPC 码率 3
1100	32QAM,LDPC 码率 3
1101	64QAM,LDPC 码率 1
1110	64QAM,LDPC 码率 2
1111	64QAM,LDPC 码率 3

第四比特(S_4)交织信息定义如表 4.2.6 所示。

表 4.2.6 系统信息第四比特定义

第四比特	表示含义
0	交织模式 1
1	交织模式 2

第 5 比特(S_5):保留。

该 6 bit 扩频前的系统信息将通过扩频技术成为 32 bit 长的系统信息矢量,即用长度为 32 的 Walsh 序列和长度为 32 的随机序列来映射保护。

通过以下步骤可以得到 64 个 32 bit 长的系统信息矢量。

(1) 产生 32 个 32 位长的 Walsh 矢量。它们衍生于 32 位长的 Walsh 块。基本 Walsh 块见式(4-2-15),Walsh 块的系统化产生方法见式(4-2-16)。

$$W_2 = \begin{pmatrix} 1 & 1 \\ 1 & -1 \end{pmatrix} \tag{4-2-15}$$

$$W_{2n} = \begin{pmatrix} H & H \\ H & -H \end{pmatrix} \tag{4-2-16}$$

式中,H 为上一阶的 Walsh 块,即 $W_{2(n-1)}$。

(2) 将上述 32 个 32 位长的 Walsh 矢量取反,连同原有的 32 个 Walsh 矢量,共可以得到 64 个矢量。再将每个矢量经过 +1 到 1 值及 -1 到 0 的映射,得到 64 个二进制矢量。

(3) 这 64 个矢量与一个长度为 32 的随机序列按位相异或后得到 64 个系统信息矢量。该随机序列由一个 5 bit 的移位寄存器在产生一个长度为 31 的五阶最大长度序列后再加上一个 0 产生。该 31 位最大长度序列的生成多项式定义为

$$G_{31}(x) = 1 + x + x^3 + x^4 + x^5 \tag{4-2-17}$$

初始相位为 00 001,在每个信号帧开始时复位。序列可采用图 4.2.16 所示的 LFSR 结构产生。

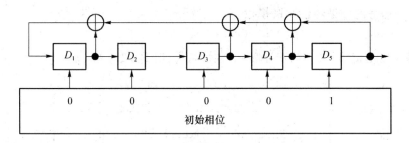

图 4.2.16　五阶 m 序列生成结构

（4）将这 32 bit 采用 I、Q 相同的 4QAM 调制映射为 32 个复符号。这样经过保护后，每个系统信息的矢量长度为 32 个复符号，在其前面再加上 4 个复符号，以此作为数据帧体模式的指示，全零的 4 bit 指示载波数 $C=1$ 对应的是帧体数据模式，这 4 bit 的其他数值保留，待将来使用。前置的这 4 bit 也采用与 I、Q 相同的 4QAM 映射，成为 4 个复符号。

该 36 个系统信息符号通过复用模块与信道编码后的数据符号复合成帧体数据，其复用结构为：36 个系统信息符号连续地排列于帧体数据的前 36 个符号位置，如图 4.2.17 所示。

4个帧体模式符号	32个调制和码率等模式符号	3 744个数据符号

系统信息（36个符号）+数据（3 744个符号）

图 4.2.17　帧体信息结构

数据符号：数据长度为 3 744 个符号，其星座图为 nQAM。

8. 帧体数据处理

映射后 3 744 个数据符号复接系统信息，形成帧体，用 C 个子载波调制，占用的 RF 带宽为 7.56 MHz，时域信号块长度为 500 μs。

共有 3780 个子载波，每个间隔为 2 kHz，算出带宽为 7.56 MHz，即 3 780×2 kHz＝7.56 MHz，在算出 7.56 MHz 基础上加上滚降系数，得到 7.948 MHz≈8 MHz。

C 有两种模式：$C=1$（单载频模式）；$C=3\,780$（多载频模式）。

令 $X(k)$ 为对应帧体信息的符号，当 $C=1$ 时，生成的时域信号可表示为

$$\mathrm{FBpdy}(k)=X(k) \qquad k=0,1,\cdots,3\,799 \tag{4-2-18}$$

9. 基带后处理

基带后处理（成型滤波）采用平方根升余弦（Square Root Raised Cosine，SRRC）滤波器进行基带脉冲成形。SRRC 滤波器的滚降系数 α 为 0.05。平方根升余弦滤波器的频率响应表达式为

$$P(f)=\begin{cases} 1 & |f|\leqslant\dfrac{(1-\alpha)}{2T_{\mathrm{s}}} \\[2mm] \left\{\dfrac{1}{2}+\dfrac{1}{2}\cos\left[\dfrac{\pi(2T_{\mathrm{s}}|f|-1+\alpha)}{2\alpha}\right]\right\}^{\frac{1}{2}} & \dfrac{(1-\alpha)}{2T_{\mathrm{s}}}<|f|\leqslant\dfrac{(1+\alpha)}{2T_{\mathrm{s}}} \\[2mm] 0 & |f|>\dfrac{(1+\alpha)}{2T_{\mathrm{s}}} \end{cases} \tag{4-2-19}$$

式中，T_{s} 为输入信号的符号同期（1/7.56 μs），α 为平方根升余弦滤波器的滚降系数。

10. 基带信号的频谱特性和谱模板

(1) 频谱特性

成形滤波后基带信号(不插双导频)的频谱特性如图4.2.18所示。

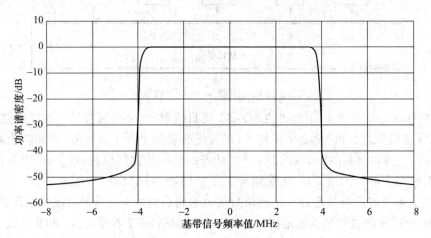

图 4.2.18　成形滤波后基带信号的频谱特性

(2) 带外谱模板

在电视频道带宽之外的频谱能量可通过合适的滤波进行抑制。

当数字电视发射机和模拟电视发射机(PAL制模拟电视)位于同一个发射台,并且数字电视发射机使用的频谱位于模拟电视发射机的上邻频或下邻频时,建议数字电视发射机使用图4.2.19所示的频谱模板,频谱模板的转折点见表4.2.7。图4.2.19所示的频谱模板可满足模拟电视的最小保护需求,并适用于如下情况:数字和模拟电视可非极化辨识;两种发射机的辐射功率相同。如果两种发射机的发射功率不同,则须按比例进行修正。图4.2.19的信号功率是在4 kHz带宽下测得的,其中0 dB对应整个输出功率。

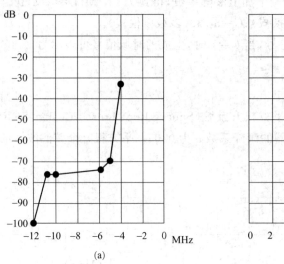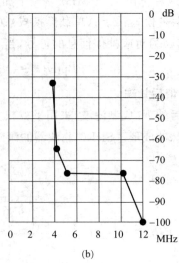

图 4.2.19　同一个发射台的数字电视发射机位于模拟电视发射机的上邻频或下邻频时的频谱模板

表 4.2.7　频谱模板的转折点

相对频率/MHz	频谱/dB	相对频率/MHz	频谱/dB
-12	-100	+3.9	-32.8
-10.75	-76.9	+4.25	-64.9
-9.75	-76.9	+5.25	-76.9
-5.75	-74.2	+6.25	-76.9
-4.94	-69.9	+10.25	-76.9
-3.9	-32.8	+12	-100

当数字电视信号的相邻频道用于其他服务(如更小发射功率)时,可能需要使用具有更高带外衰减的频谱模板。在这些严格情况下的频谱模板具体如图 4.2.20 所示。图 4.2.20 的信号功率是在 4 kHz 带宽下测得的,其中 0 dB 对应整个输出功率。在严格条件下频谱模板的转折点如表 4.2.8 所示。

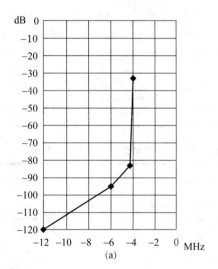
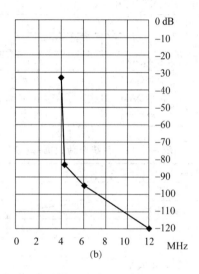

图 4.2.20　在严格条件下的频谱模板

表 4.2.8　在严格条件下频谱模板的转折点

相对频率/MHz	频谱/dB	相对频率/MHz	频谱/dB
-12	-120	+3.8	-32.8
-6	-95	+4.2	-83
-4.2	-83	+6	-95
-3.8	-32.8	+12	-120

11. 射频信号

调制后的射频信号(RF)描述为

$$S(t) = \mathrm{Re}\{e^{j2\pi F_c t}[p(t) \otimes \mathrm{Frame}(t)]\}$$ (4-2-20)

式中,$S(t)$ 为 RF 信号;F_c 为载波频率;$p(t)$ 为 SRRC 滤波器的脉冲成形函数;$\mathrm{Frame}(t)$ 为组帧后的基带信号。

12. 系统净荷数据率

在不同信号帧长度、内码码率和调制方式下,本标准支持的系统净荷数据率如表 4.2.9 至表 4.2.11 所示。

表 4.2.9　系统净荷数据率(单位为 Mbit/s)——信号帧长度为 4 200 个符号

信号帧长度		4 200 个符号		
FEC 码率		0.4	0.6	0.8
映射	4QAM-NR			5.414
	4QAM	5.414	8.122	10.829
	16QAM	10.829	16.243	21.658
	32QAM			27.072
	64QAM	16.243	24.365	32.486

表 4.2.10　系统净荷数据率(单位为 Mbit/s)——信号帧长度为 4 375 个符号

信号帧长度		4 375 个符号		
FEC 码率		0.4	0.6	0.8
映射	4QAM-NR			5.198
	4QAM	5.198	7.797	10.396
	16QAM	10.396	15.593	20.791
	32QAM			25.989
	64QAM	15.593	23.390	31.187

表 4.2.11　系统净荷数据率(单位为 Mbit/s)——信号帧长度为 4 725 个符号

信号帧长度		4 725 个符号		
FEC 码率		0.4	0.6	0.8
映射	4QAM-NR			4.813
	4QAM	4.813	7.219	9.626
	16QAM	9.626	14.438	19.251
	32QAM			24.064
	64QAM	14.438	21.658	28.877

注:表中斜线表示该模式组合不在本标准规范之内。

4.3　美国数字电视传输标准

1997 年,美国先进电视制式委员会(Advanced Television Systems Committee,ATSC),颁布数字电视广播传输 ATSC 标准(也可称作 ATSC 1.0 标准)。它能够在一个 6 MHz 地面广播信道中(采用 8VSB 数字调制)可靠地传递 19.29 Mbit/s 的流量,也可在一个 6 MHz 有线电视信道中(采用 16VSB 数字调制)传递 38 Mbit/s 的流量。

后来美国又推出 ATSC-MPH(高级电视制式委员会-移动、步行、手持式)标准(也可称作 ATSC 2.0 标准),该标准在美国数字电视原 ATSC 1.0 标准 6 MHz 频带内添加了新的特殊设计技术,提供双流传输,在高多普勒速率条件下,使其中扩展的数据流(即 MPH 数据流)能轻松译码,使之既可以适应固定数字电视信号接收,又可以适应移动、步行、手持式的手机电视信号(MPH 信号)接收。其核心思想是添加了额外的训练系列和增加前向纠错,使之增强对扩展的数据流(即 MPH 数据流)接收。在信道处理中,其考虑了许多系统细节与原 ATSC 1.0 接收机信号兼容,并考虑了音频编码缓冲限制、MPEG 传输包头标准、传输物理层(PSIP)的限制等。

2017 年 11 月 16 日美国联邦通信委员会(FCC)批准了下一代电视广播传输标准,其称为 ATSC 3.0 标准。2018 年 2 月该标准在韩国平昌冬季奥运会上首次进行数字电视地面广播时应用。该标准采用了很多创新技术,使用了 4 096QAM 调制,在 6 MHz 地面广播带宽内能传送最高速率达 57 Mbit/s 超高清晰的图像信号。但 ATSC 3.0 标准不能与 ATSC 1.0、ATSC 2.0 标准反向兼容。

4.3.1　美国 ATSC 1.0 标准

1. ATSC 1.0 标准的系统结构

ATSC 1.0 标准的系统框图如图 4.3.1 所示。

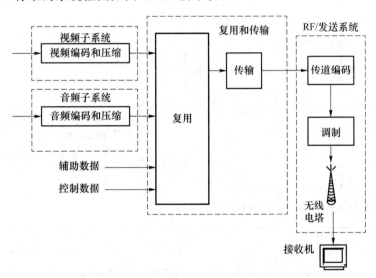

图 4.3.1　美国 ATSC 1.0 标准的系统框图

根据国际电信联盟无线电通信部(ITU-R)第 11/3 任务组(数字地面电视广播)的规定,数字电视系统可由三个子系统组成。这三个子系统如下。

(1) 信源编码和压缩子系统

该系统用于对视频、音频和辅助数据做编码、压缩数据。辅助数据包括控制数据、条件接收控制数据,以及和视频、音频有联系的数据,如字幕等。美国 ATSC 1.0 标准中的视频编码用 MPEG-2 标准,音频编码用杜比(Dolby)AC-3 标准。

(2) 业务复用和传输子系统

它将数字码流分割成信息包,即将视频码流包、音频码流包和辅助码流包复用成一个单一码流,在传输中主要考虑数字媒体之间的互操作性,如地面广播、有线分配、卫星广播、媒体记录等场合。数字电视系统用 MPEG-2 传输码流语法将视频、音频和数据信号打包和复用,形成复合广播系统流,需要考虑和 SDH 传输互操作性的问题。

(3)射频/发送子系统

射频/发送子系统涉及信道编码和调制。信道编码是在传送的码流中加上一些附加的信息,这样即使接收机收到的是在传送时受到损伤的信号,仍然可以靠这些附加信息的帮助恢复原来的数据。ATSC1.0 标准调制子系统在地面广播传送系统中用的是 8 电平残留边带调制(8VSB)技术。在有线电视高码率传输中用的是 16 电平残留边带调制(16VSB)技术。图 4.3.2 说明了在编码器中不同时钟频率之间的关系。

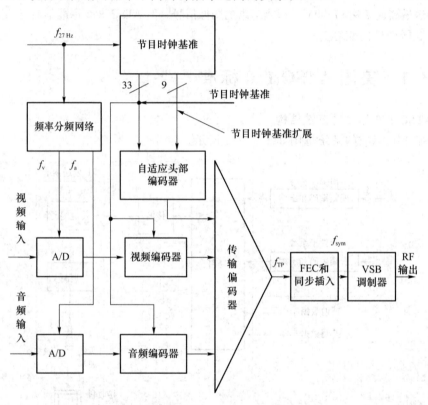

图 4.3.2   在编码器中不同时钟频率之间的关系

在编码器中,有信源编码和信道编码两个部分。信源编码是由视频、音频和传输编码器组成的,利用的频率都是基于 27 MHz 时钟($f_{27\,\mathrm{MHz}}$)。这个时钟用于产生 42 bit 的频率取样,它根据 MPEG-2 指标分成两部分:33 bit 的 Program Clock-Reference-Base 和 9 bit 的 Program-Clock-Reference Extension。前者等效于 90 kHz 时钟,它锁相于 27 MHz 时钟,被音频和视频信源编码器用来编写显示时间标志(PTS)和解码时间标志(DTS)。音频和视频取样时钟 f_a 和 f_v 必须在频率上锁相到 27 MHz 时钟。

$$f_a = \left[\frac{n_a}{m_a}\right] \times 27\ \mathrm{MHz} \tag{4-3-1}$$

$$f_v = \left[\frac{n_v}{m_v}\right] \times 27\ \mathrm{MHz} \tag{4-3-2}$$

式中，(n_a, m_a) 和 (n_v, m_v) 是两对整数。

例如：当 $n_a = 2, m_a = 1\ 125$ 时，$f_a = (2/125) \times 27 = 48$ kHz；当 $n_v = 1, m_v = 2$ 时，$f_v = (1/2) \times 27 = 13.5$ MHz。

信道编码部分是由 FEC/Sync 插入子系统和 VSB 调制器来完成的。这部分相关的频率是 VSB 符号率（f_{sym}）和传输流频率（f_{TP}），它是编码的传输码流的传送频率。这两个频率必须锁相：

$$f_{TP} = 2 \times \frac{188}{208} \times \frac{312}{313} \times f_{sym} \tag{4-3-3}$$

2. ATSC 1.0 标准的传输子系统

（1）ATSC 1.0 标准采用的固定长度数据包

传输层的基本任务是打包、复用。包上有标志，视频、音频、数据等不同的基本码流都可以从同一个信道中送出去。在 MPEG-2 标准中有两个基本的方法：一个方法是利用固定长度的数据包；另一个方法是利用长度可变的数据包。前者称传输码流，后者称节目码流。这两种不同的打包方法适用于不同的应用。传输码流适用于有噪声的信道，以及会发生误差和数据丢失的环境；节目码流适用于不易发生误差的介质，如 CD-ROM。

ATSC 1.0 标准选的是传输码流的方式，即固定长度打包的方式。固定长度打包方法的优点有以下 5 个。

① 可动态地分配信道容量。利用固定长度的数据包可以在视频、音频和辅助数据服务之间动态地分配信道容量。利用数据包头部的包识别符作为码流的识别方法，就可以很灵活地将视频、音频和辅助数据灵活地混合，无须事先说明。

② 可分级。在信道的带宽拓宽时可以在复接器的输入端加进更多的基本码流，新加入的码流也可以在第二级复接口上和原来的码流复接。这对于网络分配是很重要的优点。

③ 可扩展。考虑到将来会有新的服务，所以传输层应该是开放的。传输层可以处理新的基本的码流而不必改动硬件，只需要在发送端指定新的包识别符（PID），接收机就可以滤出这些新的 PID。向下兼容没有问题。解码器可以不与新的 PID 交互。这种能力将来可以被用于送 1 000 线逐行格式和三维 HDTV。

④ 坚韧性（Robustness）强。固定长度打包方法的一个优点是对固定长度的数据包易于处理误码。在接收子系统中，误码检测和纠正的处理，先于数据包的解复接是和包结构协调的，所以发送损伤丢失数据时解码器可以按包的单元处理。在检测误码后，可以先从第一个好的包恢复数据码流。同步恢复也是靠传输数据包头部信息的帮助来实现的。如果没有这种方法，就要完全依赖于各个基本码流的性质来恢复同步。

⑤ 接收机实现性价比高。固定长度数据包能够使解码器的结构简化。解码器并不需要详细知道复接方案或者信源的比特率特性就可以在解复用器处提取各种基本码流。所有的接收机需要知道的是包的识别符，这个识别符是在码流中各个包的头部，其位置是固定的，事先已知。唯一重要的时间信息是基本码流和包的同步。

ATSC 1.0 标准的传输格式是以 MPEG-2 系统部分的指标为基础的，但它的解码器并不和 MPEG-2 系统完全兼容。它不能适应任意 MPEG-2 系统的码流，但所有的 MPEG-2 解码器应该可以在传输层这一级解出 ATSC 1.0 标准的码流。

（2）传输子系统的功能

传输子系统在 ATSC 1.0 标准整个系统中的地位如图 4.3.3 所示。传输子系统处在编解码和发送子系统之间,它负责将编码后的数据打包,并将不同的节目复接在一起,以便发送。在接收端,传输子系统负责恢复码流,以便解码。此外,传输子系统还有提供识别不同性质的基本码流和接收机同步的功能。除此之外,传输子系统还有以下3个功能。

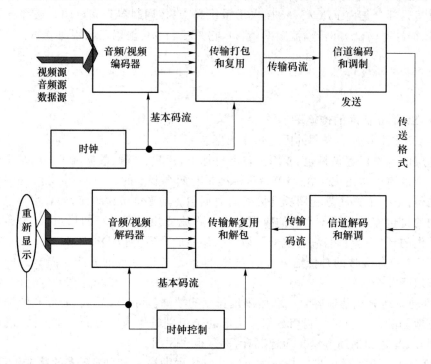

图 4.3.3 传输子系统在 ATSC 1.0 标准系统中的地位

① 解码器同步。

② 有条件接收(Conditional Access)。

③ 本地节目插入。

(3) 传输子系统的输出性能

从传输子系统输出的是一个连续的 MPEG-2 传输码流,按规定,其在 8VSB 系统中以恒定码率 Tr 传送,在 16VSB 系统中以 2Tr 传送,这里的 Tr 为

$$Tr = 2 \times \frac{188}{208} \times \frac{312}{313} \times \frac{684}{286} \times 4.5 = 19.39 \text{ Mbit/s} \tag{4-3-4}$$

式中,$\frac{684}{286} \times 4.5$ 是发送子系统的符号速率 Sr,即每秒的符号数。Tr 和 Sr 彼此在频率上锁相。

3. ATSC 1.0 标准的射频/发送子系统的特性

ATSC 1.0 标准选用的是 VSB 系统。VSB 系统有两种模式:同播的地面广播模式和高比特率的有线电缆传输模式。两种模式的导频、符号速率、数据帧结构、交织、R-S 纠错编码和同步脉冲都是相同的。地面广播模式追求最大的服务区,在一个 6 MHz 信道中支持一路 ATV 信号,即一路高清晰度电视信号。高比特率的有线电缆传输模式由于工作环境不像地面广播模式那么苛刻,所以可用 16VSB 来传输,而不像地面广播要用 8VSB 来传输。

为了使服务区尽可能地大,地面广播模式要用一个 NTSC 抑制滤波器(在接收机中)和格状编码,有线电缆传输模式则不需要。

图 4.3.4 表示用于传送的 VSB 数据帧。各数据帧包含两个数据场,每场包含 313 个数据段。每场的第一段是一个单一的同步信号(数据场同步),还包括用于接收机均衡器的训练序列。余下的 312 个数据段各载等效于一个 188 字节传输包加上辅助的前向纠错(FEC)字节的数据。实际上,各段的数据来自若干个传输包,因为数据交织,各数据段由 832 个符号组成。前面 4 个符号以二进制格式传送并提供段同步,这个数据段同步信号也代表 188 字节 MPEG 兼容传输包的同步字节。各数据段余下的 828 个符号承担的数据等效于传输包余下的 187 字节和它辅助的 FEC 字节。828 个符号以 8 电平信号发送,即每个符号为 3 bit。这样,$828 \times 3 = 2\,484$ bit 的数据在每个数据段中传送,这和传送有保护的传输包的要求精确地一致,即

$$187\ 字节(数据) + 20R\text{-}S\ 字节(附加位) = 207\ 字节$$
$$207\ 字节 \times 8 = 1\,656\ \text{bit}$$

故 2/3 格形编码需 $3/2 \times 1\,656 = 2\,484$ bit。

① 精确的符号速率表示为

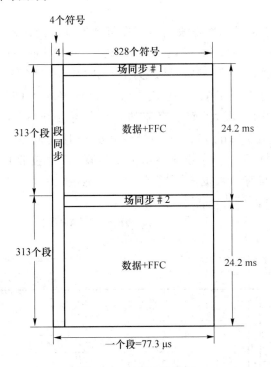

图 4.3.4   VSB 数据帧

$Sr = 832 \times 626 \div 48.4 \times 10^{-3} = 10.76$ 兆符号/秒(符号速率必须在频率上和传输码率锁相)

② 发送子系统每个格状编码符号携带 2 个信息比特,故总的负荷是

$$10.76 \times 2 = 21.52\ \text{Mbit/s}$$

③ 对于 8VSB 的发送子系统,净负荷比特率是

$$21.52 \times \frac{312}{313} \times \frac{828}{832} \times \frac{187}{207} = 19.28\ \text{Mbit/s}$$

④ 经数字调制后的带宽计算(见第 3 章)如下。

采用 8VSB 数字调制,其频谱利用系数为 5.3 bit/s/Hz,设加到 8VSB 数字调制器输入

端的数据速率为 $10.76 \times 3 = 32.28$ Mbit/s。

调制后的带宽为 $32.28/5.3 \approx 6$ MHz。

6 MHz 带宽正是美国原来传送一套 NTSC 模拟电视的带宽,现在可传送一路全数字 HDTV 电视节目。

以上 312/313 是计入每场一个数据段的同步字段的开销,828/832 是计入每个数据字段中数据字段同步 4 个符号间隔的开销,187/207 是计入每个数据字段中 R-S 码 FEC 的 20 字节的开销。

⑤ 对于 16VSB,每个符号携带 4 信息比特,于是系统净负荷比特率是 8VSB 的两倍,即 $19.28 \times 2 = 38.75$ Mbit/s。

4. 同步信息

同步信息以数字形式加入码流中,以便在严重的噪声和干扰条件下对分组和符号的时钟做识别和锁相。编码后的格状编码数据经过多路复用器,插入不同的同步信息(数据段同步及数据场同步)。

二进制双电平 4 个符号的数据段同步要在每个数据段的起始端插入 8 电平的数字数据码流,嵌入随机数据的数据段如图 4.3.5 所示。一个完整的段由 832 个符号组成:4 个同步符号及 828 个数据和奇偶校验符号。为了使分组及时钟的复原变得可靠,段同步选取的电平为 ±5,这样可增强坚韧性,但又不会在同频道的 NTSC 信号中产生过度的干扰。此外,它们的平均值为零,因而当直流的导频信号加上时,它们不会改变导频信号的预期值。同一同步图案每隔 77.3 μs 间隔出现,而且它们是以此时间间隔重复出现的唯一信号。这些连续的 4 个符号按周期重复出现,可使接收机在严重的噪声干扰情况下有可靠的检测。与有效数据不同的是,这 4 个数据段同步符号既不做 R-S 编码和格状编码,也不做交织。

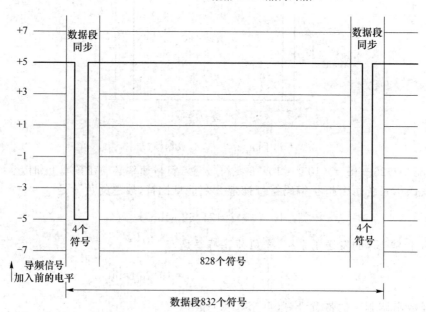

图 4.3.5　VSB 的数据分段(地面广播)

　　数据不仅划分为段,还划分为数据场。每个数据场以一个完整的数据场同步的数据段开始,如图 4.3.6 所示,而数据场同步则由 511 个和 63 个(共 3 组)符号的二进制(双电平)伪随机序列构成。基准信号末尾的 12 个符号重复上一个有效数据段的末尾,这样在有同频道干扰以及在数据通道中采用 NTSC 抑制滤波器(12 个符号的减法梳状滤波器)时,可以帮助接收机中的格状解码器。数据场同步采用双电平可保证在极为不利的信道条件下实现可靠的检测。

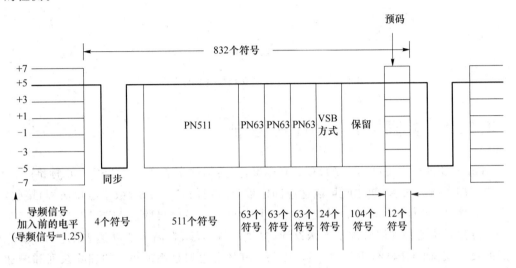

注:8VSB 上一个段的最后 12 个符号将在场同步中的最后 12 个保留符号重复。

图 4.3.6　VSB 数据场同步

　　场同步中三个级联的 63 码伪随机序列从一场到另一场改变其极性,给接收机提供场识别信息。于是,由两个数据场同步共同构成一个数据帧(48.1 ms)。场同步符号的平均值接近零,因而在传输前插入直流导频信号时,不会改变导频信号的预期值。

　　数据场同步有 5 个目的:第一,它提供确定每个数据场起始端的一种方法;第二,它被 ATV 接收机中的均衡器作为训练基准信号,以消除符号间的干扰及其他干扰。第三,它允许接收机确定是否应该采用干扰抑制滤波器;第四,它可用于系统的诊断测量,如信噪比和信道响应;第五,接收机中的相位跟踪器采用该场同步来使电路复位并确定其环路参数。与数据段同步一样,数据场同步既不做 R-S 编码和格状编码,也不做交织。

　　图 4.3.7 为 ATSC 1.0 地面广播系统 VSB 发射机和相应的接收机框图。

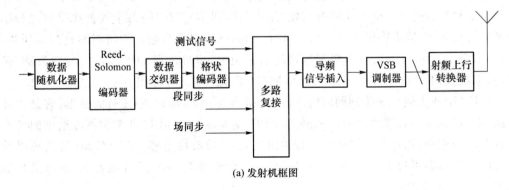

(a) 发射机框图

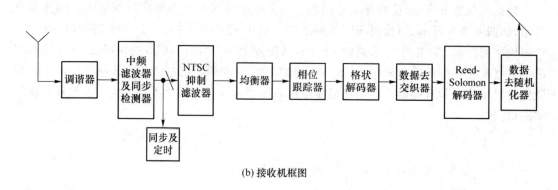

(b) 接收机框图

图 4.3.7　VSB 发射机和相应的接收机框图

4.3.2　美国 ATSC-MPH 标准

ATSC-MPH 标准也可称为 ATSC 2.0 标准,在美国数字电视原 ATSC 1.0 标准 6 MHz 频带内添加了新的技术,使之既可以适应固定数字电视信号(ATSC 数字电视信号)接收,又可以适应移动、步行、手持式的手机电视信号(MPH 信号)接收。ATSC-MPH 系统在原 ATSC 传输系统的物理层添加了特殊设计,提供双流传输,在高多普勒速率条件下,使其中扩展的数据流(即 MPH 数据流)能轻松译码。其核心思想是添加额外的训练系列和增加前向纠错,使之增强对扩展的数据流(即 MPH 数据流)接收。在信道处理中,考虑了许多系统细节与原 ATSC 接收机信号兼容的问题,尤其考虑了音频编码缓冲的限制、MPEG 传输包头标准、传输物理层的限制等。

1. 美国 ATSC-MPH 传输系统

ATSC-MPH 传输系统提供移动、步行、手持式的传播服务,使用 19.39 Mbit/s 的 ATSC 8 电平残留边带(8VSB)调制传输。与此同时,剩余的带宽还可以提供给高清或者符合多路标清的数字电视(ATSC 1.0 数字电视信号)服务。ATSC-MPH 传输系统是一个双流系统:其一是 ATSC 1.0 主业务复用器,用于现行数字电视服务;其二是 MPH 复用器,用于单个或多个移动、步行、手持式服务。

ATSC-MPH 传输系统为 MPH 数据提供突发传输,允许 MPH 接收机的调谐器和解调器轮流工作,使之节能。MPH 数据被分割成数据段,每个 MPH 数据段包括单个或者多个业务。每个数据段使用一个独立的 R-S 帧(用于前向纠错)。此外,每个数据段可以进行不同级别的误码保护,这取决于不同应用。MPH 编码部分包括数据包和格栅编码前向纠错,加上在 MPH 数据中插入长而有规则的训练数据填充,也插入坚韧性很强的控制数据(供 MPH 接收机使用)。图 4.3.8 表示 ATSC-MPH 系统的功能方框图。

ATSC-MPH 传输系统收到两路输入流:一路为 MPEG 传输流(TS)的数据,它是主业务数据(原 ATSC1.0 标准数据);另一路为 MPH 业务数据。MPH 业务数据发射前封装在 MPEG 传输空包中,与原 8 电平残留边带调制(8VSB)接收机兼容。ATSC-MPH 传输系统包裹着的业务数据可以为任何格式,如 MPEG-2 视频/音频、MPEG-4 视频/音频和其他数据或 IP 数据包携带的业务。

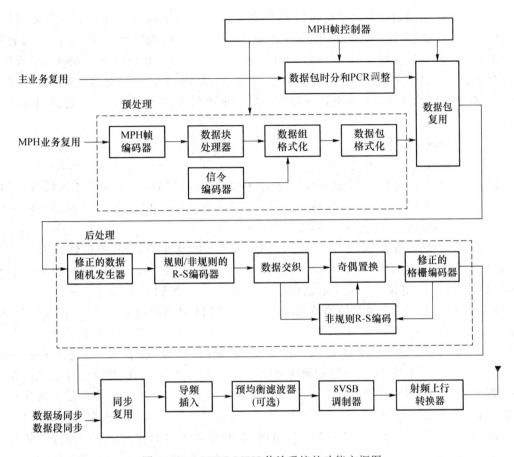

图 4.3.8　ATSC-MPH 传输系统的功能方框图

2. ATSC-MPH 传输处理的概述

由图 4.3.8 可以看出，ATSC-MPH 传输系统包括主业务数据流和 MPH 数据流。ATSC-MPH 传输系统把这两种类型的数据流组合为一条 MPEG TS 数据包流，并且将其处理调制成格状编码标准的 ATSC 8VSB 信号。

由于对主体数据和 MPH 数据进行时分多路复用时，MPH 传输系统对经由标准 8VSB 调制传输的主体业务数据无影响，所以，发射主体业务流数据包的时间和当前没有 MPH 流的时间相比差别很小。然而，这些差别在结合点处得到了全面而充分的补偿，使得发射信号完全符合 MPEG 和 ATSC 标准，从而供传统接收机使用，如图 4.3.8 中的数据包时分和 PCR 调整块所示。

ATSC-MPH 传输系统将 MPH 数据的操作分为两个阶段：预处理和后处理。

预处理的作用是将 MPH 业务数据重新排列为 MPH 数据结构，通过添加 FEC 处理、插入训练序列，随后将已处理加强的数据封装进 MPEG 传输流空数据包，以加强 MPH 业务数据的坚韧性。预处理操作包括 MPH 帧编码、块处理、数据组格式化、数据包格式化和 MPH 信号编码。MPH 帧控制器为预处理提供必要的传输参数，并且控制主体业务数据和 MPH 业务数据的时分复用，从而组织 MPH 帧。

后处理的作用是通过标准 8VSB 编码来处理组合业务数据，并且在组合流中操纵预处理的 MPH 业务数据，以确保 ATSC 8VSB 的后向兼容。组合流中的主体业务数据应该用与标准 8VSB 传输相同的方法来精确处理,即数据随机化、R-S 编码、数据交织和格状编码。组合流中 MPH 业务数据的处理不同于主体业务数据,这是因为预处理的 MPH 业务数据绕过了数据随机数发生器。对预处理的 MPH 业务数据是通过非规则 R-S 编码来处理的。对预处理后的 MPH 业务数据进行附加操作,在每个训练序列开始时,对格状编码寄存器初始化,这些措施包含在 MPH 业务数据预处理中。非规则 R-S 编码允许插入规则间隔的长训练序列而不干扰接收机。

3. ATSC-MPH 数据结构

（1）MPH 帧

图 4.3.9 显示了传输 MPH 数据和主体数据的 MPH 帧结构。包含主体数据和 MPH 数据的一个 MPH 帧(封装为空数据包)大小正好等于 20 个 VSB 数据帧。然而,MPH 的帧边界与 VSB 的帧边界相比有所偏移,原因如下所示。

一个 MPH 帧应该由 5 个子帧组成。因此,每个子帧与 4 个 VSB 数据帧(8VSB 数据场)包含相同数量的数据。每个子帧由 16 个 MPH 时隙组成。每个 MPH 时隙由 156 个 TS 数据包组成或者等价于 156 个数据段符号,也等价于 1 个 VSB 数据场的一半。注意,当给定时隙的数据包被处理为交织的数据段时,给定 MPH 时隙的符号将分散在超过 156 个数据段中。

一个 MPH 时隙的时间大约为 12.1 ms,而一个 MPH 子帧的时间大约为 193.6 ms。一个 MPH 帧的时间与 20 个 VSB 数据帧的时间相同,大约为 968 ms,因此,MPH 的帧边界与 VSB 数据帧的边界相比有所偏移。MPH 时隙是 MPH 数据和主体数据多路复用的基本时间段。经过 MPH 预处理,MPH 数据被格式化为一组 118 个连续的 TS 空数据包,用来封装 MPH 业务数据。一个特定的时隙可以包括 MPH 数据或者只由主体数据组成。如果一个 MPH 数据组通过一个 MPH 时隙进行传输,那么该时隙的前 118 个 TS 数据包应为一个 MPH 数据组,剩余的 38 个数据包将为一个主体 TS 数据包。如果一个 MPH 时隙没有 MPH 数据组,那么该时隙应由 156 个主体 TS 数据包组成。

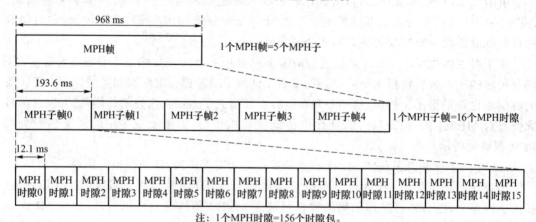

图 4.3.9　MPH 帧结构

注意:MPH 时隙的边界与 VSB 数据域的边界相比有所偏移,描述如下。

图 4.3.10 显示了 VSB 数据帧的结构。MPH 技术并没有改变数据帧的结构。每个

VSB 数据帧应由两个 VSB 数据场组成,每个数据场包含 313 个数据段。每个 VSB 数据场的第一个数据段是一个场同步信号,并且包含用于非 MPH 和 MPH 接收机的训练序列。剩余的 312 个数据段的每个都包含 188 字节的 TS 数据包中的数据,再加上相应的 FEC 开销。

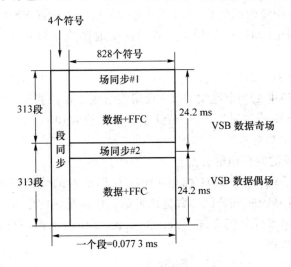

图 4.3.10　VSB 数据帧的结构

MPH 时隙对应于 VSB 数据帧在位置上有一定的偏移。图 4.3.11 表明了一个 MPH 子帧中前 4 个 MPH 时隙的位置分布(与一个 VSB 数据帧相比)。

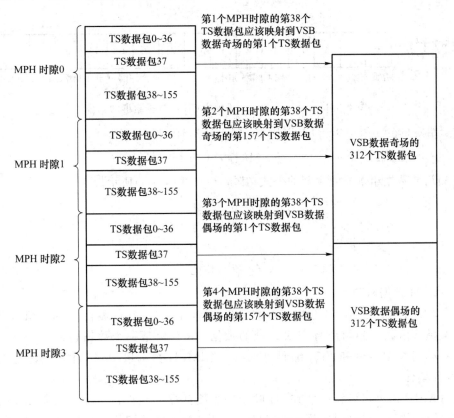

图 4.3.11　MPH 时隙与 VSB 数据帧的位置对应关系

第 1 个 MPH 时隙(时隙 0)的第 38 个 TS 数据包应该映射到 VSB 数据奇场的第 1 个 TS 数据包,第 2 个 MPH 时隙的第 38 个 TS 数据包应该映射到 VSB 数据奇场的第 157 个 TS 数据包。第 3 个 MPH 时隙的第 38 个 TS 数据包应该映射到 VSB 数据偶场的第 1 个 TS 数据包。第 4 个 MPH 时隙的第 38 个 TS 数据包应该映射到 VSB 数据偶场的第 157 个 TS 数据包。同理剩余的 MPH 子帧的 12 个 MPH 时隙应该以相同的关系映射到后来的 VSB 数据帧。

(2) ATSC-MPH 数据组

一个 MPH 数据组由 118 个连续的 TS 数据包组成。在由修正的数据随机发生器和通过规则/非规则的 R-S 编码器添加 20 个奇偶字节来代替 MPEG 同步字节以后,每个 TS 数据包就转为 207 字节的数据包。

(3) 一个 MPH 帧的数据组群分配

图 4.3.12 说明了在一个 MPH 帧中 MPH 数据组群的分配。每个 MPH 帧由 5 个 MPH 子帧组成。每个 MPH 帧分配的数据组群数目应该是 5 的倍数,并且一个 MPH 帧的所有 MPH 子帧的数据组群分配应该一致。图 4.3.12 中的下面一行说明了一个 MPH 子帧中的数据组群分配次序。

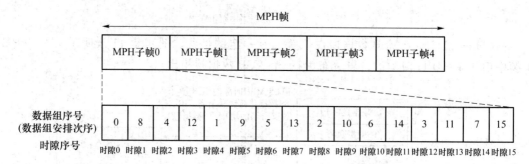

图 4.3.12　在一个 MPH 子帧中 MPH 数据组群的安排

对于给定的分组号 $i(0\sim15)$,时隙号 $j(0\sim15)$,有

$$j = (4i + O) \bmod 16 \tag{4-3-5}$$

式(4-3-5)为此数据组群分配规则的公式,其中,O 如式(4-3-6)所示。

$$\begin{cases} O=0 & i<4 \\ O=2 & i<8 \\ O=1 & i<12 \\ O=3 & 其他 \end{cases} \tag{4-3-6}$$

(4) MPH 数据队列

一个 MPH 队列是 MPH 数据组群的集合,包含在一个 MPH 帧内。一个 MPH 队列依赖 R-S 帧模式承载一到两个特定 R-S 帧的数据。R-S 帧是一个数据包级别 FEC 结构的 MPH 数据,每个 R-S 帧和 FEC 编码将承载一个 MPH 数据段,是相同服务质量(QoS)的 MPH 业务集合。

复用 MPH 队列可以和一个 MPH 帧中的主要数据一起进行传输。图 4.3.13 是一个复用队列传输的例子。通过扩展一个子帧来表明队列模式的细节。所有的 5 个子帧都遵循相同的模式。此例说明一个 MPH 帧中有三个 MPH 队列。第一个队列的每个 MPH 子帧有 3 个数据组群,每个数据组群的位置通过式(4-3-5)中的组号 i(i 为 0~2)来决定。第二个队列的每个 MPH 子帧有 2 个数据组群,时隙号通过组号 i(i 为 3~4)来决定。同样,第三个队列的数据组群位置通过组号 i(i 为 5~6)来决定。

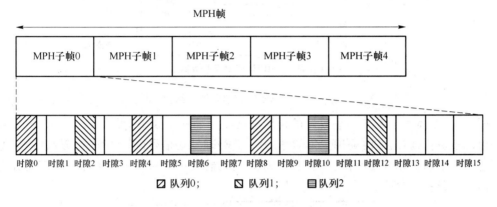

图 4.3.13　复用队列的数据组分配

对于 MPH 队列的时隙定位,首先应该把一个队列中的所有数据组群组成一个序列,作为式(4-3-5)的输入,然后对另一个队列进行相同的操作,以此类推。

注意:MPH 帧的组织可以逐帧进行。这就可以频繁、灵活地对数据段数据速率进行调整。

一个 MPH 队列的每个 MPH 子帧的数据组群数(NoG)的取值范围为 1~8,因此,一个队列的每个 MPH 帧的数据组群数的取值范围为 5~40,以 5 为步长。

(5) MPH 数据处理

① 分组时分和主要业务数据的 PCR 调整

由于在原 ATSC 流中的主要业务数据包的位置插入了 MPH 的空数据包,所以 ATSC-MPH 系统产生变化,需采用一个标准解码器来处理这些定时变化。例如,在 ISO13818-1 标准(MPEG-1 压缩标准)中,解码器包含一个传输缓冲器,用来限制最大数据速率。同样,这里也采用一个主缓冲器来处理大部分数据,同时为特定的数据流定义最小数据速率突发。最大数据速率和最小数据速率在时分和分组延迟电路框图上各自提升为复用数据包。单一数据包易由标准 MPEG/ATSC 缓冲器进行处理。然而,较大的数据包可能超出标准 MPEG 缓冲器的容量。对缓冲器数据包进行仔细排序,可以减少在原来接收器容量范围内的定时变化,这可通过时分和 PCR 调整电路,并可通过 MPH 数据包的时分复用来实现。

② MPH 帧编码器

MPH 帧由一个到多个 MPH 数据队列组成。每个数据队列又包含一个或两个 R-S 帧。图 4.3.14 显示了 MPH 帧编码器的结构。输入解复用器对输入数据集进行分离,并传送相应的数据集到各个 R-S 帧编码器。根据 MPH 帧控制器的一个控制信号,当确定该数据集的目标是映射到某一个 R-S 帧编码器或数据队列时,操作进行。正如图 4.3.14 所示,在一个 MPH 帧里 R-S 帧编码器的数量与队列数量相同。一个 R-S 帧编码器为一个队列建立一个或两个 R-S 帧,且把每个 R-S 帧分离成几个数据片。R-S 帧的每个数据片和由一个数据组支持的数据量相符合。输出端多路复用器复用来自所有 R-S 帧编码器的 R-S 帧数据片,这些数据片受 MPH 帧控制器的定时控制。MPH 帧控制器对每个 R-S 帧编码器进行必要的前向纠错模式控制。

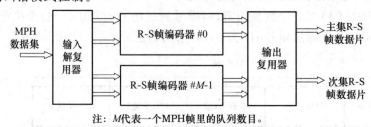

注: M代表一个MPH帧里的队列数目。

图 4.3.14 MPH 帧编码器的结构

图 4.3.15 描述了 R-S 帧编码器的详细方框图。如图 4.3.15 所示,每个 R-S 帧编码器对两路信号进行处理:一路处理主集信号;另一路处理辅集信号(即 MPH 业务数据)。每一路都包含一个随机序列发生器、一个 R-S CRC 编码器和一个 R-S 帧分离器。分离器分别用来分离主集、辅集信号。

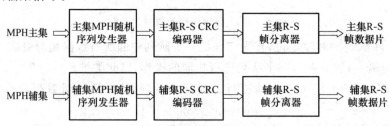

图 4.3.15 R-S 帧编码器的详细方框图

③ R-S 帧编码器

R-S 帧编码器通过接收 MP/H 数据主集和辅集信号,为每个 MPH 数据队列建立一到两个 R-S 帧。每个 MPH 数据集被 MPH 随机序列发生器处理后,进行前向纠错编码,采用的是 R-S 冗余校验(CRC)编码,并跨接交织方式来建立一个 R-S 帧。

在 R-S 帧编码器里,一个或两个 R-S 帧的建立取决于一个 R-S 帧模式。表 4.3.1 显示了每一队列的 R-S 帧数量及其集合区域。一个 M/P/H 数据队列最多可以装载两个 R-S 帧。

表 4.3.1 R-S 帧模式

R-S帧模式	类　型
00	所有数据组区里只有一个主集 R-S 帧
01	有两个不同的 R-S 帧: • 主集 R-S 帧用于数据组区 A 和 B; • 辅集 R-S 帧用于数据组区 C 和 D
10	保留
11	保留

如果一个队列的 R-S 帧模式为 00,则对队列来说只有主集 R-S 帧。

如果一个队列的 R-S 帧模式为 01,则有两个不同的 R-S 帧,即主集 R-S 帧和辅集 R-S 帧。

如果队列的 R-S 帧模式为 01,则主集 R-S 帧应该在一数据组的 A 区和 B 区发送,辅集

R-S 帧应该在此数据组的 C 区和 D 区发送。

已编码的 R-S 帧数据片数目应为 5NoG。前(5NoG)－1 个数据片应该包含 PL(片长)字节。如有必要,最后一个数据片应由填充字节进行填充,以使其与其他数据片大小一致,即 PL 字节。

④ 块处理器

块处理器的主要功能是对 R-S 帧编码器的输出进行串行级联卷积码(SCCC)的外层编码处理。块处理器的操作包括 R-S 帧段到 SCCC 块的转换,字节到比特的转换、卷积编码、符号交织、符号到字节的转换,以及 SCCC 块到 MPH 块的转换,如图 4.3.16 所示。卷积编码器和符号交织器实际上与后处理器中的格状编码器相联系,共同构造 SCCC。

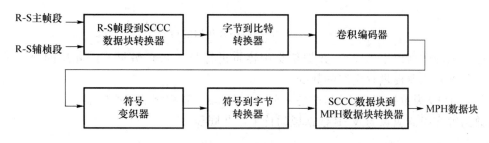

图 4.3.16　块处理器

块处理器按经过 ATSC 数据交织后的相同的数据顺序进行操作。经过 ATSC 数据交织,一个 MPH 分组由 10 个 MPH 块组成,且分为 4 个分组区域(A、B、C、D)。

一个 MPH 块可以组成一个 SCCC 块,但是一个 SCCC 块边界并不需要与一个 MPH 块边界相同。

⑤ 信令编码器

MPH 传输系统将每个分组的一部分进行分配是为了向接收器发送信令。图 4.3.17 显示了经过数据交织以后交织分组格式中的信令区域。

如图 4.3.17 所示,在每个分组中,共有 276(＝207＋69)字节应该划分为信令区域。此信令区域作为经 FEC 编码的信令数据。

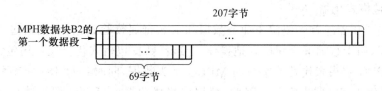

图 4.3.17　经过数据交织以后交织分组格式中的信令区域

MPH 传输系统有两种信令信道:传输参数信道(TPC)和快速信息信道(FIC)。TPC 用于 MPH 传输参数信令,如各种 FEC 模式和 MPH 帧信息。FIC 给接收者提供快速业务获取,且包含物理层和上层之间的跨层信息。

⑥ 数据组格式化器

图 4.3.18 显示了数据组格式化器的功能。数据组格式交织器对已交织的数据进行格式化操作,它在 ATSC 数据交织器后出现。它将从块处理器得到的经 FEC 编码的 MPH 业务数据映射到相应数据组的 MPH 块上,添加预判定的训练数据字节和用于初始化格状编

码寄存器的数据字节,将位置保持字节插入到主体业务数据、MPEG-2 头和非规则 R-S 码中,同时添加一些虚拟字节,以构成数据组格式。框图中的第二块是与 ATSC 数据交织器相反的解交织器。数据组格式化器放在 ATSC 数据交织器之前,将数据按照分组进行格式化。

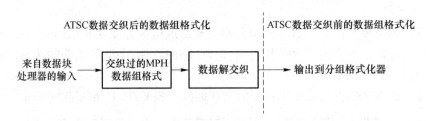

图 4.3.18　数据组格式化器的功能

已交织的数据组生成以后,数据解交织器将进行与 ATSC 数据交织相反的处理过程,为数据包格式化器提供解交织的数据。

图 4.3.19 为数据解交织器,这是一个 52 数据段的卷积字节解交织器。

数据解交织器应该与 VSB 数据域的首个字节同步。

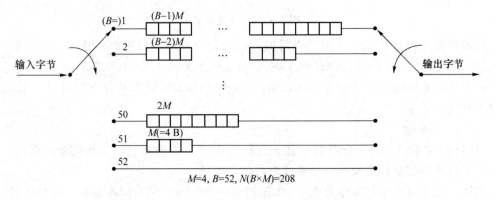

图 4.3.19　数据解交织器

⑦ 数据包格式化器

数据包格式化器应首先删除主业务数据和 R-S 奇偶校验数据,它们通过插入交织数据组格式交织器,用于数据解交织的合适操作。接着,数据包格式化器应该用包含一个空数据包 PID 的 MPEG 字头来代替 3 字节的 MPEG 字头数据,同时在每 187 字节的数据包开始处添加一个 MPEGTS 同步字节。因此,数据包格式化器的每个数据组输出 118 个封装的空 TS 数据包。

⑧ 数据包复用器

数据包复用器对 MPH 业务的 TS 数据包和主业务的 TS 数据包进行复用,以构成 MPH 帧。MPH 帧控制器控制数据包复用器的复用时间。当数据包复用器从数据包格式化器中调度 118 个 TS 数据包时,37 个数据包被置于 VSB 数据域同步插入位置的前面,且另外 81 个数据包被置于 VSB 数据域同步插入位置的后面。

⑨ 修正的数据随机发生器

修正的数据随机发生器的基本操作(包括生成多项式和初始化)与 ATSC 1.0 系统中定

义的数据随机发生器相同。

修正的随机发生器"异或"所有的主体业务数据字节,并"异或"16 bit 长度的伪随机二进制序列(PRBS)的 MPH 业务 TS 数据包的 MPEG 字头字节,其在 VSB 数据场的开始进行初始化。修正的数据随机发生器不"异或"MPH 主业务的 TS 数据包的 184 个有效负载字节。

修正的随机发生器移位寄存器的操作和 8VSB 随机发生器移位寄存器的相同,但是"异或"操作并不是在 MPH 业务 TS 数据包(空封装的)的 184 个有效负载字节上进行的。

根据生成多项式和初始化要求,初始化到 0xF180(负载到 1),应该在先于第一个数据段的 VSB 数据段同步间隔时间进行。此初始化操作和 ATSC 1.0 初始化操作相同。

⑩ 规则/非规则 R-S 编码器

规则/非规则 R-S 编码器在数据随机化或绕开数据随机化器的基础上,用 $t=10(207,187)$ 的码进行 R-S 编码过程,以添加 20 字节的 R-S 奇偶数据。R-S 奇偶生成多项式和主场生成器应与 ATSC 1.0 系统的相同。如果输入数据相当于一个主业务数据包,那么 R-S 编码器应该与 ATSC 1.0 系统相同的规则进行 R-S 编码,则在 187 字节数据的末尾添加 20 字节的 R-S 奇偶校验数据。如果输入数据相当于一个 MPH 业务数据包,那么 R-S 编码器应该进行非规则 R-S 编码。从非规则 R-S 编码过程获得的 20 字节的 R-S 奇偶校验数据应该插入到 MPH 数据包里的预判定奇偶字节位置上。

⑪ 修正的格状编码器

格状编码器的操作与 ATSC 1.0 系统的相同。格状编码器将以字节为单元的数据转换为以符号为单元的数据,并进行 12 路交织。

为了将格状编码器的输出数据变为已知的预判定训练数据,需要对格状编码器的寄存器初始化。

输入格状初始化字节(已通过数据组格式化器并包含在数据中)后,应初始化格状编码器的寄存器。具体地说,输入从格状初始化字节转化来的 2 bit 符号,格状编码器的输入比特应该被格状编码器的寄存器值所代替,如图 4.3.20 所示。

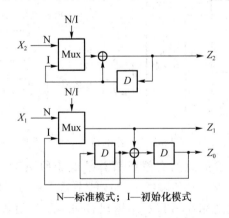

N—标准模式；I—初始化模式

图 4.3.20　修正的格状编码器

格状初始化需要两个符号(4 bit),格状初始化字节中的最后两个符号(4 bit)不用于格状初始化，且被当作从已知数据字节中得到的符号来对待。

图 4.3.20 为 12 路修正的格状编码器。当格状编码器处于初始化模式时，输入来自内部格状状态，而不是来自奇偶替代器（实际上是数据交织器）。

当格状编码器处于标准模式时，应该处理从奇偶替代器得到的输入符号。修正的格状编码器为非规则 R-S 编码器的格状初始化提供修正的输入数据。

⑫ 非规则 R-S 编码器和奇偶替代器

在格状初始化前就计算 R-S 奇偶校验数据是不正确的，必须先进行替代，以保证后向兼容。因此，格状编码器应输出改变的初始化字节到非规则 R-S 编码器，从而进行相应 MPH 数据包的非规则重计算的 R-S 奇偶校验码。

通过非规则 R-S 编码过程获得的新 R-S 奇偶校验字节，应输出到 R-S 奇偶校验替代器。奇偶校验替代器应选择数据交织器的输出作为数据包的数据字节，非规则 R-S 编码器的输出作为 R-S 奇偶校验码。所选择的数据应输出到修正的格状编码器。

注意，一个 MPH 业务数据包（数据交织之前）的非规则 R-S 奇偶校验字节的位置通过下面的方法进行选择：在相同数据包中的格状初始化字节之前，没有 R-S 奇偶校验字节。因此，可能在格状初始化后纠正 MPH 业务数据包的非规则 R-S 奇偶校验字节。

4. ATSC-MPH 传输系统与 ATSC 1.0 传输系统的一体化

ATSC-MPH 传输系统的设计和架构可以保护消费者对 ATSC 1.0 标准的接收机的硬件投资。此外，该系统是基于对融入典型的 ATSC 站中现有的传输基础设施的考虑，并利用 ATSC/110 的分布式传输（DTX 标准）的结构做合适的调整。

下面通过举例说明 MPH 业务数据如何在几个典型的 ATSC 广播情况中实现。其他的配置可以适应不同于原 ATSC 标准的设施情况，并为新装置提供最经济的方案。

（1）实例 1：ATSC STL 标准组成的单一发射机。到目前为止，最常见的 ATSC 标准配置是编码器（包括高清和多路标清）与多路复用器的组合，这个组合可以产生一个 19.39 Mbit/s 的 ATSC 传输流，并由单根标准电视传输（STL），和单个发射机相连。图 4.3.21 说明了这种情况。

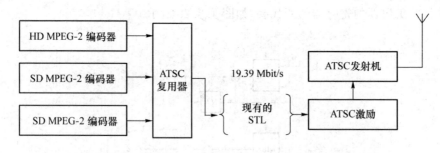

图 4.3.21 ATSC STL 标准组成的单一发射机系统

在 MPH 系统里，被传输的总的有效载荷总是低于原 ASTC 系统的 19.39 Mbit/s 速率。在单个发射机、单根标准电视传输线中，MPH 节目采用传统的 MPEG-2 多路复用技术进行演播室信号复用，这也适用在 ATSC 站里现有的多路复用器中进行。而且主业务信号的节目与系统信息协议（PSIP）也不受影响。MPH 的激励器会执行主业务数据帧和 MPH 数据的时分多路复用，以适当的时隙把每组数据装入其中进行传输，见图 4.3.22。

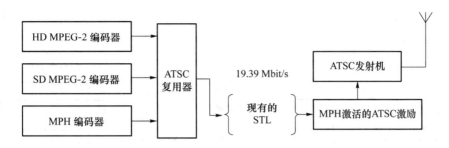

图 4.3.22　MPH 和 STL 组成的单一发射机系统

（2）实例 2：以多址和单址 PSIP 定制的多个发射机系统。在许多公共电视网络中，借助于远程发射机的多址系统信息协议（PSIP），支持多个 ATSC 发射机。图 4.3.23 为简化的例子，输入端有高清和多路标清编码器，有多台发射机，且每台发射机有所不同，但有类似的输入。在这一网络中，每个发射器入端采用了一个重复用器，它借助于多址系统信息协议（PSIP）来选择所需节目，以使发射机和所发送的节目内容一致。

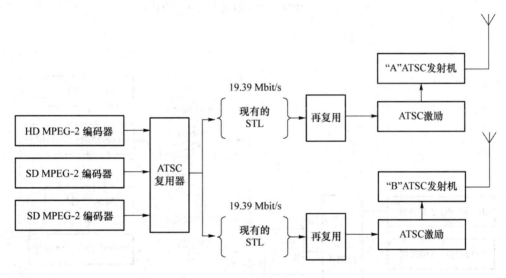

图 4.3.23　ATSC 在多发射机上的解复用技术

同样，MPH 流的增加很容易适应系统，如图 4.3.24 所示。主业务数据与 MPH 数据是通过 MPEG-2 时隙复用过程完成的。复用后的数据总速率为 19.39 Mbit/s，再分几路 STL 线送给各路发射机。在各个发射机入端，ATSC 主业务数据和 MPH 数据流再经过一次时分重复用，选择不同的业务内容分别送入各自激励器和发射机中。

（3）实例 3：ATSC 标准的分布式输电网络。在 ATSC A/110A 中实施的分布式传输网络（DTxN's）标准文件运用到了现有的 ATSC 技术，可以在扩展后支持 MPH 系统。

在分布式传输网络（DTxN）情况下，精确相同的符号流是由所有激励器输出的。由每个发射器输出的精确符号时间是由各自网络设计的参数决定的。如图 4.3.25 所示，相同的数据流和可控的时限是通过在分布式传输网络适配器（DTxA）中的数据流的"预调"实现的。这就决定了理想的调制器状态，在带内带着时序控制信息传输给发射机地址，其中使用了节拍信号（同步反转）和在 A/110A 中阐述的分布式传输数据包（DTxP）方法。

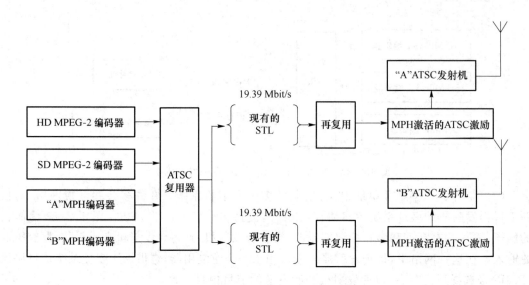

图 4.3.24　MPH 在多发射机上的解复用技术

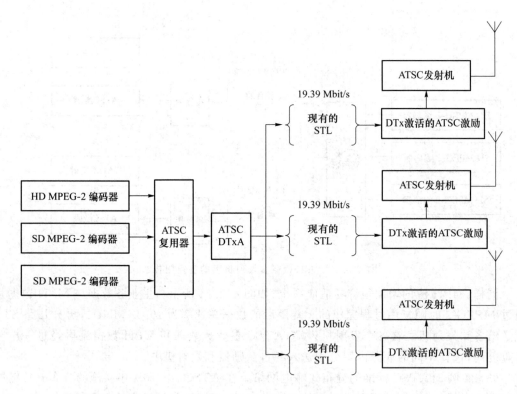

图 4.3.25　ATSC 分布式传输网络

　　MPH 系统也可同样用在 DTxN 环境下,并采用同样的技术。此技术已在 A/110A 中阐述,并扩展用来适应 MPH 系统(见图 4.3.26)。Cadence 信号的发生是用来标记 MPH 帧的,而不是 VSB 帧,而且,DTxP 使 MPH 附加的调制器状态和传输参数组合起来。一旦主要数据和 MPH 数据的时分复用在分布式传输适配器中执行,则重排数据流被 Cadence 信号(包括 DTxP 信号)以标记时间激活,图 4.3.26 中 MPH 的 DTxN 与图 4.3.25 中的

DTxN 原理图非常相似,两者利用同样的技术和机制。

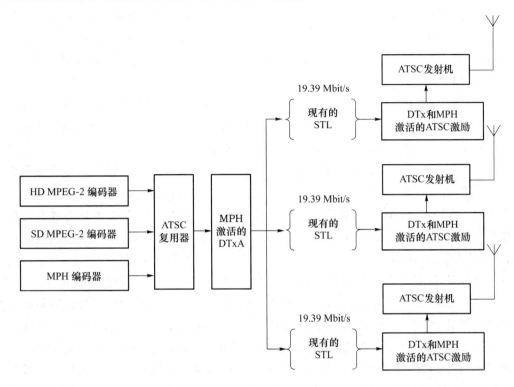

图 4.3.26　MPH 分布式传输网络

4.3.3　美国 ATSC 3.0 标准

1. ATSC 3.0 标准多种新的技术特性

2017 年 11 月 16 日美国联邦通信委员会批准了下一代电视广播传输标准,称为 ATSC 3.0。本节介绍 ATSC3.0 标准的物理层技术特性。ATSC 3.0 与现存的 ATSC 各标准(ATSC 1.0、ATSC-MPH)不具有任何反向兼容性约束。它采纳基于正交频分复用(OFDM)的各类波形,同时采纳强有力的低密度奇偶校验(LDPC)前向纠错编码码字,类似 DVB-T2 正在使用的 OFDM 和 LDPC 技术。然而,它还引入很多新的技术特性,如 2-维不均匀星座图、改进为极强健的 LDPC 码字、基于功率的层分复用(LDM),以便在相同的射频频道内,更高效地提供移动和固定接收的服务,其中还有新颖的频率域预失真的多入单出的天线设计。

ATSC 3.0 可实现两个频道的跨接过程,以增加服务的峰值数据率、开拓频率域扩散性以及使用双极化多入多出(MIMO)的天线系统。此外,ATSC 3.0 在各种参数的配置方面提供了极大的灵活性,如 12 种信道编码率、6 种调制阶数、16 类导频图案、12 种保护间隔以及 2 个时间域交织器,还具有非常灵活的复用过程:使用时间维、频率维和功率维(三维空间)。ATSC 3.0 与第一、二代 ATSC 广播电视标准相比,显著改善频谱效率和稳健性,而且由于它没有先例的性能和灵活性,所以成为全球有参考性的地面广播技术。ATSC 3.0 的一个关键方面是,它具有可扩展的信令过程,可实现采纳未来的各种新技术,而且不会破坏 ATSC 3.0 的各种服务。本节介绍的 ATSC 3.0 物理层的各种技术包括 ATSC A/321 标准(它描述所谓自引导程序)、ATSC A/322 标准(它描述在自引导程序后的物理层中的各种下行链路信号)。

ATSC 3.0 项目整体将为广播提供某种完整的技术标准,包括物理的、管理的和传送的协议(及各应用层的)。其中,物理层是构造 ATSC 3.0 的基础。在 2015 年 9 月 ATSC 3.0 物理层技术特性通过投票成为 ATSC TG3 候选标准,并在 2017 年发布为 ATSC 3.0 标准。与第一代 ATSC A/53 标准相比,ATSC 3.0 在与 ATSC A/53 相同的信噪比运行时至少能提高 30% 的信息容量,或者若提供与 ATSC A/53 相同的信息容量,则 ATSC 3.0 的稳健性显著增强。ATSC 3.0 的目标是成为全球参考性的地面广播技术,其性能优于现存的地面广播标准,并力图把最新的研究成果引入下一代地面数字广播。ATSC 3.0 必须提供在性能、功能性、灵活性和高效率等方面的改善。在 ATSC 3.0 物理层的各种需求中,还包括更高的信息容量,能高效率发送超高清晰度电视(UHDTV)服务以及稳健性高的室内接收。其主要目标是同时向移动的和固定的各种接收机提供电视服务,其中包括传统的起居室和卧室的电视机、各种手持设备、车载的屏幕和接收机。而频谱的效率、稳健性和灵活性都是评估值的关键领域,以便该系统能够在以下两种环境中可最佳化(对 DTT 的频谱指派可能下降,带宽已由 6 MHz 改为 5 MHz)。ATSC 3.0 的物理层系统提供具有灵活性的最新技术,可选用很多不同的运行模式:它们取决于在稳健性(覆盖范围)和总输出(信息容量)之间的折中。它们对广播业者提供极宽范围的各种工具,可选用不同的运行模式,以便最佳匹配于市场和有针对性地满足各类设备的需求。这种技术工具箱预期在今后将逐步成长,并能在未来通过可扩展的信令过程实现技术升级或替代。这种对未来的可扩展性将保证广播业者试验各种新技术,而不需要中断现存的 ATSC 3.0 服务的各种运行。ATSC 3.0 的物理层构建在 OFDM 调制的基础上,具有强有力的 LDPC 前向纠错编码(采用 2 种码字长度:16 200 bit 和 64 800 bit)及 12 种信道编码率(2/15～13/15),支持 6 级调制阶数——从 QPSK(4QAM)到 4 096QAM。数据的物理层通道共有 3 类复用模式:时间域的、频率域的和功率域的[具有 2 个分层,称为层分复用(LDM)]。它们可组合成 3 类数据帧:单入单出(SISO)、多入单出(MISO)和多入多出(MIMO)。物理层支持可选的多种保护间隔(长度从 ～27 μs 到～700 μs)及 3 种 FFT 大小(8K、16K 和 32K),可在 6 MHz 频道内提供极强的回波保护。信道估计的性能可以由 16 种发散导频图案和 5 种提升功率及某种连续导频图案进行控制。ATSC 3.0 可进行并行的解码过程[每个服务可高达 4 个物理层通道(PLP)],以实现各类可分离的分量,例如,视频、音频和宏数据以不同的稳健性设置进行发送。在单个射频(RF)频道(6 MHz、7 MHz 或 8 MHz)内,PLPs 总数最大值为 64。在单个 6 MHz 内支持的传输速率从<1 Mbit/s(采用 QPSK 调制、信道编码率为 2/15、8K 的 FFT 和 300 μs 的 GI)到>57 Mbit/s(采用 4 096-QAM 调制、信道编码率为 13/15、32K 的 FFT 和 55 μs 的 GI)(实际频谱利用系数可达 9.5 bit/s/Hz)。物理层运行的信噪比在 Ray-leigh 信道时的范围从 -5.7 dB 到 36 dB(在 AWGN 时,从 -6.2 dB 到 32 dB)。

采用频道跨接过程或交叉极化的 MIMO,最高数据率可加倍。频道跨接过程把两个 RF 频道结合使用,以获得更高的数据率(与单个频道获得的相比)。它还可实现两个 RF 频道之间的频率域扩散性,并改善统计复用过程。而 MIMO 则在同一个 RF 频道内、通过使用双极化过程(也即水平和垂直极化),可传输 2 个独立的数据流。

2. ATSC 3.0 标准物理层的体系结构

图 4.3.27 所示的是 ATSC 3.0 物理层的体系结构,由两个主要部分组成:上行链路和下行链路。

(1)上行链路

ATSC 3.0 包括无线回传链路,作为各类交互式服务的可选连接方式。上行链路特别适用于各类应急市场或者那些缺乏适当互联网服务框架结构的地区(如中国的农村地区),可用的频谱非常丰富。上行链路的技术特性可构成某种双向无线广播系统,而不依赖于该广播网络。

ATSC 3.0 上行链路将构造在 ATSC 3.0 下行链路技术特性的基础上,尽可能重复使用更多功能性元素和技术。它使用单载波频分多址(FDMA),在其中引入很多新特性,如自适应调制和混合型自动请求重发(ARQ)。有关上行链路会同下行链路一起使用的蕴含方式,对于同步而言,只需要后者的少量"挂钩";特别是必须发送某种时间标记,以便接收机随后可精确度量时钟,并留出时间域空隙,以用于交互性。

(2)下行链路

图 4.3.28 所示的是在单个 RF 频道中采用 SISO 时的发射机系统体系结构。该系统体系结构包括 4 个主要部分:输入格式化过程、比特交织和编码调制(BICM)过程、数据组帧和交织过程以及改善的波形生成过程。数据在输入格式化过程模块时实现输入和格式化,再应用前向纠错(FEC)并在 BICM 模块中映射到各星座图。交织过程(时间域和频率域两者)和数据帧创建过程是在数据组帧过程和交织过程模块中完成的。最后,输出的波形是在波形生成过程模块中创建的。而在输入格式化过程和 BICM 之间则有单频网分配界面或者演播室到发射机链路(Studio to Trans -mitter Link,STL)。如果采用层分复用(LDM),那么在系统体系结构中具有某个新模块(称为 LDM 注入过程模块),而且具有两个独立的输入格式化过程和 BICM 的模块,每个 LDM 分层各有一个。两模块在数据组帧和交织过程之前,并在 LDM 注入过程模块中进行组合。发射机系统体系结构的进一步细节(包括各种更为详细的框图)在后续内容中介绍。

图 4.3.28 包括四大部分:输入格式化模块、比特交织和编码调制模块、数据组帧和交织模块以及波形生成模块。输入格式化模块又包括数据包装和压缩、排序和基带数据组帧过程。然后数据经单频网分配界面(STL)送入比特交织和编码调制模块,进行前向纠错(FEC)、比特交织(BIL)、映射,再经层分复用注入数据组帧过程和交织模块,进行时间域交织、数据组帧、频率域交织。然后,数据送到波形生成模块,插入导频信号、进行傅里叶反变换(IFFT)、降低功率峰均比(PAPR)、置入保护间隔、前置码、自引导程序,最后送到空中广播界面。

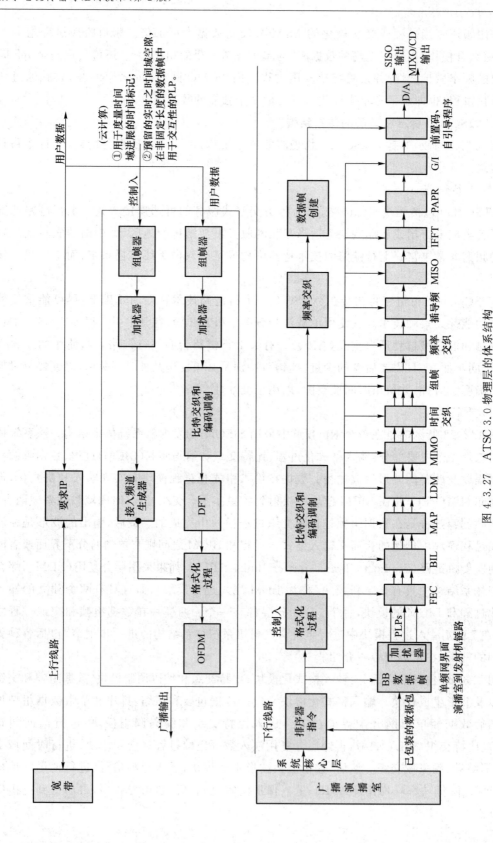

图 4.3.27　ATSC 3.0 物理层的体系结构

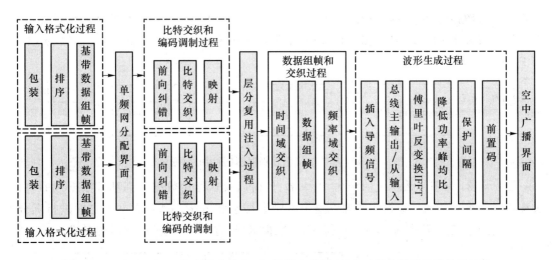

图 4.3.28　ATSC 3.0 物理层在单个 RF 频道中采用 SISO 时的发射机系统体系结构

3. ATSC 3.0 输入格式化过程

输入格式化过程由 3 个模块组成:通用的数据包装和压缩过程、基带数据组帧过程和排序器。

输入格式化过程模块如图 4.3.29 所示。输入格式化过程包括数据包装和压缩过程、ALP 数据包、排序器、控制信息、基带数据组帧过程,最后得到 PLP0,PLP1,…,PLPn 数据包输出。包装过程:ATSC 3.0 的链接层协议被称为 ALP(ATSC Link-Layer Protocol)。各输入数据包可包括不同的类型,如互联网协议 IP、传送流(TS)或一般数据。包装过程的运行是把不同类型的输入数据包汇集为通用的 ALP 格式。每个 ALP 数据包的长度是可变的,并可从该数据包自身提取其长度,不需额外信息。而 ALP 数据包最大长度是 64 KB,最小长度是 4B。

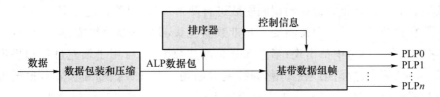

图 4.3.29　输入格式化过程模块框图

排序过程:该排序器利用比特流中提供的管理功能提取已包装的数据包中的输入比特流进行排序。该排序器引导这些数据包如何被指派到物理层各资源(或者特别的是,用于输入格式化过程功能),以及基带数据组帧过程如何输出各基带数据包组帧。排序器的运行受到的约束是由系统缓存器模型引起的,还有一些约束是由所定义的各物理层通道(Physical Layer Pipes,PLPs)和可用的带宽所施加的各种限制。而各输入则是已包装的数据包,并具有其相伴随的服务质量(QoS)需求(宏数据),再加上配置过程和各种控制数据。而各输出则是物理层配置过程的描述,也即哪个数据要在哪个时刻通过哪个资源进行发送。

4. ATSC 3.0 基带格式过程

基带格式化过程模块由 3 个子模块所组成:基带数据包构成过程、基带数据包头部构成过程和基带数据包加扰过程,如图 4.3.30 所示。在多个 PLP 运行时,基带格式化过程在需要时可生成多个 PLPs。基带格式化过程:基带数据包构成过程、加头部、加扰,组成 PLP0,PLP1,…,PLPn。

图 4.3.30　基带格式化过程框图(通用的数据包)

图 4.3.31 为基带数据包的结构,由头部、负荷以及从通用数据包到基带数据包的映射过程组成。最后的通用数据包需要在这个基带数据包和下一个基带数据包之间进行拆分。ALP 数据包由基带数据包、头部、负荷、基本数据场、可选数据场、扩展数据场组成。

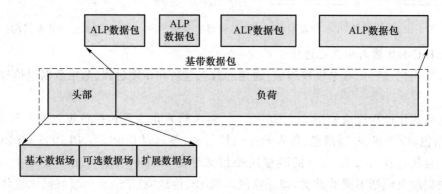

图 4.3.31　基带数据包的结构

每个基带数据包由头部、负荷(包括多个 ALP 数据包和填充过程)组成。基带数据包具有固定长度。该长度取决于对该 PLP 选用的 FEC 信道编码率和码字长度。各 ALP 数据包都要按照它们各自接收时的相同调制阶数进行映射过程,以便在链接层中的各 ALP 数据包调制阶数在物理层中仍然保持不变。基带数据包头部由三部分组成:第一部分称为基本数据场,它在每个数据包中都出现;第二部分是可选数据场,可用于填充过程和提供后续扩展数据场所需的信令过程;第三部分称为扩展数据场。可选数据场和扩展数据场可能只在某些基带数据包中出现,它们并不需在每个数据包中出现。基带数据包加扰过程可保证:数据映射到星座图时,不会落到不希望出现方式之相同坐标点(例如,当负荷是由序列重复所组成时,就可能出现)。整个基带数据包(包括头部和负荷两者)在前向纠错源编码前都要加扰。

5. ATSC 3.0 比特交织和编码调制

比特交织和编码的调制框图如图 4.3.32 所示。它由三部分组成:前向纠错(FEC)、比特交织器(BIL)和映射器(MAP)。FEC 模块由两个码字所组成:内码字(Inner Code)和外码字(Outer Code)。BICM 的输入是基带数据包,输出是 FEC 数据帧。FEC 数据帧由基带数据帧负荷与 FEC 奇偶校验数据的级联构成。输入基带数据包的大小对于每个 LDPC 编码率和编码长度是固定的,而 FEC 数据帧的大小仅取决于 LDPC 码字长度。

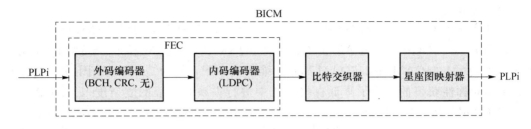

图 4.3.32　BICM 模块框图

FEC 数据帧包括基数带据包、外码字奇偶校验、内码字奇偶校验,如图 4.3.33 所示。

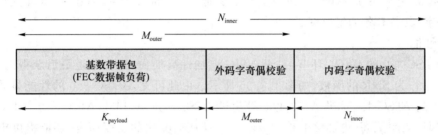

图 4.3.33　当 BCH 或 CRC 用作外码字时的 FEC 数据帧结构

（1）前向纠错

内码字是某种 LDPC 码字,其使用可提供多余度、以纠正所传输的基带数据包在接收时的误码。LDPC 码字的长度必须是 16 200 bit 或 64 800 bit。总共支持 12 种信道编码率,其范围从 2/15 到 13/15,提供某种工具集:从稳健性极高到极高的信息容量的运行。16 200 bit 的 LDPC 码字具有较短的等待时间,但性能较差。一般说来,64 800 bit 的 LDPC 码字的性能优越,可作为优先的可选项。当然,在等待时间是关键参数或者希望源编码器和解码器结构都尽量简单一些的各类应用中,尽量使用 16 200 bit 的 LDPC 码字。关于外码字,共有3 种可选项:BCH 码、循环冗余码校验（CRC）和无（None）。BCH 码字提供误码检验以及附加的误码纠正,它最高可纠正 12 bit 的误码,能降低固有的 LDPC 误码层。CRC 只提供误码检验（没有附加的纠错功能）。对于 CRC,每个 FEC 数据帧的奇偶校验数据的长度是32 bit;对于 BCH,对应 16 200 bit 和 64 800 bit 的 LDPC 分别是 168 bit 和 192 bit。对于第三种可选项表示可选择没有外码字,即没有提供附加的误码纠正或检测功能。负荷、BCH 或 CRC 奇偶校验和 LDPC 奇偶检验的级联过程如图 4.3.33 所示。

（2）比特交织器

比特交织器模块包括奇偶交织器、按数据组进行的交织器、数据块交织器。比特交织器的结构如图 4.3.34 所示。

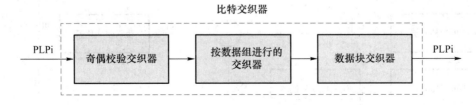

图 4.3.34　比特交织器的结构

（3）调制

总共定义 6 种不同的调制阶数：均匀的 QPSK 和 5 种不均匀星座图（Non-uniform Constellations，NUC）——16QAM、64QAM、256QAM、1 024QAM 和 4 096QAM。不均匀星座图 16QAM、64QAM 和 256QAM 都是 2 维（2D）象限对称的 QAM 星座图，并且都是从单个象限对称性获得的。为了降低在接收机中进行去映射过程的复杂度，1 024QAM 和 4 096QAM 都是从 1 维（1D）不均匀脉冲幅度调制（Pulse Amplitude Modulation，PAM）星座图中导出的（既用于同相的 I 分量，也用于正交的 Q 分量）。每一种 NUC 调制阶数和 LDPC 编码率的组合具有不同的星座图（对 QPSK 是例外，其中对所有编码率都是相同的星座图）。然而，星座图并不随 LDPC 码字长度而改变，即对于 64 800 bit 或 16 200 bit 的 LDPC 码字，其各有各的星座图。

（4）性能

在 ATSC 3.0 的 BICM 环节，对于 AWGN（加性高斯白噪声）信道最后获得的性能，采用频谱效率作为 SNR 的函数，如图 4.3.35 所示。由此可见，ATSC 3.0 的性能显著超过第一代 DTT 的 ATSC 1.0 标准 A/53，也显著超过 ATSC 标准 A/153。ATSC 3.0 与 DVB-T2 相比，不仅频谱效率更高（更加接近香农极限），而且从信噪比的角度而言，还能提供更为精细的颗粒性星座和跨越更宽广的运行范围。

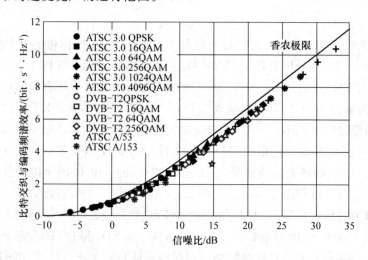

图 4.3.35　ATSC 3.0 的 BICM 性能

6. ATSC 3.0 层分复用

层分复用注入模块如图 4.3.36 所示。

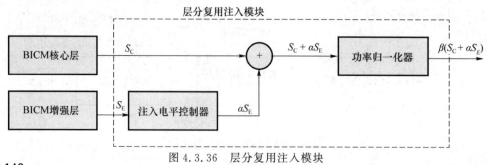

图 4.3.36　层分复用注入模块

输入电平控制器用于降低增强层的功率(相对核心层而言),以便降低每个分层输出所需的功率。在组合过程之后,所组合的信号的总功率需要在功率归一化器模块中进行归一化。LDM 注入模块包括 BICM(核心层)、BICM(增强层)、功率归一化器。LDM 注入过程:由 S_C、$S_C + \alpha S_E$,到功率归一化器,再输出为 $\beta(S_C + \alpha S_E)$。S_E 经注入电平控制器输出为 αS_E。

层分复用(Layered Division Multiplexing,LDM)是某种星座图叠加技术,可把两个数据流以不同的功率电平(具有独立的调制和信道编码配置)组合在单个视频 RF 频道中。在物理层的一般框图(如图 4.3.28 所示)中可以看到:两个 BICM 的环节在 LDM 注入模块的时间域交织器前进行组合。每个 BICM 环节(包括某个已源编码的序列、调制到某个星座图)分别属于其各自的 PLP。两个分层分别为核心层和增强层。核心层与增强层相比,必须采用相同的或更强的稳健性(调制和信道编码过程)组合。每个分层可以采用不同的 FEC 源编码过程(包括码字长度和编码率)和星座图映射过程,虽然在典型应用中,码字长度将是相同的,而编码率和星座图将是不同的。例如,核心层可采用 QPSK 调制并具有 4/15 的编码率,而增强层则可采用 64QAM 星座图并具有 10/15 编码率。图 4.3.36 说明这核心层和增强层在 LDM 注入模块中的组合过程中。注入电平(增强层信号相对核心层信号而言)是某个传输参数,它指示发射功率在两个分层之间有差别分配。通过改变注入电平,每个分层的稳健性可以改变,这就需在选取 BICM 各参数以外提供额外的方法。增强层相对核心层的注入电平是可选的:从 3.0 dB 到 10.0 dB,其增量为 0.5 dB。LDM 可从本质上给出基础性的性能增益,提供不相等的误码保护(Unequal Error Protection,UEP),而这是同传统的时分复用(TDM)或频分复用(FDM)相比而言的(由于重复使用所有可用的频率域/时间域的各种资源)。最有代表性的情况是在同一个 RF 频道中同时部署移动接收服务和固定接收服务。移动接收用户们选定稳健性最高的核心层进行解码,而固定接收用户则在对增强层进行解码前,必须先对核心层(移动服务)进行解码,然后删除。

表 4.3.2 为 LDM 和 TDM 的性能对比。这里已假设对于 LDM,两个分层都采纳 FFT=16K 和 GI=1/8。而对于 TDM,FFT=32K 和 GI=1/32 用于固定接收服务,FFT=8K 和 GI=1/8 用于移动接收服务。对于核心层的中等数据率信息容量,LDM 给出在 SNR=-0.3 dB 时的 2.7 Mbit/s 信息容量,而同时增强层则具有在 SNR=18.5 dB 时的中等信息信息容量 20.5 Mbit/s。TDM 必须把不同的信息容量指派到固定接收和移动接收服务,各自独立完成其性能。在这个例子中,具有 40% 和 60% 的信息容量分别对应指派到移动接收服务和固定接收服务:对于移动接收服务,TDM 匹配负荷数据率需要 SNR=3.7 dB,而对于固定接收服务,SNR=21 dB。即对 LDM 而言,分别有 4 dB 和 2.5 dB 的增益。

表 4.3.2　层分复用 LDM 与时分复用 TDM 的对比(注入电平为 4.0 dB;AWGN)

模式	速率/ (Mbit·s^{-1})	SNR/dB	模式	速率/ (Mbit·s^{-1})	SNR/dB
LDM 核心层			TDM 移动 40% 信道容量		
QPSK 3/15	2	-2	QPSK 8/15	2	1.3
QPSK 4/15	2.7	-0.3	QPSK 11/15	2.7	3.7
QPSK 6/15	4.1	2.7	16QAM 8/15	4.0	6.4

模式	速率/ (Mbit·s^{-1})	SNR/dB	模式	速率/ (Mbit·s^{-1})	SNR/dB
LDM 增强层			TDM 固定 60%信道容量		
64QAM 7/15	14.3	14.6	64QAM 11/15	14.4	14.4
64QAM 10/15	20.5	18.5	256QAM 12/15	20.7	21.0
256QAM 9/15	24.6	21.2	1kQAM 11/15	23.5	24.0
256QAM 11/15	30.1	24.4			

7. ATSC 3.0 交织过程和数据组帧过程

交织过程和数据组帧过程模块由三部分组成:时间域交织过程、数据组帧过程、频率域交织过程,其框图如图 4.3.37 所示。时间域交织过程和数据组帧过程两个模块的输入可由多个 PLPs 组成,但数据组帧过程模块的输出将是各 OFDM 符号。

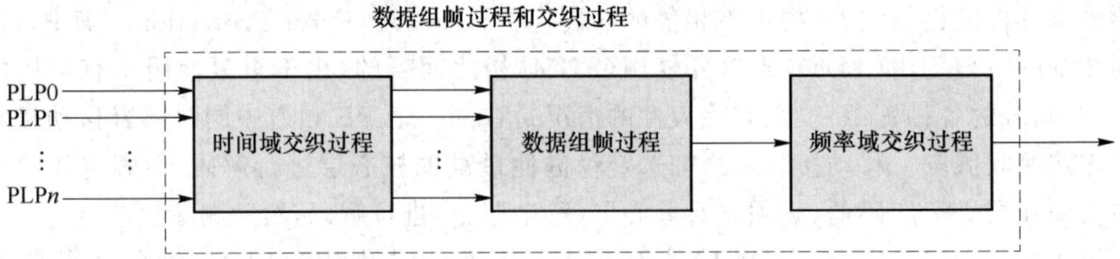

图 4.3.37　数据组帧过程和交织过程

(1) 时间域交织过程

在 ATSC 3.0 中,时间域交织器(Time Interleaver,TI)的配置取决于传输的 PLPs 的数目。当传输的数据单元速率为常数时,则采用卷积交织器(CI)。这种情况适用于单个PLP(S-PLP),即 LDM 在使用时每个分层只有单个 PLP(在 TI 之前,这两个 PLPs 已组合,因而可把它们看作单个 PLP),或者可用于具有常数传输速率的多个 PLPs(M-PLP)。对 S-PLP 采用 CI 后,对于给定大小的存储器而言,可使时间域交织过程的深度翻一番(这是与彻底的数据块交织器相比)。

时间域交织过程(HTI 模式)包括数据单元交织器、数据单元到存储器模块的映射器、数据块交织器(BIL)、卷积延迟线(CDL)、存储器模块到数据单元的去映射器。对于所有其他的各种情况,其具有可变传输速率的 M-PLPs。时间域交织过程的配置是某种混合型交织器,它由数据单元交织器、数据块交织器和卷积交织器组成。图 4.3.38 所示的是混合型TI 框图。该混合型 TI 以逐个 PLP 为基础进行运行,而对每个 PLP 的各运行参数可以是不同的。

数据单元交织器是可选的,而卷积交织器只用于数据帧的帧间或数据子帧的子帧间的交织过程。该 CI 的优点是在使用相同的存储器时,交织过程的深度可翻一番,而且它可降低平均粉碎时间,对于相同的交织深度可降约 30%。当采用 CI 时,这些数据单元交织器仅仅适用于数据帧的帧间和数据子帧的子帧间的交织过程。

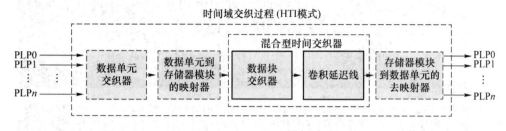

图 4.3.38　用于 M-PLP 的混合型时间域交织器框图

TI 存储器的大小是 219 个存储单位。在 S-PLP 的情况中,由于只有一个 PLP,因而整个存储器可被该 PLP 使用。这种存储器的使用情形也可应用于每个分层只有一个 PLP 的 LDM 的情况。而在 M-PLP 的情形中,整个存储器将在同一个数据组的各 PLPs 之间进行分享。而 TI 存储器将覆盖所有的各必需部分,即数据单元的、数据块的和卷积的交织器。对于 QPSK 而言,可以使用所谓扩展的交织过程模式,并适用于 S-PLP 和 M-PLP 两者,其中在物理的存储器中,可存储 2 倍数目的数据单元。这种模式在给定的服务数据率时的时间域交织过程深度或者在某给定的 TI 持续时间时的服务数据率都可翻一番,而且可解释 QPSK 可承受更高的量化噪声。当扩展的交织过程被使用时,要使用各数据单元到存储器单位的映射过程和去映射过程的数据块(如图 4.3.38 的混合型 TI),而且每个 MU 由 2 个数据单元组成。

(2)频率域交织过程

频率域交织过程是对整个频道带宽以逐个 OFDM 符号为基础而进行的,用以分散在频率域中的各种爆发性误码。频率域交织过程对前置码的各符号是始终使用的,但对 L1 信令过程中数据子帧的各数据符号则是可选用的。

(3)数据组帧过程

数据组帧过程在 ATSC 3.0 中,PLP 的复用过程共有三类方法:时分复用(TDM)、频分复用(FDM)和层分复用。在 TDM 和 FDM 的 PLP 复用过程之间的权衡利弊是难以评估的,由于 ATSC 3.0 并不提供真正的 FDM 运行,因此,自引导程序和前置码的数据覆盖整个 RF 频道的频谱指派范围,并通报个数据帧负荷的结构的有关信令。图 4.3.39 所示的是 6 个 PLPs 在时间域和频率域复用过程的例子。

每个数据帧由三部分组成,如图 4.3.40 所示。单个自引导程序的位置是在每个数据帧的起始端(A/321 标准),单个前置码紧随其后,单个或多个数据子帧的位置则跟在前置码之后。自引导程序指示的是最基本信息的有关信令。前置码包含分层-1(L1)的控制信令,并提供具有实际负荷数据的数据帧描述。单个数据帧可包含若干个数据子帧,每个数据子帧具有固定的 FFT 大小、保护间隔(GI)长度、分散导频图案和有用子载波的数目(NoC)。在同一数据帧内的不同数据子帧可以具有自己的一组 FFT 大小、GI 长度、分散导频图案以及 OFDM 符号的数目(对于每个数据子帧可以是不同的)。单个 ATSC 3.0 数据帧的持续时间最大值为 5 s,而最小值为 50 ms。

时间 →

A00	A10	A08	B18	C04	C14	C24	C34	C44	C54	C64	C74	D04	D14	D24	D34	D44	E02
A01	A11	A09	B19	C05	C15	C25	C35	C45	C55	C65	C75	D05	D15	D25	D35	D45	E03
A02	B00	B10	B20	C06	C16	C26	C36	C46	C56	C66	C76	D06	D16	D26	D36	D46	E04
A03	B01	B11	B21	C07	C17	C27	C37	C47	C57	C67	C77	D07	D17	D27	D37	D47	E05
A04	B02	B12	B22	C08	C18	C28	C38	C48	C58	C68	C78	D08	D18	D28	D08	D48	E06
A05	B03	B13	B23	C09	C19	C29	C39	C49	C59	C69	C79	D09	D19	D29	D39	D49	E07
A06	B04	B14	C00	C10	C20	C30	C40	C50	C60	C70	D00	D10	D20	D30	D40	D50	E08
A07	B05	B15	C01	C11	C11	C31	C41	C51	C61	C71	D01	D11	D21	D31	D41	D51	E09
A08	B06	B16	C02	C12	C22	C32	C42	C52	C62	C72	D02	D12	D22	D32	D42	E00	E10
A09	B07	B17	C03	C13	C23	C33	C43	C53	C63	C73	D03	D13	D23	D33	D43	E01	E11

频率 ↓

时间 →

A00	A10	A20	A30	A40	B00	B03	B06	B09	B12	B15	B18	B21	B24	B27	B30	F00	F03
A01	A11	A21	A31	A41	B01	B04	B07	B10	B13	B16	B19	B22	B25	B28	B31	F01	F04
A02	A12	A22	A32	A42	B02	B05	B08	B11	B14	B17	B20	B23	B26	B29	B32	F02	F05
A03	A13	A23	A33	A43	C00	C02	C04	C06	C08	C10	C12	C14	C16	C18	C20	C22	C24
A04	A14	A24	A34	A44	C01	C03	C05	C07	C09	C11	C13	C14	C17	C19	C21	C23	C25
A05	A15	A25	A35	A45	D00	D05	D10	D15	E00	E05	E10	E15	E20	E25	E30	E35	E40
A06	A16	A26	A36	A46	D01	D06	D11	D16	E01	E06	E11	E16	E21	E26	E31	E36	E41
A07	A17	A27	A37	A47	D02	D07	D12	D17	E02	E07	E12	E17	E22	E27	E32	E37	E42
A08	A18	A28	A38	A48	D03	D08	D13	D18	E03	E08	E13	E18	E23	E28	E33	E38	E43
A09	A19	A29	A39	A49	D04	D09	D14	D19	E04	E09	E14	E19	E24	E29	E34	E39	E44

频率 ↓

图 4.3.39　各 PLPs 作时分复用的例子

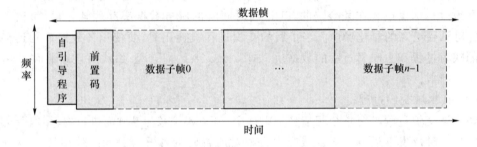

图 4.3.40　数据组帧过程和各数据子帧的结构

8. ATSC 3.0 波形生成过程

波形生成过程如图 4.3.41 所示,其组成部分有导频信号插入过程模块、MISO 预失真模块、IFFT 模块、降低功率峰均比(PAPR)模块(可选项)和保护间隔(GI)插入过程模块。MISO 和 PAPR 模块为可选项。自引导程序信号作为前缀,放置在每个数据帧的前部。

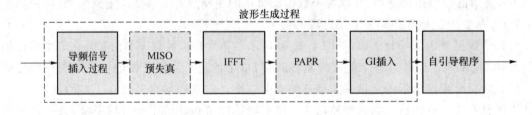

图 4.3.41　波形生成过程

ATSC 3.0 采用分散的、连续的、边缘的、前置的和数据帧结束过程的等类导频信号。这些数据单元在调制时都具有参考信息,其传输的数值对接收机是已知的。这些导频信号可应用于数据帧同步、频率域同步、时间域同步、信道估计和传输模式识别,还可应用于跟踪相位噪声。TSC 3.0 定义了 15 种分散导频信号(SP)方案,见表 4.3.7。所用的术语是 SPa_b,其中,$a=D_X$ 是携带导频信号各载波的分离情况(也即频率域方向),$b=D_Y$ 是构成单个分散导频信号序列的各符号数目(即时间域方向),如图 4.3.42 所示。而由表 4.3.3 可见,导频信号的开销范围为 0.78% 到 16.6%。

表 4.3.3　用于 SISO 并具有开销的分散导频方案

导频方案	D_X	D_Y	开销(%)	导频方案	D_X	D_Y	开销(%)
SP3_2	3	2	16.6	SP12_2	12	2	4.16
SP3_4	3	4	8.33	SP12_4	12	4	2.08
SP4_2	4	2	12.5	SP16_2	16	2	3.12
SP4_4	4	4	6.25	SP16_4	16	4	1.56
SP6_2	6	2	8.33	SP24_2	24	2	2.08
SP6_4	6	4	4.16	SP24_4	24	4	1.04
SP8_2	8	2	6.25	SP32_2	32	2	1.56
SP8_4	8	4	3.12	SP32_4	32	4	0.78

注:D_X 和 D_Y 分别代表携带导频中各载波在频率域和时间域方向的分离情况。

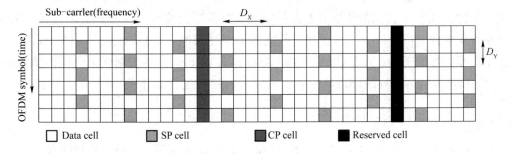

图 4.3.42　分散和连续的导频信号之 OFDM 子载波

9. ATSC 3.0 多入单出(MISO)

由图 4.3.43 可见,在多个发射机的 SFN 系统中,发射扩散性编码滤波器组(Transmit Diversity Code Filter Set,TDCFS)的各滤波器是在 IFFT 之前的频率域中实施的。由于使用的是频率域线性滤波器,所以这种接收机中的补偿过程可作为均衡器处理过程的一部分。该滤波器的设计基于创建的多个全通滤波器,可在以下方面实现最小互相关性:所有滤波器组合在发射机数目的约束条件下(2、3 或 4 个)及在各滤波器的时间域扩展范围内(64 或 256 个取样)。采用较长的时间域扩展滤波器可增强去相关的程度,但有效保护间隔长度却减少(因滤波器在时间域的扩展),因此,对特定的网络拓扑学特点选用某滤波器组合时,必须认真考虑这点。需要特别指出的是,TDCES 并不需要把导频密度翻一番,而 DVB-T2 在采纳基于 Almouti 的 MISO 方案时必须这样做。

为了增强信道估计的质量,而不损伤各数据单元,该 SP 的功率需进行最佳的提升。对于每个 SP 图案,该提升因子具有 5 个可能数值可选用,并在 L1 中用信令通报。例如,对

SP8_4 的提升功率范围为 0 dB(没有提升)到 6.6 dB。连续导频信号(CPs)的最小数目对 8K 的 FFT 设置为 45 个,而且,当 FFT 大小加倍时,也加倍〔都是对载波数目(NoC)为最小值所支持而言的〕,且随着 NoC 的增大而稍微增大。各 CP 位置的下标随机均匀分布在 OFDM 符号内,并占用约 0.7% 的数据单元,它们都用提升功率电平的 8.3% 进行发射。

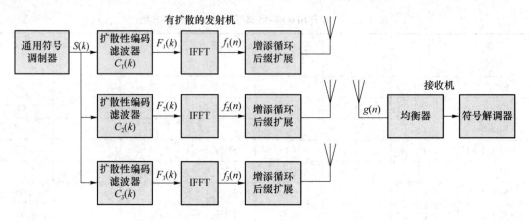

图 4.3.43　说明 MISO 传输例子的框图

在覆盖地区的每个位置,如果所接收到的信号强度能增强的话,移动接收的稳健性将增强。而能否达到覆盖地区的 95% 以上取决于地域,信号的多角度到达可能给出更高的覆盖区域百分比。OFDM 提供的优点是在保护间隔蕴含范围内容易实现回波消除过程。然而,如果在所配置的 GI 持续时间外,出现 2 个或多个多径回波以相似功率电平接收的话,则可能会出现摧毁性的干扰。ATSC3.0 采纳 MISO 预失真技术,称为发射扩散性编码滤波器组(TDCES),可对来自单频网(SFN)中多个发射机的信号进行去相关,其目的是消除潜在的干扰。

(1) IFFT

ATSC 3.0 定义 3 类 FFT 大小:8K、16K 和 32K;3 类带宽:6 MHz、7 MHz 和 8 MHz。自引导程序则确定系统带宽和基本周期。对于 6 MHz、7 MHz 和 8 MHz 带宽,基本周期分别等于 $7/48\ \mu s$、$1/8\ \mu s$ 和 $7/64\ \mu s$。为了支持在不同的掩模和各种 RF 环境的变更下,能获得最大的信息容量,ATSC 3.0 部署了某种可调节的 NoC。对于每类 FFT 大小,都有 5 种可能的等间隔分离的 NoC 数值可选用(对于 8K 的 FFT,间隔为 96 个载波)。而若通过 NoC 的最大值来降低系数,则可在 L1 中用信令通报 NoC 的数值。

(2) GI

ATSC 3.0 提供 12 类宽范围的 GI 可选项,如表 4.3.8 所示。表中给出 GI 持续时间的绝对值(对每类 FFT 大小的组合)以及在 6 MHz 带宽内的绝对值(以 μs 为单位)。由表 4.3.4 可见,使用的各 GI 值取决于 FFT 大小。对于 6 MHz 带宽,可使用的 GI 从 28 μs 到 700 μs。ATSC 来自现场的经验说明:自然出现的最大回波值(非-SFN)约为 104 μs。ATSC 3.0 包括的特性是可插入一定数量的额外取样,以便使数据帧的长度是 ms 的整数倍,这种模式被称为时间域调整模式。

表 4.3.4　各保护间隔

GI	持续时间	D_X basis	FFT			#样点数
			8K	16K	32K	
#1	27.78 μs	4	√	√	√	192
#2	55.56 μs	4	√	√	√	384
#3	74.07 μs	3	√	√	√	512
#4	111.11 μs	4	√	√	√	768
#5	148.15 μs	3	√	√	√	1 024
#6	222.22 μs	4	√	√	√	1 536
#7	296.30 μs	3	√	√	√	2 048
#8	351.85 μs	3		√	√	2 432
#9	444.4 μs	4		√	√	3 072
#10	527.78 μs	4		√	√	3 648
#11	592.59 μs	3		√	√	4 096
#12	703.70 μs	3			√	4 864

10. ATSC 3.0 降低功率峰均比(PAPR)

ATSC 3.0 已采纳两类降低功率峰均比(Peak-to-Average Power Ratio,PAPR)的技术:音调保持(Tone Reservation,TR)和动态星座图扩展(Active Constellation Extension,ACE)。当 TR 实现时,某些 OFDM 载波保留为用于所设计的数据单元的插入,以降低输出波形的整体 PAPR,这些数据单元并不包含任何负荷数据或信令过程的信息,并占用约 1% 的符号载波数。ACE 算法则通过修订星座图各坐标点实现降低 PAPR,这类技术不可应用于各导频载波或各保留音调;ACE 与 LDM、MISO 或 MIMO 都是不兼容的;ACE 算法必须认真考虑星座图的维数(即 1-D 或 2-D)和 LDPC 编码率。

11. ATSC 3.0 自引导程序

图 4.3.44 为自引导程序的频率域处理过程、由 PN 序列调制的 Zadoff-Chu 序列,这些额外的取样都分布到该数据帧内非前置码的各 OFDM 符号的 GI 中。

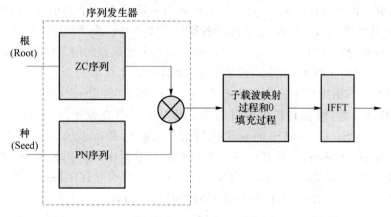

图 4.3.44　自引导程序的频率域处理过程

数字通信接收机的各类设备需要事先已知接收信号的某些信息,以便它们知道从何处开始解调。在 ATSC 3.0 中,该信息的第一个模块位于数据帧的起始端,被称为自引导程序,它用于通报最基本信息的信令过程。自引导程序具有极高的稳健性,因为所有接收机都不得不接收它。需要达到的目的是各类接收机即使在恶劣的频道条件下,仍然与它同步并跟踪它。即使在非常困难的频道条件下(如各种 0 dB 回波或各种典型的城市频道),它都能够在 SNR 低于−6 dB 时被接收到。在 AWGN 条件下,SNR 门限值约−9.5 dB。

自引导程序由若干 OFDM 符号组成,第一个符号用于同步,后续的各符号则携带附加的信息。自引导程在有效带宽 4.5 MHz 内(位于 RF 频道的中间),具有的采样频率为 6.144 Msamples/s(兆取样/秒)。各符号首先在频率域范围内采用 2 048 点的 FFT 并具有 3 kHz 间隔的载波信息〔来自由伪随机噪声(PN)序列调制的 Zadoff-Chu(ZC)序列〕,如图 4.3.45 所示,大的部分(用 A 表示)是频率域符号的 2 048 点的 IFFT,而 B 和 C 两个部分分别是 A 的取样,在频率域有所偏移。B 部分具有 A 部分的 504 个取样,而 C 部分具有 A 部分的 520 个取样。在随时间与的组合结构共有 3 072 个取样,给出单个自引导程序符号的周期长度为 500 μs。

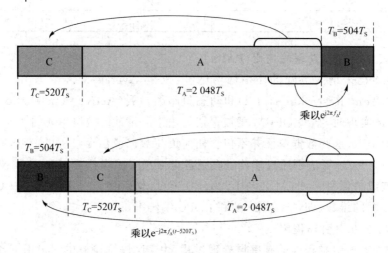

图 4.3.45　自引导程序 C-A-B 的时间域结构(上)和 B-C-A 的时间域结构(下)

T_S 为自引导程序的取样周期,ATSC 3.0 的第一版只有 4 个自引导程序符号,第一个同步过程符号将按照 C-A-B 结构,而后续的各符号将按照 B-C-A 结构(携带信息的各比特位),单个自引导程序的总长度为 2 ms。第一个自引导程序符号要通报的信令信息是 ATSC 3.0 标准的版本,它有 2 部分:主版本(Major)和副版本(Minor)。主版本的变更将有不同的 ZC 序列的"根(Root)参数",而副版本的变更则有不同 PN 序列的"种(Seed)参数"。目前已列出 8 个 PN 序列的种参数,但仍有扩展的可能性。第二个自引导程序符号携带应急告警服务(Emergency Alert Service,EAS)的唤醒比特位(接通/断开),系统带宽(6 MHz、7 MHz、8 MHz 或>8 MHz 可选项)以及到达下一个相似服务数据帧的时间长度(即在具有相同的主、副版本数字时,时间长度从 50 ms 到 5.3 s)。第三个自引导程序符号当前数据帧的取样率为 $(N+16)\times 0.384$ MHz,其中 N 可选用的数值为 0 到 80。这个自引导程序取样频率的初始值为 $N=16$,此 N 数值对于 6 MHz、7 MHz 和 8 MHz 的频道分别为第 18,21 和 24 频道。第四个自引导程序符号携带前置码的结构和通报有关启动各前置码符号的解调和解码过程所需的参数。前置码对每个数据帧只出现 1 次,并直接位于自引导程序之后及负荷之前,如图 4.3.46 所示,它由 1 个或多个 OFDM 符号组成。其作用是(与自引导程序一起)传递接入由 PLP 携带的负荷所需的第一分层(L1)信令过程。前置码中的信令过程内容由两个分层结构组成:L1-基本(L1-Basic)和 L1-细节(L1-Detail)。L1-基本(限于第一个前置码符号)携带固定数目的信令过程比特位(200 bit),用于指示 L1-细节部分的参数。L1-细节则可携带较大数目的信令过程比特位,可在 400～6 312 bit 之间变化,并传递数据帧负荷的配置情况。

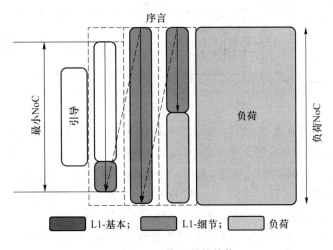

图 4.3.46　前置码的结构

这两类信令过程的分量都由 16 200 bit 长度的 LDPC 码字进行源编码,并独立映射到各星座图,从 QPSK 到 256NUC。对于每个信令过程分量,总共有 u 种模式,具有不同的 LDPC 编码率和星座图组合可供选用。为了增添时间域和频率域的扩散性,以应对信道衰落和突发误码,需首先把某种折线型交织器应用于与 L1-细节对应的各 OFDM 数据单元,然后,将频率域交织过程应用于所有前置码的 OFDM 符号。

对于前置码的各 OFDM 符号的波形参数,有一组数值组合可使用。该组合包括用于 GI/FFT/SP 的 17 种组合模式,其中具有更密集的导频信号,可用于稳健性强和快速的信道估计过程。举两个例子:8K 的 FFT、GI 用 768 个采样(对于 6 MHz 频道约为 111 μs),SP 分离值为 4;32K 的 FFT、GI 用 3 648 个采样,SP 分离值为 3。用于第一个 OFDM 符号的 NoC 是固定的,与所使用的 FFT 大小对应的最小值,但对于其余的 OFDM 符号则可配置为 5 种可能数值之一(在 L1-基本中用信令通报)。

12. ATSC 3.0 频道跨接过程和 MIMO 技术

在 ATSC 3.0 中,频道跨接过程可实现单个 PLP 的数据,扩散到两个 RF 频道中。它主要可实现服务的总数据率超过单个 RF 频道的纯信息容量,它还可两个 RF 频道之间实现频率域的扩频,这两个 RF 频道可以位于频道频率的任何位置,而不需要相互是邻近频道。频道跨接过程是完全透明地进行处理,以便接收机端频道跨接过程输出的数据流与发射机端输入数据流完全相等。一个 PLP 的所有数据包都要通过输入格式化模块,其中基带数据包的基带头部都要插入,如图 4.3.47 所示。而当使用频道跨接过程时,将使用某个基带头部扩展过程计数器,这样即使每个 RF 频道有不同的时延,接收机端亦可实现不同 RF 频道正确的重新排序过程。在数据流分割器模块处,已跨接的 PLP 的各基带数据包要分别进行 FEC 源编码、交织和调制,并在不同的 RF 频道上传输。

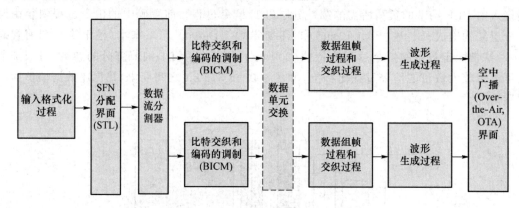

图 4.3.47　频道跨接过程框图

在频道跨接过程的框图中,共有两个特殊模块可用于频道跨接过程:①数据流分割器 (强制性的);②数据单元的交换(是可选的,用以利用两个频道之间的频率域扩散性)

频道跨接过程共有两类模式可选,其中一个称为一般的频道跨接过程,而另一个则称为 SNR 平均化的频道跨接过程。在图 4.3.47 中,对于一般的频道跨接过程,不实现数据单元 的交换过程,因而,在联合的输入格式化过程和数据流分割器之后,两个发射机链路不再有 任何交互作用。而每个 RF 频道可使用不同的参数设置,如带宽、调制、编码、FFT 保护间隔 大小等,以便每个频道可作为独立的 ATSC 3.0 信号而有效处置。例如,这类模式可在两个 RF 频道之间对核心层和增强层使用不同的稳健性和移动性的程度,这类情况很可能应用 于频道跨接过程使用一个 VHF 频道和一个 UHF 频道的情况。对于 SNR 平均化过程的频 道跨接过程,在图 4.3.47 中的数据单元交换器可以使每个 BICM 源编码器输出的第二个数 据单元传递到第二个发射机。这类频道跨接过程模式在所涉及的两个 RF 频道之间,提供 SNR 平均化过程,并由于添加了频率域扩散性,可获得具有频道跨接过程的各 PLP 整体解 码性能的改善。在这类情况中,数据流分割器将以不同方式创建各基带数据包(用于两个 BICM 源编码器),而且,每个 RF 频道上的 PLP 数据率是相同的,这两个 RF 频道的组帧过 程必须同步,同步进行组帧的过程依次为用于自引导程序和前置码的同步性、对 BICM 和 OFDM 波形参数的相同设置以及在负荷数据帧中 PLP 的相同排序过程。频道跨接过程与 MIMO 是不兼容的,但 ATSC 3.0 其他各种特性则与频道跨接过程是兼容的,其中包括(但 不限于)LDM、MISO/PAPR 等。

使用 MIMO 可通过增加空间域扩散性来改善传输的稳健性,或者通过在单个 RF 频道 内由空间域复用过程发送两个数据流来增加系统的总信息容量。在给定的频道带宽内且不 增加发射功率时,使用 MIMO 具有可超过单个天线的无线通信信息容量极限的优点。

如图 4.3.48 所示,在 MIMO 的框图中共有两个特殊模块用于 MIMO:①天线数据流分 路器(MIMO 分路);②MIMO 预编码器。在 ATSC 3.0 中采纳的 MIMO 天线系统基于 2× 2 天线系统,这说明当这个可选项特性使用时,在发射机和接收机两端都必须至少有两套天 线的空中物出现。可选项则说明并不是所有接收机都将支持这类技术,实际上必须使用交 叉极化的 MIMO(也即水平和垂直的极化)才满足条件。MIMO 传输链路将重复使用尽可能多的来自 SISO 的各模块,包括 FEC 码字、比特交织器、时间域交织器和频率域交织器和各星座图。对 MIMO 定义附加各导频图案,以便获得与 SISO 相同的回波忍受度/Doppler性能。MISO 分路器把来自比特交织器的输出比特位分配到两个星座图中(每个发射天线一个)。而 MIMO 预编码器则基于空间域复用过程,包括数据流的组合过程、IQ 极化的交织过程和跳相。

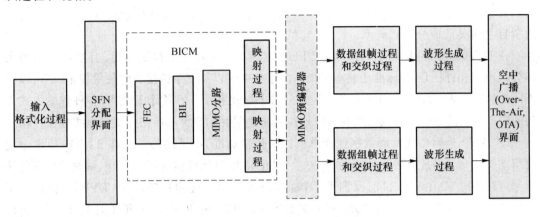

图 4.3.48 MIMO 的框图

首次发布的 ATSC 3.0 物理层标准将超越现存的当前技术水平,并预期在未来若干年内持续有效。该标准为能够随时间增长做技术演进,必须能够实现用信令通报物理层的新功能和新方面,如可制定新的 FEC 码字、创建新的波形、提出更好的数据组帧过程的概念等。广播业者利用 ATSC 3.0 后,将具有能力把他们的波形个性化,并对他们希望发送的服务实现最佳化。有了自引导程序后能够实现用于波形信令过程的通用接入点,可实现使用于物理层的这种个性化。该自引导程序的稳健性极强,可深深隐埋在噪声值中,又可保证各类接收设备实现同步和提供关键的信息比特位,以启动解码过程。

4.4 欧洲数字电视 DVB-T、DVB-T2 标准

数字电视广播(Digita Video Broadcasting, DVB)包括 HDTV 在内的多种数字电视格式。欧洲 DVB 规划开始于 1993 年 9 月,这个规划有来自欧洲等几十个国家的 200 多个组织参加,目标是制订欧洲的 DVB 标准以及尽早引入 DVB 业务。参加者都是自愿的,他们中有制造商、广播商、节目供应者、网络和卫星的运行者,当然还有研究单位。这个组织既不是政府部门建立的,也不受政府的控制。

欧洲 DVB 标准视频信源编码、音频信源编码和系统复用等都遵循 MPEG 标准,因为这是国际上已经统一的标准。

数字化的码流经复用以后要经过传送的环节才会到观众处。DVB 标准传送的方法有多种,如卫星(DVB-S)、地面广播(DVB-T)、有线传送(DVB-C)以及经过公共网络和私人网络的点播业务、数字盒式录像或 CD 光盘等。不同的传送信道有不同的特点,于是不同的传送媒质就要有不同的信道编码和调制方法。

DVB 包含信源和信道两部分标准。MPEG-2 信源编码方式利用了人体视、听觉的生理特性,把图像和声音进行数字压缩。压缩的方法有 5 类,图像分 4 级,可以从低质量到 HDTV 质量,相应的输出码率可以从 4 Mbit/s 到 100 Mbit/s。码率越高,图像质量越好,占用的频带越宽。码率选用与图像内容有很大的关系。运动速度快的图像(如体育节目)需要较高的码率,而电影和动画片这样的节目所需的码率小一些。目前,许多设备都采用统计复用的方法把多个节目复用合成一个比特流,然后将其送到卫星或其他信道,在不同码率需求的节目之间灵活地分配总码率。

在 DVB 标准中,信源编码采用 MPEG-2 标准,信道编码在有线电视、卫星传输中的大部分处理都相同。DVB 标准还制定了统一的服务格式以及有条件接收的技术规范,但可以有不同的加密方式。DVB 设计的是一个通用的数字电视系统。在这个系统内,各种传输方式之间的转换用最简单的方式,这样,就可以把技术的通用性和节目的保密性很好地结合在一起。

DVB-T2 是第二代欧洲数字地面电视广播传输标准,以下简称 T2,在 8 MHz 频谱带宽内所支持的最高 TS 流传输速率约为 50.1 Mbit/s(如包括可能去除的空包,最高 TS 流传输速率可达 100 Mbit/s)。目前欧洲 DVB 标准已进入第二代颁布期,其中 DVB-S2 标准已于 2006 年公布,DVB-T2 标准于 2008 年 6 月公布,DVB-C2 标准于 2009 年 1 月公布。DVB-T2 的性能目标:当接收信号的载波噪声干扰比大于门限时,系统必须实现准无误(QEF)的传输质量。DVB-T2 准无误的定义:对于单个电视业务解码器,在 5 Mbit/s 速率下传输 1 h 发生不可纠正错误事件的次数小于 1,大约相当于传送流在解复用前的误包率小于 10^{-7}。

4.4.1　欧洲数字电视 DVB-T 标准

1. 欧洲 DVB 系统所使用的主要技术

DVB 各种系统的核心技术是通用的 MPEG-2 视频和音频编码。充分利用了视觉和听觉生理性,达到了更好的压缩性能。

(1) DVB 标准的核心

- 系统采用 MPEG 压缩的音频、视频及数据格式作为数据源。
- 系统采用公共 MPEG-2 传输流复用方式。
- 系统采用公共的用于描述广播节目的系统服务信息。
- 系统的第一级信道编码采用 R-S 前向纠错编码保护。
- 调制与其他附属的信道编码方式由不同的传输媒介确定。
- 使用通用的加扰方式以及条件接收界面。

(2) DVB 音频的特点

DVB 系统的音频编码使用 MPEG-2 第二层(Layer Ⅱ)音频编码,也称为 MUSICAM。音频的 MPEG-2Layer Ⅱ 编码压缩系统利用声音的低声音频谱掩蔽效应,这一人体生理学效应允许对于人耳不太敏感的频率进行低码率编码,这一技术可以大大地降低音频编码速率。MPEG-2Layer Ⅱ 音频编码可用于单音、立体声、环绕声和多路多语言声音的编码。

(3) DVB 视频的特点

对于视频,国际上采用标准的 MPEG-2 压缩编码,MPEG-2 视频编码系统由一个大家族构成,各个系统之间都有兼容性和共同性。根据图像清晰度的不同,它分成四种信源格式(或称等级)。除了根据图像清晰度定义的等级外,DVB 视频标准还定义了档次的概念,每一个不同的档次能够提供构成编码系统的压缩工具和压缩算法。

（4）SDTV 的视音频实时编码器

标准清晰度电视的视音频实时编码器用于将模拟视音频信源送来的 PAL 或 NTSC 信号进行 A/D 变换,把视频转化为符合 CCIR 601 标准的 4∶2∶2 信号,再按 MPEG-2 信源编码的要求进行实时编码,技术关键在于"实时"。

（5）实时视音频播出器

实时视音频播出器一般由中档工作站中做视音频压缩数据的服务器及多个"播出器"组成。

（6）传输流复用器

传输流复用器将送入复用器的 4～10 路节目流（PES）复用为 MPEG-2 传输流（TS）,在复用器中,数据通量极大,PES 至 TS 的码转换工作十分繁重,最关键的技术是负担码流的均衡和统计复用工作,最大限度地提高信道利用率。

（7）DVB 信道编码器

TS 作为一个传输整体进入 DVB 信道编码器,信道编码器的主要任务是以现代的前向纠错编码等手段,保证在传输过程中能有效地消除产生的误码。信道编码器主要采用 R-S 编码、深度交织、格状编码等最新编码方式,针对卫星、电缆及地面三大不同的信道采用 QPSK、64QAM 及 COFDM 三种调制方法。

（8）用户机上变换器（机顶盒）

机顶盒是用户端的主要设备,它接收来自电缆或卫星的信号,进行解调、信道解码,以恢复 MEPG-2 的传输流,然后通过解复用选出所需的节目流,并对节目流进行必要的解密处理,再将其送至 MPEG-2 视音频解码器中进行信源解码,恢复成视音频信号后送往电视接收机及音频设备。

当码流出现错误时,机顶盒将进行掩盖处理,其另一项重要的工作内容是 IC 收费卡的管理。

DVB 是一个具有高度先进技术融汇的系统,随着国际上电子技术的发展,任何一个国家、集团或跨国公司都难以将某一项技术垄断,即使是先进发达的工业化国家也不例外。例如:在 DVB 的发展方面,欧洲采用欧盟的联合;在 HDTV 的开发方面,美国组成大联盟;在 DVD 的开发方面,欧、美、日组成了跨国合作。

2. 地面传输系统（DVB-T）

地面传输系统的标准 DVB-T（也可称作 DVB-T1）是 1998 年 2 月批准通过的。第一个正式的地面传输系统于 1998 年初开始运营。MPEG-2 数字音频、视频压缩编码仍然是开路传输的核心。其特点是采用 COFDM 调制方式,这种调制方式可以分成适用于小范围的单发射机运行的 2K 载波方式、适用于大范围多发射机的 8K 载波方式。COFDM 调制方式将信息分布到许多个载波上面,这种技术曾经成功地运用到了数字音视频广播（DAB）上面,用来避免传输环境造成的多径反射效应,其代价是引入传输保护间隔。这些保护间隔会占用一部分带宽,通常,对于给定的最大反射时延,COFDM 的载波数量越多,传输容量损失越小。但是,增加载波数量会使接收机复杂性增加,破坏相位噪声的灵敏度。

COFDM 调制方式具有抗多径反射功能,可以潜在地允许在单频网中相邻网络的电磁覆盖重叠,在重叠的区域内可以将来自两个发射塔的电磁波看成是一个发射塔的电磁波与其自身反射波的叠加。但是,如果两个发射塔相距较远,发自两塔的电磁波的时间延迟比较长,系统就需要较大的保护间隔。

从前向纠错码来看,由于传输环境复杂,DVB-T 系统不仅包含了内外码,而且加入内外交织,如图 4.4.1 所示。

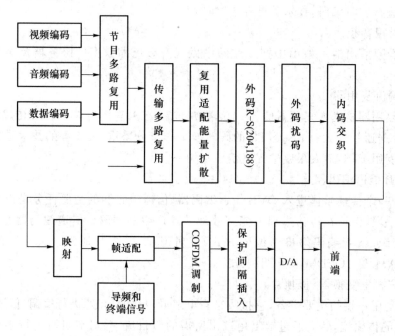

图 4.4.1 DVB-T 传输系统

3. HD-SAT 的分级

HD-SAT 支持全部当前的视频质量,可定义如下。

① LDTV(根据 MPEG-1 的有限清晰度电视)码率为 1.2～1.5 Mbit/s。

② SDTV(根据 MPEG-2 的普通清晰度电视,即普通数字电视电视)码率为 4～6 Mbit/s。

③ EDTV(根据 MPEG-2 的增强清晰度电视)码率约为 10 Mbit/s。

④ HDTV(根据 MPEG-2 的高清晰度电视)码率大于 24 Mbit/s。

注意,HD-SAT 的正常服务大约是 40 Mbit/s 的高质量视频信号。HD-SAT 希望应用 MPEG-2 中的 High Level at High Profile,以便达到尽可能高的质量。在欧洲相当于 1 250 线和 50 场(2∶1 隔行),每行 1 920 个像素,宽高比为 16∶9,分量编码为 4∶2∶2。将 EDTV、SDTV 或 LDTV 复用在一起的目的是为了在下雨期间仍能继续保持服务,当然衰减越大,图像分辨率下降得就越多。

4. DVB-T 信道的信号处理

(1) 能量随机化

从 MPEG-2 传送复用器来的输入码流是固定数据包格式,包长 188 字节,包括一同步字节,即 47H,处理的顺序规定在发送端由同步字节的 MSB 开始,即从 01000111 的 0 开始。

第一步用伪随机序列使数据随机化,生成多项式 $1+x^{14}+x^{15}$,电路如图 4.4.2 所示。每 8 个 MPEG-2 数据包将加一个同步字节,使移位寄存器初始化,向移位寄存器装入 100101010000000。为了向解扰提供初始信号,在每 8 个 MPEG-2 数据包的第一个数据包的同步字节期间,扰码将继续进行,但输出使能端关断,即同步字节并不加扰。因此,整个序列长度为 $8\times188-1=1\,503$ 字节。伪随机序列的第一个比特应加到翻转同步字节(B8H)后的第一个比特。如果没有输入或输入不符合 MPEG-2 传送比特流格式,扰码电路继续起作用,以使调制器不空载。

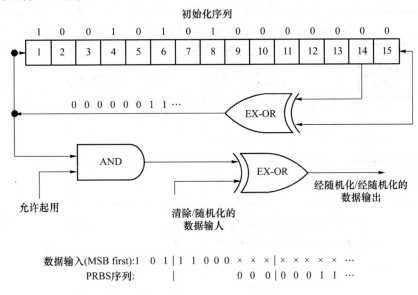

图 4.4.2　能量随机化

(2) 外码(R-S)、交织和组帧

帧的组织应基于输入包的结构〔见图 4.4.3(a)〕。R-S(204,188,$T=8$)将原始的 R-S(255,239,$T=8$)码缩短后加到各个随机化的传输小包(188 字节)〔见图 4.4.3(b)〕,产生一个误码防护小包〔见图 4.4.3(c)〕。

这里包的同步字节也要加 R-S 码。随后,按照图 4.4.4 的原理方案将深度 $I=12$ 的卷积交织加到误码防护小包〔见图 4.4.3(c)〕,结果得到一个经交织的帧〔见图 4.4.3(d)〕。

交织器应由 $I=12$ 条支路组成,用输入开关循环接入到输入码流。各个支路应该是一个 FIFO 移位寄存器,具有 M_j 单元(这里,$M=17=N/l$,$N=204=$ 误码防护帧长度,$I_j=12=$ 交织深度,$j=$ 支路序号)。FIFO 的单元应包含一个字节,而且输入和输出开关应该同步。外码使用截短 R-S(204,188,$T=8$),加到经扰码后的每个数据包包括翻转的或未翻转的同步字节。码生成多项式和域生成多项式分别为

$$g(x)=(x+\lambda^0)(x+\lambda^1)\cdots(x+\lambda^{15}) \qquad (\lambda=02\text{H}) \tag{4-4-1}$$

$$P(X)=X^8+X^4+X^3+X^2+1 \tag{4-4-2}$$

截短 R-S 码可用原 R-S(255,239,$T=8$)来生成,这时在(255,239)编码器输入端,在有用信息前加 51 字节的零,经过 R-S 编码后把零字节去除即可。

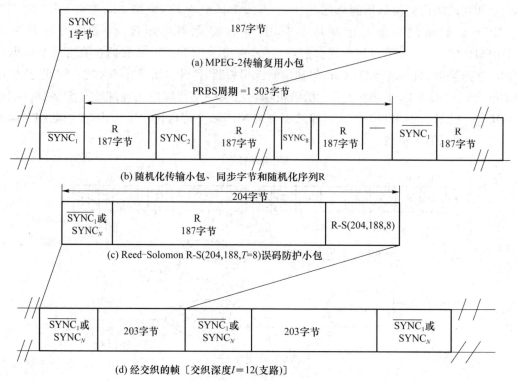

注：$\overline{\text{SYNC}_1}$=不做随机化同步字节的补码；SYNC_N=不随机化的同步字节，$N=2,3,\cdots,8$。

图 4.4.3　帧结构

随后的处理是卷积交织，深度为 $I=12$，加到每个加了误码保护的数据包（204 字节）上，其原理见图 4.4.4。该方案经交织的帧由交叠的经误码保护的数据包组成，并以翻转或不翻转的同步字节为界。交织器可由 $I=12$ 个分支组成，由输入开关轮流接到输入比特流。在每个分支上都有一个 M_j 单元的 FIFO 移位寄存器，这里，$M=17=N/I,N=204=$ 误码保护帧长，$I=12=$ 交织深度，$j=$ 分支序号。FIFO 的每一个单元为 1 字节，而且输入输出开关同步。为了能更好地同步，翻转或不翻转的同步字节总是接到分支 0。解交织器与交织器结构类似，但分支序号排列相反，即分支 0 相当于最大时延。解交织的同步可以由分支 0 识别同步字节来完成。以上处理的帧结构见图 4.4.3。

为了同步的目的，同步字节和反同步字节应该总是在交织的支路 0 上通过（相当于无时延）。在原理上，解交织和交织是相似的，但支路的序号是反的（也就是 $j=0$ 相应于最大延时）。解交织器的同步可以由在 0 支路中首先识别出的同步字节来实现。

（3）内码（卷积码）

系统会提供一列卷积收缩码，基于约束长度 $k=7$ 的 1/2 卷积码。这样可根据给定的业务或码率选择最合适级别的误码纠正。系统允许具有编码效率为 1/2,2/3,3/4,3/6 和 7/8 的卷积码。

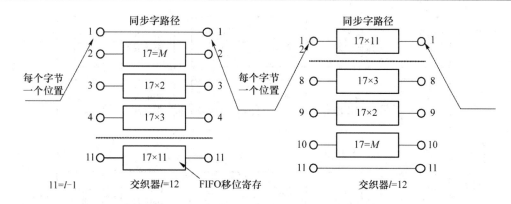

图 4.4.4　卷积交织和解交织的原理

4.4.2　欧洲数字电视 DVB-T2 标准

1. 系统基本组成

DVB-T2 是第二代欧洲数字地面电视广播传输标准,于 2008 年 6 月公布。DVB-T2 系统模型如图 4.4.5 所示。系统输入可以是一个或多个 MPEG-2 传输流(TS 流),典型的系统输出是单个射频(RF)信号。

图 4.4.5　DVB-T2 系统模型

输入数据流有一个限制,即在一个物理层帧(T2 帧)的持续时间内,总输入数据容量(单位吞吐量、空数据包)不应超过 T2 帧的有效容量(就数据单元、时间恒定而言)。该系统采用统计复用,统计复用的业务组可以针对不同的业务,使用变化的编码和调制,以便生成恒定的总输出容量。

TS 流的最大输入速率应为 100 Mbit/s,包括空数据包。在 8 MHz 信道中,删除空数据包后最大可实现的吞吐速率大于 50 Mbit/s。

2. 体系详细结构

DVB-T2 系统可分为 6 个部分:图 4.4.6 为输入模式 A(单个物理层信道)的输入处理模块;图 4.4.7 和图 4.4.8 为输入模式 B(多个物理层信道)的情况;图 4.4.9 为比特交织的编码和调制(BICM)模块;图 4.4.10 为数据帧生成器模块;图 4.4.11 为 OFDM 发生器模块。

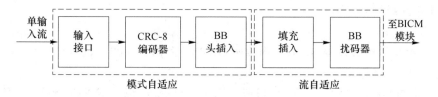

图 4.4.6　输入模式 A(单个物理层信道)的输入处理模块

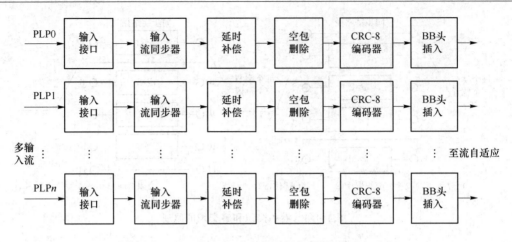

图 4.4.7　输入模式 B(多个物理层信道)的模式自适应

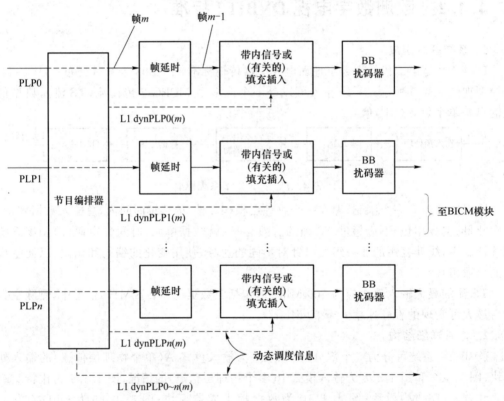

图 4.4.8　输入模式 B(多重 PLPs)的流自适应

3. 比特交织编码和调制

(1) FEC 编码

该子系统应进行外编码(BCH)、内编码(LDPC)和比特交织。输入流应由 BB 帧组成,输出流应由 FEC 帧组成。

每个 BB 帧(K_{bch} 比特)应由 FEC 编码子系统进行处理,以生成 FEC 帧(N_{ldpc} 比特)。系统 BCH 外编码的奇偶校验比特(BCHFEC)应附加在 BB 帧的后面,内 LDPC 编码的奇偶校验比特(LDPCFEC)应附加在 BCHFEC 字段的后面,如图 4.4.12 所示。

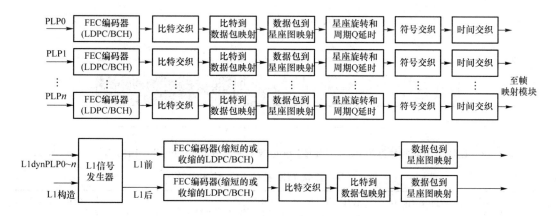

图 4.4.9　比特交织的编码和调制模块

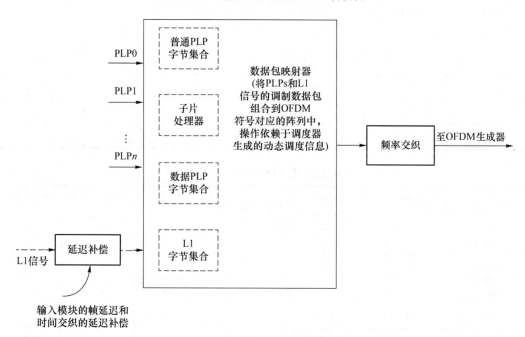

图 4.4.10　数据帧生成器模块

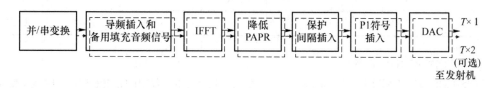

图 4.4.11　OFDM 发生器模块

表 4.4.1 给出正常 FEC 帧的 FEC 编码参数($N_{ldpc} = 64\,800$ bit），表 4.4.2 给出短 FEC帧的 FEC 编码参数($N_{ldpc} = 16\,200$ bit）。

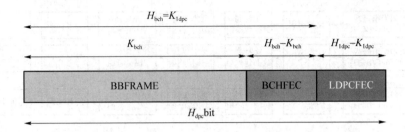

图 4.4.12 比特交织前的数据格式(正常 FEC 帧的 $N_{ldpc}=64\,800$ bit,短 FEC 帧的 $N_{ldpc}=16\,200$ bit)

表 4.4.1 正常 FEC 帧的 FEC 编码参数

LDPC 码	BCH 未编码块 K_{bch}	BCH 编码块 N_{bch} LDPC 未编码块 K_{ldpc}	BCH 校正率	$N_{bch}-K_{bch}$	LDPC 编码块 N_{ldpc}
1/2	32 208	32 400	12	192	64 800
3/5	38 688	38 880	12	192	64 800
2/3	43 040	43 200	10	160	64 800
3/4	48 408	48 600	12	192	64 800
4/5	51 648	51 840	12	192	64 800
5/6	53 840	54 000	10	160	64 800

表 4.4.2 短 FEC 的 FEC 编码参数

LDPC 码	BCH 未编码块 K_{bch}	BCH 编码块 N_{bch} LDPC 未编码块 K_{ldpc}	BCH 校正率	$N_{bch}-K_{bch}$	有效 LDPC 率 $K_{ldpc}/16\,200$	LDPC 编码块 N_{ldpc}
1/4(注)	3 072	3 240	12	168	1/5	16 200
1/2	7 032	7 200	12	168	4/9	16 200
3/5	9 552	9 720	12	168	3/5	16 200
2/3	10 632	10 800	12	168	2/3	16 200
3/4	11 712	11 880	12	168	11/15	16 200
4/5	12 432	12 600	12	168	7/9	16 200
5/6	13 152	13 320	12	168	37/45	16 200

(2)将比特映射为星座

每个 FEC 帧(正常 FEC 帧为 64 800 bit 的序列,短 FEC 帧为 16 200 bit 的序列)都应首先通过将输入比特解复用为平行单元码字,然后将这些单元码字通过映射为星座值的方式映射为一个已编码和调制的 FEC 块。输出数据单元的数目和每单元的有效比特数目 η_{MOD} 在表格 4.4.3 中定义。

(3)单元交织器

伪随机单元交织器(CI)如图 4.4.13 所示,应该在 FEC 码字中扩展单元,以保证接收端根据 FEC 码字的信道扭曲和干扰有一个不相关的分布,且应该在一个时间交织块的每个

FEC 块中对交织序列进行不同的旋转。

表 4.4.3　比特映射为星座的参数

LDPC 块长度(N_{ldpc})/bit	调制模式	η_{MOD}	输出数据单元的数目
64 800	256QAM	8	8 100
	64QAM	6	10 800
	16QAM	4	16 200
	QPSK	2	32 400
16 200	256QAM	8	2 025
	64QAM	6	2 700
	16QAM	4	4 050
	QPSK	2	8 100

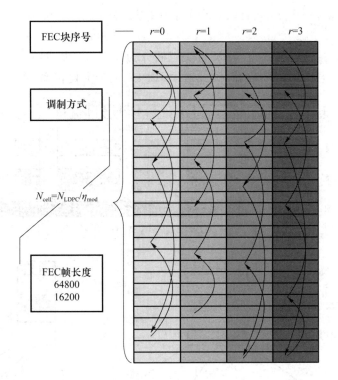

图 4.4.13　单元交织机制

CI 的输入 $\boldsymbol{G}(r)=(g_{r,0},g_{r,1},\cdots,g_{r,N_{cells}-1})$ 为索引 r 的 FEC 块的数据单元 $(g_0,g_1,\cdots,$
$g_{N_{cells}-1})$,由星座旋转和循环 Q 延迟生成,r 代表 TI 块中 FEC 块的递增索引且在每个 TI 块
的开端重置为 0。CI 的输出应为向量 $\boldsymbol{D}(r)=(d_{r,0},d_{r,1},\cdots,d_{r,N_{cells}-1})$,定义为 $d_{r,L_r(q)}=g_{r,q}$,
$q=0,1,\cdots,N_{cells}-1$,其中,N_{cells} 为每个 FEC 块的输出数据单元的数目,$L_r(q)$ 为用于 TI 块
的 FEC 块 r 的排列函数。

（4）时间交织器（TI）

时间交织器应在 PLP 级别上工作。在一个 T2 系统中,不同的 PLP 时间交织器的参数
可能不同。

对于每个 PLP,从单元交织器得到的 FEC 块应分组成为交织帧(映射到一个或多个 T2 帧上)。每个交织帧应包含一个动态可变的 FEC 块的完整块数。在索引号为 n 的交织帧中 FEC 块的数目表示为 $N_{\mathrm{BLOCKS\_IF}}(n)$,其在 L1 动态信令中作为 PLP_NUM_BLOCKS 信令传输。

N_{BLOCKS} 可从最小值 0 变到最大值 $N_{\mathrm{BLOCKS\_IF\_MAX}}$。$N_{\mathrm{BLOCKS\_IF\_MAX}}$ 在可配置 L1 信令中作为 PLP_NUM_BLOCKS_MAX 信令传输,最大值可为 1 023。

每个交织帧直接映射到一个 T2 帧上或者扩散到几个 T2 帧上。每个交织帧分为一个或多个(N_{TI})TI 块,其中一个 TI 块相应于时间交织寄存器的一次使用,一个交织帧中的 TI 块可以包含不同数目的 FEC 块。如果一个交织帧分为多个 TI 块,那么应将其只映射到一个 T2 帧上。

因此,对于每个 PLP,时间交织器有三个选项。

每个交织帧包含一个 TI 块且直接映射到一个 T2 帧,如图 4.4.14(a)所示。

每个交织帧包含一个 TI 块且映射到多个 T2 帧。图 4.4.14(b)为一个交织帧映射到两个 T2 帧的例子。

每个交织帧直接映射到一个 T2 帧且交织帧分为几个 TI 块,如图 4.4.14(c)所示。每个 TI 块可以使用全部的 TI 寄存器,因此增加了 PLP 的最大比特率。

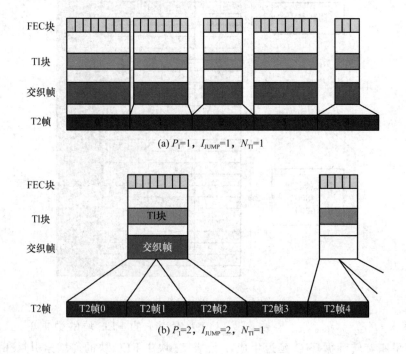

(a) $P_{\mathrm{I}}=1$, $I_{\mathrm{JUMP}}=1$, $N_{\mathrm{TI}}=1$

(b) $P_{\mathrm{I}}=2$, $I_{\mathrm{JUMP}}=2$, $N_{\mathrm{TI}}=1$

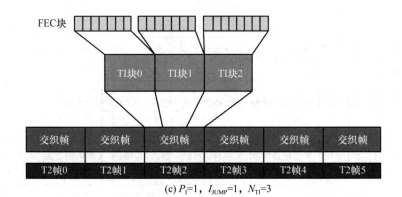

(c) P_I=1，I_{JUMP}=1，N_{TI}=3

图 4.4.14　时间交织

4.5　日本数字电视地面传输标准 ISDB-T

日本数字电视地面传输标准 ISDB-T（Integrated Services Digital Broadcasting-Terrestrial）于 2000 年 2 月经 ITU 批准成为正式建议标准。继美国的 ATSC、欧洲的 DVB-T 之后，ISDB-T 成为世界第三大数字电视地面传输标准。日本根据世界数字电视技术、市场发展的实际状况与演化趋势并结合本国具体条件（频谱现状、市场特点、业务结构、政策法规、发展方向等）客观地研究评估现有技术与系统标准，进而在大范围试验的基础上提出并成功建立符合本国要求且面向世界的数字电视地面传输标准。

值得注意的是，日本在 2018 年 2 月平昌冬季奥运会期间首次采用美国新推出的地面数字电视广播 ATSC 3.0 标准进行了高清数字电视广播。

4.5.1　系统综合业务潜力

全数字化电视广播系统的重要特征之一是其多业务承载能力，通过将信息模拟量映射于编码空间而使得系统传输通道与传输内容无关，由此为系统开发综合业务承载服务提供可行的基础。这一特性在全球通信从物理基层、网络中间层以及高层服务各个层面趋于互联融合的总趋势下显得尤为重要。世界各国在建立或选择新一代电视广播标准时无一例外都将系统的多业务及业务扩展能力作为基本条件。1988 年美国选择 HDTV 标准之初就已将系统的业务范围、可扩展性及互操作性作为基本选择标准；1994 年欧洲制定 DVB-T 标准时在用户大纲中明确提出传输载体应作为数据集装箱的要求；日本则更进一步，在向 ITU 提交的 ISDB-T 标准建议中将系统综合业务服务及扩展能力作为首要条款，并以此作为系统设计指导原则。ISDB-T 系统的基本框图与主要相关参数（以 6 MHz 系统为例）分别如图 4.5.1 与表 4.5.1 所示。

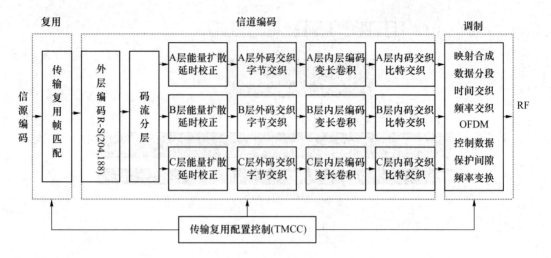

图 4.5.1 ISDB-T 系统的基本框图

表 4.5.1 ISDB-T 系统的主要相关参数

载波模式		Mode1(2K)		Mode2(4K)		Mode3(8K)	
系统工作带宽/MHz		5.575 396 8		5.573 412 7		5.572 406	
系统输入输出		End to End：Conform to the MPEG-2 TS ISO/IEC 13818-1					
频谱分段		ISDB-T：13 独立段(428.57 kHz) ISDB-Tn：1,独立段(428.57 kHz)					
载波间隔/kHz		3.96825		1.98412		0.99206	
	数据	96	96	192	192	384	384
	控制	12	12	24	24	48	48
	总计	108	108	216	216	432	432
载波调制		QPSK、16QAM、64QAM	DQPSK	QPSK、16QAM、64QAM	DQPSK	QPSK、16QAM、64QAM	DQPSK
符号延时/μs		252		504		1 008	
保护间隙/μs		63(1/4),31.5(1/8) 15.75(1/16),7.875(1/32)		126(1/4),63(1/8) 31.5(1/16),15.75(1/32)		252(1/4),126(1/8) 63(1/16),31.5(1/32)	
FFT 取样时钟/MHz		512/(63)=8.126 984 1					
信道编码	内码	Punctured(2,1,7)convolutional code(1/2,2/3,3/4,5/6,7/8)					
	外码	Reed-Solomon(204,188,t=8)shortened code					
系统码率范围		QPSK,DQPSK：0.280 85×13～0.595 76×13 Mbit/s 16QAMM：0.561 71×13～1.191 52×13,64QAM：0.842 57×13～1.787 28×13					
传输层面		LayerA：Sound/Data MPEG-2 AAC audio ISO/IEC 13818-7(允许移动,部分接收) LayerB：Sound/Data/SDTV(移动),LayerC：Sound/Data/SDTV/HDTV(固定)					

　　日本 ISDB-T 标准采用 COFDM 信号传输方式。同美国 ATSC 和欧洲 DVB-T 一样，ISDB-T 标准与现有模拟电视信道频谱兼容，即系统总码流流量限于已有模拟电视单一频道工作带宽之内（6 MHz、7 MHz 或 8 MHz）。与前两者不同的是，为进一步拓展数字电视地面传输系统综合业务承载潜力，日本 ISDB-T 标准对工作频带进行再划分，将整个工作频带分为 13 个，这些称为段的等宽子频带，即 OFDM 分段。每分段带宽由式 Bandwidth/14 决定，相对于 6 MHz 和 8 MHz 工作带宽，该值分别为 428.57 kHz 和 571.428 kHz。ISDB-T 标准规定每一 OFDM 分段均为独立数据通道，即带内各分段可独立采用不同的码流传输机制，如内码码率、交织深度、调制映射方式等。该种带宽使用方式无疑为系统承载各种类型业务提供了相当的灵活性：宽带业务（HDTV、SDTV 及其他高速多媒体业务）可分配多个分段并联传输；对于数字声音广播、各类低速数据传输（低帧率图文信息、程序及配置信息、数据下载等）窄带业务可指配特定的一个或几个分段承载。全部 13 个分段并联，6 MHz 带宽系统可提供实用上限为 19.92 Mbit/s 的码流容量，8 MHz 带宽系统更可给出上限为 26.55 Mbit/s 的实用码流容量（按 64QAM、内码率为 3/4、保护比为 1/32 计算），这足以承载包括 HDTV 在内的各类业务码流。

　　系统频谱内的 13 个分段灵活组合搭配，使在同一工作频带内可同时搭载各类不同的业务（类似电信骨干网中虚通道动态组合机制）。ISDB-T 利用此方式进行多业务组合分级传输，如图 4.5.2 所示。

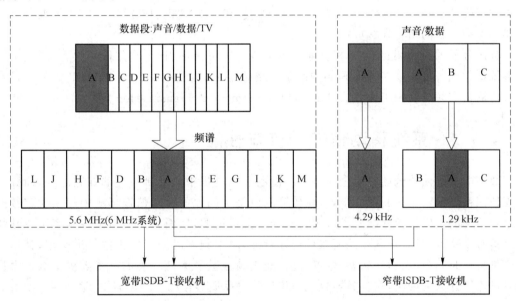

图 4.5.2　ISDB-T 综合业务分级传输示例

　　ISDB-T 标准带内各 OFDM 分段序号为 0～12（对应图 4.5.2 中的 A～M），它们在系统频谱内位置以 0 号分段占据频谱中心，其他分段按左奇右偶规则依次向频谱两端排列，其中 0 号分段（中心分段）专用于数字声音或数据广播。注意到在此种分段位置排列方式下，原本一次性分配给 HDTV、SDTV 等宽带业务的连续若干分段在系统频谱中将不再连续，而是以频谱中心为轴对称排列，任何分段在组合模式下 0 号分段中心位置不变。

　　为适应地面信道不同的传输环境和业务要求，如固定接收、便携接收、移动接收及单频组网等,系统配置有一系列误码保护组合选项与信号调制方式(QPSK、DQPSK、16QAM、64QAM),与上述分段机制配合可构成不同误码保护级别的传输层面。ISDB-T 系统可同时提供 A、B、C 三级传输层面,分别对应数字声音或数据广播、SDTV 及多媒体业务移动接收、HDTV 或 SDTV 及多媒体业务固定接收。其中,传输层面 A 由系统频谱中心 0 号分段实现,并允许用窄带接收机单独接收,这是 ISDB-T 标准所特有的部分接收(Partial Reception)方式。

基于带内分段的独立性 ISDB-T 标准并未特别指定各段的调制方式和系统参数,即便是允许单独接收的 0 号分段也是如此。这样就为多种业务组合提供了最大灵活性,只是现阶段地面窄带数字广播业务仍以数字声音广播为主(ISDB-T 采用 MPEG-2 AAC ISO/IECl3818-7 声码标准,且为保证优质移动接收优先考虑 DQPSK 调制及相应误码保护措施),ISDB-T 的 0 号分段(频谱中心段)构成 ISDB-T 事实上传输特性最为坚韧的传输层面 A。

鉴于 ISDB-T 标准已涵盖数字声音广播业务,考虑到数字声音广播的市场规模和相对独立性以及发展,ISDB-T 专设有窄带系统工作模式 ISDB-Tn,在此模式下系统仅启用 1 个或 3 个 OFDM 分段(分段序号为 0、1、2)进行传输,相应带宽分别为 4.29 kHz 和 1.29 kHz。实际上这两种模式可认为是上述全频谱 13 分段 ISDB-T 系统的缩小版。其中 1.29 MHz 3 段模式仍以 0 号分段居频谱中心,性质不变,可采用坚韧的 DQPSD 调制构成一级传输层面并允许单独接收。1~2 号分段分列左右,并可采用 QPSK、DQPSK、16QAM、64QAM 调制及相应误码保护参数的组合来构成第二级传输层面。

频谱分段的段间相互独立,根据业务流量各分段可灵活组合,利用段间独立,通过不同的系统参数组合可实现多种误码保护级别的传输层面,由此构成日本 ISDB-T 标准的带宽分段传输正交频分复用工作方式(Bandwidth Segmented Transmission OFDM)。

4.5.2　系统移动信道的传输性能

数字电视地面传输始终是全球电视广播数字化进程中最具挑战性的课题之一,而数字电视地面移动接收又属其中的难点,在传输品质恶劣的地面移动信道环境中建立稳定数据通道对系统的误码保护性能要求苛刻。理论与实践证明,地面移动信道呈现频率选择性快速衰落时变特点,具有瑞利和莱斯双重统计特征,属于频率时间双重弥散信道类型,其信道响应是关于时间频率、运动状态、位置方向、地貌植被甚至大气环境的高维随机函数。大量现场试验统计数据表明,在各类导致地面信道传输品质劣化的不利因素中,地面多径反射对传输信号的损伤出现概率最高,影响最大,其中又以移动接收环境中所特有的随机性高烈度动态多径反射危害最为严重。1999—2000 年,在巴西圣保罗地区进行的数字电视系统对比测试中,对以发射台为中心 40 km 半径范围内 127 个监测点的实测数据表明,多径反射概率为 100%,远大于占第二位的脉冲干扰概率(23%)。中国香港地区的现场测试也证明,在场强服务区内所有接收失败点均存在强烈多径反射现象。所以,从工程角度讲,动态多径是地面移动信道的首要特征。

在数字电视地面传输信道处理方面,美国的 ATSC、欧洲的 DVB-T 和日本的 ISDB-T 标准都采用信道均衡、信道纠错编码、数据随机化与数据交织等综合措施。ATSC 系统的设计初衷定位于 HDTV 固定接收,就目前而言,其系统用于对抗信道畸变的信道均衡机制尚难以适应移动信道的高烈度动态多径环境;欧洲的 DVB-T 标准起初是力求实现固定与便携接收,系统采用 COFDM 传输方式并首先选定 8K 工作模式,重点在单频网,后又引入 2K模式,这主要出于系统复杂度及市场成本考虑,而非移动接收(DVB-T 标准推出后又不断就移动接收方面做出修正),与之形成对照的是,由于世界通信总体演化趋势和数字电视地面传输业务特征进一步为各界所认识,日本的 ISDB-T 标准明确将数字电视地面移动接收作为系统基本要求。

为适应地面信道传输特征,ATSC、DVB-T 与 ISDB-T 标准无一例外采用属于前向纠错类型 BCH 码系的 R-S 码〔ATSC 为 R-S(207,187,$t=10$),DVB-T 与 ISDB-T 为 R-S(204,188,$t=8$)〕作为系统外码,并与内层编码〔ATSC 为 2/3 Trellis 码,DVB-T 与 ISDB-T 为INTELSAT IDR IBS 业务标准(2,1,7)卷积码〕构成级联纠错结构,以强化系统误码保护性能。ATSC(美)、DVB(欧)、ARIB/DiBEG(日)所进行的一系列 DTTB 现场实测证明,对于固定接收在数据交织措施配合下,各系统都能够有效检出并纠正绝大多数由带内噪声及脉冲干扰引起的误码,但在移动接收环境条件下仅上述误码保护机制仍无法有效保证系统稳定工作,主要原因是地面动态多径反射造成的信号场强剧烈随机跃变和频谱损伤。以采用COFDM 传输方式的 DVB-T 与 ISDB-T 为例,虽然该种并行方式符号率较低,并能以牺牲部分工作频谱为代价,将进入系统的主要多径分量吸收,因而具有较强的信道适应能力,却难以对抗随机性高密度阶跃性质的信号深度衰落,系统信道均衡设置(两系统类似)也难以对之给予有效校正(信道取样、响应速度与适应范围都成问题),由此引起传输码流连续性突发误码,严重时误码码群尺度将超过系统纠错容限,从而导致系统失稳,接收失败。

实现数字电视地面移动接收的核心即解决上述动态多径问题。为此,ISDB-T 采取以下措施。

(1) 采用 2K 和 4K COFDM 传输模式,在 ISDB-T 3 种模式(Model 2K、Model2 4K、Model3 8K)中,2K 与 4K 模式因 OFDM 正交载波间隔较大而具有较低的相位敏感性,所以比 8K 模式能更好地适应移动接收环境。

(2) 引入 π/4 DQPSK 调制方式,此调制方式在数字蜂窝移动通信领域已证明具有较强的抗漂移、抗地面多径效应和抗相位抖动特性,在同维调制方式中传输特性最为坚韧。

(3) 启用强力时间交织机制,在映射数据一级对信号损伤施行离散化处理,以最大限度缓冲突发误码对系统的冲击。

上述第 3 点是日本 ISDB-T 标准提高系统移动接收性能的主要措施。日本广播公司研发实验室(NHK-STL)计算机模拟与现场测试结果证明,地面移动信道动态多径造成的传输码流误码具有强突发性质,误码持续时间远大于脉冲干扰引起的突发误码。这主要是系统纠错体系难以对高频度突发误码做出响应,以至产生误码累积效应所致。在系统纠错编码设定后对抗此种性质的突发误码仍是采用时域数据交织技术将误码码群沿时间轴离散化,以均衡误码冲击能量,并在统计意义上将其限于系统纠错容限之内,但要求交织时间必须充分长,以保证足够的离散度。虽然 ISDB-T 内外码数据交织过程已分别在比特位和字节一级进行了码流时间交织,但由于结构、效率及通用性等因素限制,交织深度有限。例如,系统内交织采用并联比特交织方式,以均衡内码解码输入端误码能量,交织延时仅为 120 调制符号;系统外交织采用 12 臂同步回旋交织器(与 DVB-T 相同),最大交织延时为 2 244 字节,与 R-S(204,188,$t=8$)配合最大理论纠错容限为 96 的连续错误符号。信道突发误码时,系统内码维特比解码入口处等效高斯白噪声信道条件将被破坏,由此引起的解码误差扩散将由外码纠错环节承担。现场实验证明,对于严重动态多径环境这一纠错配置适应能力依然偏低,为此,ISDB-T 标准在系统内层采用高强度时间交织环节予以改善,如图 4.5.3 所示。

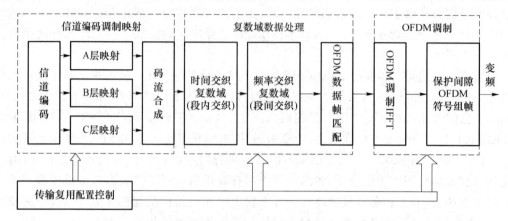

图 4.5.3　ISDB-T 系统内层框图

由图 4.5.3 可知,该交织环节位于星座映射合成输出至 OFDM 调制(IFFT)之间的数据分段处理通道中。此处数据分段的含义是,因为映射合成输出数据的读取按 IFFT 取样时钟进行,所以合成输出数据(复数域)与 OFDM 调制后生成的 OFDM 分段所属于载波构成对应关系,在给定模式下(2K/4K/8K)与一个 OFDM 分段相对应的映射合成数据段定义为一个数据分段,全部数据分段则构成一个所谓的数据符号,并与全部 OFDM 分段构成的系统 OFDM 符号相对应。因此,ISDB-T 这一交织环节将按数据分段组织,并针对复数域映射数据操作,如图 4.5.4 所示。

该时间交织环节有以下特点。

(1) 为保证 ISDB-T 频谱分段功能,各数据分段交织彼此独立,各分段交织结构一致,交织参数只取决于本段所参与的传输层面要求(传输模式、调制方式、接收方式等)。

(2) 交织器采用循环输入/输出方式,由同步输入/输出选择开关 K_1/K_2 按 IFFT 时钟依次对各数据分段逐位执行输入/输出操作,每一次循环完成一个数据符号的输入/输出。

(3) 交织时间长度可调,各数据分段交织单元均提供一个交织时间调整参数 I,并针对 OFDM 的 2K/4K/8K 模式分别给出一组选项:(0,4,8,16)/(0,2,4,8)/(0,1,2,4)。

(4) 数据分段内交织过程由一族并行非等长延时线实现,线位与数据分段数据位对应,延时线由移位数据符号缓冲单元构成,受对应输入数据驱动并执行 FIFO 操作,如图 4.5.5 所示。

因 ISDB-T 3 种模式 2K/4K/8K 对应的数据符号长度分别达到 1248/2496/4992 复数据位(不考虑辅助数据),由图 4.5.4 所示的时间交织器结构、图 4.5.5 相关参数及系统 IFFT 时钟频率可知,各交织单元最大延时长度将远大于系统 OFDM 符号周期(见表 4.5.1),从而可在充分大的时间域中实现数据交织(对于 ISDB-T,在东京地区移动接收试验中该项交织时间设置长达 427.5 ms)。如此高的交织强度为系统提供了显著的时间分集增益,移动信道动态多径对信号的损害因数据与系统内层沿时间轴向大跨度离散化而得到相当程度的遏制。日本数字广播专家组(DiBEG)从现场获得的试验相关数据如图 4.5.6 所示。

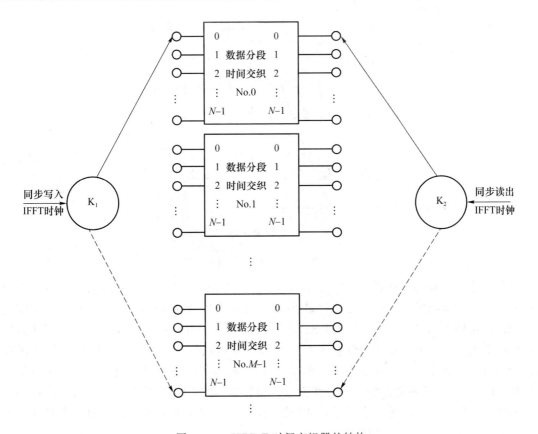

图 4.5.4　ISDB-T 时间交织器的结构

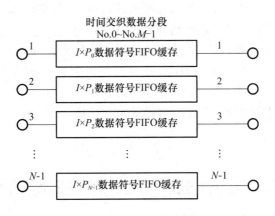

图 4.5.5　ISDB-T 段内数据交织

图 4.5.6 曲线表明,加入与不加入该项强力交织环节以 95％稳定接收率(Correct Reception Time Rate)为标准,在同样移动信道条件下前后两者所需信号场强分别为 46 dBμV/m 和 51 dBμV/m,两者相差 5 dBμV/m。当场强满足 50 dBμV/m 条件时,前者稳定接收率可达到 99％,而后者始终无法实现。1998—2000 年,在新加坡、巴西、中国香港等地进行的数字电地面传输系统对比实验现场的实测结果也证明 ISDB-T 采取该对抗措施相当有效,系统在移动信道恶劣环境的适应性方面优势明显。此项性能与前述系统频谱分段分级传输功能相结合,使得 ISDB-T 拥有较强的综合业务,尤其是移动业务开发潜力。

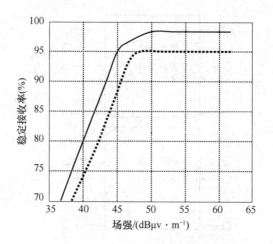

图 4.5.6　试验数据

频谱分段传输与强化移动接收是 ISDB-T 标准的两个主要技术特点,这反映日本在全球通信技术与市场发展演化大趋势背景下,结合本国具体情况及产业发展战略,建立数字电视地面传输标准的基本原则,这是对地面数字电视体系众多参数及相关性能进行客观分析优化组合的结果。但应指出,ISDB-T 是针对日本国情进行优化的标准,其技术采用、系统结构乃至参数配置皆以此为纲领来权衡取舍,在实现系统特定功能的同时也为之付出相应代价,如频谱分段传输对系统频率分集性能与净载荷率的影响、采取以频谱分段为基础实现不同误码保护率分层传输对系统复杂度的影响、在系统内层采用延时长达数百毫秒交织环节对系统及业务同步响应的影响等。

随广播电视数字化进程在世界范围逐渐展开,各界对数字电视地面传输系统业务性质与市场潜力的认识在不断深化。总的趋势有两点比较明显:一是将数字电视地面传输融于全球通信大系统中,并赋予新的定义,原先单纯电视节目传送的狭义概念已为多媒体综合业务平台的定位所覆盖(这是欧洲 DVB 集团提出并大力推行多媒体家用平台标准 DVB-MHP 的原因);二是力求在各类媒体传播方式竞争日益激烈、业务种类不断出新及服务范畴日趋融合的总体格局中突出地面无线传输的独有优势,该方向巨大的市场潜力,也正在逐步为人们所认识。

4.6　DTTBS 与 ATSC 1.0、DVB-T2 传输参数的比较

下面将 DTTBS 与 ATSC、DVB-T2 校准的传输参数进行比较,如表 4.6.1 所示。这些参数分别为数据结构、有效比特率、频谱利用率、载噪比 C/N 门限值等。

从表 4.6.1 可知,在基本条件相同的情况下,我国地面广播标准的有效比特率、频谱利用率和载噪比 C/N 门限值优于 ATSC 和 DVB-T。

表 4.6.1　DTTB、ATSC、DVB-T2 各项指标测试结果

模式	标准和技术参数		数据结构	有效比特率/(Mbit·s⁻¹)	频谱利用率/(bit·s⁻¹·Hz⁻¹)	载噪比 C/N 门限值/dB	
						计算机仿真值	样机测试值
A	ATSC 1.0	$C=1,8\text{VSB},\text{TCM},R=2/3$	5/626	19.38	3.23	—	15.19
B1	DVB-T	$C=8\text{k},64\text{QAM},R=2/3$(意、法)	1/32	24.13	3.02	16.7	[17.7]
B2		$C=2\text{k},16\text{QAM},R=3/4$(英)	1/32	18.10	2.26	12.6	[13.6]
B3		$C=8\text{k},16\text{QAM},R=2/3$(德)	1/8	14.75	1.84	11.4	[12.4]
B4		$C=2\text{k},\text{QPSK},R=1/2$(移动、新)	1/4	4.98	0.623	3.5	[4.5]
D1	DTTB 地面国标	$C=1,32\text{QAM},0.8\text{ LDPC}$	595/3 780	25.989	3.25	—	15.48
D2		$C=3\,780,64\text{QAM},0.6\text{ LDPC}$	420/3 780	24.365	3.05	—	15.27
D3		$C=3\,780,16\text{QAM},0.8\text{ LDPC}$		21.658	2.71	—	12.33
D4		$C=3\,780,64\text{QAM},0.6\text{ LDPC}$	945/3 780	21.658	2.71	—	15.61
D5		$C=1,16\text{QAM},0.8\text{ LDPC}$	595/3 780	20.791	2.60	—	12.42
D6		$C=3\,780,16\text{QAM},0.6\text{ LDPC}$	945/3 780	14.438	1.80	—	10.03
D7		$C=1,4\text{QAM},0.8\text{ LDPC}$	595/3 780	10.396	1.30	—	5.83
D8		$C=3\,780,16\text{QAM},0.4\text{ LDPC}$	945/3 780	9.626	1.20	—	7.95
D9		$C=1,4\text{QAM-NR},0.8\text{ LDPC}$	595/3 780	5.198	0.650	—	1.80
D10		$C=3\,780,4\text{QAM},0.4\text{ LDPC}$	945/3 780	4.798	0.600	—	2.24
B5	DVB-T2	$C=32\text{k},256\text{QAM},R=2/3$	1/128	40.21	5.03	17.8	[18.8]
B6		$C=32\text{k},64\text{QAM},R=2/3$	1/128	30.06	3.76	13.5	[14.5]
B7		$C=32\text{k},16\text{QAM},R=2/3$	1/128	20.11	2.51	8.9	[9.9]
B8		$C=32\text{k},\text{QPSK},R=2/3$	1/128	9.954	1.24	3.1	[4.1]

注:(1) ATSC 的频道带宽是 6 MHz(有关数据仅供参考),其余的都是 8 MHz。

(2) 1/128=0.007 81;5/626=0.007 99;1/32=0.031 25;420/3 780=1/9=0.111 11;1/8=0.125 00;595/3 780=0.157 41(≈1/6);945/3 780=1/4=0.250 00。

(3) DVB-T 和 DVB-T2 的计算机仿真值增加 1.0 dB 后,权作样机的实验室测试数值用方括号标出。

(4) 中国内地大量采用的模式有 D1、D2、D3、D5(固定接收)和 D10(移动接收),而 D4 则是香港采用的模式(固定接收)。

4.7　DVB-T 和 ISDB-T 的比较

美国、欧洲和日本相继制定了地面数字电视标准 ATSC、DVB-T 和 ISDB-T。三种数字电视标准使用相同的信源编码方案和不同的信道编码方案,ATSC 采用格状编码 8 电平残留边带(8VSB)调制系统,而 DVB-T 和 ISDB-T 分别采用编码正交频分多路复用(COFDM)系统和频带分割传输正交频分多路复用(BST-OFDM)调制系统。8VSB 方案和 OFDM 方案的区别在于克服地面广播信道多径干扰的措施和地面电视广播网的规划。

DVB-T 和 ISDB-T 的信源编码均采用 MPEG-2,由于 MPEG-2 的错误恢复能力较差,为此,均要求 DTV 传输系统能在准无误码(QEF)条件下工作。为增加 DTV 的覆盖面积,降低 DTV 信号的中断概率,要求 DTV 传输系统能在较低的阈值信噪比下工作。为满足低阈值信噪比工作和 QEF 的传输要求,DVB-T 和 ISDB-T 采用相同的信道编码设计思想(具体方案如图 4.7.1 所示),即采用包含内外交织器的级联编码方案,外码均为 R-S 码(204,188),内码均为删除卷积码〔其母码的生成多项式为(1 718,1 338),内码的码率有 1/2,2/3,3/4,5/6,7/8 五种不同的取值〕,且内外码均在内译码器输出端误比特率为 2×10^{-4} 处衔接,以达到 QEF 传输的要求。

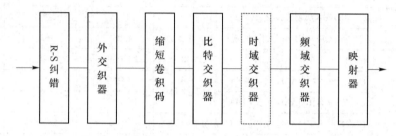

图 4.7.1　DTV 中的级联编码方案(ISDB-T 包括虚线框,部分 DVB-T 不包括)

　　DVB-T 和 ISDB-T 的便携式接收或移动接收要求 DTV 传输的信道内码在瑞利或莱斯衰落下具有优良的性能。ATSC 标准采用的 Ungerboeck 码是加性白高斯噪音下的最佳码,其设计准则是最大化编码符号间的自由欧氏距离。由于不同的信道统计特性导致不同的编码设计准则,因而获得不同的编码方案。显然,Ungerboeck 码不适应于 DVB-T 和 IS-DB-T 使用。在衰落信道下具有优良性能且允许编码和调制分别设计的编码调制方案为比特交织编码调制(BICM),不同于 Ungerboeck 码的编码与调制联合设计,这使得地面 DTV 广播系统可非常方便地通过选择不同信道内码的码率和不同的调制方式实现码率和抗扰能力间折中。某一节目业务可用低码率、高抗扰度和高码率、低抗扰度进行同播。此外,全部不同的节目可用具有不同抗扰度的个别码流发射。鉴于 BICM 的上述优点,DVB-T 和 ISDB-T 均采用 BICM 技术,其中的卷积码为删除卷积码。比特交织格状编码调制的解调须提供信道状态信息(CSI)。DVB-T 和相干调制 ISDB-T(差分解调 ISDB-T 在下面讨论)均是通过

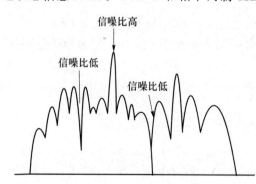

图 4.7.2　信道响应的例子

插入散射导频来进行信道估值的,因此,在 CSI 的获取上,DVB-T 和 ISDB-T 采用的措施是相同的。DVB-T 和 ISDB-T 系统均通过加保护间隔来克服地面广播信道中的多径干扰,发生在保护间隔内的任何回波均不会产生码间干扰,但由于多径传输的影响使得 COFDM 信号的不同载波有着不同的幅度衰落和相位旋转。因此,COFDM 的不同载波有着不同的信噪比(SNR),处于信道频率响应凹槽处的一些载波具有很低的 SNR,而处于信道频率响应峰值处的一些载波则具有较高的 SNR,调制在高 SNR 载波上的数据将比调制在低 SNR 载波上的数据具有更高的可靠性,如图 4.8.2 所示。在回波的相对时延比预

计的时延短时,信道频率响应的凹槽将较宽,影响许多载波,当这些相邻载波同时处于凹槽时,会产生一组错误,这将严重恶化维特比译码器的性能,为此,DVB-T 和 ISDB-T 均采用频域交织技术予以克服。

为使网络的拓扑和频谱效率之间有一个最佳折中,DVB-T 和 ISDB-T 均规定一个灵活的保护间隔,Δ/Tu(Δ、Tu 分别为保护间隔和有效符号持续期)有 1/32、1/16、1/8 和 1/4 四种取值。DVB-T 有两种运行模式,即 2K 模式和 8K 模式,载波数分别为 1 705 和 6 817,有效符号持续期分别为 224 μs 和 896 μs。ISDB-T 有 3 种运行模式,宽带 ISDB-T 的载波数分别为 1 405、2 809 和 5 617,有效符号持续期分别为 252 μs、504 μs 和 1 008 μs。DVB-T 和 ISDB-T 在不同工作模式下的载波数均满足关系式 $qs+1$,DVB-T 的 $s=1\,704$,而 ISDB-T 的 $s=1\,404$。DVB-T 的 2K 模式有 $q=1$.8K 模式,由于载波间隔为 2K 模式的 1/4,因此有 $q=4$。在单频网中 DVB-T 两相邻发射机之间的最大距离为 67.2 km,而 ISDB-T 为 75.6 km。由于 ISDB-T 的 Δ 取值(12 个)多于 DVB-T 的取值(8 个),因此,在地面电视广播网的规划和使用上,ISDB-T 具有更大的灵活性。

在宽带 ISDB-T(信道带宽为 6 MHz,信号带宽为 5.6 MHz)中,整个信号频带分为 13 个 OFDM 分段,每个 OFDM 分段有相干调制和差分调制两种类型,每个 OFDM 帧由 204 个 OFDM 分段组成。每个相干调制 OFDM 分段包括数据载波、散射导频(SP)、AC1(辅助信道 1)和 TMCC(传输与复用配置控制),每个差分调制 OFDM 分段包括数据载波、AC1 连续导频(CP)、AC2(辅助信道 2)和 TMCC,SP 用于信道估值,CP、AC1、AC2 和 TMCC 主要用于频率同步。此外,TMCC 还用于 OFDM 帧同步。差分调制宽带 ISDB-T,由于每个数据载波均采用 DQPSK 调制,传的信息包含在相位中,无须进行幅度估值,因此,在 OFDM 帧中无散射导频。ISDB-T 中所有要传送的数据均被封装成 MPEG 传输流,在所有的调制方式和内码率中,每个 OFDM 帧包含整数个传输流包(TSP)。在 DVB-T(以 8 MHz 信道带宽为例,信号带宽为 7.61 MHz)中,信号带宽是作为一个整体来进行设计的,传输信号由帧组成,每个帧由 68 个 OFDM 符号组成,每 4 帧组成一个超帧。对不同内码率和不同调制方式,每个 OFDM 超帧均包含整数个 R-S 包,OFDM 符号包含 SP、CP 和 TPS(传输参数信号),SP 用于信道估值,CP、TPS 用于帧同步、频率同步等。比较 DVB-T 和 ISDB-T,易知 TMCC 类似于 DVB-T 中的 TPS,相干调制宽带 ISDB-T 和 DVB-T 的帧结构是相似的,设计思路是相同的,只是具体的实现方案不同。

ISDB-T 在整个信号频带内能够与 DVB-T 一样使用不同的内码率和不同的调制方式来实现不同码率与抗扰能力平衡,DVB-T 提供的调制方式为 QPSK、均匀星座和非均匀星座 16QAM、64QAM;ISDB-T 提供的调制方式有 DQPSK、QPSK、均匀星座 16QAM 和 64QAM。由于 ISDB-T 是针对每个 OFDM 分段帧选择调制方式和内码率的,因此,ISDB-T 可以通过以下三种方式来实现分级传输。

① 各 OFDM 分段帧采用相同的调制方式、不同的内码率。

② 各 OFDM 帧采用不同的调制方式、相同的内码率。

③ 各 OFDM 分段采用不同的调制方式和内码率。

DVB-T 采用分级调制和多级编码来实现高低优先级数据的分级传输。通过比较可知,DVB-T 只能同时提供两个优先级的地面广播,而 ISDB-T 同时可以提供更多优先级数目的地面广播,且能够非常方便地实现 HDTV 广播、多节目地面广播等。在频谱使用方面,

DVB-T 以整个信号带宽作为整体来设计,显得不够灵活。相比之下,ISDB-T 的频谱使用更为灵括,支持的业务也更为多样。此外,由于 ISDB-T 的每个 OFDM 分段都可以灵活地选择调制方式和内码率,因此与 DVB-T 相比,ISDB-T 的数据速率将有更多的取值。

4.8 DVB-T 与 DVB-T2 的比较

DVB-T2 是第二代欧洲数字地面电视广播传输标准,以下简称 T2,在 8 MHz 频谱带宽内所支持的最高 TS 流传输速率约为 50.1 Mbit/s(如包括可能去除的空包,最高 TS 流传输速率可达 100 Mbit/s)。目前欧洲 DVB 标准已进入第二代颁布期,其中 DVB-S2 标准于 2006 年公布,DVB-T2 标准于 2008 年 6 月公布,DVB-C2 标准于 2009 年 1 月公布。当接收信号的载波噪声干扰比大于门限时,T2 系统必须实现准无误(QEF)的传输质量目标。DVB-T2 准无误定义为:对于单个电视业务解码器,在 5 Mbit/s 速率下传输 1 小时发生不可纠正错误事件的次数小于 1,大约相当于传送流在解复用前的误包率小于 10^{-7}。DVB-T2 传输系统顶层功能框图如图 4.8.1 所示。

图 4.8.1 DVB-T2 传输系统顶层功能框图

待传输业务先通过输入预处理器分解成一个或多个 MPEG 传输流(TS)和/或通用流(GS),然后通过 T2 系统进行传输。输入预处理器可以是业务分割器或传输流的解复用器,用于将待传输业务分解成多个逻辑数据流。整个系统的典型输出是在单个射频通路传输的单天线信号。T2 也支持 MISO(多入单出)传输模式,即系统将待传输信号进行空频编码后通过两个发射天线进行发射,接收端使用一个接收天线进行接收。在支持时频分片模式时,T2 系统输出是在多个射频通路传输的多路信号,相应地,接收端也需要支持多个射频通路的调谐器和射频前端。

DVB-T2 与 DVB-T 主要技术参数的比较如表 4.8.1 所示,DVB-T2 与 DVB-T 共存但不兼容,两者基本技术路线的共同点是 CP-OFDM 技术、频域导频技术和 QAM 调制技术。

表 4.8.1 DVB-T2 与 DVB-T 主要技术参数的比较

比较项	DVB-T	DVB-T2
纠错编码及内编码码率	RS+卷积码:1/2,2/3,3/4,5/6,7/8	BCH+LDPC:1/2,2/3,3/5,3/4,4/5,5/6
星座点映射	QPSK、16QAM、64QAM	QPSK、16QAM、64QAM、256QAM
保护间隔	1/32,1/16,1/8,1/4	1/128,1/32,1/16,19/256,1/8,19/128,1/4
FET 大小	2K、8K	1K,2K,3K,4K,8K,16K,32K
离散导频额外开销(%)	8	1,2,4,8
连续导频额外开销(%)	2.6	≥0.35

相对于 DVB-T,T2 的主要改进之一是支持物理层多业务功能;之二是采用各种技术提高传输速率;之三是采用多种提高地面传输性能的技术,包括很多可选项。DVB-T2 与 DVB-T 的技术对比如表 4.8.2 所示。

表 4.8.2　DVB-T2 与 DVB-T 的技术对比

比较项	DVB-T	DVB-T2
帧结构	一层帧结构	三层帧结构,包括 PI 符号
COFDM 参数	2 种 FFT 大小、4 种保护间隔、1 种离散导频图案(对应 1 种离散导频开销)	6 种 FFT 大小、7 种保护间隔、8 种离散导频图案(对应 4 种离散导频开销)
星座映射	3 种星座映射(采用规则映射)	4 种星座映射(采用规则映射或星座旋转和 Q 延时)
多天线技术	SISO	SISO 和 MISO(可选),采用改进的 Alamouti 编码
信令传输	TPS	P1 信令和 L1 信令
交织技术	卷积交织和自然或深度交织	比特交织、符号交织、时间交织和频率交织
PLP	等效为一个 PLP	多个 PLP,包括公共和数据 PLP
分片技术	无	时间分片、时频分片
峰均比降低技支	无	ACE 技术和预留子载波技术(可选)
FEF	无	有

DVB-T2 与 DVB-T 的技术对比,在物理层支持多业务功能方面,主要包括如下 5 点。

(1) 由超帧、T2 帧和 OFDM 符号组成的三层帧结构,引入子片(Sub-Slice)概念,提供时间分片功能。

(2) 引入 PLP 概念,多个 PLP 在物理层时分复用整个物理信道。

(3) 增强的 L1 信令,包括 L1 动态信令,支持物理层多业务的灵活传输。

(4) 支持更多的输入流格式,支持输入流的灵活处理,包括空包的删除和恢复、多个数据 PLP 共享公共 PLP、多个传输流的统计复用等。

(5) 帧结构支持 FEF(未来扩展帧),支持未来业务扩展。

在提高最大传输速率方面(在 8 MHz 带宽内最大净传输速率为 50.1 Mbit/s)的技术改进主要包括如下 5 点。

(1) 支持更高阶调制,高达 256QAM。

(2) 采用更优的 LDPC＋BCH 级联纠错编码。

(3) 支持更多的 FFT 点数,高达 32 768,并增加了扩展子载波模式。

(4) 支持更多的保护间隔选项,最小保护间隔为 1/128。

(5) 优化的连续和离散导频,降低导频开销。

在提高地面传输性能和提供更多可选技术方面,主要包括如下 5 点。

(1) 引入 P1 符号,支持快速帧同步对抗大载波频偏能力。

(2) 采用改进的 Alamouti 空频编码的双发射天线 MISO 技术(可选项)。

(3) 采用 ACE 和/或预留子载波的峰均比降低技术(可选项)。

(4) 支持多个射频信道的时频分片功能(可选项)。

(5) 支持多种灵活的交织方式,包括比特交织、单元交织、时间交织和频域交织等,以增强对低、中、高多种传输速率业务的支持。

4.9 ATSC 3.0 与 DVB-T2 的比较

美国联邦通信委员会(FCC)于 2017 年 11 月 16 日批准了下一代电视广播传输标准,也称其为 ATSC 3.0。ATSC 3.0 与现存的 ATSC 各标准不具有任何反向兼容的约束,它采纳基于正交频分复用(OFDM),同时采纳强有力的低密度奇偶校验(LDPC)前向纠错编码码字,类似 DVB-T2 正在使用的 OFDM 和 LDPC 技术。然而,它引入很多新的技术特性,如二维不均匀星座图、改善为极强健的 LDPC 码字、基于功率的层分复用(LDM)等,以便在相同的射频频道内,更高效地提供移动和固定接收的服务;其中还有新颖的频率域预失真的多入单出的天线设计。

ATSC 3.0 还可实现两个频道的跨接过程,以增加服务的峰值数据率、开拓频率域扩散性以及使用双极化多入多出的天线系统。此外,ATSC 3.0 在各种参数的配置方面提供极大的灵活性,有 12 种信道编码率、6 种调制阶数、16 类导频图案、12 种保护间隔以及两个时间域交织器,还有非常灵活的复用过程:使用时间维、频率维和功率维。总之,ATSC 3.0 与第一代 ATSC 1.0 广播电视标准相比,不仅显著改善频谱效率和稳健性,而由于它具有没有先例的性能和灵活性,所以成为全球有参考性的地面广播技术。ATSC 3.0 的一个关键方面是具有可扩展的信令过程,可实现采纳未来的各种新技术,但并不会破坏 ATSC 3.0 的各种服务。

ATSC 3.0 的目标是成为全球参考性的地面广播技术,其性能优于现存的地面广播标准,并力图把最新的研究成果引入下一代地面数字广播。ATSC 3.0 必须提供在性能、功能性、灵活性和高效率等方面的改善,它们必须足以保证一个新系统所需的挑战。在 ATSC 3.0 物理层的各种需求中,还包括更高的信息容量、能高效率发送超高清晰度电视(UHDTV)的服务以及稳健性高的室内接收。一个主要目标是同时向移动的和固定的各种接收机提供电视服务,其中包括传统的起居室和卧室的电视机、各种手持设备、车载的屏幕和接收机。ATSC 3.0 物理层构建在正交频分复用调制的基础上,并具有强有力的低密度奇偶校验前向纠错编码(采用 2 种码字长度:16 200 bit 和 64 800 bit)及 12 种信道编码率(从 2/15 到 13/15)。支持 6 级调制阶数:从 QPSK 到 4 096QAM。对于数据的物理层通道共有 3 类复用模式:时间域的、频率域的和功率域的(具有 2 个分层,称为层分复用)。而它们可组合成 3 类数据帧:单入单出(SISO)、多入单出(MISO)和多入多出(MIMO)。物理层支持可选的多种保护间隔,长度(从 $\sim$27 μs 到 $\sim$700 μs)及 3 种 FFT 大小(8K、16K 和 32K),可在 6 MHz 频道内提供极强的回波保护。信道估计的性能可以由 16 种发散导频图案和 5 种提升功率及某种连续导频图案进行控制。ATSC 3.0 可进行并行的解码过程〔每个服务可高达 4 个物理层通道(PLP)〕,以实现各类可分离的分量。例如,视频、音频和宏数据以不同的稳健性设置进行发送。在单个射频(RF)频道(6 MHz、7 MHz 或 8 MHz)的 PLPs 总数最大值为 64。在单个 6 MHz 内支持的比特率从小于 1 Mbit/s(采用 QPSK 调制、信道编码率为 2/15、8K 的 FFT 和 300 μs 的 GI)到大于 57 Mbit/s(采用 4 096QAM 调制、信道编码率为 13/15、32K 的 FFT 和 55 μs 的 GI)。物理层运行的信噪比在 Rayleigh 信道时的范围从 -5.7 dB 到 36 dB(在 AWGN 时,从 -6.2 dB 到 32 dB)。

对于采用频道跨接过程或交叉极化的 MIMO,其最高数据率可加倍。频道跨接过程把两个 RF 频道结合使用,以获得更高的数据率(与单个频道获得的相比)。它还可实现两个 RF 频道之间的频率域扩散性,并改善统计复用过程。而 MIMO 则在同一个 RF 频道内,通过使用水平和垂直双极化,可传输两个独立的数据流。

ATSC 3.0 的目标是在未来几十年后重新定义空中电视广播服务,并成为全球的地面广播参考标准。ATSC 3.0 物理层所代表的成就显著优于地面广播的当前技术水平。它向广播业者提供各类服务,提供稳健性最高、频谱效率最高和最灵活的发射可选项。若干新颖的传输技术已采纳进入此标准,如新的 LDPC、2-D(维)不均匀星座图、(基于功率的)层分复用(LDM)、发射扩散性码字滤波器组的 MISO(多入单出)、频道跨接过程和 MIMO(多入多出)。DVB-T2 与 ATSC 3.0 的比较见表 4.9.1。此外,在物理层中信令过程的设计可确保其灵活性和可扩展性。

表 4.9.1 ATSC 3.0 与 DVB-T2 的比较(6 MHz)

参数	DVB-T2	ATSC 3.0
外码	BCH	BCH、CRC、无
LDPC 的大小	16 200 和 64 800 比特位	16 200 和 64 800 比特位
LPDC 的编码率	1/2,3/5,2/3,3/4,4/5,5/6	(2,3,4,5,6,7,8,9,10,11,12,13)/15
调制	QPSK、16QAM、64QAM、256QAM	QPSK、2D-16NUC、2D-64NUC、2D256NUC、1D1024NUC、1D-4096NUC
旋转星座图	是(可选)	无
数据交织器	块交织器(BI)	卷积交织器 CI(S-PLP) 混合型 BI+CI(M-PLP)
时向交织器(TI) 数据单元数	$2^{15}+2^{19}$	2^{19}、2^{20}(QPSK)
复用	时分	时分/频分/层分
数据帧大小的最大值	250 ms	5 s
导频图案	PP1～PP8(共 8 个) 1.04%～8.33%开销	SP3_2～SP32_2(共 16 个) 0.78%～16.6%开销
MISO(多入单出)	Alamouti(2 倍的导频开销)	TDCES(相同的导频开销)
降低峰均功率比	音调保持和动态星座图扩展	音调保持和动态星座图扩展
FFT 大小	1K、2K、4K、8K、16K、32K	8K、16K、32K
扩展模式	8KE/16KE/32KE	有效载波的数目可设置
保护间隔	1/128,1/32,1/16,19/256,1/8,19/128,1/4	3/512,3/256,1/64,3/128,1/32,3/64,1/16,19/256,3/32,57/512,3/16,1/8,19/128,1/4(符号域和时间域协调的各数据帧)

续　表

参数	DVB-T2	ATSC 3.0
每个服务的 PLP 数目	否(只有一个通用的 PLP)	是(最多有 4 个)
连接层的包装过程	MPEG-2 TS	ALP
主要的传送协议	传送数据流(TS)	互联网协议(IP)
6 MHz 内的数据率最小值～最大值	5.6～38 Mbit/s	1～57 Mbit/s
SNR 运行范围(AWGN)	+1～+22 dB	−6.2～+32 dB
系统的接入点	P1(7 比特位,−5 dB SNR@ AWGN)	自引导程序(24 比特位,−9.5 dB SNR@ AWGN)
频道跨接过程	否	是(2 个 RF 频道)
多入多出(MIMO)	否	是(对接收机是非强制性的)

第5章 数字电视卫星传输

5.1 卫星电视广播频道

5.1.1 全球范围卫星广播的频段分配

1979 年世界无线电管理会议(WARC)对卫星广播的频段进行分配,共分六个频段,如表 5.1.1 所示。卫星电视广播分三个区:第一区包括欧洲、非洲、蒙古、土耳其、阿拉伯半岛;第二区包括美洲;第三区包括亚洲、大洋洲。我国属于第三区,应使用 12 GHz 频带的卫星广播。图 5.1.1 给出第三区的 12 GHz 频带的频道配置,每个频道所占带宽为 27 MHz,频道间隔为 19.18 MHz,共分 24 个频道。从第 1 到第 15 的奇数频道分配给中国和日本。第三区频道分配示意图如图 5.1.2 所示。我国使用第 1、第 5、第 9 和第 13 频道。但在初期,限于技术力量,曾使用 C 波段(3 700～4 200 MHz)进行卫星电视广播。

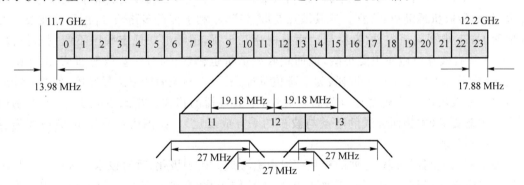

图 5.1.1 第三区 12 GHz 模拟卫星电视频道配置

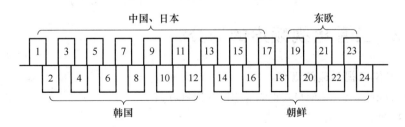

图 5.1.2 第三区频道分配示意图

第三区使用的 11.7～12.2 GHz 频带划分为 24 个频道。由图 5.1.1 可见,各频道之间隔是 19.18 MHz。而每个频道要保证 27 MHz 带宽,频谱有些重叠,会造成干扰。为避免干扰,相邻频道采用相互正交极化的方法,使重叠的频谱分开,以防止频道频谱重叠所引起的干扰。

表 5.1.1 世界无线电管理会议(WARC)卫星广播频段分配

波段名称/GHz	频率范围/GHz	地区分配一区 (欧洲、非洲、 西亚和蒙古)	地区分配二区 (美洲)	地区分配三区 (亚洲、大洋洲)	带宽/MHz
L(0.7)	0.62～0.79	√	√	√	170
S(2.5)	2.50～2.69	√	√	√	190
	2.5～2.535		√		35
	2.655～2.69			√	35
C(4)	3.7～4.2	√	√	√	35
Ku(12)	11.7～12.2		√		500
	11.7～12.2			√	500
	11.5～12.5	√			800
Ka(23)	22.5～23			√	500
Q(42)	41～43			√	2 000
W(85)	84～86	√			2 000

在 L、S、C、Ku(12)/Ka(23)、Q(42)、W(85)六个频段中,L 波段的传输损耗最小,覆盖面大,地面接收机最简单、便宜。但其缺点是频带窄,不利于传送多路信号,而且该波段正处于地面 UHF 电视频道内,故容易与地面电视相互干扰,国际电联规定我国不使用该波段。S 波段天线有效开口截面积要小些,地面接收机造价也稍贵,同时一些散射通信、地面微波中继通信、雷达等也处于这一波段,为了避免干扰,需要控制地面功率通量密度,使之只能分集接收。K 波段天线的有效开口截面积更小,电波传播的损失及雨致衰减更大,但抛物面天线的增益更高(抛物面天线的增益与波长的平方成反比)。我国决定采用 K 波段作为卫星电视广播频段。

为了有效地利用频率,电波的极化面可取右旋或左旋圆极化、垂直或水平线极化。日本使用右旋圆极化;朝鲜和韩国使用偶数频道、左旋圆极化;我国 C 波段卫星电视采用右旋圆极化波或垂直极化,Ku 波段卫星广播电视采用左旋圆极化。

5.1.2 卫星电视频道的划分

1. 模拟卫星电视频道的划分

相邻频道间隔:19.18 MHz(也有采用 20 MHz)。

上沿保护带:11 MHz;

下沿保护带:14 MHz。

K_u 频段中心频率计算:$f_n = 11\ 708.30 + 19.18N(MHz)$。

C 频段中心频率计算:$f_\text{n} = 3\,708.30 + 19.18N$(MHz)。

K_u 频段的频率范围:$11.7 \sim 12.2$ GHz,24 个电视频道。

C 频段的频率范围:$3.7 \sim 4.2$ GHz,24 个电视频道。

2. 数字卫星电视频道的划分

(1) 频分多路方式:单路单载波方式(SCPC),每频道带宽为 $5 \sim 7$ MHz。

(2) 时分多路方式:多路单载波方式(MCPC),带宽为 36 MHz、54 MHz、72 MHz,复用频道数为 $2 \sim 10$ 个。

表 5.1.2 具体介绍第三区使用的 Ku 频带中的 24 个频道。

表 5.1.2　第三区使用的 Ku 频带中的 24 个频道

频道	中心频率/MHz	频道	中心频率/MHz	频道	中心频率/MHz
1	11 727.48	9	11 880.92	17	12 034.36
2	11 746.66	10	11 900.10	18	12 053.54
3	11 765.84	11	11 919.28	19	12 072.72
4	11 785.02	12	11 938.64	20	12 091.90
5	11 804.20	13	11 957.64	21	12 111.08
6	11 823.38	14	11 976.82	22	12 130.26
7	11 842.56	15	11 996.00	23	12 149.44
8	11 861.74	16	12 013.18	24	12 168.62

5.2　数字卫星系统

5.2.1　广播电视卫星的轨道位置

广播卫星位于地球上空 35 860 km 的圆形轨道,它的运行周期为 $T = 24$ 小时,刚好与地球的自转一周时间相等。这样,从地球上看卫星总是静止的,常称同步卫星。因而,地面上的接收天线方向可以相对固定、始终对准着广播卫星。要实现全球电视广播,起码必须使用三颗星,同步卫星与地球的基本几何关系如图 5.2.1 所示。从卫星向地球引两条切线,切线间的夹角约为 $17.34°$,其电视广播的边界对地心夹角为 $152°$(仰角 $5°$ 以下)。

由图 5.2.2 可求出卫星电视广播的覆盖范围与卫星高度 h、地面接收站可接收电视信号的天线最低仰角 θ 的关系,即

$$\frac{\cos(\beta+\theta)}{\cos\theta} = \frac{r}{r+h}$$

式中,r 为地球半径;h 为卫星高度;θ 为天线最低仰角;β 为覆盖范围中心角。所以,最大传输延迟时间为

$$\tau_{\max} = \frac{2(r+h)}{c} \cdot \frac{\sin\beta}{\cos\theta}$$

式中,$c = 3 \times 10^8$ m/s,为光速。

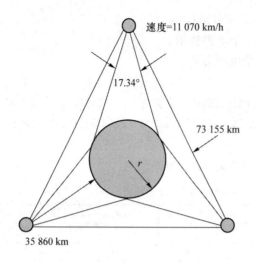

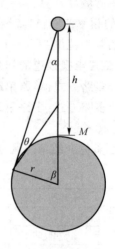

图 5.2.1 同步卫星与地球的几何关系　　　　图 5.2.2 覆盖范围与 h 及 θ 的关系

5.2.2　上行发射机或星载转发器的组成

1. 上行发射机

向卫星发射信号的发射机称作上行发射机,如图 5.2.3 所示。多套数字电视视音频信号经节目流复用后送入传输流复用,在传输流复用中进行加扰或能量扩散、信道纠错编码、数据交织及 QPSK 数字调制,然后经上变频和功放送入抛物面天线并发送到卫星。

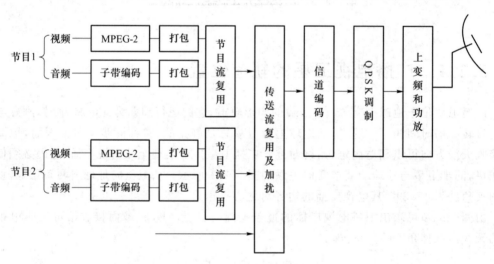

图 5.2.3　上行发射机

2. 星载转发器

(1) 二次变频式转发器的工作原理

上行 C:6 GHz。K_u:14 GHz。

下行 C:4 GHz。K_u:12 GHz。

二次变频式星载转发器的工作原理如图 5.2.4 所示,图中的 f_2 信号是上行频率,f_2 经放大后由下变频器变为中频 f_3，将 f_3 信号放大，然后 f_3 经上变频器变为下行频率 f_4。可见星载转发器的转接方式就像地面微波中继站中的中频转接方式。

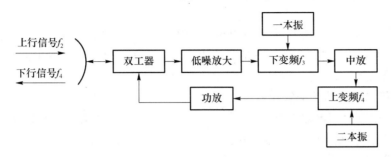

图 5.2.4　二次变频式转发器的工作原理

（2）直接变频式转发器的工作原理

直接变频式转发器的工作原理如图 5.2.5 所示。上行信号 f_1 经低噪放大后送入变频器，变为 f_2 再进行功率放大，被放大后的信号经双工器送入卫星抛物面天线，再向地面下行。

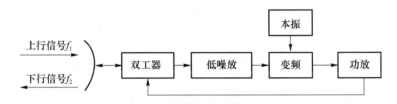

图 5.2.5　直接变频式转发器的工作原理

5.2.3　数字卫星电视地面接收站

数字卫星电视地面接收站如图 5.2.6 所示，它对信号的处理是与数字卫星电视发射机相反的过程。由抛物面天线接收下来的信号先送入低噪声放大和下变频器，再进行 QPSK 数字解调，解调后的信号送到信道解码，在信道解码中进行解纠错、解交织等，然后解扰。这一切完成后再进行传输流解复用，解出多个节目流，再送到节目流解复用，最后送到音视频解压缩器，还原出视频信号和音频信号。

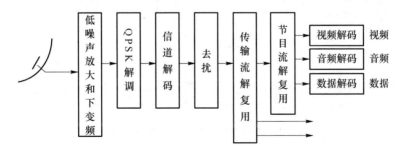

图 5.2.6　数字卫星电视地面接收站

5.2.4 数字卫星电视接收机

电子调谐器的主要功能是从第一中频信号中选出所要接收的某一卫星电视频道的频率,并将它变换成第二中频或零中频信号输出。因此电子谐调器有两种电路形式:一种是采用第二中频的电路形式,另一种是采用零中频的电路形式。

1. 采用第二中频的调谐解调器电路

采用第二中频的调谐器电路结构如图 5.2.7 所示。它由低噪声放大器、跟踪滤波器、混频器、本机压控振荡器、频率合成器、声表面波滤波器、第二中频放大器和 QPSK 模拟解调器等电路组成。输出的第二中频一般选择 419.5 MHz 的标准中频频率,QPSK 模拟解调在该中频频率上进行。QPSK 模拟解调输出端得到 I、Q 两路正交的基带输出。

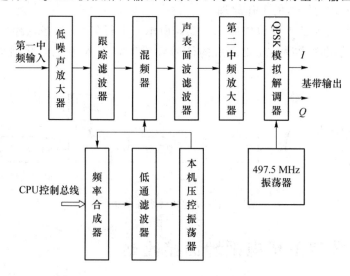

图 5.2.7 采用第二中频的调谐解调器电路结构

2. 采用零中频的调谐解调器电路

采用零中频的调谐解调器电路结构如图 5.2.8 所示。与采用第二中频的调谐解调器电路相比,它节省了中频处理电路和声表面波滤波器等单元,从而简化电路、降低成本。

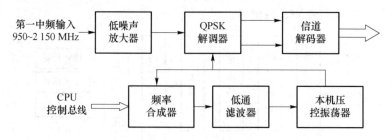

图 5.2.8 采用零中频的调谐解调器电路结构

5.2.5　国内及国际卫星数字电视广播参数

表 5.2.1 是我国数字卫星广播电视的数据格式。

表 5.2.1　我国 DVB-S 参数

类　　别	净码率/(Mbit·s^{-1})	实际码率/(Mbit·s^{-1})
视频	5	5.112
音频(4 声道)	0.512	0.544
图文电视(22 行/帧)	0.205	0.338
数据	0.019 2	0.019 2
PSI 码	0.030	0.030
总码率	5.766 2	6.051 2

国外数字卫星电视广播参数见表 5.2.2。

表 5.2.2　国外 DVB-S 参数(例)

类别	德 DW/ (Mbit·s^{-1})	法 MCM/ (Mbit·s^{-1})	法 TV5/ (Mbit·s^{-1})	意大利 RAI/ (Mbit·s^{-1})	西班牙 TVE/ (Mbit·s^{-1})
0 dBμV	8	6	6	6	6
音频	0.256	0.192	0.256	0.256	0.192
数据	0	0	0	0	0
PSI	0.007	0.007	0.006	0.005	0.005
总码率	8.5	6.39	6.45	6.45	6.39

由表 5.2.2 可见,数字卫星电视广播数据速率至少在 6 Mbit/s 以上,在 8 Mbit/s 更为合适。

5.3　数字卫星电视传输系统设计考虑

5.3.1　工作频段和星源的选择

要实现全国卫星电视综合业务广播,首先要选择好卫星通信频段,并且在可视的轨道弧段上有卫星可供选用。

1. 工作频段的选择

目前,卫星通信常用的工作频段为 C 频段及 Ku 频段。

C 频段的频率范围为 5 845～6 425 MHz,3 620 MHz～4 200 MHz。

Ku 频段的频率范围为 14 000～14 500 MHz,12 250 MHz～12 750 MHz。

早期的卫星专用网大多数采用 C 频段,使用 Ku 频段时因雨衰造成的电路恶化严重。

但在使用过程中发现 C 频段易受地面微波的干扰,而 Ku 频段基本上不受地面微波干扰。

随着卫星 Ku 频段的广泛使用、星体技术的发展,地球站设备的技术能力提高,在适当注意降雨损耗问题的前提下,Ku 频段目前已为多种应用系统采用。

广播卫星通信专用网建设地点遍布全国各地,电磁环境条件复杂,特别是在各大省会城市,地面微波和卫星系统之间发生干扰的概率非常大,往往难以协调。因此,采用 Ku 频段是合适的,这可以最大限度地保证各地球站免受地面微波的干扰。为了保证卫星链路的可用度,可采用上行功率控制 UPC 等技术,同时可加大天线尺寸,以提高系统的备余量。

2. 地球站

图 5.3.1 给出卫星广播电视综合业务网络的构成,网络由多种不同类型的地球站组成,这些地球站分别负责网络系统中的不同业务。不同类型的站型根据不同的地球站品质因数定义为Ⅰ类站、Ⅱ类站和Ⅲ类站。

Ⅰ型站:$G/T=33.1\,\text{dB/K}$(天线口径为 6.0 m)。

Ⅱ型站:$G/T=30.7\,\text{dB/K}$(天线口径为 3.7 m)。

Ⅲ型站:$G/T=25.2\,\text{dB/K}$(天线口径为 2.4 m)。

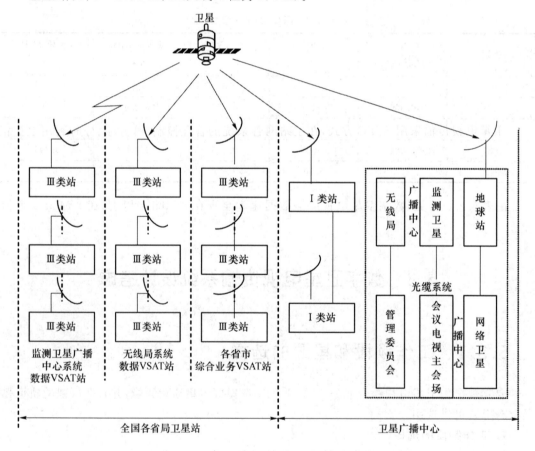

图 5.3.1 卫星广播电视综合业务网络系统

凡是达不到标准的地球站均降一级使用。根据业务及功能,地球站又可分为主站、分站、综合业务 VSAT 站及数据 VSAT 站。主站除了负责自身的电视节目的应急播出、电视及新闻的回传,电视会议、电话会议的举行,数据传输等业务外,还负责网络控制及管理全系统的使用,站内设备有网控设备。

分站中的电视台具备主站的全部功能,能局部地或全部替代主站操作全网,与主站互为备份。其他分站不具备与主站互为备份的功能,但业务功能比较全,具有广播新闻回传、电话会议、数据传输等功能。

综合业务 VSAT 站设置在各省(市)广电局,配备有视频、语音、数据通道,以承担 DSNG 电视新闻及语音广播回传以及电视会议和电话会议的举行等功能。

数据 VSAT 站可配置数据通道和 n 路电话,话音实现网状拓扑。

当投资建成了上述各类地球站设施时,可以形成专用的卫星广播电视综合业务网。

3. 通信方式的选择

为建立卫星广播电视综合业务网,有多种方式的 VSAT 系统供选择,常用的系统有 SCPC/DAMA(单路单载波/按需分配)系统、TDM/TDMA(时分复用/时分多址)系统、TDM/SCPC(时分复用/单路单载波)系统以及 TDMA(时分复用)系统。

对系统的技术性能、可扩展性、可靠性和经济性进行综合比较分析后认为,单独采用上述一种类型的系统,很难实现卫星广播电视的业务需求。在卫星网中,须同时采用多种通信系统,综合利用它们的功能。电视传输采用 SCPC/DVB 通信方式,它与 SCPC/DAMA 系统共同构成卫星广播综合业务网。

上述系统技术成熟,在国内外广泛应用,性能价格比优于其他系统,而且有多家公司的产品供选择,能得到较好的国内技术支持,确保系统稳定可靠运行。

4. 电视传输及宽带电视会议系统

卫星电视传输采用 SCPC 方式,在主站网管系统的管理控制下,分频、分时利用卫星信道,实现广播电视新闻采集回传、现场实时回传和应急电视广播,以及宽带电视会议的功能。

(1)广播电视新闻采集回传和应急广播系统。该系统可实现各省(市)广电局和广电中心之间广播电视新闻的采集回传,由卫星广播中心进行网控。该系统也可以为电视现场实时回传和电视节目交换提供 10 Mbit/s 高质量电视的宽带通道。

该系统采用数字电视(MPEG-2)体制,卫星广播中心配置两套 MPEG-2 编码器和 DVB 调制器发射设备,用于传送应急电视广播,也可同时传送电视会议信号。卫星广播中心和各个省站各配置一套,用于电视新闻采集和电视会议回传。电视新闻采集采用 MPEG-2/DVB 制式,编码率为 6 Mbit/s;广播新闻采集为立体声广播,编码率为 256 kbit/s。通过这套设备传输,实际编码器输出码率可以降到 2 Mbit/s。

卫星广播中心配置 m 套 IRD 接收设备,用于接收电视、广播新闻聚集和电视会议的回传。各个省站均配置两套。

网管系统设在主站,与远程终端连接,用于分时、分频控制电视、广播新闻采集和电视会议回传。

(2)宽带电视会议系统。卫星广播电视综合业务网可利用电视新闻采集的信道资源来进行宽带电视会议,提供 MPEG-2 质量的视频信号,实现广播、电话会议、局域网互联、数据采集等业务功能。

当使用该业务时,卫星广播中心主会场共配置两发四收卫星电视信道设备,分会场配置一发两收的卫星信道设备。同时,可在各个分会场将其图像和声音发送到主会场。主会场的各条接收信道用来接收各个分会场的内容,通过电视会议控制器选择将向全网广播的分会场。主会场有两条发送信道:一条用来将主会场的图像和声音向全网广播;另一条用来广播选择出的分会场的图像和声音。

当分会场须传送其图像和声音时,可通过电视会议系统之外的信道来进行申请。由主会场通过其控制系统来完成原有分会场发射设备的关闭和新分会场发射设备的启动。

5. SCPC/DAMA(按需分配单路单载波)系统

SCPC/DAMA 方式相当于专用电路,信道是透明通道,适用于数据量较大、网络规模较小的通信系统。由于始终占有信道,因而信道利用率比较低,为了克服这一缺点,在 SCPC 的基础上,加上了按需分配信道的功能,形成 SCPC/DAMA 系统。它在网管系统的作用下,根据申请分配使用通信信道,需要时才占有信道。一旦通信结束,占有的信道就退出,供其他需要的通信链路使用。卫星广播电视综合业务网中采用 SCPC/DAMA 系统,完成网状电话网、电视会议申请、应急广播、电话会议、局域网互联、数据采集等业务功能。

5.3.2 地球站设备配置

1. 地球站分类

在本系统中,根据不同业务可分为五种,并选用不同等级的地球站。

- 主站(天线口径为 6.1 m)。
- 分站(天线口径为 6.1 m)。
- 综合业务站(天线口径为 4.5 m)。
- 无线局数据小站(天线口径为 2.4 m)。
- 监控中心数据小站(天线口径为 2.4 m)。

根据地球站类型的定义,以上五种站归并为三种类型站。

- Ⅰ类站:主站和 3 个分站。
- Ⅱ类站:综合业务小站。
- Ⅲ类站:无线局数据小站、监控卫星广播中心数据小站。

在以后的设计和链路计算中,统一使用这样的分类。

2. 各类地球站的功能和设备配置

(1) 主站

① 主站系统的功能

主站设置在卫星广播中心,无线局和监测中心不再建站,通过现有地面线路与主站相通。网络管理中心通过网络与卫星广播中心连接,同时也能通过光缆与外省市相连。平面连接图如图 5.3.2 所示。

主站功能如下。

- 电视广播新闻采集的接收。
- 电视节目的应急播出。
- 电视会议主会场。

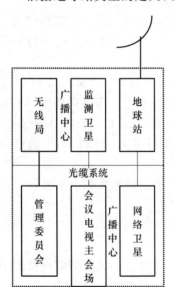

图 5.3.2 主站平面连接图

- 电话会议主会场。
- 局域网互联。

- 内部电话。
- 广播电视的监测。
- 无线局直属发射台的管理。

② 主站设备系统的构成

主站的通信设备总体上分成三个部分,分别构成各自的独立系统,即广播电视新闻采集和会议电视的接收系统、应急电视广播及电视会议发射系统和 SCPC/DAMA 系统,三个分系统在中频合路及分路。射频设备为三个分系统共用(包括天线)。主站的射频设备采用 1∶1 热备份。天线使用 6.1 m,功放为 80 W。

广播电视新闻采集回传接收系统的解码器,通过图像回传网管,分频、分时接收广播电视新闻采集信号或电视会议发言会场信号,同时接收 6 套,接收电视新闻采集信号或两套电视会议分会场信号,并将接收到的视音频信号传到视音频切换矩阵。

应急电视广播及电视会议发射系统从切换矩阵获得两套应急电视广播或两套电视会议(一个主会场和一个发言会场),其经过 MPEG-2 编码器和 DVB 调制器后,送到中频合路器,再经射频单元发射播出。

SCPC/DAMA 系统具备独立的网络控制设备(包括软件及硬件),可以实现系统内的电话通信、电话会议及局域网互联和数据采集。通过不同的插卡和接口,分别连接不同的终端,实现多种功能,如局域网互联、广播电视的监测、直属发射台的管理等。

主站配有电话会议控制器和电视会议控制器以及视音频切换矩阵。

主站的设备系统方框图如图 5.3.3 所示。

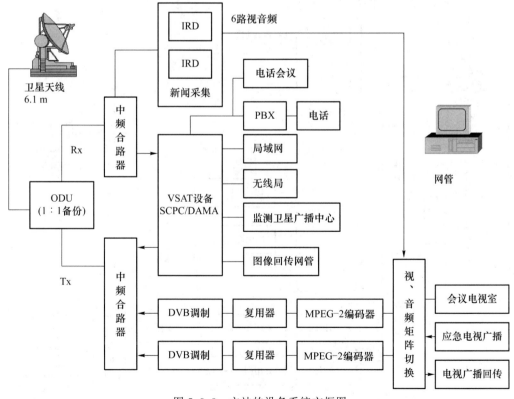

图 5.3.3　主站的设备系统方框图

（2）分站

设置在卫星广播中心的三个分站与主站通过地面线路相连。三个站分别完成各自的功能。

① 分站系统的功能

为保证系统运转灵活,并具有应急播出功能,在主站授权下可独立执行主站功能,例如,卫星广播中心可召开电视电话会议。设在卫星广播中心的分站配置有与主站相同的设备和备份网管,以便在应急情况下或主站故障时,替代主站执行主站功能。

卫星广播中心功能如下。

- 电视广播新闻采集的回传。
- 广播电视节目的应急播出。
- 电视会议分会场或主会场(在主站的授权下)。
- 局域网互联。
- 内部电话。

② 分站设备系统的构成

分站系统的射频设备采用 1：1 热备份或 1：0 备份。天线使用 6.1 m,功放为 40 W 或 80 W。这些在下面描述中不再重复。

从系统来看,卫星广播中心电视台的通信设备和主站基本相同,也有三个部分,分别构成各自的独立系统,即电视广播新闻采集接收系统、应急电视广播及电视会议发射系统和 SCPC/DAMA 系统,它们分别实现各自的功能。

分站的设备系统方框图如图 5.3.4 所示。

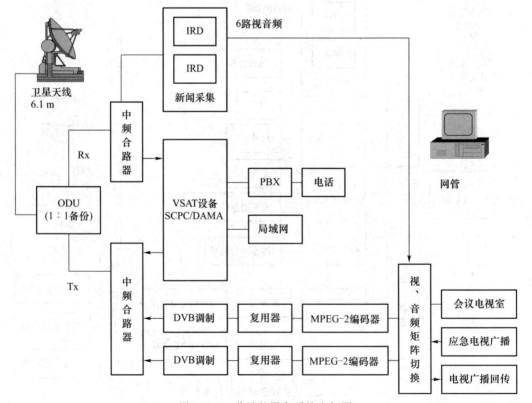

图 5.3.4　分站的设备系统方框图

（3）综合业务小站

① 综合业务小站的功能

综合业务小站设置在各省广播电视厅局或其他需要的地方,具有以下功能。

- 电视、广播新闻采集的定时回传(各 1 套)。
- 电视会议的分会场(一发两收)。
- 局域网互联。
- 内部电话。
- 电话会议会场。

② 综合业务小站的构成

综合业务小站的通信设备有三个部分,分别构成各自的独立系统,即电视广播新闻采集的回传和电视会议发射系统、电视会议接收系统和 SCPC/DAMA 系统的端站设备,射频设备采用 1∶0 热备份。天线使用 4.5 m,功放为 40 W。

图 5.3.5 为综合业务小站设备系统方框图,综合业务小站配置 2 套电视接收设备和 1 套电视发送设备,用于发送回传电视广播和电视会议。在开电视会议时,综合业务小站接收主会场和发言的分会场的信号,2 路信号均由主会场发出。

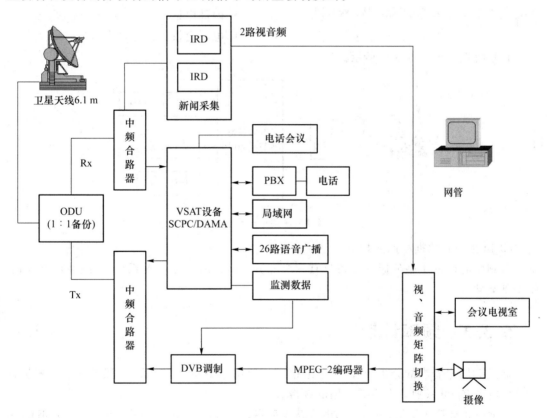

图 5.3.5　综合业务小站设备系统方框图

SCPC/DAMA 系统的端站设备配置 3 条信道语音和 1 条数据信道,实现内部的电话通信和电话会议,并可用作电视会议发言的申请。数据信道用于互联网连接和数据采集。

卫星站内设备的配置包括天线、射频设备、中频信道设备、视频收发设备和部分终端设备。局域网路由器、电视会议终端设备及电视会议室等基础设施均由当地广电部门负责配置。

（4）无线局数据小站

① 无线局数据小站的功能

• 数据采集。

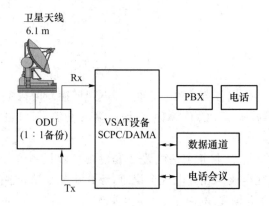

图 5.3.6　无线局数据小站系统框图

• 直属发射台控制。

• 内部电话。

• 电话会议会场。

② 无线局数据小站的构成

无线局数据小站的通信设备有 SCPC/DAMA 系统，天线使用 2.4 m，属于Ⅲ类站。其系统框图如图 5.3.6 所示。

（5）监测卫星广播中心数据小站

① 监测卫星广播中心数据小站的功能

• 监测广播信号的质量。

• 内部电话。

• 电话会议。

其系统框图如图 5.3.7 所示。

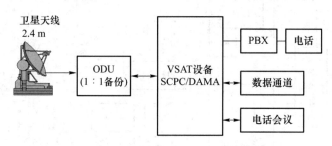

图 5.3.7　监测卫星广播中心数据小站系统框图

② 监测中心数据小站的构成

监测中心数据小站的通信设备只有一个部分，即 SCPC/DAMA 系统，天线使用 2.4 m，属于Ⅲ类站。

5.3.3　频率计划

通过对用户需求的分析，整个卫星通信网拟租用一个 54 MHz Ku 波段转发器。根据各个具体的业务，可以划分出所需占用的频带。

根据链路计算的结果，对于广播电视新闻采集，一路电视所需占用的频带为 5.95 MHz，考虑到需留有一些余量，按每路占用 6 MHz 带宽计算。各地方的电视新闻传至主站和卫星广播中心电视台，同时传送 6 套节目，共占用 36 MHz 带宽。

电视节目的应急播出占用 12 MHz 的带宽，在平时没有应急广播时是空闲的，可以由各省市广电局用于开发省际或省内广播电视及数据传输业务，也可以出租给其他单位使用，由此可产生良好的经济与社会效益。剩余的 6 MHz 带宽用来完成系统的其他功能。

（1）数据通信

网络互连的数据通信业务可采用 SCPC/DAMA 体制，每条载波单向速率为 64 kbit/s，双向为 128 kbit/s。根据链路计算的结果，如果配置 31 条双向信道，则合计共需约 3.7 MHz 带宽。

数据采集可采用 19.2 kbit/s 的速率，根据链路计算的结果，占用带宽为 14 kHz。可分配 100 kHz 的带宽用于数据采集。

（2）话音通信

为构成全网状的话音通信网，采用 SCPC/DAMA 体制。根据用户需求，设全网共有 39 个数据小站，每站配置 2 路电话。设另有 31 个省站，每站配置 3 路电话。

由前分析计算可知，全网的话务总量为 44.08(e)。

满足该话务量的卫星信道数 $= N(44.08, 0.001) = 64$（条）

话音信道的编码速率为 16 kbit/s，根据链路计算的结果，每个话音信道占用的带宽为 22.4 kHz，整个话音通信网占用的带宽为 $22.40 \times 64 = 1\,433.6$ kHz。

话音通信网在进行正常通话的同时，还可以实现电视会议申请、电话会议等功能。通过网管系统的调度，话音通信网还可以满足应急广播的需求。

数据和话音业务共占用约 3.3 MHz 带宽，剩余的 700 kHz 带宽可考虑将部分大数据量的网络互联业务提速，采用 128 kbit/s 的速率。图 5.3.8 为频谱分配图例。

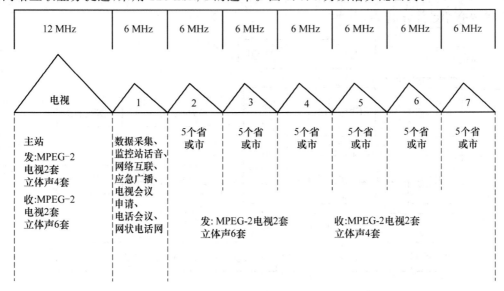

图 5.3.8　频谱分配图例

5.4　数字卫星电视接收机

数字卫星电视接收机由室外抛物面天线、室外高频头、室内调谐器、室内数字视音频解压缩设备组成，如图 5.4.1 所示。

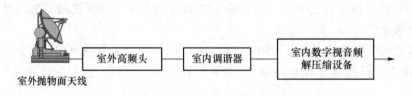

图 5.4.1　数字卫星电视接收机

数字卫星电视接收机将室外接收下来的信号送入室外高频头并进行低噪声放大、混频，送出 950～2 150 MHz 的第一中频信号，然后由射频电缆送到室内调谐器，最后送到音视频解码器。室内数字接收单元在有些场合也称为综合接收解码器(IRD)，其基本功能是将室外单元通过射频电缆传送下来的第一中频信号(950～2 150 MHz)经本机变换器处理后输出视频和音频信号，提供给用户的电视机、监视器或其他调制转发设备。为了适应卫星电视广播技术的发展、满足开展新的数字业务服务的需求，以及方便不同用户的使用，数字卫星电视接收机在接收和处理数据的能力、新增的操作功能以及用户交互界面的设计上做了大量的工作，使之不仅成为一种广播电视的终端设备，而且也成为智能化数字信息家电的转换设备。

从信号的处理过程来看，数字卫星电视接收机的信号处理流程与相应发射系统的信号的处理过程相反。室内调谐器及音视频解压缩的详细电路如图 5.4.2 所示。虚线框表示室内调谐器部分，它包括模拟调谐解调电路，双路 A/D 变换器、数字解调器、信通解码器等。以下简要介绍各部分电路模块的工作原理。

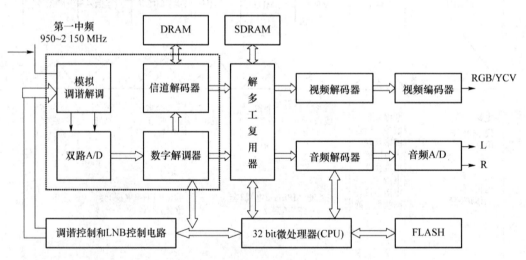

图 5.4.2　室内调谐器及音视频解压缩的电路

(1) 室内调谐选台器。其主要功能是从室外单元通过射频电缆送来的第一中频信号中选出所要接收的某一卫星电视频道的频率，并将它变换成零中频信号输出。所谓的零中频方案就是在混频时，使本机振荡器的输出频率与输入信号频率相同，从而使混频电路的输出信号为零中频的基带信号。该基带信号可直接送到后面的数字解调和解码电路进行处理。其最大的优点是节省中频处理电路和声表面波滤波器等元器件，从而简化电路，降低成本。

零中频的调谐解调器电路如图 5.4.3 所示。第一中频输入信号首先送入低噪声放大器,然后送入 QPSK 解调器,解调出 I、Q 信号,送到信道解码器。由本机压控振荡器送出的本振频率与低噪声放大器送出的信号相差得到零中频,即为基带信号。本机振荡频率是由频率合成器产生,而频率合成器受 I^2C 总线的控制。

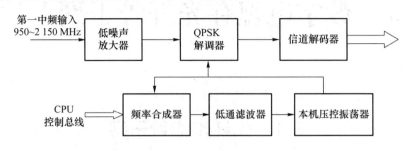

图 5.4.3　零中频的调谐解调器电路

（2）信道解调和解码。该模块对应于发射系统的信道编码模块,其功能是对输入的零中频的模拟信号进行模数转化,并进行载频和时钟的恢复,校正在模数转化过程中产生的采样误差,产生正确的采样值。该模块的另一个作用是纠正传输过程产生的误码,提高传输的可靠度,为解多路复用电路提供无误的传输码流,从而保证图像和伴音的信号质量。

（3）解多路复用。该模块对应于发射系统的多路复用模块。它是根据传输码流中所定义的特殊语法来进行解复用的。由于复用过程是分两级进行的（对于多节目的传输流）,故解多路复用过程也分两个层次：先对传送流解复用,得到独立的节目流,接着对节目流进行解复用,分离出节目流中的视频、音频以及一些服务信息数据并送给信源解码模块。

（4）信源解码。该模块包含视频解压缩和音频解压缩两大部分。按照 MPEG-2 的解码算法分别对压缩的视频码流和音频码流进行解码,从而得到正常的视频数据和音频数据码流。

（5）视频编码和音频数模转换。视频解码器输出的色差信号和亮度信号是数字化的码流,它必须经过视频编码器编码产生模拟的 PAL 或 NTSC 制式图像信号,以便送给普通的模拟电视机。音频解码恢复出的信号是数字形式,应通过 D/A 变换器将它转化成模拟的音频信号,送给电视机重现伴音。

（6）射频调制器。该模块可放到音视频信号输出之后。该模块的作用与模拟卫星接收机对应的模块一样,将视频和音频信号以残留边带调幅方式调制在 UHF 或 VHF 频段的载频上,以便送入电视机的天线输入口,使不带 AV 输入端子的电视机也能收看数字卫星电视节目。

（7）32 bit CPU。数字卫星电视接收系统是一个复杂的大系统,各个模块都有各自复杂的处理算法,彼此之间的数据交换十分频繁,对数据的处理和传输速度要求很高。此外,为了实现设备与用户之间的良好的交互,也需要功能齐全的屏幕图形交互界面。因此,应采用速度快、功能强的 32 bit CPU。该 32 bit CPU 所要完成的功能包括控制电子调谐选台、信道解调和解码、解多路复用、信源解码等,并保证这些模块相互协调,随时响应并处理用户的操作指令。

数字卫星电视以其良好的信号质量和丰富的节目来源深受大众的欢迎。随着数字卫星电视节目的日益增加,数字卫星接收机的市场需求量迅速增长。

第6章 数字电视在光纤骨干网上的传输

6.1 光纤传输骨干网

现在国内不少省采用光纤骨干网实现全省数字电视有线传输,采用的是数字同步体系(SDH)传输方式。本章介绍该项传输方式时首先介绍光纤的频谱资源。

6.1.1 光纤的频谱资源

单模光纤工作区有两个,即 1 310 nm 窗口和 1 550 nm 窗口。按 CCITT 规范,1 310 nm 窗口适合长途通信,也适合短距离通信,低衰耗区为 1 260~1 360 nm,共 100 nm;1 550 nm 窗口主要适合长途通信,低衰耗区为 1 480~1 580 nm,共 100 nm。两个工作区共有 200 nm 低耗区可用,如图 6.1.1 所示,相当于 30 000 GHz 带宽可用,但目前只利用到约 0.01%,即小于 3 GHz,尚有大量资源有待开发利用。

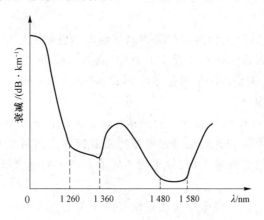

图 6.1.1 单模光纤的两个工作区

1. 复用方式
复用方式有以下几种。
(1) 波分复用(WDM):光源峰值波长为几十纳米。
(2) 频分复用:光源峰值波长为 1 nm。
(3) 相干光通信:光源峰值波长为 0.1 nm。
例如,一根光纤采用 32 个波导来传数据,每个载波以 2.5 Gbit/s(或 10 Gbit/s)的速度传数据,则总的容量为 32×2.5 Gbit/s＝80 Gbit/s(或 32×10 Gbit/s＝320 Gbit/s)。如采用相干光通信,在 200 nm 谱宽可安排 2 000 个光载波,设每一个光载波信号的速率为 2.5 Gbit/s,总的传输容量为 $2\,000 \times 2.5$ Gbit/s＝5 Tbit/s(1 Tbit＝1 000 Gbit)。按每一光载波可传 300 套8 Mbit/s DTV 节目计算,则总共可传 60 万套 8 Mbit/s 的 DTV 节目。但是,相干光通信还有很多技术问题有待解决。

2. 光波分复用(WDM)和密集波分复用(DWDM)

(1) 光波分复用

光波分复用简称 WDM,即在一根光纤内同时传送几个不同波长的光信号,也就是光频分制,如图 6.1.2 所示。例如,在发端将不同波长的已调光 λ_1、λ_2 信号通过合波器 M 合在一起,经光纤传输将组合信号传送到接收端,然后由分波器 D 将不同光波长的信号分开,最后将其送到光接收器。

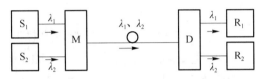

图 6.1.2 波分复用传输系统的基本构成

(2) 密集波分复用

密集波分复用指的是很多个光载波(每个光载波间隔很小)密集分布在一起。ITU-T G.652 常规单模光纤的 WDM 系统在 G.962 建议中规定 193.1 THz(λ＝1 560.61 nm)为标准,频率间隔为 100 GHz(0.8 nm)的 41 个标准波长(1 560.61~1 548.51 nm),即 192.1~194.1 THz。表 6.1.1 列出 16 个波导(载波)(频率间隔为 100 GHz,0.81 nm)和 8 个波导(频率间隔为 200 GHz,1.62 nm)WDM 系统的中心频率。32 个密集波分复用载波的幅频特性如图 6.1.3 所示。在每个光载波上可以调制 2.5 Gbit/s(或 10 Gbit/s)的数据。

表 6.1.1 16 个波道和 8 个波导 WDM 系流的中心频率

序号	中心频率/THz	对应波长/nm
1	192.1	1 560.61 *
2	192.2	1 559.79
3	192.3	1 558.98 *
4	129.4	1 558.17
5	192.5	1 557.36 *
6	192.6	1 556.55
7	192.7	1 555.75 *
8	192.8	1 554.94
9	192.9	1 554.13 *
10	192.1	1 553.33
11	193.1	1 552.52 *
12	193.2	1 551.72
13	193.3	1 550.92 *

序号	中心频率/THz	对应波长/nm
14	193.4	1 550.12
15	193.5	1 549.32*
16	193.6	1 548.51

注:带 * 为 8 个波导(频率间隔为 200 GHz,1.62 nm)。

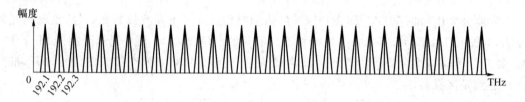

图 6.1.3　32 个密集波分复用载波的幅频特性

当前,我国关于 DWDM 系统主要是 $N(16、32) \times 2.5$ Gbit/s(10 Gbit/s)系统,工程上可按区段数和区段允许最大损耗规定三种长途接口,即 8×22 dB、3×33 dB 和 5×30 dB,前者为区段数,后者是允许区段最大损耗。对于损耗为 0.25 dB/km 的光缆,对应区段长度分别为 88 km、132 km 和 120 km,因而,系统传输距离约分别为 700 km、390 km 和 600 km。三种系统收端的信噪比分别为 22 dB、21 dB 和 20 dB(对传输数字电视信号来说可以满足要求)。在长途 WDM 系统中,一般每隔 80 km 左右放置一个光放大器,而每隔 600 km 左右放置一个光/电中继设备。

(3) 单向和双向波分复用

单向波分复用传输系统如图 6.1.2 所示,双向波分复用传输系统如图 6.1.4 所示。双向波分复用两端通过一根光纤同时接收和发送信号,两端均通过双向复合器来完成波分复用的分波、合波功能。其分波、合波器的指标要求高,串光要很小。

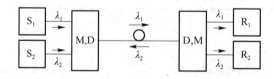

图 6.1.4　双向波分复用传输系统

3. 光资源的利用情况

目前,光纤数字信道主要采用同步数字系列(Synchronous Digital Hierarchy,SDH)传输。在每个光载波上可以调制 2.5 Gbit/s(或 10 Gbit/s)的数据。下面列出 SDH 用来传输数字电视的情况。以每个光载波传输 10 Gbit/s 的数据为例,传输数字电视节目的情况如表 6.1.2 所示。

表 6.1.2　每个光载波可传输数字电视节目的情况

每个光载波 传输的数据	可传 MPEG-1(2.048 Mbit/s) 节目数量	可传 MPEG-2(8.448 Mbit/s) 节目数量
10 Gbit/s	4 960	1 240

从表可知,10 Gbit/s 可传 4 960 套 MPEG-1 节目或 1 240 套 MPEG-2 节目。

6.1.2　数字电视光纤传输系统的组成

1. 数字电视光纤传输系统

数字电视光纤传输系统的组成如图 6.1.5 所示。发端包括信源编码部分和信道处理部分。信源部分包括视频编码、音频编码;信道处理部分包括信道编码、QAM 调制、光输入接口、光发射机。光接口部件是将简单二进制码转变为光纤传输线路码型所必需的部件。收端是发端的反过程。传输线路为光缆。

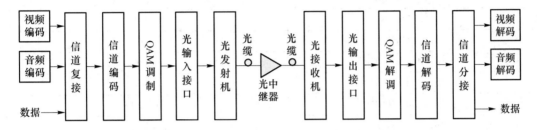

图 6.1.5　数字电视光纤传输系统的组成

2. 光纤线路码型

光纤线路码型采用 mBnB 码,其特点是将输入的简单二进制码流按 m bit(mB)为单元进行分组,每组 mB 二进制码称为一个输入码字,然后将每组码字在同样长的时隙内编为 n bit(nB)一组的码流输出,因此称为 mBnB 码。一般而言,$n > m$($n = m + 1$),故线路码比原二进制码的速率有所提高。常见的有 1B2B 码(适合低比特率传输)、3B4B 码(适合中比特率传输)和 5B6B(适合高比特率传输)码。

6.1.3　SDH 与 SONET

1. SDH

SDH 有世界统一的标准,传输标准如表 6.1.3 所示。采用世界统一接口速率,为实现世界范围内的通信带来了方便。

表 6.1.3　SDH 的传输标准

STM-1	155 Mbit/s
STM-4	622 Mbit/s
STM-16	2.5 Gbit/s
STM-64	4×2.5 Gbit/s(10 Gbit/s)
STM-128	$2 \times 4 \times 2.5$ Gbit/s(20 Gbit/s)
STM-256	$4 \times 4 \times 2.5$ Gbit/s(40 Gbit/s)
STM-512	$8 \times 4 \times 2.5$ Gbit/s(80 Gbit/s)

注:Synchronous Transport Module 简称 STM,即同步传送模块。

SDH 设备常见的接口速率如表 6.1.4 所示。

表 6.1.4　SDH 设备常见的接口速率

接口速率	提供形式
16×1.5 Mbit/s	用户定制
16×2 Mbit/s	标准
32×2 Mbit/s	标准
63×2 Mbit/s	标准
4×8 Mbit/s	用户定制
3×34/45 Mbit/s	标准
1×140 Mbit/s	标准
2×140 Mbit/s	标准
1×155 Mbit/s(O/E)	标准
2×155 Mbit/s(O/E)	标准
4×155 Mbit/s(O/E)	用户定制
1×622 Mbit/s(O)	标准
1×2.5 Gbit/s(O)	标准

注:O 表示光接口;E 表示电接口。

表 6.1.5 列出国外准同步数字系列(Plesiochronous Digital Hierarchy,PDH)常用的电接口和光接口情况。国内早期用 PDH 较多,新建网几乎不采用 PDH。

表 6.1.5　国外设置常见数据接口

电接口	比特率/(Mbit·s^{-1})	光接口	比特率/(Mbit·s^{-1})
E1/T1(DS-1)	2.048(1.544)	OC-1	51.84
E3/T3(DS-3)	34.368(45.76)	OC-3	155.522
		OC-12	622
		OC-48	2 400

注:OC-N 为光载波级 N(Optical Carrier Level-N)。

2. SDH 与 SONET 的比较

SONET 是北美提出的标准,它先于 SDH 标准。因此,SDH 与 SONET 有很多相同之处,如表 6.1.6 所示。

表 6.1.6　SDH 与 SONET 的比较

SDH	SONET		比特率/(Mbit·s^{-1})
	电信号	光信号	
	STS-1	OC-1	51.84
STM-1	STS-3	OC-3	155.52
		OC-9	466.56

SDH	SONET		比特率/(Mbit·s^{-1})
	电信号	光信号	
STM-4		OC-12	622.08
		OC-18	933.12
		OC-24	1 244.16
		OC-36	4 864.24
STM-16		OC-48	2 488.32
		OC-96	4 976.64
STM-64		OC-192	9 953.28

注:(1) SDH 是世界标准。

(2) SONET 是美国和加拿大标准。

(3) STS-N 是同步传输信号级 N(Synchronous Transport Signal-N)。

(4) OC-N 是光载波级 N(Optical Carrier Level-N);

(5) STM-N 是同步传送模块级 N(Synchronous Transport Module Leverl-N)。

由于数字传输信道对任何数字信号都是透明的,所以经压缩后的数字电视信号只要其传输速率和码型与接口相配,则可实现远距离传输。

6.1.4　数字电视传输的四级组网

中国幅员广阔、人口众多,全国范围数字电视传输网络的节点数众多,故全国范围的网络结构拟采用分层结构。根据业务联系的密切程度及地理、地域和行政划分,我国数字电视传输拟采用四级组网方式,即分为省际骨干网(全国骨干网)、省内骨干网(城域网)、本地网(局域网)和 HFC 网。

省际骨干网宜采用环形与树形相结合的拓扑结构,省内骨干网(地区网)可依据该省具体的地理条件,采用环形网、星形网和树形网等拓扑结构形式或多种拓扑结构混合形式。本地网可依据当地的具体情况,采用以环形、星形、树形为主的多种拓扑结构。用户接入网应以混合光缆、同轴电缆(HFC)为主要传输手段,以适应多种业务和功能,其传输网络总体结构如图 6.1.6 所示。建议在数字电视网络的建设中,骨干网传输采用光缆传输手段和数字同步传输技术(SDH),节目交换采用 ATM 技术。骨干网的传输速率初期采用 STM-16 系统制式,骨干网的节点一般采用数字分插复用器(ADM)即可,对一些重要的节点可同时配置数字交叉连接设备(DXC)。

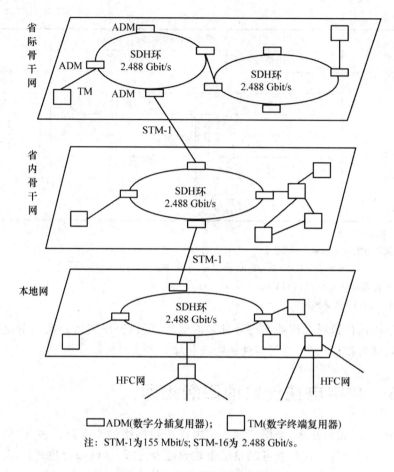

ADM(数字分插复用器); TM(数字终端复用器)

注: STM-1为155 Mbit/s; STM-16为 2.488 Gbit/s。

图 6.1.6　传输网络的总体结构

6.2　城　域　网

6.2.1　组建宽带城域网的方法

1. 宽带城域网的由来和概念

最初,城域网以一种专门的 DQD 网络技术出现,随着通信技术的快速进步,局域网技术在性能和功能方面大幅提高,并逐步广泛地应用于城域网和广域网领域,而广域网技术也常常应用于局域网和城域环境。因此,目前流行的宽带城域网已经不是一种特定的技术,而是一种概念,或者说是各类网络技术在城域范围内的综合应用。

宽带城域网是为了满足网络接入层带宽大幅度增长的需求而出现的,它主要面向数据和多媒体业务,其地理范围局限于城市内部,这一点非常类似于电话交换网的本地网。它在技术上综合采用广域网技术(如 IP over ATM、IP over SDH、IP/MPLS、ATM/MPLS)、局域网技术(如 10 Mbit/s、100 Mbit/s、1 000 Mbit/s 以太网技术、VLAN)和 LDSL 等。从技术层面看,它既不是局域网在地理范围上的简单扩大,也不是广域网在规模、地理范围上的缩小,而是两者巧妙、科学、合理的综合应用、融合和交互。宽带城域网在传输媒质上主要采用光纤,而在接入方式上则主要采用以太网、xDSL、DDN、FR、LMDS、ATM、扩频微波等技术,目前主要向普通用户和集团用户提供 Internet 高速接入、局域网互联和 VPN/VPDN 等业务。

城域网可看作 Internet 骨干高速城域接入网的延伸,就城域网本身而言,它是城市范围内一种相对独立的宽带 IP 数据网络。所以从概念上讲,城域网既是一个宽带接入网,又是一个本地宽带交换网,与普通接入网的最大区别在于接入网不具备交换或交叉连接能力,而城域网则具备这一功能。

宽带 IP 城域网具备高宽带和高性能,并可综合多种业务,具有电信级安全保证机制,并满足 IP 业务增长需求。其网络特点是覆盖面广、带宽充裕、接入方式多样、支持综合业务聚合、节约网络建设成本、便于网络维护和管理。

2. 宽带城域网的业务定位

网络的业务定位决定网络建设的关键技术,数据多媒体网络明显地存在三类业务。

第一类是具有 100% QoS 要求的业务,如电路出租业务(客户在租用的电路上开展实时业务)。这类业务的最佳解决方案是 TDM 技术或 ATM 电路仿真技术,也可在 FR 技术中通过设定较高的承诺保证速率值(CIR)实现。我国已经具备庞大的 SDH/PDH 网、DDN/FR/ATM 网,且这类业务的数量增长不会很多,因此这些业务最好由上述的已有的网络提供,宽带 IP 城域网目前提供此类业务仍有技术难点。

第二类是具有 x%($0<x<100$)QoS 要求的业务,如用于银行、证券、大型商场计算机联网的电路出租。这类业务不需要绝对的 QoS 保障,它们不用开设实时业务,对速率的要求也不是很高,但电路数量较多。这类业务目前主要采用 FR 技术,通过限定较低的承诺保证速率值和较大的突发速率值实现,宽带城域网可考虑提供部分速率很高的此类业务,但要求确保带宽和解决 QoS 保障。

第三类是无质量要求的尽力传送业务(Best Effort),主要用于 Internet 接入,这类业务不需要高 QoS 保障,但要求高带宽和接入速率,它不太在乎瞬时时延,但要求总体速度越快越好,价格越低越好。Internet 应用决定其技术必须非常灵活,用户可能现在还在欧洲,时而可能又要到美国。越来越多的网站需要更高的速率供客户访问,这些业务是宽带 IP 城域网面临的主要业务之一,尤其是网吧这种形式,是宽带上网的一种典型应用。

目前,在我国建立的 SDH 宽带数字电视广播骨干网实际上是数字电视传输用的专网。因此,可以在宽带城域网上大量承载数字视频广播业务。

3. 宽带城域网骨干层技术的选择

宽带城域网骨干层的技术主要包括三类:第一类从 ATM 技术发展而来,分为 ATM(MPLS)技术和一机双平面技术 ATM(MPLS)+NATIVE IP;第二类从 IP 路由器技术发展而来,即 IP(MPLS)技术;第三类为以太网/IP 的二/三层交换技术。

(1) ATM(MPLS)技术和一机双平面 ATM(MPLS)+NATIVE IP 技术

ATM 技术具有较强的综合传送能力,可动态分配带宽,用于传输突发数据,也可保障固定带宽业务。ATM 属于面向连接的技术,可通过建立虚电路进行数据传输,易于实现资源控制。

ATM 采用固定长度信元,信元头非常精简,交换快速、灵活,传输时延和时延抖动量非常小。此外,ATM 技术还具有以下特点。

① 电路连接按需建立。

② 查表方式简单。

③ 通过信令进行表维护。

④ 无失序传递。

⑤ 比纯路由选择快速。

然而,不同的应用对 ATM 业务的质量要求差别甚远:话音对时延敏感;数据对误码率要求苛刻;影视业务对时延和误码率均有要求;Web 业务对突发性和灵活性要求高。这是一个多目标控制问题,比分组交换网或电路交换网的单一目标复杂得多。

ATM 技术的目标是集成话音、数据、视频业务,涉及的技术复杂,但其性能在话音方面不如 PSTN,在数据方面不如 FR 和 IP 路由器,在视频方面不如电视网,其真正的优势在于具备综合能力。此外,ATM 技术在支持 IP 方面存在着以下缺点。

① ATM 的综合能力是通过丰富的 QoS 参数实现的,但基于 QoS 的业务仅局限在连接两个边缘路由器的 ATM 链路上,不具备端到端 QoS 能力。

② IP over ATM 不能提供完全的 QoS 保证。目前,还没有一种标准能完全实现 IP 优先级 QoS 与 ATM QoS 的映射关系,在复制多路广播方面效率不高。

③ ATM 的综合性能使其技术实现复杂,导致管理复杂。

④ 基于 Web 访问的 HTTP 连接时间很短,域名解析与 HTTP 传送的数据量很小;IP 流量快速增长,将 IP 数据流映射到 ATM SVC 后在建立与拆除连接上耗费大量的时间和资源;对 ATM 交换机呼叫处理能力要求太高,呼叫时延大,与 IP 业务流相应的 VC 连接数存在指数增长 $O(N^2)$ 问题。

⑤ IP 技术自诞生以来一直快速增长,ATM 始终在为更好地支持 IP 而努力,但其先后推出的各类方法都不是非常理想,如 Classical IP over ATM(CIP)、RFC1483、LANE、MPOA 等,其中非常重要的一项原因就是复杂的地址解析和可扩展问题。

ATM 交换机技术的一个发展趋势是向集成模式发展,业界看好 MPLS 技术。

MPLS 将面向连接的机制加入面向非连接的 IP 协议,通过标签将 L3 路由信息映射到 L2 交换中,既保持 IP 协议的灵活性、可靠性和可扩展性,又可充分利用 ATM 交换机快速交换能力及资源管理机制,大大地提高了数据转发速度和网络吞吐量,有利于 QoS 的实现。从 MPLS 的实现机制看,在 ATM 上实现 MPLS 是解决 IP 支持不力的唯一有效的方法。但到目前为止,MPLS 的标准化进程仍然在进行之中,距离实用化和实现不同厂家设备互联尚需时日。但是,随着技术的不断发展和成熟,此项技术从长远看是唯一有可能实现三网融合的技术。

ATM 交换机技术的另一发展趋势是在 ATM 交换机上实现 NATIVE IP 和 MPLS,即一机双平面。简单地讲,就是一台交换机既是 ATM(MPLS)交换机,又是路由器,具备 ATM(MPLS)交换功能和接口(ATM NNI、UNI),也具备标准路由器的路由功能和接口(如 POS,GE)。

(2) IP 路由器技术

IP 路由器技术最初是为了解决计算机网络互联问题而产生的,传统的路由器具有以下优点。

① 采用完全无连接方式工作,不需要复杂的信令,无连接丢失,简单,有效,灵活。

② 具有灵活的寻路机制,每个 IP 数据包独立、单向寻找目的路径,具有许多优秀的网络特性,如自动绕过网络故障或阻塞部分,维持用户间的通信;满足点到点单向、点到点双向、点到多点、多点到多点、广播等网络通信方式。

③ 适合非实时数据通信,包括少量实时业务。

④ 具有较强的健壮性,利于异种网络互联。

⑤ 适合互联网传统应用,如 E-mail、FTP 和 WWW 检索等。

同时,传统路由器也存在着明显的缺点。

① 寻径算法复杂。

② 经协议进行表维护。

③ 可能出现失序传递,IP 包逐个路由器寻址,即逐跳寻址;端到端时延大,时延抖动大。

④ 路由器逐个包进行地址解析、寻址和过滤,引入额外时延,不同路由周期或负载均衡时,同一目的的 IP 包可能选择不同路由,不适于实时业务。

⑤ 每个路由器独立寻址,使网络流量规划和基于 QoS 的寻址十分困难。

⑥ IPover SDH 路由器模式在网络链路带宽紧张时,短包在长包之后,时延变化较大。

⑦ 随着 Internet 规模继续扩大,路由器和子网的数量不断增加,路由表项急剧膨胀,影响路由表修改的事件数目急剧增长,用于路由表刷新的开销(包括路由器 CPU 资源、交换路由信息耗费的网络带宽)加大,任务变得非常繁重。IP 包可能经过的路由器数目增加,被处理次数和传输时间随之增加,丢失的概率增大,更难保证 QoS。

但是,随着技术进步,路由器已经从传统的基于总线交换、软件包转发和集中式处理结构改变为交换矩阵、硬件包转发和分布式处理结构,处理能力和吞吐量大大提高,而且更加健壮的网络资源管理控制机制(如 MPLS 和 RSVP)及 IP over DWDM 技术使网络带宽几乎不出现阻塞,加上用户端的缓冲和压缩技术,可以较好地在城域甚至广域范围内开展实时业务,其 QoS 水平几乎可与 TDM、ATM 电路仿真媲美。

另外,须注意的一点是,ATM 采用 MPLS 主要是为了更好地支持 IP,而千兆比特路由器向 MPLS 发展的目的是为了进一步改善实时业务支持能力和全面流量工程,两种方式在实现方式上互相借鉴,并有统一趋势。

许多 IP 路由器已经实现 MPLS 并具备 ATM UN1 接口,但不具备 ATM 交换和中继,也无此开发计划,因为 ATM 技术毕竟太复杂,要在原路由器的结构内实现 ATM 交换和复杂的信令非常困难。由此可知,两者的统一趋势是不平衡和不对称的,或者说 ATM 的变化幅度更大,而路由器的变化相对较小。若使路由器达到 ATM 的绝对 QoS 保障,不仅实现难度大,而且会使路由器失去其原有的优势。

对以数据多媒体业务为主的宽带城域网络,应优选千兆比特路由器(具备 MPLS 和一定功能的 RSVP)来组建。

(3) 以太网/IP 的二/三层交换机技术

以太网技术是目前应用最为普遍的局域网技术,随着技术的不断改进和新功能的加入,其性能也不断地大幅提高,并已广泛应用于城域网或广域网。

目前,许多以太网交换机为了使网络更加灵活、方便,常常带有路由交换功能。特别是基于智能可编程 ASIC 技术的第三层交换器，既包括二层和三层交换功能，还具备路由寻址功能，可以作为网络主干交换器，既可根据多种方法定义和配置 VLAN，又能在不附加其他路由设备的情况下实现 VLAN 间的通信。无论从网络结构，还是从降低网络传输时延来说，第三层交换技术都不失为一种非常理想的选择。

在不到 20 年的时间里，以太网技术从 10Base-T、100Base-XX 发展到 1 000Base-XX，向前跨出三大步，满足本地网络带宽的拓宽需求。

以太网/IP 的二/三层交换机的主要优势集中在第二层交换，第三层交换时路由不是其强项，但如果过多地依赖第二层功能，则可能引致广播风暴危险和 Spanning Tree 收敛时间过长等问题，过多地划分 VLAN 还会使网络流量难以控制，导致管理复杂。

此外，由于 PPPoE 等业务需要建立在全程第二层技术上，所以从用户到接入服务器的跨骨干 VLAN 是必要的，然而大型 VLAN 本身存在着无冗余备份的隐患，若采用 VRRP 实现备份则又使 Spanning Tee 更大和更复杂。

第二层交换技术对于 PPPoE、DHCP（与 Radius 认证配合）等接入服务具有较好的效率，更有利于认证、计费和带宽的管理。

综上所述，在大型 IP 宽带城域网（如广州、深圳）的骨干层不宜采用此类技术，但在中小城市网络前期业务量不大时，该项技术是一种较好的选择。随着业务的增加和发展，网络逐步过渡到骨干层采用高性能路由器技术，外围仍为二/三层混合分布式结构远景。当骨干层采用纯路由模式时，可将宽带接入服务器设备分散放置。另外，虽然可以在高性能路由器上划分 VLAN，但这样无疑是大材小用，即将路由器作为交换机使用，是一种浪费和效果不佳的做法。

6.2.2　宽带城域网的规划设计原则

作为长途骨干网在本地的延伸，城域网必须与长途骨干网络保持协调发展，从而有效地为长途骨干网吸纳业务流量。因此对城域网提出新的要求。

“城域网”的概念产生于 20 世纪 90 年代初期，原指连接局域网（LAN）和广域网（WAN）的网络，其覆盖范围一般为一个城市。目前，各运营商的网络建设为城域网注入新的含义。

目前的势态：大力建造以 IP 为基础的宽带城域网络；定位在全业务综合服务，以 ATM/SDH 构建本地网络；不遗余力地致力于高速数据网络的建设。建设的特点是网络的宽带化、分组化、接入的综合化、IP 化，根本目标是架构城域无阻塞高速数据承载平台，营造城市发达信息交通。

长途网络设计一般集中在网络容量和传输特性，而城域网更关注业务传送（如网络灵活性、可管理性及业务透明性），带宽可扩展性、业务管理和电路分配等因素。

1. 城域网技术的选择

宽带城域网是一个面向社会提供数据、话音、视频的综合、开放式、运营级平台。最先考虑的因素是针对客户的实际需求，即根据网络提供的业务需求选择相应的、合适的技术来建设宽带城域网。另外，为建设宽带城域网，在技术选择中，应由技术发展趋势、技术特点、技术成熟性及将在此网络上开放的业务特性等因素决定,并采用最合适、最经济和最具发展潜力的技术。

目前,在宽带数据通信网络技术选择上出现 ATM 和 IP 两种技术,这使宽带数据网络的设计和建设存在两种不同方式,这两种技术均可以构建宽带数据网络,分别称为 ATM 宽带数据网络和 IP 宽带数据网络。ATM 网络的核心节点设备为 ATM 交换机,实现信元的高速交换;IP 网络核心节点为千兆位或太兆位路由器。

ATM 技术是在全业务、综合网络的理念下发展起来的面向连接的分组交换技术,支持多比特率、多业务的能力,具备鲜明的统计复用和 QoS 保证等特点,以实现高的带宽利用率。它采用固定长度的短分组在网中传送各种通信信息,便于硬件的高速处理,具有完善的流量控制功能和阻塞控制功能,在保证网络运行效率的同时保证网络的安全可靠。采用 ATM 技术组建数据通信网络的目的是承载各种现有业务和将来可能有的业务,以适应未来网络发展的需要。

ATM 技术在力求综合全面的同时,带来的最大问题是协议过于复杂,设备价高而速率有上限(速率上限为 622 Mbit/s,2.5 Gbit/s 接口设备的价格高),就目前 ATM 产品来说,由于 ATM 技术复杂,协议兼容性较差,不同厂商 ATM 产品之间还很难互通。在话音业务的支持上,尚无明显技术经济优势;在话音等实时业务的传送上,还达不到 SDH 所具有的特性。因此,目前 ATM 技术通常用于数据通信领域,主要承载 IP 业务和支持高速带宽出租业务。在支持带宽出租业务方面,ATM 已确立其作为 DDN、FR 等技术的升级换代产品的地位,即作为核心的传输和提供更高的接入带宽。在支持 IP 业务时,ATM 可以采用的技术有重叠模式的 LANE、ATM 上的多协议 MPOA、Classical IP over ATM、RFC1483B 等,以及综合模式的 IP 交换、标记交换、IP Navigator 和 MPLS。重叠模式套用 OSI 七层模型的思想,其主要问题是两种网络两套协议,增加了网络管理的复杂度,传输效率低,使网络规模难于扩展,ATM 本来有很强的服务质量功能,但在与 IP 设备互联时,不能体现端到端服务质量,难于提供 QoS 路由选择、流量工程等先进特性。因而,电信界将希望寄托于综合模式,特别是 MPLS 的发展上。MPLS 综合具有标记交换的转发部分和网络层路由信息的控制部分,其原动力并不是为了提高分组的转发性能,MPLS 最重要的优势在于提供现有传统 IP 路由技术所不能支持的更高等级的基础服务,主要体现在网络流量工程、业务服务等级和虚拟专网(VPN)。但是,MPLS 协议标准的完成和实施还有待时日,在 MPLS 的组播技术、MPLS 与光纤传输系统的统一、MPLS 拥塞控制措施以及 MPLS 与域间路由的配合等方面有待完善。目前的实现方式基本是各厂家设备的内部协议,互通性较差。但是,MPLS 技术必将成为组建下一代宽带城域网数据网络的主流技术。

IP 技术是应用最为广泛的技术,其实现比较简单,经济投入比较低,互通性好。利用千兆以太网技术、POS 技术、IPover SDH/DWDM 技术组建数据通信网络可以借鉴在局域网中已经取得的成功经验,实现局域网与广域网的无缝连接。但是,由于 IP 技术本身固有的面向无连接特性及 IP 路由协议基于尽力传送的设计特点,纯 IP 路由器网无法满足公网所必需的用户接入与传送服务质量要求。IP 技术对网络流量缺乏有力的控制。随着网络规模的扩大,网络复杂度呈现非线性增长的趋势,网络越来越难以管理,特别是在城域网中用户群体成分复杂,恶意攻击使缺乏监控手段的网络更不安全。因此,它的未来取决于 Everything over IP 相关技术的发展与用户对实时业务的要求。现在的千兆/太位路由器等都在努力利用各种技术对 IP 业务实施流量控制工程。QoS 服务分级,一些新技术〔交换技术、视频压缩技术(如 MPEG-2)〕、新协议(IPv6、RTP、RTCP、RSVP 等)、新标准(如 IEEE802.1Q、IEEE802.1p 等)和 IP VPN 技术的出现使得在宽带 IP 网上开放视频和音频等多媒体数据业务成为可能,网络的安全不断地被改善。从目前的使用情况看,ATM 承载 IP 业务的优势正逐渐被新兴的千兆/太位路由器设备所取代。

除了考虑技术的先进性和应用领域的特殊性外,投资成本是考虑的重要方面。相对 IP 技术来说,采用 ATM 技术目前投资要大一些,而 GE 的造价比 ATM 低,性能价格比好,投资利用率较高。

ATM 和 IP 技术各有优势,也各有缺点。纯 IP 技术组网无法向用户提供话音接入、带宽电路出租等业务,不能真正一网多用,而 ATM 技术组网能充分利用 ATM 技术的优点,实现带宽可控、安全度高、时延小的高品质多媒体应用和商业用户互联服务,特别适应金融企业的需求,同时能够提供低 QoS 的 Internet 业务。对于大量的 Internet 数据业务,大部分流量流向城域网以外或城域网中的某一节点,因此,宽带城域网的功能主要以业务复用为主。IP 技术的主要优势在于灵活的路由,但这些优势在城域网内不明显;相反,ATM 的主要优势在于对各种业务(包括 Internet 业务)的统计复用。以 2 Mbit/s 接入为例,IP 只能提供尽力而为的服务,按流量计费;SDH 只能提供完全保证的服务,按时长计费;ATM 可以CBR、VBR、ABR、UBR 等多种服务类别,按时长、端口、流量、平均流量、最小流量等或组合方式来计费,消费者可根据各自的情况自由选择。

从以上分析来看,采用 ATM 似乎是目前最好的选择。但是,相对 IP 技术来说,ATM 技术目前投资较大。例如,在智能化小区的建设中,须提供成千上万的以太网端口,若直接由 ATM 设备来提供,成本太高,而且 ATM 技术对于大量的 WWW 浏览、FTP、E-mail 等 Internet 业务应用,存在协议复杂、承载 IP 存在信元税、传输效率低、不能实现分布路由转发等缺点。如果采用千兆以太网加以太网交换机,价格相对低。

SDH 作为一种成熟的传输技术在现代通信网络中广泛应用,它具有灵活的光电分插复用、完备的自愈保护机制,使网络安全可靠,业务提供透明度高,其缺点是传输容量易受限制,在提供宽带出租业务时,虽可保证可靠的业务质量,但不具备灵活带宽分配机制和带宽的动态统计复用功能,对带宽的提供只能是有级的。SDH 主要为电路交换网络设计各种指标,如同步、自愈、抖动等性能。在 IP 网络中,这些指标的要求不一定相同,因而造成 IP over SDH 功能重复。目前,大部分 SDH 设备虽然也能提供 DDN、FR、IP 等接入手段,但电路调度非常复杂,当两个环间的通信量为 10 Mbit/s 时,SDH 采用多个 VC 通道结合的方式,相对 ATM 环明显缺乏灵活性。SDH 主要应用于提供对时延敏感的业务,在对大型集团用户提供高速率专用透明电路传输方面也有用武之地。从组网方案的成熟度而言,SDH 环比 ATM VP 环更实用,所以在建立数字电视骨干网和城域网时采用 SDH 技术。

2. 宽带城域网的结构

应结合网络资源确定宽带城域网的业务定位,并根据业务定位选择具体的技术来组建宽带城域网络。下面以目前较为流行的路由器加二/三层交换机模式为例,介绍典型的宽带城域网组网模式。

为了避免边界处出现过多的 EBGP IBGP 路由,使网络流量合理、疏通,本例采用两台高性能路由器充当边界路由器,如图 6.2.1 的 A、B 节点。

　　骨干层分为核心层和汇接层。其中,核心层的高性能路由器采用全网状或半网状构成,如图 6.2.1 的 C、D、E、F 节点,中继链路采用 2.5 Gbit/s 的 POS 或 GE,每台路由器采用 GE 方式连接高性能二/三层交换机,如图 6.2.1 中的 C_1、D_1、E_1、F_1 节点。汇接层的总节点由二/三层交换机构成,每个汇接层的交换机采用 GE 链路双屋型连至核心层交换机。

　　宽带接入服务器的数量配置最好与核心层节点对应,即每个核心层节点配置一台宽带接入服务器,并与对应的核心路由器和核心交换机连接,保证接入服务能够在第二层到达接入服务设备,同时又不致使第二层的延伸范围过分庞大。

　　当网络中宽带专线业务较多时,可建立汇接层交换机到核心路由器的直达链路,如图 6.2.1 中的 G 节点,从而有效地利用城域网路由层面。

　　接入层可根据业务需要、线路资源及成本等因素,选择合适的技术,采用单 GE 或其他链路连接到核心层或汇接层的交换机。

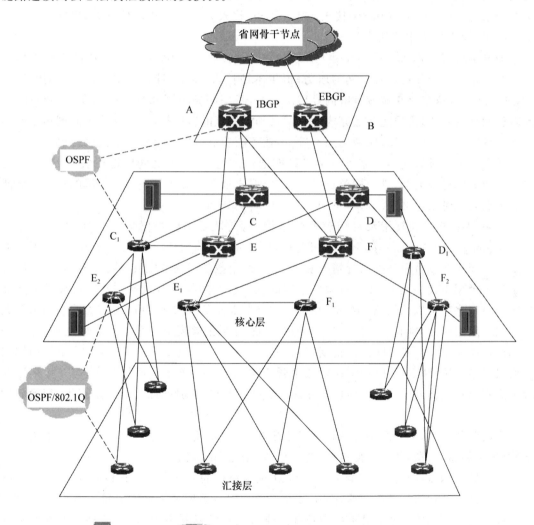

图 6.2.1　宽带城域网组网的典型模式

从网络结构层次看,城域信息网由骨干层、汇聚层和接入层、业务平台和管理平台组成。

骨干层即核心层的主要功能是为边缘层网络提供高速的数据交换,其网络结构以网络业务流量和流向特征进行设计。主流设备采用吉比特或太比特线速路由器、大容量 ATM 交换机或大容量 SDH 交叉复用设备,提供高速的核心交换功能和快速的路由处理功能,满足核心网复杂路由协议支持、策略分布等方面的需要。

汇聚层是骨干层与接入层之间的桥梁和中介,是骨干层的延伸,完成业务汇聚和 IP 交换处理,是接入层各种接入方式的终结点和 PVC 聚合点,一般包括中高档路由器、ATM 交换机或集中复用器、局域网交换机和宽带接入服务器、SDH 复用设备。

接入层的作用是将终端用户接入宽带城域网络。目前的几种宽带接入技术有 xDSL (ADSL 和 VDSL)、Cable Modem 接入、10 Mbit/s/100 Mbit/s/1 000 Mbit/s 以太网接入和无线接入(LMDS)等,这些接入技术有效地解决了 FTTH 的“最后一公里”问题。对于电信运营商来说,以 10~100 Mbit/s 接入为主,ADSL 接入方式为辅是最佳方案,以实现 LAN/MAN/WAN 无缝平滑连接。

城域网分层设置,结构清晰,便于各层独立发展,网络相对稳定。业务层的主要作用是为了减轻城域网的发展对骨干网的压力,提供本地接入、认证、计费、VPN 和统一网管等功能,使本地的业务尽量在城域范围内处理。同时,考虑到城域网和骨干网的发展不平衡,以及多种网络的互通,需要业务层完成业务配合和媒体流的转换控制,以完成不同网络之间的互通。在网络建设的初期,城域网用户较少,业务层功能可以完全由骨干网来提供。

骨干层节点设置应尽量靠近主干光纤网通达的地方,节点之间应进行负荷均衡设计。在初期业务流量不大时,骨干层节点不宜过多,但要求节点设备必须具有平滑的扩容升级能力。节点之间可采用 2.5 Gbit/s 的 ATM、GE 或 POS 互联。

汇聚层主要完成复用及复用后的数据传送,前期复用后数据带宽主要为 2 Mbit/s、$n×2$ Mbit/s、155 Mbit/s 等,随着业务量的增长,可采用 622 Mbit/s、2.5 Gbit/s 等更高的带宽。汇聚层节点可以根据实际情况和需求建设,个数随网络的发展从无到有,在局所的选择上应选择用户较为集中、光纤资源较丰富的地点作为边缘层节点所在地。汇聚层节点和骨干层节点之间可以采用 ATM 155 Mbit/s 或 622 Mbit/s GE 或 POS 方式相连。如果汇聚层节点采用路由器,则和骨干层相连可采用 POS;如果汇聚层节点采用局域网交换机,则采用 GE 方式。在城域宽带网建设初期,用户较少,汇聚层可以采用有 VLAN 功能的局域网交换机或 ATM MUX,路由和交换功能由骨干层完成。随着用户量的增大,应在汇聚层配置中高档的路由器或 ATM 交换机来完成区域路由和交换功能,减轻骨干层路由、交换处理的压力。

在实际建设中,网络结构往往根据城市规模、用户群范围、业务量大小来确定采用二层结构(骨干层、接入层)还是三层结构(骨干层、汇聚层和接入层)。

宽带城域网市场目前还依赖 IP 和 ATM 网络提供的 Internet 业务和宽带数据业务,有些高实时性业务和透传业务仍采用 SDH 承载。MPLS 系统使人们看到统一运营网络平台的一线曙光,但 MPLS 的商用还有待时日。通信技术的发展极为迅速,各种技术都在吸取对方的优点,逐渐融合。

6.2.3　宽带智能综合业务城域网

城域范围内的接入网是连接用户与运营商的纽带,谁先建设好面向最终用户的数字化、宽带化、智能化的综合业务通信信息接入网,谁就掌握了未来通信网的命脉和主动权;谁在接入网的技术和业务上占优势,谁就会赢得更多的用户。

综合业务城域网建设的总体目标应该是建设一个以大容量光纤传输网络为主体,以宽带多业务交换网为核心,以多元化综合接入网为基础的,支持端到端话音、数据、图像、多媒体、Intemet 及各类增值业务的综合业务接入网,实现业务网在城域范围内的延伸和覆盖,完成本地业务接入。城域网建设初期主要面向大用户,包括政府部门、金融行业、企事业单位、商住楼、宾馆和智能小区等。

根据综合业务城域网的建设目标和市场定位,以 ATM＋IP 技术构筑城域网是较为切实可行的。IP 与 ATM 的结合是面向连接的技术与无连接技术的统一,也是选路与交换的优化组合。可以充分利用 ATM 速度快、颗粒细、拥有多业务支持能力和 IP 简单、灵活、易扩充和统一的优点,从而达到两种技术优势互补的目的。

1. ATM＋IP 网络提供更多的业务

城域网所承载的业务主要为数据专线业务、IP 业务、话音业务、图像业务(H. 323 和 H. 320 等)。ATM 技术本身能提供 QoS 保证,并且具有良好的流量控制均衡能力以及故障恢复能力,网络可靠性高,而 IP 协议将成为未来网络控制、应用、管理的主要协议。因此,可利用此特点提高 IP 业务的服务质量,发挥 ATM 可综合多种业务的能力。

另外,城域网适合作为移动通信网的中继传输网,GSM 的话音信号和控制消息通过 ATM 交换机转换成 ATM 信元,并传送到对端 GSM 交换机的应用已在 Release 99 中定义,针对这种应用的 AAL 层封装格式 AAL2 的标准也在 ITU-T 中正式颁布。当 Release200 定义 IP 作为 3G 核心数据网的组网技术时,今天建设的城域网完全成为 3G 的 IP 数据核心网。

2. ATM＋IP 网络引入 MPLS 技术

多协议标签交换(Multiprotocollabel Switch,MPLS)是 ATM＋IP 融合的一种最佳解决方案。MPLS 技术是为了克服目前 IP 技术的尽力传送、无 QoS 保证、无流量控制的缺陷而提出的。MPLS 基于标记交换的机制,作为一种第三层的技术,它可以实现将第三层的包交换转换成第二层的包交换,可以在目前所有二层的主流技术上实现帧中继、PPP、以太网等。此外,MPLS 可以提供低时延的单跳交换,既可以支持 HoP by Hop 传统路由,又可以支持 ER 显式路由,从而对网络业务量进行工程管理,保证端到端的服务质量,并可以保证网络可扩展,这都是传统路由器不能提供的。

MPLS 技术仅仅经历三年时间就已发展成为被业界推崇的下一代宽带网络技术,这与它强大的技术优势(能够同时支持多种协议,保证 IP QoS 的应用,有效实施流量工程)是分不开的。虽然,目前 MPLS 技术在 QoS 标签分配信令、解决 VC 合并、传输分类业务等许多方面还有待进一步完善,但我们可以看到,MPLS 在路由效率、速度、流量工程、服务质量以及网络的灵活和可扩充方面相对于传统路由器和专用第三层交换技术有着不可忽视的优势。

3. 网络分层过渡方案

MPLS 技术全面应用有一个过程,各设备制造商的 MPLS 技术在互通等方面还有待完善,在这样的前提下,如何更好地利用现有成熟的技术,在有限的投资条件下使网络既能够满足当前业务的需求,又能够平滑地向基于未来的目标演进,是网络建设者最为关心的课题。

就目前综合业务城域网的业务需求和业务种类分析,综合考虑网络的经济问题和发展问题,可以采用分层解决的方式,如图 6.2.2 所示。

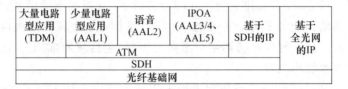

大量电路型应用 (TDM)	少量电路型应用 (AAL1)	语音 (AAL2)	IPOA (AAL3/4、AAL5)	基于SDH的IP	基于全光网的IP
	ATM				
SDH					
光纤基础网					

图 6.2.2 网络分层过渡方案

ATM 几乎可以承载所有业务,并具有非常好的 QoS 能力,技术成熟。因此,现阶段城域网的主体应采用 ATM 平台,但考虑到 ATM 承载电路型业务和 IP 业务的效率和经济因素,对于大量电路型应用,仍可采用其他方式实现。例如,对于需求较大的电路应用,可采用 TDM 方式,对于 IP 应用,可采用 IPoS 等方式。总之,以 ATM 和 SDH 作为城域网的主体是现阶段既切实可行,又经济有效的解决方案。

当 MPLS 技术完善后,由于 MPLS 兼具 ATM 的高 QoS 保证及 IP 的高效率,原来基于 SDH 和 ATM 的各类专线应用、IP 应用、语音业务等均能通过 MPLS 来实现。期待以 MPLS 技术实现 ATM 和 IP 融合的目标网络,如图 6.2.3 所示。

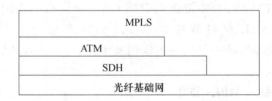

图 6.2.3 采用技术实现 ATM 和 IP 融合的目标网络

6.2.4 基于 IP 的城域网(MAN)流媒体服务系统

随着 Internet 的飞速发展,流媒体(Streaming Media)技术的应用越来越普及。众所周知,在 Internet 上传输音频、视频等多媒体信息,目前主要有下载和流式传输两种方式。对于用户比较熟悉和经常使用的下载方式而言,下载一个多媒体文件历时数分钟或数小时是很平常的事,这是由于通常多媒体文件相对于其他类型的文件而言较大,以及网络带宽具有限制性。为此,用户需要一种突破带宽限制的新的信息传输方式,于是流媒体技术应运而生。

流媒体是指采用流式传输的方式在 Internet 播放的媒体格式,而流式传输方式则是将整个多媒体文件经过特殊的压缩方式分成多个压缩包,由视频服务器向用户计算机连续实时传送。在采用流式传输方式的系统中,用户不必像采用下载方式那样等到整个文件全部下载完,而是只需经过几秒或几十秒的启动延时即可在用户的计算机上利用解压设备对压缩的多媒体文件解压,然后进行播放和观看。此时多媒体文件的剩余部分将在后台的服务器内继续下载。与单纯的下载方式相比,这种对多媒体文件边下载边播放的流式传输方式不仅使启动时延大幅度缩短,而且对系统缓存容量的需求也大大降低。

由于目前的网络带宽还不能完全满足巨大的多媒体数据流量的要求,所以在流媒体技术中,应首先对多媒体文件数据进行预处理后才能进行流式传输。它主要是采用先进有效的压缩算法。其次,它的实现仍须缓存。这是因为 Internet 是以包传输为基础进行断续的异步传输,数据在传输中要被分解为许多包,但网络又是动态变化的,各个包选择的路由可能不尽相同,故到达用户计算机的时延也就不同。所以,使用缓存系统是用来弥补时延和抖动的影响,使数据能连续输出,不会因网络暂时拥塞而使播放停顿。第三,流式传输的实现需要合适的传输协议。目前,支持流媒体传输的协议主要有以下两种。

第一种是实时传输协议(Real-time Transport Protocol,RTP)。RTP 采用将流媒体数据封装进 RTP 包的方式。RTP 可在点对点或一点对多点的情况下工作,该协议可提供时间戳和实现流同步等功能。为了保证实时传输,RTP 一般使用 UDP/IP 协议来传送数据,但这并不是唯一的方式,RTP 完全可以架构在 TCP/IP 或 ATM 等协议上。RTP 体现媒体数据的传送和交互控制分离的思想,一个 RTP 会话启动时将打开两个端口:一个是 RTP;另一个是实时传输控制协议(Real-time Transport Control Protocol,RTCP)。RTP 依靠 RTCP 为按顺序传送数据包,提供可靠的传送机制,并提供流量控制或拥塞控制。RTCP 和 RTP 一起提供流量控制和拥塞控制服务。在 RTP 会话期间,各个会话的参与者周期地传送 RTCP 数据。服务器可以利用这些信息动态地改变传输速率。RTP 和 RTCP 配合使用,它们能以有效的反馈和最小的开销使传输效率最佳化,因而特别适合传送网上的实时数据。

第二种是实时流协议(Real-time Streaming Protocol,RTSP)。RTSP 是由网络流媒体业界的 Real Networks 和 Netscape 公司共同提出的,该协议定义一对多应用程序如何有效地通过 IP 网络传送多媒体数据,是位于 RTP 和 RTCP 基础之上的应用层协议。它使用 TCP 或 RTP 完成数据传输。使用 RTSP 时,客户程序和服务器程序都可以发出连接请求。

1. 系统结构简介

未来的流媒体服务系统必然会在城域网和广域网上得到应用,在目前的条件下,构思一个城域网的大规模 IP 网络流媒体系统可以采用图 6.2.4 所示的方式。在整个城域网 VOD 系统解决方案中,视频服务系统位于核心网络的边缘,这种集中式的组网结构非常适合基于 C/S 模式的流媒体应用。

2. 分布式与集中式体系结构的选择

图 6.2.5 所示为一个内容提供者和服务提供者合一的解决方案。基于 IP 的解决方案还有别的选择,例如,采用分布式体系结构,将内容提供者和服务提供者分离,内容提供者位于核心网络的边缘,而服务提供者则分布在各个 IP 社区子网的边缘,即 IP 接入服务网关一级。在骨干网络的带宽有限的情况下,采用这种方式是一种较好的方式,而在目前骨干网络带宽不成问题的情况下,这种方式反而不再具有优势。

在集中式系统在骨干带宽不成问题的情况下,虽然解除了网络瓶颈,但在进行某些对称

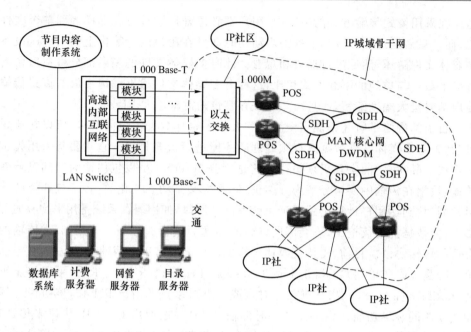

图 6.2.4　城域网级流媒体应用解决方案

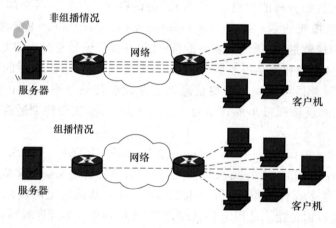

图 6.2.5　非组播与组播模型

应用（如视频通信等）时采用分布式组网更适合，并适于采用分布式管理和处理的方式。未来的流媒体应用综合了以 VOD 为代表的非对称性应用和以视频通信为代表的对称性应用，网络的结构必须能很好地适应这些应用。

除了非对称性的 VOD 等应用外，还可实现视频通信等多种对称型视频应用，分布式系统正好是实现这些应用最好的组网方式，因此未来的 IP 流媒体服务系统必然是集中和分布式相结合的服务平台，整个平台将成为一个多媒体运营服务体系结构。

3．广播的实现

IPv4 和 IPv6 协议对点对点和广播型应用都进行了定义，如图 6.2.6 所示，其中 IPv4 的 D 类地址是专门用于组播（Multicast）应用的地址，范围是 224.0.0.0 到 239.255.255.255，并将这些地址划分为局部链接组播地址（224.0.0.0～224.0.0.255，用于局域网，路由器不转发属于此范围的 IP 包）、预留组播地址（224.0.1.0～238.255.255.255，用于全球范围或网络协议）、管理权限组播地址（239.0.0.0～239.255.255.255，在组织内部使用，用于限制组播范围）。

IPv6 的地址以前 8 位为 1 表示组播地址，在 IPv6 中为组播地址提供许多新的标识功能。

流媒体应用中的许多功能必须借助 IP 组播来实现，这样才能使资源的利用更合理。组播是一种允许一个或多个发送者（组播源）发送单一的数据包到多个接收者（一次，同时）的网络技术，组播源把数据包发送到特定组播组，而只有属于该组播组的地址才能接收到数据包。准视频点播（Near Video On Demand，NVOD）的应用、数据广播、现场直播等应用虽然借助于单播（Unicast）也可以实现，但那样网络资源的占用太大，借助组播来实现可以以最小的网络带宽占用量给众多的组用户发送数据。组播可以大大地节省网络带宽，因为无论有多少个目标地址，在整个网络的任何一条链路上只传送单一的数据包。要实现 IP 组播传输，则组播源和接收者以及两者之间的下层网络都必须支持组播，这包括以下几方面。

IPv4 组播地址格式：

bit　0　4　　　　　31

| 1110 | 组标识符 |

IPv6 组播地址格式：

bit　0　7　8　11　12　15　16　127

| 全 1 | flags | scope | 组标识符 |

域	值	含义
flags	0000	永久组播地址
	0001	动态组播地址
scope	0001	本地结点
	0010	本地链路
	0101	本地网点
	1000	本地组织
	1110	全局组播地址
	其他	保留或未指定

图 6.2.6　IP 组播格式

（1）主机的 TCP/IP 实现支持发送和接收 IP 组播。

（2）主机的网络接口支持组播。

（3）有一套用于加入、离开、查询的组管理协议，即 IGMP(v1,v2)。

（4）有一套 IP 地址分配策略，并能将第三层 IP 组播地址映射到第二层 MAC 地址。

（5）支持 IP 组播的应用软件。

（6）所有介于组播源和接收者之间的路由器、集线器、交换机、TCP/IP 栈、防火墙均支持组播。

和 HFC 网络天然的频道分割方式不同的是，在 IP 网络中实现广播功能比点播来得复杂，而组播是在未来的 IP 网络中作为支持视频会议、NVOD、现场直播等功能的支撑技术，因此，组播技术的发展将极大促进网络流媒体的应用。

6.3　光纤宽带接入网技术

6.3.1　宽带接入网的类型

接入网即将发生一次宽带化革新，过去的电话和有线电视（CATV）网络无法满足未来对网络的要求。为了满足高速、大容量信息传输的要求,许多宽带接入技术正处于开发、试验或积极建设之中。到目前为止,宽带业务接入网技术主要分为:①光纤宽带接入网技术;②有线电视 Cable Modem 接入网技术;③电话线 xDSL 接入网技术;④多点分配系统 LMDS 接入网技术;⑤电力线接入技术。

6.3.2 光纤宽带接入网技术介绍

把光纤连接每个用户的驻地一直是电信公司的梦想,这对于繁华地带的办公大楼已经基本实现。现在,同步光纤网络(SDH、SONET)和光纤环贯穿于办公大楼之间,提供电话、数据、视频会议和其他业务,将来可以很容易地提供更大容量的带宽,但费用较高。

解决这一问题的技术是 ATM 无源光网络(APON)。该技术不是把光纤直接从用户驻地连接中心局,而是安装一个无源光分离器使多个家庭或企业共享中心局的光纤。由于分离器是无源的,它无须供电,维护简单。该方案还利用在中心局共享激光发射器和光接收机,可进一步降低费用。

人们认为理想的宽带接入网将是基于光纤的网络。与双绞铜线、同轴电缆或无线技术相比,光纤的带宽容量几乎是无限的。现代光纤传输系统在单个波长上的传输速率达到 10 Gbit/s,而新的波分复用(WDM)系统在一根光纤上可承载 64 个波长。即便如此,这些系统对光纤的理论容量的利用率还不到 1%。光传输信号可经过很长的距离无须中继,例如,T1 线路的中继距离(中继器的间隔)为 1.7 km,典型的 CATV 网络要求在同轴电缆上每隔 500~700 m 加一个放大器,而光纤传输系统的中继距离可达 100 km。光纤的工作寿命比铜线长得多。

既然光纤接入网有如此多的优点,为什么它至今还没有得到广泛应用呢?这主要有两个原因:第一个是费用问题;第二个是供电问题。一直以来,网络是通过承载电话业务的一对双绞线向用户电话机供电,因此不需要连接到本地电源,并且在断电的情况下仍然保持电话畅通。在光纤伸向用户驻地的情况下,网络无法向用户供电。一种可能的解决办法是在光缆中附加一对铜线或同轴电缆;另一种办法是采用本地供电。这两种方法不但有技术方面的问题,而且会大大增加光纤系统的成本。

1. ATM 无源光网络

无源光网络(APON)的参考结构如图 6.3.1 所示。

节点接口(SNI)可能采用各种现有的窄带协议〔如 V5.1 或 V5.2(北美的 TR_08 或 GR_303)〕或一种称为 VB5.1 或 VB5.2 的新宽带技术规范。

用户网络接口(UNI)采用一种基于 ATM 的接口规范,如 ATM 的 25.6 Mbit/s 或 155 Mbit/s,但在典型的实现中,光网络单元(ONU)可能将不同的终端适配功能综合进去。这样,一个综合模块(即综合有终端适配功能的 ONU)至用户的接口可能是 POTS、ISDN 帧中继、10Base-T、模拟视频等。在 FTTCab 或 FTTC 的情况下,数据是采用 VDSL 技术通过双绞线,由光网络单元传给位于用户驻地网络终结设备(NTE)的。VDSL 的数据速率与铜线设施的长度有很大关系。

图 6.3.2 所示的是基于 ATM 的 APON。APON 利用分功率器在每个方向上用 ATM 信元发送信息,每个 APON 在光线路终端(OLT)的接口可连接多达 32 个光网络单元

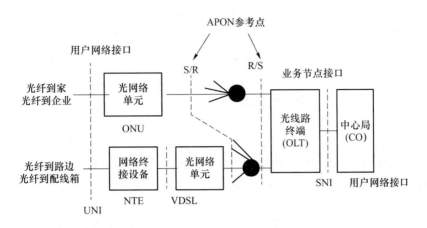

图 6.3.1　APON 的参考结构

（ONU），这些 ONU 设在用户驻地设备附近（对 FTTCab 或 FTTC 而言）或者设在用户驻地（对 FTTH 或 FTTB）。所建议的 APON 系统下行信息传输速率为 155.52 Mbit/s 或 622.08 Mbit/s，而上行系统传输速率为 155.52 Mbit/s。对称配置（上下行均为 155.52 Mbit/s）典型应用于企业，而非对称配置（下行为 622.08 Mbit/s，上行为 155.52 Mbit/s）典型应用于居民用户，支持娱乐视频业务。

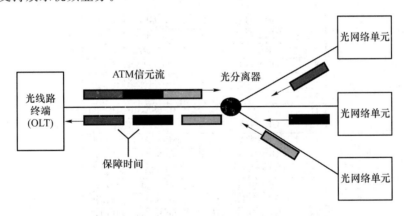

图 6.3.2　基于 ATM 的 APON

上行与下行信息可在两个分离的光纤上传送，或者可用一条光纤通过波分复用（下行 1 550 nm，上行 1 300 nm）实现双向信息传输。研究表明，对于大规模展开的应用，单光纤 WDM 法的费用是较低的。

最多可允许 64 个光纤网络单元公用同一 APON。然而，发射功率的限制将一个 APON 中的 ONU 数限制为 16～32 个，而最大作用距离为 20 km。平均传输质量应该有一个很低的比特错误率，整个 APON 系统的比特错误率小于 10^{-9}，各个子系统比特错误率小于 10^{-10}。

2. 物理层操作

APON 上带宽的使用是由光线路终端 OLT 控制的。为了实现时分多址接入功能，在上行时隙中传输的信元要求附加开销，这些开销的格式如图 6.3.3 所示。OLT 用于规定一个给定信元的时隙允许哪一个 ONU 发送。由于不同的 ONU 离光分离器的距离一般是不同的,这一操作的实现变得更为困难。为确保一个用户信元到达光分离几乎紧接在前一个信元后,故采用一个测距协议,它使得每一个 ONU 都能确定与光分离器的距离,从而知道何时发送其信元。在各个信元之间,需要有小的保障区间,其值决定于测距的精度。对于工作在 155.52 Mbit/s 的系统来说,保障区间至少要有 4 bit。上行信元还要求有前导序列,用来使 OLT 恢复比特定时和调整信号强度。最后要求有一个定界符,用来标识信元的开始。每一行信元的总开销、保障区间、前导序列、定界符是 24 bit。保障区间的长度、前导序列的编码和定界符的格式都可以在 OLT 控制下实现编码,并且通过下行消息来设置。

APON 的运行大部分是通过物理层 OAM(PLOAM)来控制的。下行信元流划分为许多帧,在 155.2 Mbit/s 系统中每帧为 56 个信元,在 622.08 Mbit/s 系统中每帧为 224 个信元,在下行方向上传输的第 28,56,⋯个信元是 PLOAM 信元。在上行方向每帧有 53 个时隙,可用来填充 ATM 信元及开销。ONU 需要时将发送一个 PLOAM 信元。这些 OAM 信元用来设置运行参数,提供状态信息及给各个 ONU 分配上行链路的带宽。图 6.3.3 列出物理层 OAM 下行 PLOAM 信元的格式。各个域的使用如下所述。

序号	格式	序号	格式
1	IDENT	25	GRANT19
2	SYNC1	26	GRANT20
3	SYNC0	27	CRC
4	GRAN0	28	GRANT21
5	GRANT1	29	GRANT22
6	GRANT2	30	GRANT23
7	GRANT3	31	GRANT24
8	GRANT4	32	GRANT25
9	GRANT5	33	GRANT26
10	GRANT6	43	CRC
11	CRC	35	MESSAGE-PON-ID
12	GRANT7	36	MESSAGE-ID
13	GRANT8	37	MESSAGE-FIELD0
14	GRANT9	38	MESSAGE-FIELD1
15	GRANT10	39	MESSAGE-FIELD2
16	GRANT11	40	MESSAGE-FIELD3
17	GRANT12	41	MESSAGE-FIELD4
18	GRANT13	42	MESSAGE-FIELD5
19	CRC	43	MESSAGE-FIELD6
20	GRANT14	44	MESSAGE-FIELD7
21	GRANT15	45	MESSAGE-FIELD8
22	GRANT16	46	MESSAGE-FIELD9
23	GRANT17	47	CRC
24	GRANT18	48	BIP

图 6.3.3 物理层 OAM 下行 PLOAM 信元的格式

PLOAM IDENTification,PLOAM 信元标识:用于识别每帧的第一个 PLOAM 信元,从而识别帧的开始;用来识别 PLOAM 格式的版本号。

SYNCronization,同步:用于发送 8 kbit/s 时钟(自 OLT 至 ONU)。OLT 通过一个计数器统计已发送的字节数(对于 622.08 Mbit/s 的接口,每字节计一千次),每 125 μs 对该计数器复位,该计数器的值在 SYNC 域中发送。

GRANT,授权信号:OLT 用它来表示是否准许各 ONU 接入上行时隙。对于两个 PLOAM 信元的 53 个 GRANT 字节,每个对应一个上行时隙并指明哪一个 ONU 能够在该时隙发送。此外,它也用来启动与那个 ONU 的测距协议。

CRC,分组循环冗余校验:每 7 个 GRANT 构成一个分组,用它来进行差错保护。若 CRC 校验发现有错,则 ONU 不使用相应的 GRANT 信息。

MESSAGE_PON_ID、MESSAGE_ID、MESSAGE_FIELD、CRC、BIP、OAM 消息:由 OLT 使用。向 ONU 发送由 MESSAGE_PON_ID 标识的消息,消息类型用 MESSAGE_ID 标识,而消息内容包含在 MESSAGE_FIELD 中,仅当 CRC 校验正确时该消息才起作用。

BIP,比特交织奇偶校验:用于监视下行链路的比特错误率。上行 POAM 信元的格式如图 6.3.4 所示。

序号	格式	序号	格式
1	IDENT	25	LCF10
2	MESSAGE-PON-ID	26	LCF11
3	MESSAGE-ID	27	LCF12
4	MESSAGE-FIELD0	28	LCF13
5	MESSAGE-FIELD1	29	LCF14
6	MESSAGE-FIELD2	30	LCF15
7	MESSAGE-FIELD3	31	LCF16
8	MESSAGE-FIELD4	32	RXCF0
9	MESSAGE-FIELD5	33	RXCF1
10	MESSAGE-FIELD6	34	RXCF2
11	MESSAGE-FIELD7	35	RXCF3
12	MESSAGE-FIELD8	36	RXCF4
13	MESSAGE-FIELD9	37	RXCF5
14	CRC	38	RXCF6
15	LCF0	39	RXCF7
16	LCF1	40	RXCF8
17	LCF2	41	RXCF9
18	LCF3	42	RXCF10
19	LCF4	43	RXCF11
20	LCF5	44	RXCF12
21	LCF6	45	RXCF13
22	LCF7	46	RXCF14
23	LCF8	47	RXCF15
24	LCF9	48	BIP

图 6.3.4　物理层 OAM 上行 PLOAM 信元的格式

3. APON 的带宽管理

APON 提供各种各样类型的业务,包括等时业务和非等时业务。等时业务(如电话和娱乐视频)必须再生为恒定速率的比特率;非等时业务(如网上冲浪)是突发式的,可容许一定的时延。可用带宽必须精心管理,以确保业务均具有适当的性能。然而,上行和下行带宽必须被 APON 的所有用户公平共享,这使情况复杂化。带宽管理是由 OLT 负责的。OLT 要管理其内部对应于不同的用户、不同业务类型和优先级设置的下行排队队列。对这些队列的服务要为不同的业务类型提供适当的优先级,为同类型的不同用户提供相同的服务质量。表 6.3.1 给出对不同业务的性能要求。

上行带宽的占用是由 OLT 总的媒质接入控制(MAC)功能实现的。各 ONU 经过请求接入单元（RAU）消息向 OLT 通告带宽要求，该消息指示它们内部的排队队列长度。OLT 的媒质接入控制器向各 ONU 指明上行帧（含 53 个时隙）内的哪一个时隙允许它发送一个信元。ONU 在分配给它的时隙内可以发送一个数据信元，也可以发送一个 PLOAM 信元。

表 6.3.1　对不同业务的性能要求

业务	业务流类型	峰值带宽	接入传输时延/接入时延/响应	信元丢弃率
IP 选路	UBR	10 Mbit/s（典型值）	1.5 ms/<1 s/—	以 IP 分组为单位考虑信元删除（一个信元丢弃会引起一个 IP 分组的丢弃）
ATM 交换虚通路（SVC）	CBR/VBR/ABR	<150 Mbit/s	1.5 ms/—/—	$<10^{-5}$
视频点播	CBR	6 Mbit/s（典型值）	1.5 ms/<3 ms/—（信元偏移值）	$<10^{-8}$
交换式视频广播	CBR	6 Mbit/s（典型值）	1.5 ms/<3 ms/500 ms（信元偏移值）	$<10^{-8}$
普通电话/综合业务数字网（POTS/ISDN）	CBR	<2 Mbit/s	1.5 ms/—/—	$<10^{-5}$

4. APON 测距协议

因各 ONU 与光分离器的距离是可变的（0～20 km），为使它们发送的信元落在上行信元时隙之内，它们发送信元的时刻必须是可变的。为实现这一点，每一个 ONU 有一个可编程的均衡时延，而测距协议就是要测量端到端的时延，进而设置该均衡时延值。这些规程的大部分用来给 ONU 规定附加在上行信元前的三个开销字节的格式，以及给 ONU 指派它在 APON 上的地址。

测距程序从 OLT 发送上行开销消息 UPSTREAM_OVERHEAD 开始，该消息用来向各 ONU 指示他们必须采用的开销格式。假定此时均衡时延值是 1，ONU 正在被调整。OLT 将向 ONU 发送一个测距允许消息，并请求它在某一指定的上行时隙给予确定，OLT 也将使指定时隙附近的时隙处于空闲状态，因为 ONU 的均衡时延尚未被调整。ONU 用测距 PLOAM 信元应答。OLT 测量该信元的到达时刻并与上行时隙的理想时刻进行比较，根据其差值发送一个测距时间 RANGNG_Time 给 ONU，用来调整其均衡时延值。在正常的数据传输阶段，OLT 监视各信元的到达时刻，并与目标时刻进行比较。

APON 上的每一个 ONU 都有一个指定的 PON_ID，这就是 OLT 发送消息给 ONU 的地址码。OLT 利用 ASSIGN_PON_ID 消息给 ONU 分配 PON_ID，而这个消息又是依据 ONU 特有的序号发给 ONU 的。这些序号是制造商确定的。只要网络操作者人工输入这些序号，OLT 便能找到相应的 ONU。然而，非常希望 OLT 能自动搜索 ONU，为此 OLT 周期的启动测距程序，将测距允许消息 Ranging Grant 发给所有尚未分配 PON_ID 的 ONU。假如只有一个新的 ONU，它将用 SERIAL_NUMBER_ONU 消息响应，并给出序号，然后 OLT 用这一序号分配 PON_ID。

典型的情况是有一个以上的 ONU,尚未分配与序号对应的 PON_ID,当 APON 首次开通时就是这种情况。在这种情况下,会有多个 ONU 响应上述的测距允许消息,这些响应将发生冲突。由 OLT 负责处理这些冲突并用 SERIAL_NUMBER_MASK(序号屏蔽)发送另一个测距允许消息。只有这些序号与该测距允许消息吻合的 ONU 才会进行响应。OLT 将重复以上步骤,用二叉树算法改变序号屏蔽字 MASK,直至只有一个 ONU 响应。

6.3.3　网络一体化及 ATM 和 B-ISDN

1. 网络融合的相关技术

现有的网络特性各不相同,所支持的业务类别各有所异。电话是一个交换式、双向、点对点、对延迟有严格限制的、带宽为 4 kHz 的模拟信号通信业务。电视是广播方式、单向、非交换、无延迟限制的、带宽为 6 MHz 的模拟信号播送业务。互联网数据是突发性、双向非对称、无连接、有一定时延限制的数字信息。

技术进步让所有业务类型统一起来。第一个促进融合的技术是数字信号处理技术。数字信号处理技术的进展使任何形式的信息可以有效地转换成数字比特流。由于所有形式的信息都被转换成比特,用同一网络高性价比地传输所有信息有可能变为现实。

第二个促进融合的技术是光纤通信。无论支持的是什么业务,所有网络现在都大量使用光纤通信。如今光缆的费用已很低,而光缆有着巨大的带宽容量,因此可以传输多种业务类型。

第三个技术是高速、低费用的数字信号处理器(DSP)。DSP 可以把数字编码视频和话音信号压缩成速率很低的数据流,可以把比特流挤进较窄的模拟信道。这些能力的组合可以把模拟信号转换成压缩的数字比特流,然后用带宽为原来模拟信号十分之一的模拟信道传输。

即使所有信息都转换成比特流,即使采用低费用光纤传输,不同信息类型对交换的不同要求也可能需要不同网络。常规的电路交换系统被优化成传输特定比特流的信息流,虽然可以把多个流集合在一起形成较高速率的信息流,但性能价格比不高,而且电路交换对突发数据业务是低效的。因此,融合的最后一个技术是宽带分组交换。

2. ATM 和宽带 ISDN

ATM(异步转移模式)最早于 1984 年由 ITU 引入。1987 年,ITU 选择 ATM 作为宽带 ISDN 的交换技术,最后于 1990 年 ITU 发布了采用 ATM 技术的 B-ISDN 的建议。

ATM 是一种采用固定长度信元传送数字信息的快速分组交换技术。信元持续以异步方式传递信息,在时间上不占用固定位置(因此称为"异步")。这与在固定位置时隙发送信息的电路交换技术不同。ATM 也不同于 X.25 和 TCP/IP 那样的分组交换技术,ATM 运行于非常高的速度,面向连接,信元长度固定,在网络层不重传。服务质量的概念植根于 ATM 协议之中。

图 6.3.5 所示的 ATM 信元可以传递话音、数据和视频业务。信元长度为 53 字节,划分成 5 字节的信元标头和 48 字节的载荷或信息域。信元标头包含表示多达 2^{28} 个逻辑地址的标识信息、业务类型信息、管理信息、拥塞信息和差错防护/纠错信息。48 字节可以包含信令、管理信息或数字化语音和图像等用户信息。

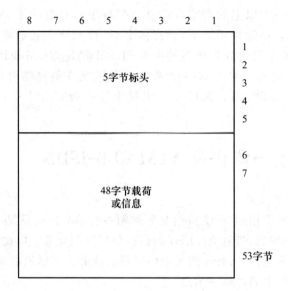

图 6.3.5　ATM 信元

基于 ATM 的传送网络定义的接口如图 6.3.6 所示。

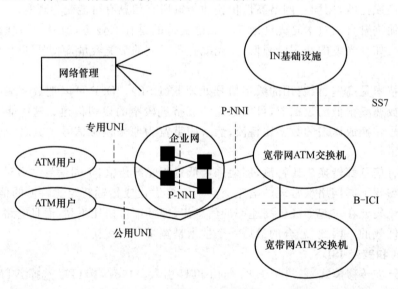

图 6.3.6　基于 ATM 的传送网络定义的接口

(1) 公用 UNI

公用 UNI 直接把 ATM 用户连接到公用网络。接口标准由 ANSI 和 ITU 制定,完全符合 B-ISDN 参考模型。

(2) 专用 UNI(P-UNI)

这是连接 ATM 用户到公司的企业网络接口,与公用 UNI 不同,它是按照运用于物理范围有限的局部环境优化的。

(3) B-ICI

它是两个不同公用网络提供者或承载者之间的接口。规范还包括当承载者之间跨

LATA 界线时所需的特定业务和管理功能。

（4）P-NNI

它是专用于 ATM 交换机之间的接口。P-NNI 包括两个协议：一个用于分发基于链路状态路由技术的拓扑和路由信息；另一个用于建立跨越专业网络连接的信令。

3. B-ISDN 协议参考模型（PRM）

B-ISDN 协议参考模型如图 6.3.7 所示。

PRM 包括三个方面。

用户面：主要用于传送用户信息。

控制面：用于信令。

管理面：用于网络维护和运行功能。

B-ISDN 低层：协议参考模型的低层在所有方面遵循 OSI 原则和体制。每层功能独立于其他层，利用下层提供的服务实现上层所需的服务。这三层依次为物理层、ATM 层和 ATM 适配层。

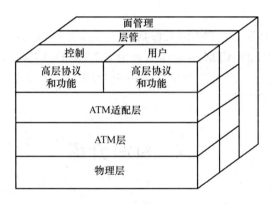

图 6.3.7　B-ISDN 协议参考模型（PRM）

（1）物理层

物理层包括两个子层：物理媒质相关（PMD）子层和传输会聚（TC）子层。PMD 子层涉及与特定传输媒质相关的内容。该子层的功能如下。

· 保证比特的正确传输和接收。

· 确定比特定时生成/输出。

· 对在发送机和接收机中的线路编码。

TC 子层将比特集合装入特定物理媒质的传输帧中。TC 子层完成的功能如下。

· HEC（信元标头差错控制）。这是用特定多项式生成的单字节编码，它由发送端生成，在接收端检查判断所接收的 ATM 信元标头是否完好无损，以及纠正信元标头中的单比特错误。

· 信元定界。HEC 还负责识别信元边界，如果连续接收到一定数量的 HEC 正确的信元，说明已确定帧内信元的边界。

· 信元加扰/解扰。信元加扰/解扰分别在发送端和接收端进行，加扰可避免连续不变化的比特图样，改善信元定界算法的有效性，加扰还可以防止对用户信息的恶意操作。

- ATM 信元映射。这是为了把每个信元的字节结构与 SONET STS_3c 载荷容器(同步载荷封装)的字节结构按行对齐,这是物理层采用 SONET 时所需要的特定功能。
- 插入空闲信元。发送端用它来调整发送系统的速率。如果链路速率是 DS3,当没有足够的数据可以在该链路上发送时,就可以插入空闲信元或未分配信元,以保持 DS3 时钟速率。

(2)物理链路

PMD 和 TC 都是构筑物理层所必需的功能部件,又定义许多公用和专用接口。部分接口列举如下。

- SONET 155.52(单模和多模光纤)。
- DS3(PLCP 和直接映射)。
- ADSL。
- DS1/E1。
- E3/E4。

(3)ATM 层

ATM 层独立于物理层。ATM 信元包括 5 字节标头和 48 字节的载荷。ATM 信元标头结构有两种:用于 UNI 的 ATM 信元标头和用于 NNI 的 ATM 信元标头。除了 GFC 域外,两个结构在功能上类似,因此只简单介绍用于 UNI 的 ATM 信元标头,它的 4 bit GFC 位于 NNI 信元标头的 VPI 域。

6.4 SDH 介绍

6.4.1 SDH 网络单元设备

SDH 是由一些网络单元组成的,这些网络单元包括复用器、数字交叉连接设备等,具有在光纤上进行同步数字传输、复用和交叉连接等功能。它主要有以下特点。

(1)具有全世界统一的网络节点接口,简化了信息互通。

(2)具有标准的信息结构等级,又称同步传输模块(Synchronous Transport Module, STM)。它包括 STM-1、STM-4 和 STM-16。

(3)在帧结构中具有丰富的用于维护管理的比特,因而它具有强大的网络管理功能。

(4)所有网络单元都有标准的光接口,包括同步光缆线路系统、同步复用器、分插复用器和同步数字交叉连接设备等,因此可以在光路上实现互通。

(5)具有一套特殊的复用结构,允许现有的准同步数字体系(PDH)、同步数字体系(SDH)和宽带综合业务数字网(B-ISDN)的信息都能进入其帧结构,因而具有广泛的适应能力。

(6)采用软件进行网络配置和控制,使得新功能和新特性便于增加,适于未来的发展。

应用 SDH 时,最重要的两个网络单元是终端复用器和分插复用器。STM-1 的两个复用器如图 6.4.1 和图 6.4.2 所示。

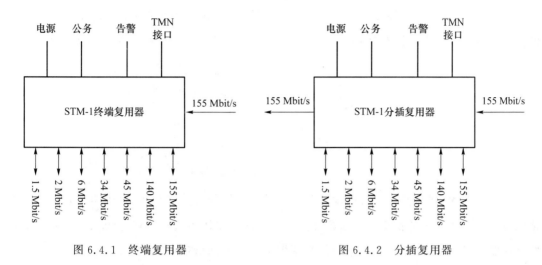

图 6.4.1 终端复用器   图 6.4.2 分插复用器

　　终端复用器的主要任务是将低速支路和 155 Mbit/s 的电信号纳入 STM-1 帧结构中，并经电/光转换为 STM-1 的光线路信号，或相反。

　　分插复用器的主要任务是综合同步复用和数字交叉连接功能，分插任意支路信号。下面举例说明 SDH 分插复用器的功能。

　　为了能说明问题，对 SDH 和 PDH 两种分插方法进行对比。假如从 140 Mbit/s 的码流中分插一个 2 Mbit/s(MPEG-1)的支路信号，观察它们是如何分插的(见图 6.4.3)。

　　图 6.4.3(a)采用 PDH 的分插复用方法，而图 6.4.3(b)则采用 SDH 的分插复用方法。由图可知，采用 PDH 时，为了分插一个 2 Mbit/s(MPEG-1)的低速支路信号，需经过 140/34 Mbit/s、34/8 Mbit/s 和 8/2 Mbit/s 三次解复用和复用过程。采用 SDH 的分插复用器时则可以利用软件一次分插 2 Mbit/s 的支路信号，十分简单。

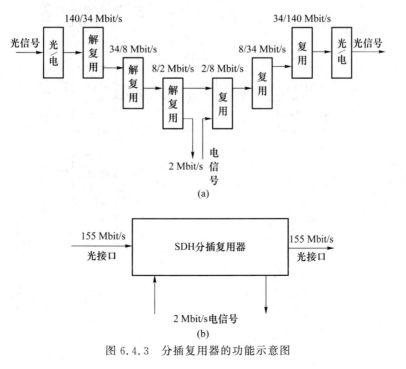

图 6.4.3 分插复用器的功能示意图

上述两个网络单元(终端复用器和分插复用器)可以组成多种形式的典型网络,如点到点传输、线形传输、枢纽网和环形网。图 6.44 为点到点传输图,只用终端复用器。

图 6.4.4　点到点传输

图 6.4.5 为线形传输示意图,除了采用终端复用器外,还采用分插复用器来分插低速支路信号。图 6.4.6 中的枢纽网通过枢纽点对远端终端复用器进行接口。图 6.4.7 为利用分插复用器组成的环形网,其中各个分插复用器都可以分插低速支路信号。

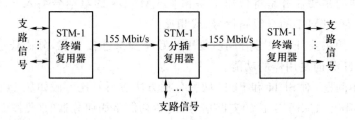

图 6.4.5　线形传输

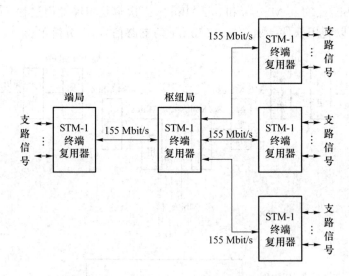

图 6.4.6　枢纽网

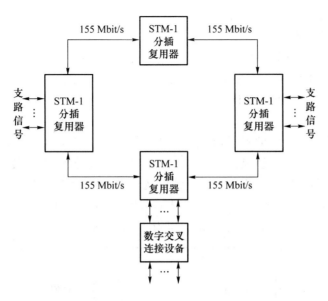

图 6.4.7　环形网

6.4.2　SDH 的速率与帧结构

建立统一的网络节点接口(NNI)是实现 SDH 网络的关键,而定义一整套必须共同遵守的速率和数据传送格式是 NNI 标准化的首要任务。

1. 网络节点接口

从宏观上看,传输网由传输设备和网络节点组成。传输设备可以是光缆系统,也可能是微波接力系统或别的传输系统。网络节点有多种,如 2 Mbit/s 电路节点、宽带节点等。简单的节点只有复用功能;复杂的节点具有交叉连接、复用和交换等功能。NNI 是传输设备和网络节点之间的接口。如果能够规范一个唯一的标准接口,它不受不同的传输媒介的限制,也不局限于特定的网络节点,而且能结合所有不同的设备和节点,构成一个统一的传输、复用、交叉连接和交换接口,则这个 NNI 对将来的网络演变和发展将具有很强的适应能力,又很灵活,并可能构成一个统一的电信网络基础设施。NNI 在网络中的位置如图 6.4.8 所示。

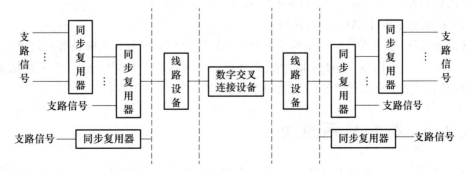

图 6.4.8　NNI 在网络中的位置

2. SDH 的速率

SDH 信号的最基本、最重要的模块信号是 STM-1,其速率为 155.52 Mbit/s,更高等级的 STM-N 是由 STM-1 同步复用而成的。4 个 STM-1 构成 STM-4(622.08 Mbit/s),16 个 STM-1 构成 STM-16(2 488.32 Mbit/s,约为 2.4 Gbit/s),再下一个等级很可能是 STM-64 (约为 10 Gbit/s,相当于 12 万条话路)。

3. SDH 的帧结构

SDH 的帧结构与 PDH 的不同,它是块状帧,如图 6.4.9 所示。SDH 的帧结构由横向 $270 \times N$ 列和纵向 9 行 8 bit 组成。字节传输从左到右按行进行,首先传送左上角第一个字节,从左而右,从上而下按顺序传送。每秒钟传送 8 000 帧,因此,STM-1 每秒钟的传送速率为 $9 \times 270 \times 8 \times 8\,000$ bit/s$=155.52$ Mbit/s,即一帧长度为 9×270 字节 $= 2\,430$ 字节,$2\,430 \times 8$ bit$=19\,440$ bit,用时间表示相当于 125 μs。

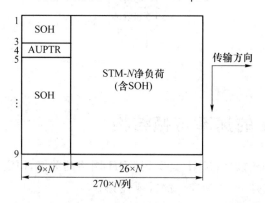

图 6.4.9　SDH 的帧结构

整个帧可分为 3 个主要区域。

(1) 段开销(SOH)区域

这是在传输 STM 帧时为保证信息正常灵活传送所必需的附加字节,其主要是维护管理字节,如误码监视、帧定位、数据通信、公务通信和自动保护倒换字节等。其共有 9×8 字节$=72$ 字节,576 bit 作为段开销之用。

(2) 信息净负荷(Payload)区域

这是可用于电信业务的部分。信息净负荷区域就是存放各种信息业务容量的地方。STM-1 的信息净负荷区域共有 261×9 行,即 2 349 字节。

(3) 管理单元指针(AUPTR)区域

这是指示符,用来指示净负荷的第一个字节在 STM-N 帧内的准确位置。对 STM-1 来说有 9 个字节,它可以在 PDH 环境中完成复用同步和帧定位功能。这一方法消除了常规 PDH 系统中滑动缓存器所引起的延时和性能损伤。

6.4.3　数字复用原理

CCITT 建议 G.709 规定 SDH 的一般复用映射结构。所谓"映射",就是将支路信号适配装入虚容器的过程,其实质是使支路信号与传送的净负荷容量同步。它可以将目前 PDH

的绝大多数标准速率信号装入帧结构。

SDH 的一般复用结构如图 6.4.10 所示,图中的 C-11、C-12、C-2、C-3 和 C-4 为各种接口容器,分别用来接收 PDH 系列 1.5 Mbit/s,2 Mbit/s,6.3 Mbit/s,34 Mbit/s,45 Mbit/s 和 140 Mbit/s 的支路信号。它们是一种信息结构,主要完成适配功能,让那些最常用的 PDH 信号能进入有限数目的标准容器。

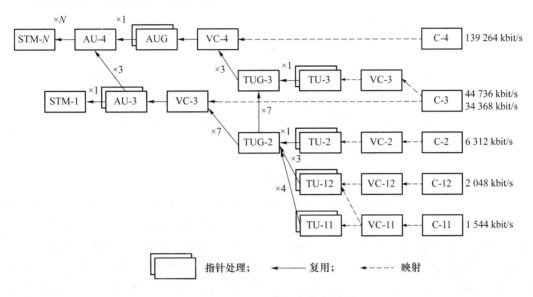

图 6.4.10　SDH 的一般复用结构

标准容器加上用于通道维护管理的通道开销后构成相应的虚容器(VC)。VC 的速率与网络同步,其内部可以装载各种不同容量的准同步支路信号。除了在 VC 的组合点和分解点(PDH/SDH 网的边界处)外,VC 在 SDH 网中传输时总是保持完整不变的,因而可以作为一个独立的实体在通道中任一点取出或插入,进行同步复用和交叉处理也十分灵活。

由 VC 出来的数字流进入相应管理单元(AU)或支路单元(TU)后进行速率调整。其中,AU 由高阶 VC 再加上 AU 指针组成;TU 由低阶 VC 再加上 TU 指针组成。下面举例说明它们是如何工作的。

设标称速率为 139.264 Mbit/s 的准同步信号进入 C-4 容器,经速率适配处理以后,C-4 的输出速率为 149.760 Mbit/s,加上每帧 9 个字节的通道开销 POH(相当于 576 kbit/s),便构成了 VC-4(150.336 Mbit/s)。它与 AU-4 的净负荷容量一样,但速率可能不一致,要进行调整。管理单元指针(AUPTR)的作用就是指明 VC-4 相对 AU-4 的相位。它占有 9 个字节,相当于容量为 576 kbit/s。得到的单个 AU-4 直接进入管理单元组(AUG)后再由 N 个 AUG 加上段开销,这便构成 STM-N 信号。当 N＝1 时,一个 AUG 加上容量为 4.608 Mbit/s 的段开销 SOH 以后就构成了标称速率为 155.52 Mbit/s 的信号。

6.4.4　数字交叉连接设备

数字交叉连接设备(Digital Cross Connect Equipment,DXC)是 SDH 的重要网络单元。随着电信网的发展,传输系统的种类越来越多,容量也越来越大,网络也越来越复杂。按照传统的方法,将不同种类和容量的传输系统在人工数字配线架上进行互连不仅效率低、可靠性差,而且也无法适应动态变化的传输网络的配置和管理的要求,因而出现了相当于自动数字配线架的数字交叉连接设备。这是一种具有一个或多个 PDH 或 SDH 信号端口,并且可以在任何端口的信号速率(和其他子信号速率)与其他端口的信号速率之间进行可控连接和再连接的设备。DXC 的简化结构如图 6.4.11 所示。

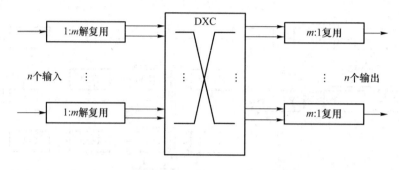

图 6.4.11　DXC 的简化结构

输入和输出端口与传输系统相连。每个输入信号被解复用为 m 个并行的交叉连接信号速率,然后内部的交叉连接矩阵按照预先存放的交叉连接图或动态计算的交叉连接图对这些交叉连接通道进行重新安排,最后将信号复用成高速信号输出。整个交叉连接过程由本地操作系统和由连至电信管理网(TMN)的支持设备进行控制和维护。根据不同的端口速率交叉连接,DXC 可以有不同的配置形式。通常用 DXC X/Y 来表示 DXC 的配置类型。其中,X 代表接入端口数据流的最高等级,Y 代表参与交叉连接的最低级别,它们的不同数字所代表的意义如下所述。

（1）数字 0 代表 64 kbit/s 电路速率。

（2）数字 1、2、3、4 分别表示 PDH 中一至四次群速率。

（3）数字 4、5、6 分别代表 SDH 中的 STM-1、STM-4、STM-16 等级。

例如:DXC 1/0 代表接入端口的最高速率为一次群信号,交叉连接最低速率为 64kbit/s;DXC 4/1 代表接入端口的最高速率为 140 Mbit/s 或 155 Mbit/s,交叉连接最低速率为一次群信号,即允许所有一至四次群信号和 STM-1 信号接入和进行交叉连接。

DXC 在传输网中的基本用途是进行自动化管理。它的主要功能有如下四种。

（1）分离本地交换业务和非本地交换业务,为非本地交换业务迅速提供可用路由。

（2）迅速为临时的重要事件(如重要会议和比赛等)提供电路。

（3）在网络出故障时,迅速提供网络的重新配置。

（4）按业务流量的季节变化使网络最佳化。

DXC 是一种兼有复用、配线、保护/恢复、监控和网管的多功能传输设备。

由 DXC 的基本功能可知,交叉连接也是一种交换功能。与常规的交换机不同点在于:首先,它的交换对象是通道信号(即电路群),而不是单个电路;其次,DXC 的交换矩阵由外部操作系统控制,将来要按照电信管理网原则来增加网管能力;再次,DXC 是无阻塞的,而交换机往往是有阻塞的;最后,DXC 通道连接的正常保持时间为数小时至数天,而交换机电路的保持时间为几分钟至几十分钟。因而把 DXC 另称为静态交换机。

早期的 DXC 设备主要用来对 2 Mbit/s(或 1.5 Mbit/s)信号进行重新安排和业务量疏

导,并对其中的 64 kbit/s 电路完成交叉连接,使节点间的物理传输链路大大减少,从而降低网络成本。

随着传输系统的速率不断增加,更多的电路被集中于少数的传输系统上,因而经济有效的交叉连接电路不断增加,交叉连接的速率也从 64 kbit/s 提高到 2 Mbit/s(1.5 Mbit/s),进而提高到 34 Mbit/s(45 Mbit/s),乃至 140 Mbit/s 或 155 Mbit/s。因此,最经济的 DXC 配置应该是能够最大限度地、最有效地利用交叉连接的电路数,因而 DXC 应该主要设置于业务量汇接点。随着传输系统高速化趋势的继续发展,将来的交叉连接速率可能会提高到 622 Mbit/s,如 DXC 6/5 系统。

基于 ATM 的 DXC 可以支持任意通道容量,充分利用传输设备,因此,在 B-ISDN 环境下,ATM 交叉连接设备最终会广泛应用。

纯光 DXC 是唯一能与高速光纤传输速率相匹配的交叉连接技术。广泛使用 DXC 技术时,整个网络的传输、交换和控制都将在光领域中进行,成为真正的全光透明网络。

EP-MU100 型复接器如图 6.4.12 所示,其应用说明如下。

(1) EP-MU100 型复接器具有 8 路 MPEG-2 的输入端口,在一般情况下它可直接复接 2~8 路的 MPEG-2 码流。

(2) EP-MU100 型复接器具有再复接功能,例如,采用两台同样的 MU-100 型复接器级联使用时,最多可复接 9~15 路 MPEG-2 节目。

(3) EP-MU100 型复接器的最大输入码流速率为 45 Mbit/s。EP-MU100 型复接器的最大输出码流速率为 65 Mbit/s,最多可复接 15 路 MPEG-2 传输流。

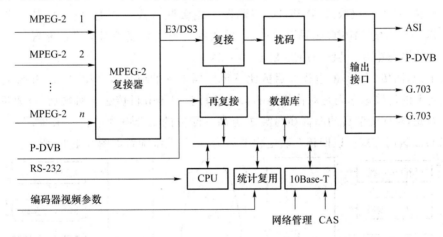

图 6.4.12　EP-MU100 型(系统)复接器方框图

MPEG-2 over SDH 系统的配置如下。

(1) 下传多路广播电视节目(MPEG-2/4∶2∶0)

以下行传送 8 套广播电视节目为例,采用 4∶2∶0 格式的 MPEG-2 压缩编解码器时,发送端需配置系统复接器,再与 SDH 传输相连,整个系统配置如图 6.4.13 所示。

需说明的事项如下。

① SDH 体制规定 STM-1 帧结构中只能装载 3 个 VC-3 容器,而每个 VC-3 容器只能传送 1 个 DS3 或 E3 码流。显然,DS3(45 Mbit/s)容量比 E3(34 Mbit/s)大,所以我国明确优选 SDH 传输的 DS3 接口应用。

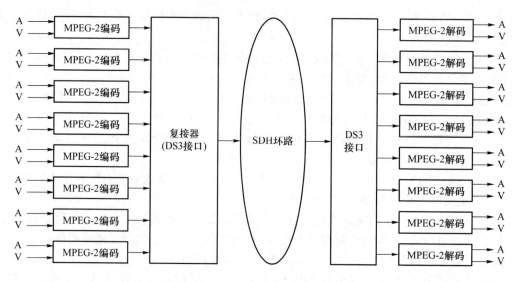

图 6.4.13　多路 MPEG-2 over SDH 的系统(下行)配置

② 按数字通信原理,若在发送端采用数字复接设备将多路 MPEG-2 复接成 DS3 或 E3 码流后送入 SDH 传输网,则在接收端应该配有相应的解复用器才能从 DS3/E3 码流中恢复各路 MPEG-2 信号。现在采用的 MPEG-2 编解码器具有 PDH 节目标记符自动识别功能,若发送端进入复用器时将各路 MPEG-2 的端口号确定为它的节目地址号并将其嵌入各路 MPEG-2 码流,那么在接收端 MPEG-2 解码器采用级联方式工作时,它们能依照不同的节目地址号识别各自的 MPEG-2 码流。所以,接收端可省去解复用器的设备配置。

(2) 回传多路电视节目(MPEG-2/4 : 2 : 2)

一般来说,回传(上行)的电视节目数比下传广播电视的节目数少得多,而 SDH 传输系统在两个方向上的传输速率则是对称相同的。由于每套回传节目传送至对端后,还要进行编辑和转发。因此,对回传节目的图像质量要求更高。回传的每套电视节目一般采用 4 : 2 : 2 格式的 MPEG-2 编码方式。以回传 7 套电视节目为例,其系统配置如图 6.4.14 所示。

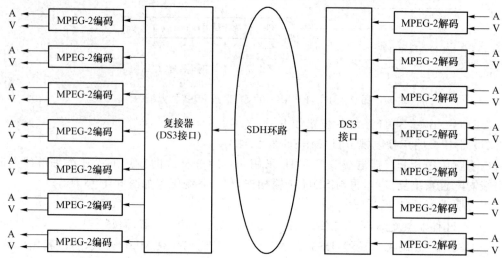

图 6.4.14　多路 MPEG-2 over SDH 的系统(回传)配置

　　由于各个回传站不在同一地理位置,因此各个回传站回传的每套节目往往需要独占 1 个 E3 或 DS3 通道。每套 MPEG-2 压缩编码的速率可以调整至 $10\sim15$ Mbit/s,可确保回传节目的图像质量比下传广播电视节目的更好。

第 7 章　数字电视在 HFC 网络上的传输

7.1　HFC 系统的组成

混合光纤同轴电缆(HFC)系统是一种非对称的宽带双向接入网系统,下行信号带宽很宽,上行信号带宽较窄。它既可传模拟电视信号,又可传数字电视信号,还可传计算机数据(包括 Internet 业务)。图 7.1.1 表示 HFC 系统的结构。

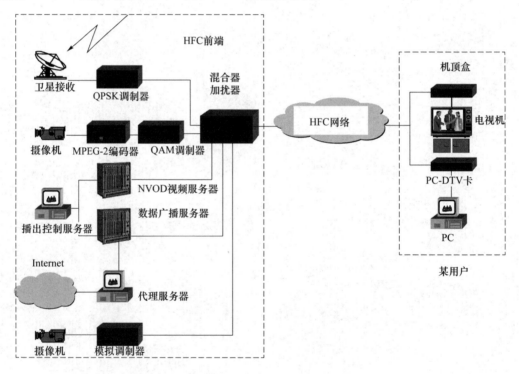

图 7.1.1　HFC 系统的结构

HFC 系统包括三个子系统。

(1) 位于前端或光纤节点上的一个或多个 HFC 网关。每个网关把 CATV 网络服务区中的用户连接到本地服务器和访问 Internet 的路由器上。

(2) 用户端的电缆调制、解调器。它将用户计算机接入 CATV 网,提供计算机和网关之间的双向通信。电缆调制、解调器有桥接功能,可以连接到本地以太网的 Hub 上。

(3) 位于前端的网络管理服务器。它用来控制系统中所有的网关和电缆调制、解调器,也可以对配套的一些设备进行管理,如路由器、本地服务器、用户计算机等。

　　从图 7.1.1 可知,前端信号有数字电视节目、模拟电视节目和 Internet 数据。数字电视节目可来自卫星,经信道解码后再进行 QPSK 调制,然后送到混合器,还可从摄像机经 MPEG-2 编码器再送到 QAM 数字调制器,调制后的信号送到混合器;模拟电视节目可以由摄像机再经节目制作系统,然后送到模拟调制器,调制好的信号再送到混合器。前端可安排视频点播服务器,供用户点播节目之用,还可安排数据广播服务器,供数据广播之用。用户可以通过 Internet 选择所需的数据或软件。在用户端设机顶盒和电视接收机,它既可接收模拟电视,又可接收数字电视节目。对于数字电视节目,机顶盒中安排有数字解调设备和解码设备,经解码后得到的模拟视频在电视机上显示。数字视频信号也可通过 PC-DTV 卡送入计算机中显示。通过该卡的数据还可送入计算机中存储。

7.2　数字电视有线传输组网的设计考虑

7.2.1　HFC 系统中上下行信道频谱的划分

　　HFC 系统的频谱划分如图 7.2.1 所示。HFC 系统频谱共分四个频段:上行信号频段、下行模拟电视频段、下行数字电视频段、数据传输或个人通信频段。表 7.2.1 给出不同地区和国家各频段的具体划分。

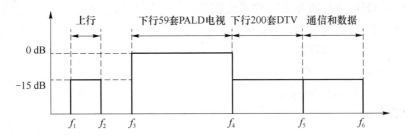

图 7.2.1　HFC 系统的频谱划分

表 7.2.1　不同地区和国家各频段的具体划分

地区	f_2/MHz	f_3/MHz	f_4/MHz	f_5/MHz	f_6/MHz
北美	42	88	550	860	1 000
欧洲	65	110	550	862	1 000
日本	48	88	550	860	1 000
中国	68	88	550	750	1 000

　　我国计划在 5~68 MHz 频段范围内安排的业务见表 7.2.2。它除了可安排两个模拟上行电视频道外,还可安排用户上行的点播数据。上行信道因为存在严重的干扰,因此必须寻求一种抗干扰能力强的数字调制方法。目前,数字调制方法有 QPSK、DWMT、SDMT。

表 7.2.2　我国计划在 5～68 MHz 频段范围的安排的业务

业务内容		频率范围	图像载波频率	伴音载波频率
电视	S-1	14～22 MHz	15.25 MHz	21.75 MHz
	S-2	22～30 MHz	23.25 MHz	29.75 MHz
点播业务		5～13 MHz		
点播业务		30～68 MHz		

(1) 5～42 MHz 频段

5～13 MHz:非广播业务,传数据,可传送水、电、煤气度数等信息,防盗、防火、勤务、告警、控制信号。

14～30 MHz:上行两个频道电视节目。

(2) 48.5～92 MHz 频段

下行五个频道电视节目。

(3) 48.5～550 MHz 频段

48.5～86 MHz:下行 5 套电视节目。

87～108 MHz:调频广播,载波间隔为 400 kHz,总共可传 52 套节目。

111～167 MHz:下行增补 6 个频道电视节目。

167～223 MHz:下行 7 套电视节目。

223～295 MHz:下行增补 9 个频道电视节目。

295～447 MHz:下行增补 19 个频道电视节目。

447～463 MHz:下行增补 2 个频道电视节目。

470～550 MHz:下行 10 套电视节目。

(4) 550～750 MHz 频段

下行 100～200 套数字电视节目。

(5) 750～1 000 MHz 频段

通信和数据。

7.2.2　上行信道信号的调制方式

上行信道主要用于用户的点播数据传输,对信号的调制方式有 3 种,进行如下分析。

(1) 四相相移键控(QPSK)调制

QPSK 的抗干扰能力较强,但传输效率较低,为 2 bit/s/Hz。

(2) 离散小波多音(DWMT)调制

DWMT 是一个基于小波传输的多载波调制技术,它将传输频带分成几百个频谱相互独立的信道,将数据调制在各子信道上,经过小波变换处理后,取得时频域的分离,以减少码间干扰和信道间干扰。多载波系统能灵活地、最大限度地利用信道,例如,对信噪比较高的子信道可采用传输效率高的调制技术(64QAM),对信噪比较低的子信道可采用抗干扰能力强的调制技术(QPSK),而对信噪比低于门限的子信道则不用,这样可避免窄带干扰。DWMT 针对不同的子信道质量(如按 SNR)来选择调制方式,从而使它比单载波调制技术

（QPSK、QAM 或 VSB）有更高的传输效率。DWMT 无须保护时间，这使频带利用率得以提高，频带管理灵活。由于整个频带被分成许多子信道，使得 DWMT 能支持各种速率业务和多种访问协议，这对 HFC 网络是特别重要的。DWMT 抗干扰能力强，能采用关闭子信道方式来避开窄带干扰的子信道。

（3）同步离散多音（SDMT）调制

同步离散多音调制方式可将各用户发送的信号更有效地组合起来，而无须在频域或时域保留保护间隔，使频带利用率得以提高。同样，它也能支持多种速率业务。

7.2.3　HFC 系统的设计

1. 光纤干线设计公式

（1）光功率

1 mw 对应－0 dBm 或 0 dBm；10 mw 对应－$10\lg\dfrac{10\text{ mw}}{1\text{ mw}}=10$ dBm。光功率 mw 对应的 dB 数如表 7.2.3 所示。

表 7.2.3　光功率 mw 数对应的 dB 数

光功率/mw	6	8	10	12	14	16	40
对应的 dB 数/dBm	7.78	9	10	10.79	11.46	12	16

（2）载噪比

载噪比的表达式为 $\dfrac{C}{N}$，其对数形式为 $10\lg\dfrac{C}{N}$ 或 $\left(\dfrac{C}{N}\right)_{\text{dB}}$。HFC 系统载噪比表示方法如图 7.2.2 所示。

图 7.2.2　HFC 系统载噪比的表示方法

（3）载噪比分配

载噪比分配如表 7.2.4 所示。

表 7.2.4　载噪比分配

系统（国标）	$\left(\dfrac{C}{N}_{总}\right)_{\text{dB}}=43$ dB	系统（国标）	$\left(\dfrac{C}{N}_{总}\right)_{\text{dB}}=43$ dB
系统（设计值）	$\left(\dfrac{C}{N}_{总}\right)_{\text{dB}}=44$ dB	系统（设计值）	$\left(\dfrac{C}{N}_{总}\right)_{\text{dB}}=44$ dB
前端	$\left(\dfrac{C}{N}_{前端}\right)_{\text{dB}}=54$ dB	前端	$\alpha_{\text{H}}=\dfrac{1}{10}$
光干线	$\left(\dfrac{C}{N}_{干线}\right)_{\text{dB}}=47$ dB	光干线	$\alpha_{\text{T}}=\dfrac{5}{10}$
分配系统	$\left(\dfrac{C}{N}_{分配}\right)_{\text{dB}}=49$ dB	分配系统	$\alpha_{\text{D}}=\dfrac{4}{10}$

$$\left(\frac{C}{N}_{前端}\right)_{dB} = 系统设计值 - 10\lg\alpha_H = 44\ dB - 10\lg\frac{1}{10} = 54\ dB$$

$$\left(\frac{C}{N}_{干线}\right)_{dB} = 系统设计值 - 10\lg\alpha_T = 44\ dB - 10\lg\frac{5}{10} = 47\ dB$$

$$\left(\frac{C}{N}_{分配}\right)_{dB} = 系统设计值 - 10\lg\alpha_D = 44\ dB - 10\lg\frac{4}{10} = 49\ dB$$

(4) 光纤损耗

- 1 310 nm 光纤每千米损耗 0.4 dBm,1 550 nm 光纤每千米损耗 0.2 dBm。
- 光发射机、光接收机的两个光接头损耗 0.5 dBm。
- 1 550 nm 光纤每 3 km 有一个熔接点,损耗为 0.02 dBm;1 310 nm 光纤熔接点与每千米损耗之比可忽略不计。
- 光路第一次转接后,$\left(\frac{C}{N}\right)_{dB}$ 下降 3 dB;光路第二次转接后,$\left(\frac{C}{N}\right)_{dB}$ 下降总量为 4.8 dB。最多只能转接 2~3 次。
- 光路每转接一次,CTB 和 CSO 均下降 3~5 dB。最多只能转接 2~3 次。
- 光接收机输入功率的设计值为 -2 dBm。

2. 传输频道数减少时对 $\frac{C}{N}$、CTB、CSO 的影响

$$\left(\Delta\frac{C}{N}\right)_{dB} = 10\lg\frac{N_1}{N_2},其中 N_1 最大传输频道数。$$

$$(\Delta CTB)_{dB} = 20\lg\frac{N_1}{N_2},其中 N_2 为实际传输频道数。$$

$$(\Delta CSO)_{dB} = 15\lg\frac{N_1}{N_2}。$$

7.3　环形 HFC 网络的设计

　　中国有线电视业正发生着巨大的变化,集团化、数字化是目前的潮流,有线电视系统逐步成为技术统一且互联互通的宽带信息网络,未来的 HFC 网络支持交互式双向服务,如数字电视图像、数据、话音。对于系统的质量、可靠及可管理方面,网络设计都有全新的要求。我国正在建立覆盖全国各省市的广电网络,各省市也正在建立覆盖各县乃至各乡镇的网络,如何根据各地的经济条件和开展的业务,选择合理的网络平台,并进行正确设计、开展一些具有广电优势的业务,提高管理水平,是社会共同关心的一个课题。本节将深入探讨 HFC 网络设计的问题。

7.3.1　HFC 的主要网络形式

　　光传输设备组网非常灵活,可以组成如下 7 种网络结构,如图 7.3.1 所示。

1. SDH 骨干环形网

宽带通信网络由骨干网、省、市、县 SDH/SONET 网络组成,可传送电视节目、数据、话

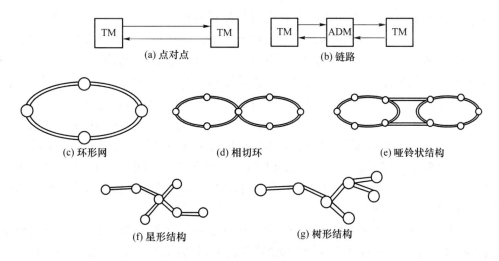

图 7.3.1　7 种网络结构

音等数字信息。网络管理者可以用骨干网把分前端和主前端连起来。通过骨干网可以覆盖更大的区域和更多的用户。采用由一个主前端和若干个分前端设计的网络可以使网络更小型化、可管理化，当然，造价高的设备将集中到主前端。前端将随着用户数的增长和服务的多样化而变得越来越复杂。

　　骨干网要求提供可靠的双向通路，如对视频、音频和数据要有足够的带宽，要有可以把信号远距离传送到本地 HFC 网络高质量的传输设备。实际上，骨干网的传输质量很明显比 HFC 网络的传输质量高。当信号在骨干网上传输未加入条件接收时，运营商可在分前端上按规格加入条件接收。即条件接收可在本地加入，也可在主前端通过骨干网传送。

2. 骨干网的选择

以下是 5 种骨干网的选择。

（1）模拟传输。

（2）专用数字传输。

（3）不进行视频压缩，以 SDH/SONET 为基础的数字传输。

（4）进行视频压缩，以 SDH/SONET 为基础的数字传输。

（5）针对 HFC 网络，以 SDH/SONET 为基础的数字传输。

　　模拟传输在某些特定情况下是经济的。对于一个中等距离（70～90 km）来说，它可能是选择方案之一。但是若要求传的质量高、传输距离远，则模拟传输不再满足要求。而且，模拟传输无法支持任何窄带服务。只有数字传输才能够满足长距离的要求，而且能够针对不同的分前端提供不同的服务。

　　采用专用数字传输方式时，在传输过程中通常要进行模拟到数字和数字到模拟的转换，甚至 QAM 调制的数字流也通过这种转换。这种专用的解决方案限制了网络管理者对网络的扩展和服务分配的选择。

　　在当今的通信领域中，电信公网采用 SDH 和 SONET 标准。数字电视骨干网可以采用与电信公网相同的标准。这样，数字电视骨干网很容易与电信公网 SDH/SONET 相连。以 SDH/SONET 为基础不进行视频压缩的数字传输与电信公网系统是相似的。它的优势在于能够连接和接入公共 SDH/SONET。

数字电视传输较好的组网方案:先把电视信号进行视频压缩,再以 SDH/SONET 为标准建立骨干网,并采用这种技术来进行数字电视传输。这种技术可以使数字视频链路与电信公网结合起来。采用视频压缩技术后,对电信公网的容量要求变低了,使它更容易实现。

为开展多功能服务,骨干网的最佳解决方案是建立以 SDH 和 SONET 标准为基础的数字传输骨干网与 HFC 网组合的网络。这种骨干网不传电话时,在 622 Mbit/s(STM-4、STM-16)总容量中可用速率为 519 Mbit/s,可把它全用来传送数字电视 MPEG 数据流节目。如果一个节目的传输流是 5 Mbit/s,则它可传送 100 多个数字电视节目数据流。

如果网络管理者使用的是一个仅能处理 5.75 Msym/s 符号率的机顶盒,那么不可能直接处理 34 Mbit/s 速率的信号,而要在分前端再增加设备来适应这种符号率,34/45 Mbit/s 速率的数据通过 HFC 网络再送入机顶盒即可。

在 SDH/SONET 数字网中,ASI/STM-1 接口单元滤除不需要的节目,并把 ASI 数据流打包到 ATM 信元。通过几个这种模块的级联,ATM 信元可一直复接到 155 Mbit/s 的容量,再送入数字传输骨干网中。SDH/SONET 数字网接收端则要求解复用到 34/45 Mbit/s 速率。利用 HFC 网络直接把 STM-1 级别变换到 DVB-C 频道。

这两种方案的区别是价格。采用 HFC 的价格仅是采用 SDH/SONET 方案的 20%。

表 7.3.1 表示经 QAM 调制后 RF 频道带宽、符号率、比特率之间的关系。

表 7.3.1 RF 频道带宽、符号率、比特率之间的关系

带宽/MHz	符号率/(Msym·s⁻¹)	64QAM/(Mbit·s⁻¹)	256QAM/(Mbit·s⁻¹)
4.25	3.7	22.1	29.6
6	5.22	31.3	41.7
7	6.09	36.5	48.7
8	6.96	41.7	55.6

7.3.2 面向未来的 HFC 环形网络

1. HFC 环形网络的结构特征

图 7.3.2 中的 HFC 环是物理上的环,不是逻辑上的环,逻辑上还是星形结构。图 7.3.2 可以等效为图 7.3.3。图 7.3.3 中环形网络是通过两条星形线路来实现的。

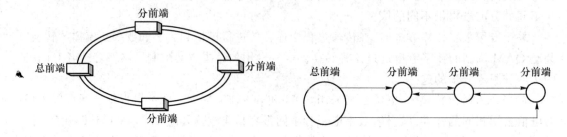

图 7.3.2 面向未来的 HFC 环形网络   图 7.3.3 HFC 环形网络的逻辑图

2. HFC 环形网络的特点

未来 HFC 网络要求提高网络的可靠度。提高网络可靠度可以从两个方面来实现:一是提高网络设备的可靠度;二是提高网络组网技术的可靠度,实现网络自愈。采用高质量的有源器件以及对系统的重要部件进行备份,可以建设一个满足通信网络要求的 HFC 网络。对于环形 HFC 网络来讲,已经对光接收设备实现了热备份,但在星形 HFC 网络中,为了提高系统可靠度,还须在系统的薄弱点提高可靠度。

物理环形、逻辑星形的冗余网络在大中城市的干线环网上只适宜采用 1 550 nm 波长的系统。采用 1 550 nm 波长的优点如下所示。

(1)对于广播业务,在分前端可以直接用 EDFA 进行光放大,而不必用光接收机进行光电转换,做第二次发送,这样能获得最高的传输质量指标。

(2)在将来开展窄播业务时,不仅可对不同的分前端采用 1 550 nm 波段中的不同波长,还可采用密集波分复用技术从前端把不同的节目(如数字电视)发送到各个分前端。这样就不必在各个分前端安装视频服务器和存储器,而是将高价的数字电视节目源设备集中安装在前端,达到节省系统投资的目的。

在干线环网上利用密集波分复用(DWDM)技术传送窄播节目,干线数字传送方式主要用于交互式数字业务,包括 Internet 接入、局域网互联、双向通信(如电话)和基带视频节目交换等。如果这些业务都通过 IP 承载,则最简捷的传送方式是千兆以太网。在前端和每个分前端设置千兆位交换式路由器,其间用光纤直接连接。如果希望在 IP 业务之外提供电路交换业务和专线租借业务,则应在前端和各个分前端安装 SDH 设备,建立同步光纤网。IP 业务则通过 IP over SDH 方式承载。

在干线数字传送方式中采用的是基带数字光纤传输系统,其工作波长一般取 1 310 nm,将来在传送容量要求很高时,也可采用 1 550 nm 的 DWDM 系统。现在,千兆位交换路由器和 SDH 设备的每波长传输速率可以达到 10 Gbit/s。

下面是建议须备份的主要器件。从主前端到分前端的光纤骨干网应为冗余路由设置,有自愈功能。到光节点的光纤链路应为冗余路由和设备备份。在前端和光节点设置备份电源不同的网络时对备份功能有不同的要求,而且网络的可靠度将是非常不同的。架空缆与地埋方式的 MTBF 是不同的,如高温度变化将对设备产生危害。

(1)HFC 环形网络的性能及适用范围

该网络的最大特点是可靠度高。它可以满足经济条件较差,以传输电视、数据业务为主,对功能要求较少但对可靠度要求高的网络,尤其在县市联网中采用。由于传输体制上的原因,无法从传输协议上实现环形网。和传统的 HFC 网络不同的是,大多的 HFC 环形网络信号传输到分前端后还须继续传输,因而需要性能指标更高的光传输设备。例如,HFC 环形网的光设备链路指标如下:C/CTB 为 67;C/CSO 为 63;C/N 为 52。

(2)HFC 环形网络的造价

与传统的 HFC 网络相比,总前端须用比一般星形网络多一倍的光发射机来提供光功率。光接收设备可以采用带自愈功能的设备,构成环形网络。光缆芯数须提供比传统 HFC 网络多一倍的纤芯。

7.3.3 面向未来的 HFC 网络的设计

1. 业务内容

现代化的 HFC 网络服务包括宽带电视、窄带电视、数据通信(LAN/WAN、Internet)及电信业务。如何提供这些业务还取决于诸多因素,如国家政策,网络经营商的经济条件、用户经济和文化水平等。例如,通过高速电缆数据调制解调器、Internet 服务商和一台用户计算机就可以实现 Internet 服务,这种系统能有非常高速的 Internet 接入速率。

2. 设计原则

进行网络规划时必须结合网络的具体功能,包括未来系统的功能,HFC 环形网络和传统星形网络相比较,HFC 环形网络仅增加了自愈功能。在总前端和分前端之间,CMTS 的配置一般根据用户数及入户率来考虑,通常 CMTS 是放在分前端的。系统入户率是整个网络中实际拥有的用户数。交互服务入户率是网内用户中申请双向交互服务的用户数。交互服务的入户率改变时,需要调整。

(1) 网络划分

小区与前端或分前端都是点对点的连接。仅对于交互服务、可寻址等才要求划分,广播服务对于所有用户都是一样的。有些参数将影响网络的划分,首先分析每个用户的有效带宽。

根据国家新闻出版广电总局标准,HFC 网络的下行带宽从 87 MHz 到 862 MHz,上行带宽从 5 MHz 到 65 MHz。下面的计算是针对 HFC 网络按照典型的服务项目来设计的。

对于不同的网络经营者,频道数、网络带宽、服务项目、服务所占用的带宽以及指标要求等都不同,但计算的步骤是相同的,只是数字应根据实际计划修改。

可用下行带宽如下。

862 MHz−85 MHz＝777 MHz(总带宽)。

777 MHz−20 MHz＝757 MHz(扣除 FM 频带 20 MHz)。

757 MHz−32 MHz＝725 MHz〔扣除不可用频道(4 个频道关闭)32 MHz〕。

725 MHz−490 MHz＝235 MHz〔扣除广播频道 548 MHz(见表 7.3.2)〕。

表 7.3.2 下行广播服务信号

服务	频道数	每个频道带宽/MHz	总带宽/MHz
模拟 TV	49	8	392
数字 TV	10	8	80
数字音频	20	0.6	12
广播服务总带宽		490	

为确定有多少用户可同时享用服务,需将可用带宽划分为所需带宽数(见表 7.3.3):235 MHz/3.125 MHz ≈75,75 为在下行信号上同时享用交互服务的最多用户数。

可用上行带宽如下。

65 MHz−5 MHz＝60 MHz(总带宽)。

60 MHz−10 MHz＝50 MHz(扣除低频端 10 MHz 强入侵噪声频段)。

50 MHz－5 MHz＝45 MHz(扣除高频端 5 MHz 群时延严重频段)。

表 7.3.3　下行交互服务信号

服务	频道数	每个频道带宽/MHz	总带宽/MHz
数字 TV	2	1330	2.66
数据通信	1	0.355	0.355
电缆电话	1	0.11	0.11
交互服务总带宽		3.125	

为确定有多少用户可同时享用服务,须将可用带宽划分为所需的带宽数(见表 7.3.4):
45 MHz/0.6 MHz＝76,76 为在上行信号上同时享用交互服务的最多用户数。

表 7.3.4　上行信号、交互服务信号

服务	频道数	每个频道带宽/kHz	总带宽/kHz
数字 TV	2	200	400
数据通信	1	90	90
电缆电话	1	110	110
交互服务总带宽		600	

下一步是估算最大的入户率。表 7.3.5 中使用的数字在现代网络中是很典型的。但是,必须知道对于不同的地区和不同的网络经营者,这些数字是有很大区别的。

表 7.3.5　入户率

入户率	将来	第一期
系统入户率	70%	20%
交互服务入户率	55%	10%
同时使用者	25%	25%
总计	9.6%	0.5%

现在可以按照上面的结果来计算划分,对每一个划分点都有直接的通信通路。在这种情况下,最大的同时使用用户数是由下行带宽决定的。下行是 75 户,上行是 76 户。

将来 70 个用户占划分点的 9.6%,即可按 700 户来划分区域;第一期相同的 70 个用户占 0.5%,即可按 14 000 户来划分区域大小。

光节点的设计按照 700 户的标准准备。光节点应该能够分成两步进行设计,初期可按每个光节点 1 400 户来设计。

每个光节点应最少预留 4 根光纤,最好是 8 根,这样可以使以后的升级变得容易,而且可以使修改设计变得灵活。

(2) 前端设计

在传统的有线电视网中只有一个前端,所有的信号处理及所有服务所用的不同接口都集中于前端。在 HFC 网络中,这个主前端仍然存在。但是,一些服务可以在分前端加入。

通常,主前端包括当地节目的制作和卫星频道的接收,以及其他服务的处理及接口。当提供 Internet 高速数据通信服务时,在主前端处,就需要 Internet 服务器或真正的 ISP 配置。所有的系统管理也常常集中在主前端。条件接入及管理也属于主前端的功能之一。

主前端输出既可作为一个普通的 HFC 光纤传输,也可与数字骨干网进行连接。

分前端主要接收从骨干网上传输下来的业务。分前端的输出就是普通的 HFC 光纤传输网。

分前端应具备以下特点。

- 便于单个器件的升级和业务的增减。
- 具有配置变换的灵活性。
- 与其他厂家设备具有较强的兼容性,具有开放式接口。
- 具有所有服务设备的接口。
- 前端永远不应成为系统运行的局限。

(3) 光链路设计

① 1 310 nm 接力传输。在分前端以下网络,过去习惯于使用 1 310 nm 波长的光发送机,于是产生了在分前端安装光接收机和 1 310 nm 光发送机的二级接力方案,分前端是整个网络的光电光中继站。这种 1 310 nm 中继方案的优点是联网比较灵活,每个分前端安装多少 1 310 nm 光发送机和何时安装由用户数的发展而定,资金可分批投入。由于在分前端把前端发来的光信号全部转换为电信号,故很容易把分前端待播送的本地节目的电信号与前端来的电信号组合在一起,再进行光发送,即插播本地节目比较方便。但是这种接力方案有一系列缺点:在分前端进行光电光中继转换使传输指标(C/N、C/CSO、C/CTB)降低较多。特别是当城市规模很大,分前端光节点间的连接不能用一级 1 310 nm 光链路达到,而被迫采用二级光链路时,整个网络变成三级光链路的级联,整个传输指标就会下降很多,使用户指标很难达到国标的要求。大量采用 1 310 nm 光发送机和光接收机,使系统造价较高。设备使用量越大,系统级联数越多,网络可靠度越低。

② 1 550 nm 光放大直接分配在分前端。采用 1 550 nm 光纤放大器把前端发来的光信号直接放大,然后通过光分路器向各个光节点分配。这样做的优点是对系统传输指标的损伤最小。光纤放大器的噪声系数小,在输入光功率大于 +5 dBm 时,光纤放大器造成的 C/N 损耗不超过 15 dB。在光纤长度小于 80 km 时,光纤放大器造成的 C/CSO、C/CTB 损耗可以不计,这样就能建立高质量的传输网络。现在 1 550 nm 外调制光发送机和大功率光纤放大器的价格已经降低,使 1 550 nm 直接光放大和分配方案的造价比 1 310 nm 接力方案的低 30%～40%,由此可使系统更加可靠。在采用 1 550 nm 直接光放大和分配方案时,要在分前端实现本地节目的插入,一个有效的解决办法是采用小功率的 1 310 nm 光发送机携带本地节目,然后用 1 310/1 550 nm 波分复用技术使本地节目与前端来的节目在一根光纤中传输,在光节点用同一个光接收机接收两个波长的光信号。只要把前端信号的副载波频率与本地节目的副载波频率错开,并恰当地控制两个波长的接收光功率,在光接收机中就不会产生前端节目与本地节目的相互串扰。从干线上来的 1 550 nm 光波到达分前端,被一个大功率光纤放大器放大,又被分路,使光分路器每个支路的输出光功率不超过受激布里渊散射(SBS)的阈值。一个 1 310 nm 光发送机携带少量本地模拟节目(一般为几套)和一批适当调制的数字信号,其输出光波与 1 550 nm 光波混合,再经 1 550/1 310 nm 光分路器向各个光节点发送。

通过 1 550/1 310 nm 波分复用叠加网实现广播与窄播两种功能,即用 1 550 nm 波长实现前端节目对全网的广播,同时用 1 310 nm 波长实现本地节目对本区用户接收机同时接收广播和窄播信号。

光接收机同时接收广播和窄播信号时,为了使窄播光波所产生的散弹噪声背景对广播信道的载噪比不产生明显的影响,应将窄播光波的接收光功率控制在广播光波的接收光功率以下。当窄带光波的接收光功率为 −10~−6 dBm 时,广播信道的载噪比可以维持在 50 dB 以上(广播光波的光功率通常为 −1~0 dBm)。为了在接收光功率较小时仍能使窄播信道有足够的载噪比,应提高光波的光调制度。由于窄播信道数量通常较少,1 310 nm 激光器可以承受较高的光调制度,而不会产生过大的 CSO 和 CTB。当然需要恰当选择窄播副载波的频点,使它们的 CSO 产物落在广播信道的带外,并使窄播信号的产物落在广播信道的带外。

交互式数字传输技术分配网中的交互式数字传输用于用户的数字接入,包括 Internet 接入、局域网互联、电缆电话、IP 电话、准视频点播和视频点播等多种业务。在分前端以下的网络,不主张电视、电话和计算机三网分立,也不主张用五类线入户,因为那样会浪费已有的 HFC 网络的带宽资源。

在 HFC 网络上综合多种数字业务的方法是利用射频载波上的数字调制解调技术,依靠电缆调制解调器和机顶盒来完成所有的任务。

3. 光节点的选取

设计一个 10 万户以上的大型网络时,最佳方案是把它分成若干个 5 万户左右的小区,每个小区都有自己的分前端。这将使系统的管理更有效,而且更容易适应不同小区的特有服务。由于从分前端到光节点的距离缩短了,所以光传输设备的成本降低了。分前端是通过环形 HFC 网络连接到主前端的。

每一个光节点都是点对点连接分前端。光信号转换成电信号后,信号被混合。满配置的上行链路的 C/N 是 38 dB,对于电缆数据调制解调器,C/N 要求为 25 dB。为了留有一些余量,信号混合后最少要求 30 dB。这就可以混合 6 个光节点的信号,即在分前端,每 6 个光节点就需要一个前端调制解调器。建网前,C/N 的指标是由设计决定的;建网后,它由前端调制解调器所支持的最大用户数决定。

4. 光波长的选取

在 HFC 应用中,选用波长为 1 310 nm 和 1 550 nm 的光纤。1 310 nm 典型损耗在 0.35 dB/km 左右,1 550 nm 典型损耗在 0.22 dB/km 左右。链路损耗是从光发射机至光接收机的总损耗。

1 310 nm 和 1 550 nm 的波长是根据网络的距离来确定的,对于一个 50 000 户的分前端,从前端到光节点的距离不会太长,通常小于 10 km。当距离小于 40 km(即光链路损耗小于 16 dB)时,一般采用 1 310 nm 光纤。在有交互式服务的网络中,只有距离特别长的时候才采用 1 550 nm 光纤。因为 1 310 nm 光纤能够非常方便、经济地实现系统的升级及网络扩容,而且始终都可以使用相同的光发射机。而用 1 550 nm 光发射机时,如果仅传送到一个或几个光节点,那么高输出功率就会被浪费。

波长的选用还应根据具体情况而定。一般建议尽可能使用 1 310 nm 传输,只有在需要把远距离的节点连接到网上时,才采用 1 550 nm 传输。根据粗略的估算,1 310 nm 可传输

40 km 至 100 km 的距离。在设计 1 550 nm 链路时,须考虑由链路所馈送的用户数。如用户数多,一个链路的容量可能不够,在此情况下,须考虑使用波分复用或 SDH 数字传输网络。

与 1 550 nm 方案相比,1 310 nm 方案具有以下优点。

(1) 分割方便。信号从光发射机出来可分路为 4 至 6 路,即一台光发射机可把信号馈送给 4 至 6 个光节点。

(2) 便于新业务的升级改造。不同区域采取不同步骤,并可提供不同的服务内容。

(3) 设备造价低。与 1 550 nm 光发射机相比,1 310 nm 光发射机的造价要低得多。在建网初期,1 310 nm 与 1 550 nm 光发射的造价则相差不很大,但当网络须进一步分割时,1 550 nm 系统的造价可能高十倍多。

(4) 可靠性及实用性强。1 310 nm 光发射机的可靠性强,一旦出现故障,所涉及的用户面相对较小。1 310 nm DFB 激光器带宽可达到 862 MHz,可传送 60~84 个频道电视节目。

在用 1 550 nm DFB 激光器直接调制时,标准光纤中的高色散导致 CSO 的产生,这实际上说明不可使用直接调制激光器。

外部调制的 1 550 nm 激光器的造价贵,且复杂,会降低可靠度。

1 550 nm 光发射机利用预失真线性技术,这使得它很难覆盖整个 862 MHz 频率范围。但与 1 310 nm 方案相比,1 550 nm 方案有以下优点。

(1) 1 550 nm 的光纤损耗仅为 0.22 dB。

(2) 可利用高输出功率光放大器,加上较低的光纤损耗,可以满足长距离点对点连接,60~70 km 的链路不需要中继和光放大器。

(3) 光放大器不会降低 CTB、CSO 指标。

(4) 利用光放大器可实现 100 km 传输。在 100 km 之外,光纤色散导致噪声加强,失真更为严重。

5. 光链路的设计

在 HFC 系统中,光传输系统的设计关系到信号的质量及未来网络的升级改造。

HFC 系统的光纤链路使用调幅调制。在光发射机之前,信号通过分配网从一个前端输出到几台光发射机。根据网络的规模和用户的数量,要求找出所需光发射机的最大数量,再进行分配网的设计。

对分配网设计的基本要求是放大器信号的输入电平不得低于 70 dBμV,输出电平不得高于 104 dBμV,由此得出所用放大器的最大增益为 34 dB。

为了保证系统在最佳状态下运行,选择光发射机的输入电平时须谨慎。设备供应商为每一个光发射机所提供数据的指标都对应相应的输入电平。通常所用参数是指光调制度(OMI),同时应注明射频电平与 OMI 的关系。

光发射机对总输入功率十分敏感,而电平对它的影响并不大。最佳输入电平根据频道数的不同而不同。一些光发射机带有自动功率控制(APC)电路,系统负载变化时,可以将激光模块的输入功率保持在最佳状态。应用此项功能后,光接收机应具备导频自动增益控制(AGC)电路,以补偿光传输中引起的任何电平变化。

只有单模光纤可以满足远距离链路上多频道电视传输所需的带宽。

光接收机是光链路中的最后一个组成部分。根据机械差异,其主要可分为两类。

第一类是用于中继站或前端的光接收机,通常是安装在机架上的,只完成光到电的转换作用。

第二类是光节点设备。它不仅仅是光接收机,因为光节点包含许多光到电转换以外的功能。以下所列为在设计光节点时须核对的一些参数。在决定需要何种光节点之前,应非常了解 HFC 网络上所需提供的服务,以及将来每个用户所需的容量。

(1) 光节点对于环境的适应能力要强,经得起温度的变化,防水性能要好。

(2) 现代 HFC 网络的光节点应具备档次变换的灵活功能,以满足运营上的要求,为升级改造提供便利。应具有备份路由切换的功能。更为理想的是可以监测多参数,如光输入电平、射频信号电平等。在此基础上,可确定实现切换的阈值。

(3) 高射频输出会减少光节点后所需的放大器数量。

(4) 新的交互式业务须更准确有效地利用光节点,因而光节点的配制及性能管理变得越来越重要。必须保证服务质量,以便与其他宽带通信技术相竞争。

(5) 光节点通常被作为远端供电站点。光节点应具备给同轴电缆输出供电的电源及切换接点。同样,远端电流监测也是非常重要的,它可以指示出同轴网上可能出现的问题。

(6) 光纤管理必须成为光节点的一部分,通常四根光纤与光节点相连,这些光纤的管理要在光节点外壳内进行。

7.3.4　HFC 网络的回传系统

1. 上行参数

现有的网络大部分为单向传输,如果要考虑双向传输,在设计之前,应了解上行传输的基本规律及其局限性。上行与下行有同样的组成部分。利用不同的频带进行信号反向的传输,应考虑一些特殊的问题。

在设计上行系统时,应考虑以下参数:漏斗噪声、设备噪音的生成、来自每一个射频放大器噪音的叠加、光链路、网络汇接、入口噪声、脉冲噪声、离散干扰、公用路径失真、交流啁啾调制、双工滤波器的群时延、上行频率的范围等。

无论上行信号来自网络何处,其前端的电平应是相同的。通常信号要在汇接之后才能进行下一步处理,所以上行信号电平保持一致十分重要。如果到达前端信号的电平不同,那么要给信号接收机提供正确的输入电平是很困难。

在 HFC 网络中,有源部分上行信号保持一致相对容易。网络中的每一个光链路都不一样。虽然光发射机的输入电平是不变的,但由于存在光损耗,所以接收到的输入电平有所不同。光接收机可以通过调整输出射频信号电平的衰减器来平衡信号电平。

对上行信号来说,最后一级放大器之后的无源分配网是问题的来源。如果最初网络是为广播服务及为下行频率而设计的,那么问题就会更加严重。受用户与放大器之间距离的影响,以及其间无源分支分配器所用数量的影响,由用户到达第一级放大器的上行信号电平有所不同,表 7.3.6 说明了无源分配网上可能产生的问题。

2. 上行性能

与光链路噪声及用户入口噪声相比,射频放大器造成的噪声并不显著。它的噪声系数较好,且对高电平表 7.3.6 无源分配网不同点的信号电平信号的一致性相对较强。

表 7.3.6　无源分配网不同点的信号电平

抽头	862 MHz 活动抽头端口的损耗/dB	65 MHz 活动抽头端口的损耗/dB
抽头 1	27.0	27.0
抽头 2	26.2	22.3
抽头 3	27.1	18.8
抽头 4	26.3	12.7
差值	0.9	14.3

对光链路的设计应多加注意,因为它会影响整个系统的载噪比性能。为取得光链路的最佳性能,则需准确设定信号电平。目前,市场上有两类上行光发射机:DBF 和 FP 激光器。

DBF 与 FP 激光器相比有以下优点:噪底较低〔相对强度噪声(RIN)较低〕,因而有较宽的动态范围;输入电平较高,因而载噪比较高;在输入电平较低的情况下,仍有与 FP 激光器相同的载噪比;在很长的链路上,可用较高的功率;没有模式分割噪声;可用射频带宽多,对上行频率无太多要求。

DBF 和 FP 激光器相比有以下不足:要求较好地隔离;造价较高;较窄的激光器线束会产生带内噪声。

DFB 激光器的 RIN 噪声比 FP 激光器好 10 dB,但是整个链路的噪声由三部分组合而成:相对强度噪声、散射噪声及热噪声。DBF 和 FP 激光器的散射噪声和热噪声相同。在光发射机为 -7 dBm,链路损耗为 5 dB,在信号带宽为 4 MHz 的条件下,表 7.3.7 列出光链路的性能。

表 7.3.7　DFB 与 FP 光发射机的比较

激光器	环路载噪比/dB	发端载噪比/dB	终端载噪比/dB	总载噪比/dB
FP 激光器	56.9	64.3	56.9	53.5
DFB 激光器	66.9	64.3	56.9	55.9
差值	10.0	—	—	2.4

此例说明,虽然相对强度噪声相差 10 dB,但链路总的载噪比只相差 2.4 dB。

3. 上行信号电平

上行信号所占用的带宽不同,性能要求不同,配置情况不同,上行最佳信号电平的计算并不像下行那样简单。

为了克服入口噪声,应尽可能地提高通过上行通路的信号电平;为了避免过载和产生削波,应限制激光发射机的电平。

信号电平和光链路指标的计算分 3 个步骤进行:首先,找出不同信号的相对电平;其次,找出最佳信号电平;最后,计算实际指标。

下面通过 3 个步骤从所给的信号中找出最佳工作电平及光链路的最佳指标。

(1) 两个 6 MHz 信号:载噪比要求为 26 dB。

(2) 两个 2 MHz 信号:载噪比要求为 22 dB;

(3) 四个 300 kHz 信号:载噪比要求为 20 dB。

第一步:取一种信号为参照,计算其他信号的相对电平,见表 7.3.8,同时应考虑带宽及载噪比要求。

表 7.3.8　上行信号相对电平

信号数	带宽/kHz	载噪比要求/dB	每频道 OMI	合计 OMI	相对于 10％的电平/dB
2	6 000	26	10.00％	14.14％	0.00
2	2 000	22	3.64％	5.15％	−8.77
4	300	20	1.12％	2.24％	−19
总数	—	—	—	21.54％	—

当总的光调制度（OMI）值为 35％时，上行光链路的负载为最佳。当最大 OMI 超过 50％时，光发机就会超载。OMI 采用 35％时，信号电平还有 3～4 dB 的余量。

第二步：调整所有信号的工作电平，直到总 OMI 为 35％。在此例中，信号电平可增加 4 dB。设备厂商应提供激励电平，如 OMI 为 10％。在调整链路时，可用它作为参照。

第三步：得到上行信号所有的最佳工作电平，见表 7.3.9，计算载噪比性能，并且可以为任何一种信号进行计算。图 7.3.4 展示的是两个 6 MHz 信号载噪比的性能。

表 7.3.9　上行信号最佳电平

信号数	带宽/kHz	载噪比要求/dB	每频道 OMI	合计 OMI	相对于 10％的电平/dB
2	6 000	26	15.85％	22.41％	4.00
2	2 000	22	5.77％	8.16％	−4.77
4	300	20	1.78％	3.55％	−15.0
总数	—	—	—	34.13％	—

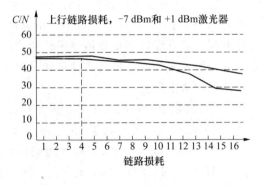

图 7.3.4　两个 6 MHz 信号载噪比的性能

4. 上行频率的范围

对于双向 HFC 网，建议采用尽可能宽的上行频带。在实际应用中，通常带宽为 5～65 MHz。在规划上行频率时，必须考虑其局限。下面对 5～65 MHz 的上行频率进行分析。

5～15 MHz：受入口噪声和群时延的影响，只适用传送遥测信号，以及其他抗干扰性强的窄带信号。

15～40 MHz：平坦的群时延区，适用于任何信号。通常预留为宽频信号带，如商用数据传输。

40～60 MHz：相对平坦的群时延区，适用于数据及电话传输。一般用于居民用户的数据传输。

60～65 MHz:受群时延的影响,只适用于极窄带信号。

7.4 省级数字视频传输平台的建设

7.4.1 省级数字视频传输平台建设的总体规划

在我国,有线电视网的用户数已近 1 亿,开展有线数字电视业务有着广泛的网络基础和丰富的用户资源。目前的有线电视网绝大多数是 HFC 网络,大多数地区的网络带宽达到 550 MHz,有些已经达到 750 MHz,可传送 40～80 套模拟节目。随着数字压缩技术的发展,在现有的网络带宽上可以提供更多更好的服务。下面讨论建立省级数字视频传输平台需要考虑的一些问题。

1. 省级数字视频传输平台的特点

省级数字视频传输平台与中央、市、县数字视频传输平台相比,有它自身的特点,主要体现在以下 5 个方面。

(1) 用户数量将达到 100 万以上时,需有条件接收系统、用户管理系统有足够的支持能力。

(2) 节目通过 SDH 网下传到各市县,再由各市县前端通过 HFC 网络广播到用户机顶盒,而不是直接通过 HFC 网络广播到用户端。

(3) 向上与中央、节目提供商进行资金结算和其他信息的交换,向下与各市县进行节目传输、资金结算、用户投诉处理等,同时处理各地市自办节目的问题。

(4) 国家行业政策及标准都会对省级数字视频传输平台的建设及运营产生较大影响。

(5) 平台的建设和业务的开展要充分考虑各地的网络状况和人民群众的承受能力。

2. 网络状况、用户资源及用户需求调查

网络是开展各项业务的基础,也是数字视频传输平台的组成部分,网络状况对平台的建设和业务的开展有很大的影响,如能提供的节目数量、业务种类、EPG 方案等。因此要充分利用广电资源,首先建立一个统一体制、统一标准、互联互通的网络。我国的广电网共分为四级:全国 SDH 骨干网、省 SDH 主干网、地市 SDH 主干网、HFC 接入网。现在,全国的骨干网和各省的 SDH 主干网已基本建成,地市的 SDH 主干网也在快速建设中,这为开展各类增值业务创造了条件。

在执行省级数字视频传输平台的规划时,首先要对全省的网络状况有全面的了解,包括以下几点。

(1) 省级光缆干线网是否已全面开通。

(2) 各地市的二级光缆干线网的建设情况。

(3) 各地市、县、乡(镇)HFC 网络的现状(带宽、网络覆盖情况等)、未来几年网络的建设规划。

(4) 其他网络(MMDS 等)情况。

在网络调查的同时,还要全面调查系统内现有用户数量、潜在用户数量、系统现有服务、用户期待的服务、用户的资费承受能力等,为项目的可行分析、业务的开展规划、资费的确定等提供参考依据。

3. 业务规划

数字化、网络化是广电业务的发展方向,广电未来业务可分为三大类:数字音视频业务、语音业务、数据类业务。音视频业务是广电的传统业务,也是广电的优势业务,广电有着丰富的音视频信息资源。因此,在省级数字视频传输平台上,建议首先以提供数字音视频业务为主,在此基础上逐步开展其他各项业务,避免与电信形成正面竞争。

按照业务的性质,可以将业务按表 7.4.1 进行分类。

表 7.4.1　业务分类

业务分类	语音业务	数字音视频业务	数据类业务
单向业务	调频立体声广播 数字音频广播(DAB)	有线电视节目 准视频点播(NVOD) 高清晰度电视(HDTV) 图文电视	数据广播 图文电视 电子自动化抄表 家庭保安监控
双向业务	个人通信 电缆电话	会议电视 可视电话 远程教学及医疗 电视购物	计算机联网 因特网接入 证券交易系统

建议省数字视频传输平台按照以下原则开展业务:在数字视频传输平台建设初期应以提供数字音视频广播(如专业频道、境外优秀电视频道等)、NVOD、数据广播等单向业务为主,随着 HFC 双向网改造的推进和用户消费水平的提高,再逐步开展 VOD、游戏、电缆电话等业务。

4. 确定的技术路线

根据国家政策和国家新闻出版广电总局的规划,省级数字视频传输平台的建设应遵循以下技术路线。

(1) 严格按照 DVB-C 标准来建设省有线数字电视平台。

(2) 按全省一盘棋思路开展数字电视业务,兼顾各方的利益,全省统一技术标准和设备选型。

(3) 将数字电视枢纽(频道服务集成部分)设置在省前端。

(4) 省前端将数字电视信号通过 SDH 网络平台传输到各个地市,再由各个地市将数字电视信号送入当地 HFC 网络,以提供给用户使用。

(5) 充分利用全省已建成的广播电视有线网络资源,使用当今先进的技术和成熟的产品,达到扩充业务功能的目的。

(6) 数字电视广播的整个技术实现过程都应考虑系统及设备的可升级、可兼容及可扩展,确保系统长期稳定运行,确保用户利益。

7.4.2　技术解决方案

1. 省级数字视频传输平台的组成

省级数字视频传输平台包括以下6个部分：省级前端系统、省骨干网、地市前端系统、地市级骨干网、地市县 HFC 网、用户端接收设备。

图 7.4.1 是省级数字视频传输平台一个较典型的拓扑图，整个系统按照功能可分为信号源部分、信号的处理与传输部分、有条件接收部分、用户管理部分、网络管理部分。

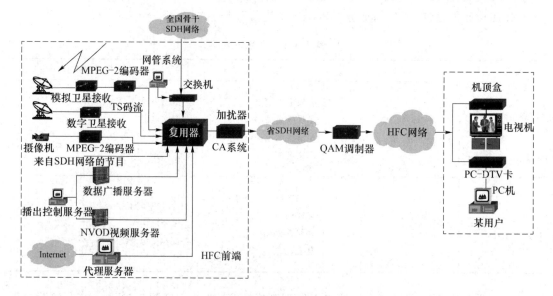

图 7.4.1　典型的省级数字视频传输平台拓扑图

2. 省级数字视频传输平台中的地市节目回传方案

根据国家新闻出版广电总局的要求，将四级办电视改为三级（中央、省、地市）。按照这个要求，地市至少有一套自办节目，将地市自办节目传到省中心对其进行采编并重新播出，这是省级数字视频传输平台一个必需的组成部分，也是省数字视频传输平台的一个特点。

地市节目回传的实现过程如图 7.4.2 所示。

首先，地市前端通过编码器将自办节目经过压缩编码后，形成标准的 TS 流，再通过 SDH 网络传送到省前端，省前端接收后可以对其进行编辑、存储或直接转播。

回传节目通常经过二次编辑、二次传输，这些过程可能会造成节目质量下降，因此在编码时一些参数的设置与省前端的有些区别。通常，节目输出码率应大于 15 Mbit/s，编码模式设为 4∶2∶2。

3. 省数字视频传输平台的 EPG 管理方案

电子节目指南（EPG）是数字视频传输平台一个重要组成部分，在建设省数字视频传输平台时一定要对全省的 EPG 全面规划。在省级数字视频传输平台内，每个地市会有各自的自办节目，而且各地市的网络状况不一样，这给 EPG 的规划增加了难度。

（1）全省统一电子节目指南。

全省统一电子节目指南的优点是在技术上实现简单、管理容易，但须对全省各地市的网

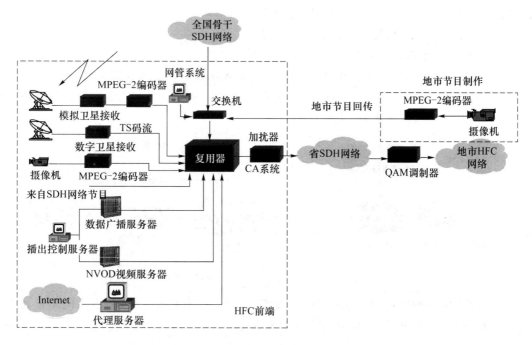

图 7.4.2　地市节目回传的实现过程

络频点统一规划,可能需要对原来的模拟节目进行调整。譬如,全省将数字节目统一放在 $550\sim750$ MHz,而有些地市的网络带宽可能只有 550 MHz,如果统一放在 550 MHz 以下的某些频点,则某些地市的这部分频点可能已经被模拟节目占用。这种方式还有一个缺点:省级数字视频传输平台只能向各地市提供相同的节目,地市自办节目不方便纳入省级数字视频传输平台。

（2）各地市采用不同的电子节目指南。

这种方式虽然在技术上难度较大,但对网络要求低,而且便于各地市开展有地方特色的节目。这种方式的城市电子节目指南处理过程见图 7.4.3。

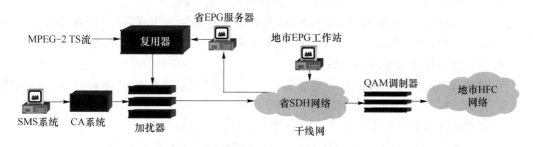

图 7.4.3　地市电子节目指南处理过程

地市的 EPG 工作站将本地自办节目形成 EPG,再通过 SDH 网络上传到省 EPG 服务器,省 EPG 服务器对各地市的 EPG 进行统一的处理,分别为每个地市生成一个 EPG,每个地市的用户只能接收本地的 EPG。

4. 省级数字视频传输平台中地市节目的加密方案

每个地市都有自办节目,如何通过省级数字视频传输平台来实现对地市自办节目的加密是建设省数字视频传输平台时不可避免的问题。

对地市节目的加密可以采取以下三种方式。

第一种,每个地市配备一套 CA 系统。

第二种,将地市节目回传到省中心,由省中心 CA 加密后再传给地市。

第三种,在地市前端配备一个扰码器,将省中心 CA 通过网络与地市扰码器相连,实现由省 CA 对地市节目进行加密(见图 7.4.4)。

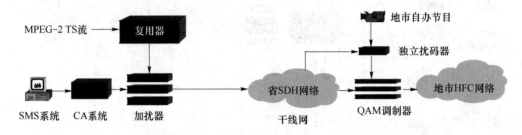

图 7.4.4   省 CA 对地市节目进行加密

建议采用第三种方式,它有如下优点:投资少;便于省中心统一控制;占用网络带宽少,可与 SMS、EPG 系统共用 2 Mbit/s 的 SDH 通道。

7.5   HFC 网络结构的演变

1. 传输需求

用户对业务需求的增长率超过人们的预料。虽然未来业务并不明朗,而且传输的具体细节也无法知晓,但对带宽的需求和其发展趋势仍可概括为以下几点。

- 永远在线的应用、个人计算机的图形和计算的混合将使带宽更宽。
- 对于实验 VOD/ADSL,用户反应非常积极,希望进一步推广。
- VOD 服务器成本可以接受,但希望存储成本指数递减。
- 以对因特网(实时接入)的经验而言,人们期望实时接入模式,而不是存储模式。然而,本地存储和本地服务器不但增加视频传输的下行流,而且增加上行流。
- 遥控技术期望得到迅速发展。
- 存储成本的降低和低比特率视频编码器的投入使用,住宅服务器将会得到迅速增长,带来上行流不断增长的需求。
- 运营商计划以一种媒体提供综合业务,包括视频、音频、数据。

可用传输模型解释人们对比特率的需求是如何增长的,如图 7.5.1 所示。

根据这些方案,比特率的需求如图 7.5.2 所示。

当然,上述假设是非常乐观的,虽然业务会随着时间的推入而变,但是显示了不管是下行流还是上行流,用户的平均比特率最终将发展到 $10 \sim 50$ Mbit/s。新业务的不断出现,推动着比特流需求的上升。

2. 用于交互业务的 DVB-DAVIC 模型

为使 HFC 网络支持交互业务,DVB-RCCL(在电缆和 LMDS 上的返回信道)已提出一系列

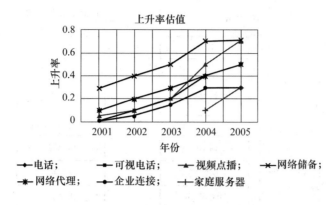

图 7.5.1　比特率的需求增长

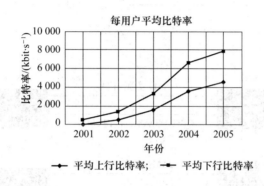

图 7.5.2　比特率的需求

规范,被 ETSI 和 ITU 认可,并成为标准。它们分别涵盖用于电缆和 LMDS(ES200/800 以及 EN301/199)的网络层。ES200/800 特性的总体描述如下(美国的相同标准是 DOCSIS,特性相似)。

(1) 系统模型

该标准用 OSI 模型,标准 ETS300/800 把重点放在网络依赖层,网络独立层在本书的后面有所阐述。图 7.5.3 为层结构。

(2) 标准总观

交互式的应用范围广,并不指望每一网络都支持所有的应用,但是描述定义过的选项是非常必要的。因此,带外和带内的选项均会得到考虑。

带外模式是指数据和信息在独立的下行流信道中进行传输,主要应于机顶盒(STB)。下行流 QAM 信道携带着广播电视节目流,同时上行流 QPSK 信道携带着返回信道的信息(MAC)。

带内涉及 Cable Modem 应用,数据和信息由同一个下行流 QAM 信道发送。

目前,这两种模式有许多变化,将在下面说明。交互式网关或交互式 STB 可包含多种 QAM 解调器,同步接收不同类型业务,如广播电视和交互式的高速数据。

图 7.5.4 描绘了在带内和带外选项的 NIU 和 INA。INA 位于数据转发器内,是 HFC 网络和 WAN 之间的网关。

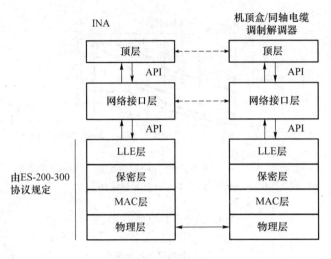

图 7.5.3 层结构

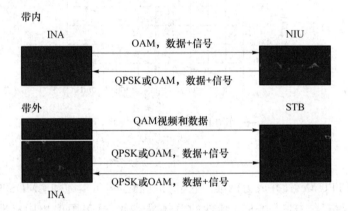

图 7.5.4 基本系统

该系统的主要特性如下。

(1) 对于带外下行流,用 QPSK 调制使 STB 可降低成本,物理分割是嵌入 T1 帧结构的 ATM 信元,从而可不断提高 ATM 信号编码方案。

(2) 对于带内下行流,用 QAM 调制的 DVB 规范,MAC 信息在 TS 包中传送,数据用 DSMCC 多协议封装(DVB-MPE)传送。LMDS 的 DVB-S 规范可用 QPSK 调制。

(3) 上行流用的接入模式是 TDMA 和 FDMA 的结合,上行流对频率很敏感,在刚接入时或者在传输过载时可改变频率,从而可把比特率最高提升到 12 Mbit/s。

(4) MAC 层支持的接入模式成为争论的焦点,固定比特率可保证 QoS 要求。

(5) 为支持用户隐私权和免遭信息被偷窃,定义一个两层的安全体系。

(6) 在有线网络传输的数据包中去除无用的头部能压缩净荷优化传输容量,特别是在 IP 传送语音的情况下。

3. 结构

光纤结构有两类:混合光纤和光纤到大楼/家庭。混合光纤结构通过光纤把数据传送到离用户更近的距离(有时候被称为光纤到路边)。光纤到大楼/家庭结构是直接把数据传送到终端用户的大楼/家庭。

（1）HFC/HFW（混合同轴/无线光纤）

混合光纤光节点到用户的最后一段包括有线电缆、无线以及双绞线。图 7.5.5 为典型的网络结构，它既适用于 HFC，也适用于 HFW 结构。

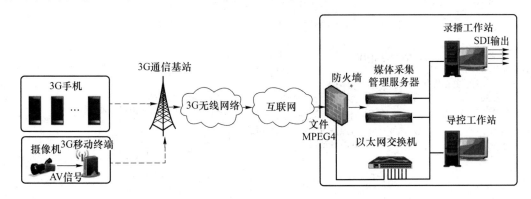

图 7.5.5　典型的网络结构

在实际结构中，中央数据转发器把电视节目通过 WAN 环、卫星或者网状结构（如 SDH、ATM）进行馈送。可采用 1.55 μm 波长的光信号完成传输任务。

在典型的情况下，一个数据转发器可以覆盖 50～200 km 的区域，每个光节点馈送 500～2 000 个家庭。

（2）最初的传输能力

根据这个结构，假定上行流频谱已被完全使用，能画出传输图，如图 7.5.6 所示。它显示网络的最终性能，即使占用整个上行流频谱，每户的最高比特率也要限制在 100～200 kbit/s。同样情形也出现在 LMDS 中，用了 QPSK 调制方案。

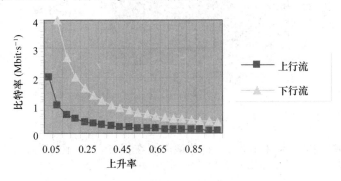

图 7.5.6　每用户的比特率

光纤被用于发送网络中，并保持对上行流和下行流信号的透明性。

- 改善了有线电缆和 LMDS 的特性。
- 信道模型：如果假设 HFC 上行流中每个信元都是满负荷，那么入口噪声就会提升 10 dB，这要求上行流用抗干扰能力更强的调制方案。LMDS 的衰减指标得到改良，从而允许使用 16QAM 调制。
- 管理系统更容易检测入口噪声。因为 HFC 网络的光纤部件是 PON，所以容易找到入口噪声源并采取必要的措施。

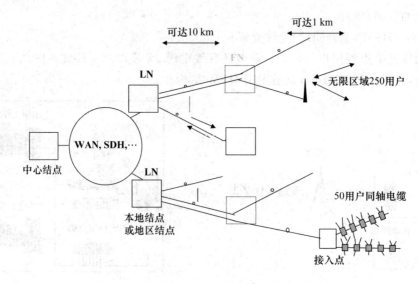

图 7.5.7　HFC/HFW 升级

- HFC 使用无源同轴结构,供电电源可送到光纤节点的用户端。

(3) 最终的传输能力

最终的传输能力如图 7.5.8 所示。

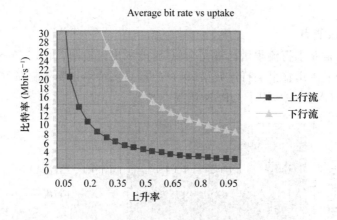

图 7.5.8　相应的传输能力

HFC 和 HFW 在效率为 80% 时,上行流被限制在 2 Mbit/s,下行流被限制在 10 Mbit/s,有如下的一些缺陷。

- HFC 必须使用 RF 设备,特别在更高速的下行流中,增加了每个用户的成本。
- HFW 光纤节点以 28/40 GHz 的频率发送和接收,要 40 GHz 的 RF 转换器进行 IF 到 RF 的模块变换。

(4) 优于广播模型的多点广播/单点广播

由于单路接入或弱交互网络(譬如卫星、地面和单路有线电缆)的限制,广播模式得以使用,多点广播已经被引入 NVOD,尽管相对有限,而且内容(NVOD 服务器)经常被局限于中央数据转发器。

新结构趋向从中央多点广播模型发展到分布式模型,信息可出现在骨干网络中的任何地方,此外单点广播模式可建立在用户可找到的信息连接下载之处。

频谱分配的影响如图 7.5.9 所示,其中 RF 载波(经 QAM 调制)自动分配给一个或多个用户的数据管道。

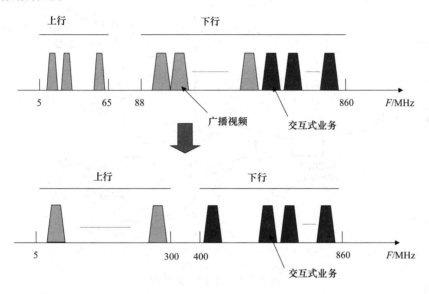

图 7.5.9 频谱分配的影响

4. FTTC/微型光纤节点的结构

HFC 的优势是广播电视,但也受到以下因素的困扰。

- 光传输网络在两个方向上都是模拟的,这将会导致高成本,特别是在用光缆进行电视播送时。
- 上行流模拟光回传链接的成本将变得非常重要。在 FTTC 或者微型光纤节点结构中,HFC 可分为两个独立的网络。
- 该光网络可以确保本地节点和微型光节点之间的双向数字通信。
- 同轴本地网络现已是一种 DVB-RCCL 网络,它在 RF 频谱中使用经典的 FDMA/TDMA。

FTTC 的结构如图 7.5.10 所示,INA 被放置在微型光纤节点内。该结构的主要优点如下。

- 安装和维护简单。
- 成本低。
- 具有可伸缩性。

该结构的主要问题是 HFC 网络失去对交互式业务的多标准支持能力,所以以前的设备无法使用。

5. 最终结构:光纤到家庭/大楼

如果高比特率要求得到确认,FTTH 就能成为非常可行的发展方向,或者对新的运营商来说是最好的选择。虽然用户的成本要比 HFC 的高,但是平均带宽的成本却低得多。典型的 PON 结构如图 7.5.11 所示。

FTTH 的主要优点如下。

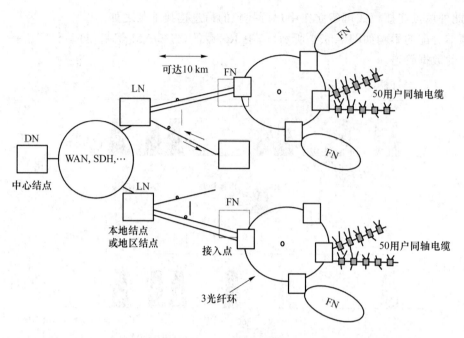

图 7.5.10　FTTC 的结构

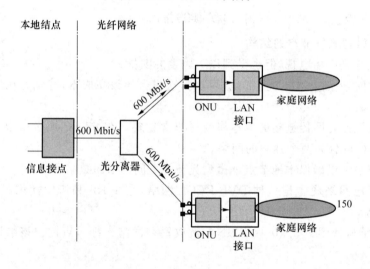

图 7.5.11　典型的 PON 结构

- 适应甚高比特率的可伸缩性。
- 网络内无电源，可靠性高。
- QoS 模型简单。

6. QoS 的要求

（1）HFC 和 FTTC 结构

DVB-RCCL 对内容封装提供了完整的解决方案，以实现广播/多点广播。内容的集成包括数据、视频、音频（视频能以广播、多点广播或单点广播方式实现）。图 7.5.12 所示为传输流里的比特分配示例。用 DVB 传输流封装的好处是很容易达到 MPEG-2 严格的 QoS 要求，在同一个传输流中复用数据、语音和视频。简单方法是为需要 QoS 的交互式业务保留一个虚拟的固定比特率的管道,并且把数据与视频复用。

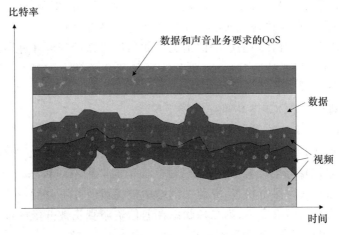

图 7.5.12　传输流里的比特分配示例

如果视频通过 IP 传输,那么可考虑更复杂的策略。为使所需的比特率实现最优化,视频尽量以一种固定不变的质量进行编码。这种方法的缺点是准确描述视频所需的 QoS 的难度很大。

(2) 上层与 MAC/物理层之间的连接

根据 OSI 模型,对话/信号层必须打开响应对话并提供关于所需带宽/QoS 的信息。在接入网中,对话/信号协议在用户设备(CPE)和网络中的更高层实体之间实现初始化,这与 INA 是截然不同的。

为了确保 QoS,INA 打开一个对话连接,并接收对话建立过程中层实体的要求或者由 CPE 通过 MAC 层发出的要求。

端点 A 与端点 B(A 和 B 可以为客户或者服务器)之间进行通信时,信息流要穿越许多网络,为了达到通信 QoS 的要求,QoS 参数必须被传送给每个子网络的 MAC 层,假定 MAC 层具有支持 QoS 的机制。图 7.5.13 表示上层与下层之间的链接。

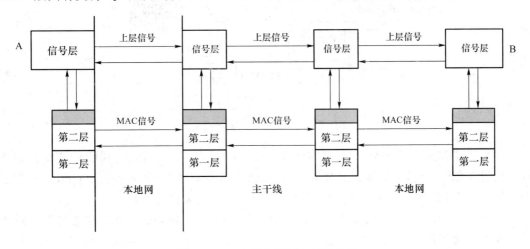

图 7.5.13　上层与下层之间的链接

7. 语音通信

语音通信在上层与 MAC 层之间传输时,该业务存在以下约束条件。

- 计费约束:只有在通信建立成功的前提下用户才会被计费。
- 传输优化约束:只有在通信成功的情况下通信所必需的资源才保留。
- 安全约束:用户隐私应得到保证,服务的窃取和克隆都应该遭到禁止。实验室已经研究了一种适用于电缆、通过 IP 传送语音(Voice over IP)的结构,该结构能够用于多点物理媒介。DOCSIS 标准定义了上层结构。

(1) 信号协议

有两种基于 MGCP(网络控制信号)和 SIP(分布式控制信号)的范例被定义,已有了这些协议的改写版本,以便与电缆媒介相匹配,建立通信的两种不同状态。

① 第一种状态被称为保留状态,资源在网络中被保留但并不分配。

② 在呼叫成功建立的情况下,第二种状态在通信资源真正被分配的前提下定义。这就使接入网中的资源得以优化,计费过程可以与通信建立同步进行。

图 7.5.14 所示的结构集中表示各协议之间的关系(呼叫管理服务器与其他未显示网络之间的协议)。

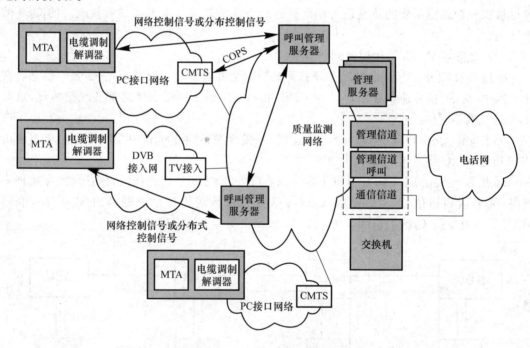

图 7.5.14　一般的包电缆结构

呼叫管理服务器面向 MGCP(呼叫代理功能)或 SIP 的信号实体,它利用 COPS(公共开放政策服务)对一个给定的通信封装 INA 的 QoS。这意味着在 COPS 的条件下,呼叫管理服务器是一个 PDP(政策决定点),而 INA 是一个 PEP(政策执行点)。

用户设备分为两个实体:支持第一层和第二层协议的电缆调制解调器和支持更上层协议的 MTA(多媒体终端适配器)。MTA 可以嵌入电缆调制解调器或家庭终端盒中,MTA 嵌入家庭终端盒中时,由 RSVP 决定带宽。

该结构的重要特性是在端到端的信号协议与每个通信网络的 MAC 层之间进行由业务所要求的 QoS 的通信。MGCP 和 SIP 的 QoS 是由 SDP(对话描述协议)描述的。QoS 被翻译成用于相应的 MAC 连接的 QoS 要求。这种方法能进行扩展，以适用任何 QoS，如视频流。

（2）支持高比特率结构的 QoS

上面的例子是假定 MAC 层与每个连接业务的 QoS 相关联。在每一次需要建立特定的 QoS 对话时，MAC 层将保留相应的资源，这将使传输管理方案更加复杂。

如果提供给用户的比特率过量(如达到 50～100 Mbit/s)，确保 QoS 就非常容易。可根据一般的 QoS 要求来定义，而且根据选择的业务种类在每一个网络节点可按优先次序进行区分，业务种类的标识可放在每个包的 IP 头中，如在 ToS 域标明，或者使用等同的方法〔这种在每一种业务的基础上(而不是在每个流的基础上)对包进行分类的方法已经在骨干网中使用〕。

随着业务需求的增长，要求的网络带宽越来越大。HFC 网络同轴电缆部分逐步缩短，有利于语音、数据和视频信息的综合传输，以致交互电视、VOD、IP 应用被人们看好。为实现用户的高比特双向传送，HFC 网络必须改造成光纤到大楼、光纤到家庭的结构。

第8章　数字电视的其他传输方式

数字电视的其他传输方式有无线本地多点分配系统(LMDS)、IPTV 网、电话线宽带接入网以及移动通信 4G、5G 传输网等。

8.1　本地在宽带网中的应用

LMDS 的优点是具有高容量的下行链路,可以以一种灵活的方式被许多用户共享。

LMDS 在全世界范围内应用。LMDS 的优势是简单的操作和配置、按需的容量分配、对于宽频谱应用的潜在支持以及具有发展远景。

1. LMDS 的宽带接入网技术

LMDS 采用低功率、高频率(25~32 GHz)信号在短距离传输。LMDS 系统为蜂窝式,在短视线距离使用很高频率的信号。这些蜂窝相距 1~5 km,LMDS 蜂窝的布局决定安装发射机的费用和覆盖的家庭数量。

在蜂窝半径内,要求发射机和接收机之间处于视线内。LMDS 信号受到雨水的影响而衰减,损耗受当地降雨量和树木反射以及其他障碍物的共同影响。为了补偿这些,LMDS 运行者可以减小蜂窝的大小或在下雨时增大发射功率。树木和树叶也会引起信号损失,但交叠的蜂窝和架设在高屋顶的天线可以解决这个问题。

双向无线传输能力将把位于用户屋顶的小收发单元连接到节点站,可以通过交叠集线器的高度来增加覆盖范围。根据不同的天线高度、地形、天气和需要的可靠性,可以实现1~5 km 的覆盖半径。传输容量取决于以下 4 个因素:使用的调制技术、计划提供的带宽、频率重用、集线器设备的能力。

信号可以达到的范围有限,可以重用传输频段,以便增加系统的整体传输容量。有线的专用光纤链路可通过无线接入节点把业务运载到网络运行者的前端设备和中心局,然后前端可以联网到各种业务提供者和视频服务器。

在系统工程设计中,影响蜂窝大小的 5 个关键因素有视线距离(LOS)、蜂窝交叠、地面环境(降水量)、天线高度(发射和接收)、地貌(枝叶密度)。其中,比较关键的是 LOS。如果一个用户在阴影区,那 LMDS 就无法提供服务。在大多数情况下,使用反射器或放大器来反射信号可以恢复对阴影区的照射。

2. LMDS 概貌

LMDS 是一个固定宽带无线系统,工作于 25~32 GHz 频段,占用 1 300 MHz 的频谱,视线覆盖可以超过 3~5 km。在最佳情况下,在业务流量集中的区域可以最多为 80 000 个用户提供话音/视频和数据服务。一个 360°传输图案被划分成 4 个极化交替的部分。对视频资源的频率重用和蜂窝的交叠可以大大增加对一个给定用户群的覆盖范围。

3. LMDS 的单元

LMDS 系统是高度模块化的,系统包括以下 4 个单元。

(1) 基站设备。该单元包括位于电话中心局或视频应用前端的控制和传输机柜。节点设备位于天线塔,包括固态发射机、接收机和其他单元。

(2) 用户驻地设备。该单元包括一个 28 GHz 固态发射机、架设在屋顶的 12 英寸的碟形天线和一个网络接口单元。

(3) 天线和网络接口单元。该单元把无线信号转换成话音、视频和数据,分配到建筑物内的现有有线设备。

(4) 数字机顶盒单元。数字机顶盒是视频业务的用户终端设备。

LMDS 系统以多个蜂窝重复配置,覆盖整个服务区域。该系统的容量是巨大的,例如,一个 LMDS 塔可以最多为 80 000 个用户提供数据和电话线路,或者为 40 000 个用户提供话音/数据线路和 132 个视频信道。由于 LMDS 是宽带和数字的,故业务组和种类可以是无限的。系统在物理上有两个主要的功能层,即传输层和业务层。传输层包括用户屋顶单元(RTU)和节点电子线路。RTU 固态收发器的直径大约为 12 英寸。节点包括固态发射机、接收机和其他相关单元。业务层包括位于用户处的网络接口单元(NIU)和基站电子线路。NIU 提供到用户的工业标准接口,基站提供原理集线器或中心局/业务会聚点的控制和传输功能。

4. 基本原理

LMDS 是一种高容量在毫米波频率上进行交互式操作的无线通信和广播系统。它最早用于蜂窝图像,是由美国纽约城提出的一种用于电视分配的系统。数字电视开创了一个电视节目、数据和通信进行联合传输的领域。通过加入回传信道,把广播网络变为一个交互式网络,从而实现综合业务宽带接入,它与 Internet 和数据业务的增长完全相符。

宽带交互性是随数字化而发展的。交互式 LMDS 具有一个点到多点的下行链路以及一个点到点的上行链路,如图 8.1.1 所示。

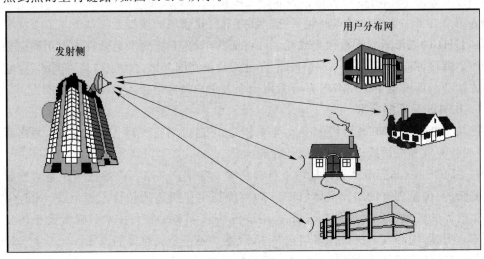

图 8.1.1　用于广播和交互式业务的 LMDS 操作

发射场地应该设在一个高建筑物的顶部或在能够俯瞰业务区域的高柱子上。一个发射机在典型情况下能覆盖一个 60°～90°宽的扇区。因此全方位覆盖需要 4～6 个发射机。传送的数据流包含了 34～38 Mbit/s 的数据,它们面向覆盖区域内的每一个用户端(典型的电视)、集团或个人(典型的通信、Internet)。点到点反向信道的容量是由个人用户的需求决定的。

LMDS 在一个区域内的操作通常需要具有联合发射/接收基站的一簇蜂窝。其中,一个基站将用作特许区域的协调站,并把 LMDS 与外部网络相连接。蜂窝间的网络将通过光纤或短跳频时延连接实现。与移动基站间的链接允许对基础结构进行共享。

在毫米波范围内的操作有一些限制条件。降雨会导致严重的衰减,并把可靠操作的范围限制到 3～5 km,这取决于区域的气候条件和工作频率。完全覆盖是不可能的,通常覆盖在 40%～70%,95%的接入业务将是提供公众用的业务(容量小)。因此,提高覆盖率就变得非常必要,而且可以用不同的方法获得。可引用单蜂窝。允许蜂窝之间有一些重叠,可能在一个蜂窝到相邻蜂窝传输区域内覆盖。中继器和反射器的使用也是可选方案,但是需要额外的设备,可通过增加用户数得到。采用上述方法可解决覆盖问题。最严重的限制因素可能是在植被中传输造成的衰减。被植被完全屏蔽的建筑需要提高屋顶天线或对未受屏蔽的地点进行宽带连接。传播问题目前已经被妥善解决,蜂窝结构的毫米波系统可保证可靠操作。

5. 工作频率

尽管毫米波频谱的容量是相当宽的,但仍然有非常多的系统为频率分配而竞争,而且 LMDS 在获得一个世界范围内统一的分配标准将是非常困难的。

在美国,28～29 GHz 频带内的 1.3 GHz 已经被分配,而欧洲国家正在不同的频带内分配频率。高容量频带目前是 40.5～42.5 GHz,它可能扩展为 43.5 GHz。

欧洲的许可证发放和配置显示,存在着从 24 GHz 到 43.5 GHz 不同频带的系统。具有 56 MHz 子频带的 24.5～26.6 GHz 的频带已经在欧洲许多国家开放成点到多点的应用。这些频带可以用于 LMDS 或者被称为固定无线接入(FWA)的相关系统。该系统是可以用于个人用户容量的典型的多点商业系统。致力于商业领域的典型系统基于 ATM 技术。

40 GHz 的频带通常是被两个或三个许可证共享的,它把每个运营商的可用频谱限制为具有两个极化方向的 500～2 000 MHz。许可证政策在国与国之间也许是不同的,但它们的主要方针都是鼓励竞争。LMDS 具有为用于个人用户高容量接入领域的潜在能力。

6. LMDS 采用的技术

图 8.1.2 表示 LMDS 可用的接入网技术,它可通过高空气球、卫星、微波、抛物面无源反射、光纤有线和电话线进行宽带信号传输。

在 LMDS 中,高容量基于广播的下行链路被一些用户共享。前端技术在毫米波频带仍然是复杂的,但是现有的高频晶体(HEMT)模块提供了所需的特性。每个 36 Mbit/s 的传输波束所需的输出功率大约是 25 dBm。用于传输波束末级放大技术可降低设备的复杂性和成本。但是,中心发射机被许多用户共享,成本并不是至关重要的因素。

40 GHz 的前端技术比 28～29 GHz 的前端技术更加复杂,而且由于降雨的衰减随频率的增加而增加,所以希望工作在低频范围。但 40 GHz 提供的高容量可以补偿这些衰减。

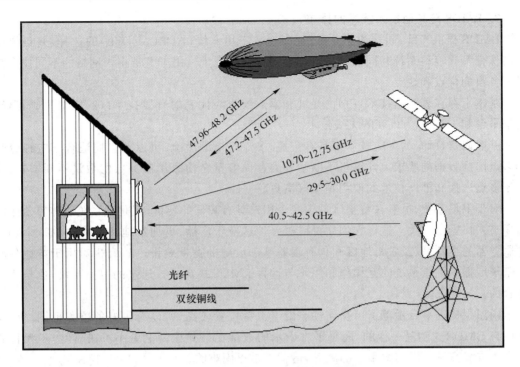

图 8.1.2　LMDS 可用的接入网技术

传输流的数量是由设定的频谱要求和限制条件决定的。这就提供了一个可升级的结构,开始选取相对较低的容量,随着需求的增长而不断加入发射机模块。

基于正交相移键控(QPSK)的数字视频广播(DVB)卫星传输制式已被数字音/视频委员会(DAVIC)和 DVB 标准采用,而且室外和室内单元均具有同样的 950~2 150 MHz 的 IF 接口。这就可开发一种类似于卫星数字电视接收机顶盒的产品,用来对多路复用中包含的数据进行接收。然后 IF 被馈入一个机顶盒中,该机顶盒具有与电视机或计算机连接的接口,它取决于用户不同的设备。两种选择都可交互,这是因为机顶盒中装备了一个与公共交换电话网(PSTN)/ISDN 的反向信道连接的设备。但有两种不同的情况:在 DVB IP 或者 ATM 中,数据被包含在 MPEG 传输流中并与电视节目相结合;DAVIC 具有分离的基于高容量 ATM 的数据传输。具有对内容进行处理的交互式电视、更加高级的文本电视、电子商务、游戏等业务都会使人们对低容量反向信道的交互式电视产生更大的兴趣。

上行链路可依照需求使用不同的技术。两种宽带应用——交互式电视和 Internet——仅需要低容量的反向链路。对于要求更高的用户,必须具有按需容量的带内无线反向链路。用于小型和中型企业的基于无线电的解决方案要求具有无线链路的反向链路,它允许对称的连接或者在任意方向上不对称的连接。但是,由于现有的解决方案发送和接收分离,而且是利用发送和接收隔离频带滤波实现的,所以它在灵活的操作和有效的资源管理上受到限制。面向个人用户和商业组织的广播和数据系统必然导致两个方向上的容量具有很大的差异。未来时分双工操作可能可解决这个问题,主要的技术挑战是用于私人市场的低成本双向用户终端的生产,大规模的市场就依靠它了。

系统的总容量主要是由可用的频率资源决定的。在采用 QPSK 调制的蜂窝系统中,2 GHz 系统的容量对于下行链路和上行链路来说是每蜂窝 1.5 Gbit/s。

7. LMDS 与其他接入技术的比较

LMDS 提供光纤、同轴和非对称/甚高速数字用户线（ADSL/VDSL）的选择，并且提供可与像交互式卫星系统和同温层传输平台这样的高容量。用于宽带接入网络的不同技术都具有各自的优点和缺点。

基本上存在着两组技术：(1)由光纤和铜双绞线为代表的有线技术；(2)以卫星、同温层传输平台和 LMDS 为代表的无线技术。

一般而言，所有的无线技术都具有广播/多点广播的潜能，可以使它们适合于电视分配和多点广播数据的要求。计算机不断增长的存储容量会使家用服务器的数量不断增长，它对于多点广播和推广技术的使用是个好消息。

对于卫星系统，虽然在覆盖区域内每个用户具有较低的容量，但是该系统总体覆盖区的面积与人口密度无关。这样它们便可以很好地适应于广播、更加本地化的网络（如 LMDS）中服务器的更新，以及农村地区和具有很差基础设施的宽带建设。LMDS 对用于本地分配的基于广播的卫星系统的互操作和用于与远程 LMDS 蜂窝进行连接的卫星系统，也是非常适合的。

同温层传输平台示范了可操作性。由于卫星位置较高，所以有很好的覆盖范围。衰减效应与 LMDS 大约是一样的，而每平方千米的数量在某种程度上更小。在北欧，冬天日照短会造成蜂窝系统所用太阳能的缺乏，运营将是很困难的。

交互式电缆网络将有 500～1 000 个家庭连接到每个节点上。反向信道容量有限，因此当许多用户同时需要一条高容量的反向信道时就不怎么适合了。LMDS 具有一种能把电视、Internet 和电话传送结合在一起的优势。

现有的铜线连接通过 ADSL 技术提供了 2～5 Mbit/s 的下行链路和 384～512 kbit/s 的上行链路容量，这对于现今的大多数私人 Internet 用户来说已经足够了，但是对于电视节目并不够。而且用户与最近节点之间的距离是个关键，典型情况是在 2～5 km 的范围内，这取决于安装质量。如果这个距离被减到 1 km 以下的话，那么下行链路容量将增加到 25 Mbit/s，上行链路将增加到 2 Mbit/s。VDSL 对电视节目而言是足够的，但对于包含 4～8 个数字节目的传输流来说并不够。xDSL 技术具有较高的容量，由用户到节点的距离和连接质量决定。xDSL 减少了用于对称操作的容量，代表一种典型的 Internet 传送技术。

如果我们把用户到最近节点的距离作为主要参数考虑的话，交互式系统在某种程度上都是蜂窝式系统。一般而言，系统的交互式容量越高，需要离最近节点的距离越短，总节点容量（如在 LMDS 中）也就越高，或者可用高容量光纤代替电缆。LMDS 对于城市和郊区是非常有利的，对无铜线网络的运营商来说无疑是首选的解决方案，而且对于基于铜线的交互式有线电缆网络也是一种补充。表 8.1.1 列出不同接入技术的容量。

表 8.1.1 一些可用的接入技术的容量比较

类型	上行链路数据率	下行链路数据率	最大距离/km
模拟调制解调器	14.4～33.6 kbit/s	14.4～33.6 kbit/s	
ISDN	128 kbit/s	128 kbit/s	
ADSL	384 kbit/s	2 Mbit/s	6
	640 kbit/s	6～8 Mbit/s	2～3

类型	上行链路数据率	下行链路数据率	最大距离/km
VDSL	640 kbit/s	13 Mbit/s	1.4
	2 Mbit/s	25 Mbit/s	0.6
Cable Modem	0~384 kbit/s	36 Mbit/s	
Satellite:DVB-RCS	2 Mbit/s	36 Mbit/s	不限
LMDS	0~8 Mbit/s 典型 25.8 Mbit/s 可能	36 Mbit/s	5

还有一个重要参数是每平方千米的总容量。依赖于蜂窝直径和许可频率范围,LMDS 将具有 $150\sim1\,500$ Mbit/(s·km²) 的总容量,而 LEO 卫星和同温层传输平台无线电技术分别具有每平方千米 100 kbit/s 和 1 Mbit/s 的容量。但是较小的蜂窝减少了在本地区域之外的广播/多点广播功能的强度,并使其对于本地分配而言非常有效。表 8.1.2 列出一些基于无线电技术的本地容量,它们说明了在本地容量上 LMDS 的优越性。

表 8.1.2　一些基于无线电的接入技术的本地容量

技术	蜂窝小区面积	每平方千米的容量
陆地 LMDS	2~20 km²	150~1 500 Mbit/s
GEO 卫星	多达半个地球	低
LEO 卫星	3 000 km²	100 kbit/s
同温层发射台	5~10 km²	1 Mbit/s

LMDS 在各类宽带技术(如 xDSL、交互式电缆系统、多媒体卫星系统和光纤到家庭系统)共同发展下的宽带接入网中起到主导作用,而且 LMDS 在网络的互相协作和竞争两个方面都起到非常重要的作用。在具有比 LMDS 网络更小蜂窝的第三代移动网络中,LMDS 系统的容量使其非常适合于对 UMTS 基站的连接。

8. 应用

LMDS 是一种高度灵活性的系统,它支持按需的容量。通过减少蜂窝直径或辐射角度对蜂窝大小进行改变时会增加总容量。其数据容量按需安排的灵活性,使其非常适合于在本地范围内的家庭办公和远程教学。开始其最主要应用是面向 TV、Internet 和商业,也可在专业和娱乐方面使用。在欧洲 LMDS 被看作是对于有线电视的补充(或可选方案),而实际上是一种无线通信。数字电视、TV、数据和通信的综合应用促进了新宽带应用的发展。如果顺利的话,宽带容量的有效性将刺激远程医疗和远程教学等应用数量的增长。

(1) 从电视到交互式电视

电视产业具有很强大的增长势头,但是个人观看电视所花费的时间却没有得到很大的改变。而数字电视代表着新的增长点。交互式电视的引入和发展增加了新的和有趣的功能。更多本地的电视节目将从 LMDS 处受益。交互式电视将刺激电子商务的增长,而且房产交易、公寓出租、汽车购买和销售以及许多其他的交易将从本地宽带网络提供的可能性那里获益。远程银行业务和度假规划是交互式电视新功能的应用领域。

（2）远程教学

教育和再教育是现今在许多国家内的主要挑战之一。缺乏受过教育的和有技能的教师，特别是在高新技术方面的教师，成为一个普遍的问题。当今的年轻人可能在其工作生涯中多次变换他们的职业兴趣。

LMDS 的本地化使其对学校进行高容量数据的连接来说是非常优秀的，它不但连接了一组本地的学校，同时也提供了对远程站点的连接。在本地，它将与家庭相连，并存储供学生和家长使用的课程。

宽带接入将为以上领域提供可能性。LMDS 在这种连接中的优势是容量分配中的灵活性和下行链路的多点广播特性，它可以为这种类型的应用进行非常有效的传送。

8.2 IPTV

IPTV（Internet Protocol Television）俗称交互网络电视，是一款通过网络收看电视台节目的直播电视，是一种集互联网、多媒体、通信等多种技术于一体，向家庭用户提供包括数字电视在内的多种交互式服务的崭新技术。它能够很好地适应当今网络飞速发展的趋势，充分有效地利用网络资源。IPTV 既不同于传统的有线电视，也不同于经典的数字电视。传统的有线电视和经典的数字电视都具有频分制、定时、单向广播等特点。尽管经典的数字电视有许多技术革新，但只是信号形式的改变，而没有触及媒体内容的传播方式。

IPTV 是在 IP 网络上传送直播电视、移动电视、视频点播、网页浏览、电子邮件、可视电话、视频会议、互动游戏、在线娱乐、电子节目导航、多媒体数据广播、互动广告、信息咨询、远程教育等信息，提供 QoS/QoE（服务质量/用户体验质量）、安全、个性化、交互、可靠、可管理的多媒体业务。

IPTV 系统主要包括 IPTV 业务平台、IP 网络和用户接收终端三大部分，如图 8.2.1 所示。IPTV 业务平台包括信息内容提供商、节目源制作、信源编码与转码、信息存储系统、目录服务系统、流媒体系统、数字版权管理（Digital Rights Management，DRM）、电子节目导航（Electronic Program Guide，EPG）、内容分发网（Content Distribution Network，CDN）和运营管理系统等。

1. IPTV 业务平台

目前，IPTV 业务平台中所使用的视频编码标准有 MPEG-4（ISO/IEC 14496-2）、H.264（ISO/IEC 14496-10）、AC-1（WMV9）、H.265 和 AVS 等；音频格式有 Microsoft 公司的 Windows Media Audio 和 RealNetwork 公司的 RealAudio、MPEG-2 AAC（Advanced Audio Coding，高级音频编码）和 MPEG-4HE-AAC（High Efficiency AAC，高效的高级音频编码）。由于目前信源中提供的视音频信号的编码格式还无法实现统一，故须进行编码格式的互相转换，所以在业务平台安排转码设备。

存储系统主要包括存储设备、存储网络和管理软件 3 个部分，它们分别担负着数据存储、存储容量和性能扩充、数据管理等任务。IPTV 存储设备可以选用硬盘冗余阵列、光盘和数据流磁带机等。存储网络包括直接访问存储（Direct Access Storage，DAS）、网络附加存储（Network Attached Storage，NAS）和存储区域网络（Storage Area Network，SAN）3 种

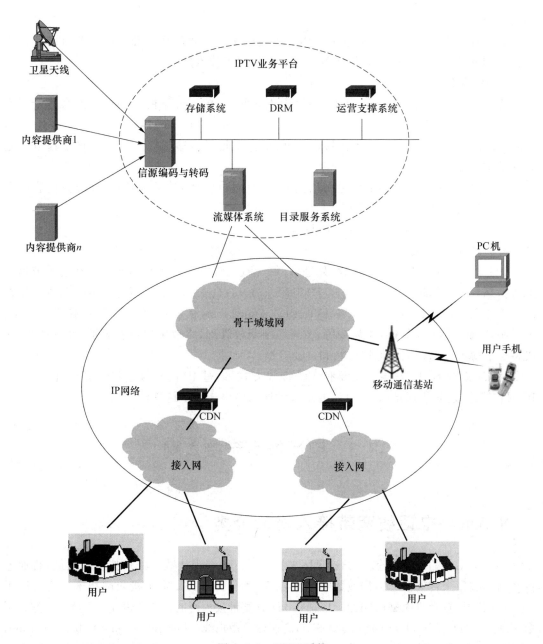

图 8.2.1　IPTV 系统

方式。存储管理软件可提供虚拟存储、共享、迁移、备份、恢复等存储管理功能。

　　流媒体系统包括提供多播和点播服务的流媒体服务器。流式播放技术采用边下载边播放的方式,用户不必等到整个文件全部下载完,而只需经过几秒或几十秒的启动时延,即可在用户终端上将压缩的音视频解压并播放。此时流媒体文件的剩余部分将在后台由服务器向用户终端进行连续的传送,而播放过的数据也不保留在用户终端的存储设备上。这不仅使启动时延缩短,而且用户终端缓存容量也大大降低。

　　运营支撑系统负责完成系统管理、业务应用、流媒体内容管理、用户管理等任务。

　　电子节目导航系统主要用来描述提供给用户所有节目的信息,如节目名称、播放时间、播放时长等。

数字版权管理(DRM)保护数字媒体内容免受未经授权的播放和复制。节目内容常采用数据加密、数字水印和反拷贝、防篡改、认证、授权等技术。

2. IP 网络

IPTV 使用的网络是以 TCP/IP 协议为主的网络,包括骨干网/城域网、内容分发网和宽带接入网。IP 骨干网和 IP 城域网以 IP over SDH/SONET、IP over ATM 或 IP over DWDM Optical(如吉比特/十吉比特以太网)的方式提供传输服务。IP 单播或多播方式是它的基本功能。

IP 骨干网和 IP 城域网上普遍采用内容分发网络(CDN)技术,实现对多媒体内容的存储、调度、转发等功能。

宽带接入网主要完成用户到城域网的连接。

3. 用户接收终端

IPTV 用户接收终端负责接收、处理、存储、播放、转发视音频数据流文件和电子节目导航等信息,主要功能有支持 FTTH、FTTB+LAN、xDSL、WLAN 等宽带接入方式;支持 MPEG-4、H.264、H.265、AC-1/WMV9、Real、QuickTime 等视频解码功能;支持网页浏览、电子邮件、IP 视频电话和网络游戏等;支持数字版权管理,实现用户身份识别、计费和结算;支持由前端网管系统实现远程监管和自动升级。

IPTV 系统的用户终端有主要有 3 种接收方式:通过 IP 网直接连接计算机终端;通过 IP 网直接连接 IP 机顶盒和电视机;通过移动通信网络连接手持移动终端。

8.3 电话线宽带接入网

8.3.1 电话线宽带接入网的分类

普通电话线的带宽只有 4 kHz,只用来打电话。随着现代数字处理技术的发展,普通电话线路也被用来传输高速数据或数字视频业务,称作为 xDSL 宽带接入网技术。它解决了"最后一公里"宽带进家庭的问题。电话线 xDSL 宽带接入网的分类如表 8.3.1 所示。它包括数字用户线(Digital Subscriber Line,DSL)、高速数字用户线(High-rate Digital Subscriber Line,HDSL)、对称数字用户线(Symmetric Digital Subscriber Line,SDSL)、非对称数字用户线(Asymmetric Digital Subscriber Line,ADSL)、中等速率数字用户线(MDSL)、速率自适应数字用户(Rate Automatic adapt Digital Subscriber Line,RADSL)、超高速数字用户线(Very-high-bit-rate Digital Subscriber Line,VDSL)、普通非对称高速数字用户线(Universal Asymmetric Digital Subscriber Line,UADSL)、综合业务(Integrated Service Digital Network,ISDN)数字用户线(IDSL)、以太网接入数字用户线(Ethernet Digital Subscriber Line,EDSL)等。

表 8.3.1　电话线 xDSL 宽带接入网的分类

分类	名称	上行速率	下行速率	同步/非同步	与 POTS 共存	标准化
DSL	数字用户线	160 kbit/s	160 kbit/s	同步	是	是
IDSL	ISDN 数字用户线	128 kbit/s	128 kbit/s	同步	否	否
HDSL	高速数字 用户线 1(两对线)	784 kbit/s、 1 544 kbit/s、 2 048 kbit/s	784 kbit/s、 1 544 kbit/s 或 2 048 kbit/s	同步	否	是
HDL2	高速数字 用户线 2(两对线)	1 544 kbit/s 或 2 048 kbit/s	1 544 kbit/s 或 2 048 kbit/s	同步	否	是
SDSL	对称数字用户线	384 kbit/s	384 kbit/s	同步	是	是
ADSL	非对称数字用户线	100~800 kbit/s	1~8 Mbit/s	非同步	是	是
ADSL2+	非对称数字用户线拓展	1 Mbit/s	最大为 24 Mbit/s	非同步	是	是
RADSL	速率自适应 数字用户线	100~800 kbit/s 自适应	1~8 Mbit/s 自适应	非同步	是	是
MDSL	中等速率 数字用户线	100 kbit/s	800 kbit/s~ 1 Mbit/s	非同步	是	是
VDSL	超高速 数字用户线	9.5~2.3 Mbit/s	13~52 Mbit/s	非同步/ 同步	是	是
UADSL	普通非对称 数字用户线	512 kbit/s	9.5 Mbit/s	非同步	是	是
EDSL	以太网接入 数字用户线	9.5~2.3 Mbit/s	13~15 Mbit/s	非同步/ 同步	是	是

从表 8.3.1 可以看出,数字用户线的传输速率可达 160 kbit/s,可双向传输。高速数字用户线的传输速率可达 9.555 Mbit/s(T1 接口)或 2.048 Mbit/s(E1 接口)(要求两对线)。单对线(两根线)对称数字用户线的传输速率下行可达 9.555 Mbit/s(T1 接口),上行可达 2.048 Mbit/s(E1 接口)。非对称数字用户线的下行数据速率为 9.5~6.144 Mbit/s,上行数据速率为 16~640 kbit/s。自适应速率可变数字用户线(RADSL)的上行、下行传输速率可变。超高速数字用户线的传输速率下行可达 13~52 Mbit/s,上行可达 9.5~2.3 Mbit/s。普通非对称数字用户线的下行速率为 9.5 Mbit/s,上行速率为 512 kbit/s。以太网接入数字用户线传输速率下行可达 13~52 Mbit/s,上行可达 2.3~9.5 Mbit/s。

ADSL 的特点是下行方向与上行方向具有不同的数据速率,这就是其名称中"非对称"一词的由来。下行方向的数据速率通常是上行方向速率的 10 倍,其范围从 1 Mbit/s 到 8 Mbit/s,其最高速率取决于初始化时决定的环路长度或规定的最高速率。例如,假设一个环路的下行方向能够支持 4 Mbit/s 的速率,上行方向能够支持 440 kbit/s 的速率。一台能够在 6 Mbit/s 下行速率下工作的 Modem 将在初始化和训练时就意识到在该特定环路下无法支持 6 Mbit/s 的速率,于是经过协商,它能够将其工作速率下调到 4 Mbit/s。这样,虽然 Modem 可运行于 4 Mbit/s 的较高速率,但它也把下行速率限制在 2 Mbit/s。通常,ADSL 适用于支持 Internet 接入、LAN 互联及 VOD 等应用。20 世纪 90 年代初开始,我国将

ADSL逐步应用于家庭宽带接入技术中。

ADSL2+是ADSL技术的拓展,可称作超级ADSL,它的最大下行速率为24 Mbit/s,上行速率为1 Mbit/s。

高速数字用户线技术提供的是对称的比特率。通常,HDSL Modem被设计成以固定的速率运行,常见的运行速率有768 kbit/s、9.544 Mbit/s和2.048 Mbit/s。后两种速率分别对应T1和E1线路。HDSL通常需要两对分开的双绞线,而且这两对线必须是全双工的。但HDSL使用的是2BIQ调制方式,所以无法在同一条双绞线上与POTS共存。

HDSL2是继HDSL后的技术,本质上是在一对双绞线上传送T1和E1速率信号。POTS无法与HDSL2在同一对双绞线上运行。

ISDN数字用户线使用2B1Q线路编码技术,是一种对称业务,不能与POTS共用同一对双绞线,其速率有56 kbit/s、64 kbit/s、128 kbit/s和144 kbit/s。

中等速率数字用户线技术基本上是ADSL一种打折扣的版本。MDSL是一种运行速率比ADSL低的非对称技术。通常,其下行速率是800 kbit/s到1 Mbit/s,上行速率是100 kbit/s。MDSL降低了DSL Modem的复杂度,可应用于Internet接入和LAN互联。

RDSL和RADSL可以有两种不同的含义:第一种含义是速率自适应ADSL,即一种可自动选择其在双绞线上最优运行速率的ADSL线路;第二种含义是反向的ADSL。反向ADSL是一种提供反向非对称速率的ADSL,即上行速率比下行速率快。反向ADSL是为那些打算提供WWW服务器用户提供的。通常WWW服务器所提供的数据比接收的数据多,这就刺激了对较高上行数据速率和较低下行数据速率的需求。但是,由于反向ADSL的频谱不兼容性,标准化组织对其不怎么关注。

对称数字用户线技术的上行数据速率与下行数据速率是对称的。其典型数据速率是384 kbit/s和768 kbit/s。SDSL可用来提供部分T1业务及LAN和Internet接入。

超高速数字用户线可在对称或非对称速率下运行。在每个方向上最高对称速率是26 Mbit/s。VDSL其他典型的速率是13 Mbit/s的对称速率、52 Mbit/s的下行速率和6.4 Mbit/s的上行速率、26 Mbit/s的下行速率和3.2 Mbit/s的上行速率及13 Mbit/s的下行速率和1.6 Mbit/s的上行速率。VDSL可与POTS运行在同一双绞线上。

VDSL环路允许的最大长度比ADSL环路的要小得多。VDSL计划用于光纤用户环路(FITL)和光纤到路边(FITC)网络的"最后一公里"的链接。FITL和FTTC网络需要有远离中心局(CO)的小型接入节点。这些节点需由高带宽光纤传输。通常一个节点有可能就在靠近邻居家的路边,为10~50户提供服务。这样,从节点到用户的环路长度就比以CO到用户的环路短。作为"最后一公里"链接,VDSL可被用于向为用户提供全面服务的多媒体网络传送语音、视频及数据。

EDSL是以太网技术与VDSL技术的结合,即采用以太网的接入方式、VDSL的传输技术,在1 km左右的距离上双向对称13~15 Mbit/s的接入速率。EDSL具备五类线以太网方式城域网接入技术的各种优点,但只需用普通电话线,不重新铺设五类线,不在居民楼道架设交换机,安全度大大提高,并且与普通电话业务同时并存,互不干扰。

根据中国电信的具体情况,采用电话线宽带接入家庭,用得最多的是ADSL、ADSL2+。其他〔如HDSL(上下行对称带宽的)〕只少量地对早期的2 Mbit/s专线用户使用。为了进一步将宽带速率提高到100 Mbit/s,今后的方向是"光进铜退",采用以FTTH为主流的建设模式。

8.3.2 xDSL 宽带接入网

xDSL 宽带接入网如图 8.3.1 所示。它由用户端设备和局端设备组成。用户端与局端通过电话线(双绞线)连接。用户端设备有线路分离器、电话机、xDSL 调制解调器、用户端预设网络。局端设备有线路分离器、电话交换机、xDSL 调制解调器等。在线路到达电话交换系统之前,在中心局把数据取出有两个好处:第一,可以大大增加数据的发送量,因为主要是话音交换机而不是电话线限制数据发送量;第二,电话交换系统和干线免于被那些长时间的数据呼叫占用。

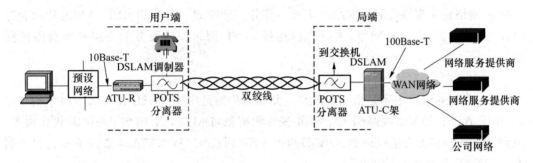

图 8.3.1 xDSL 宽带接入网

用户接口有多种可行的选择方案。常见的接口包括 10Base-T 和 25.6 Mbit/s ATM 接口(有时简称为 ATM-25 端口)。与计算机相连的高速接口有许多的常见类型,计算机接口的一种内部卡〔有时又被叫作网络接口卡(NIC)〕也可被使用。其他特定接口〔如用于机顶盒的 V.35 接口及较新类型的高速接口、通用串行总线(Universal Serial Bus,USB)〕也可能用于用户接口。下面分别介绍其他部分设备的功能。

(1) POTS 分离器

POTS 分离器使得 xDSL 信号能够与电话信号共用一对双绞线。在双绞线的每端都需要一个 POTS 分离器。POTS 分离器在一个方向上组合两种信号,而在另一方向上则将这两种信号正确地分离。

POTS 分离器是一种三端口设备,含有一个双向高通滤波器和一个双向低通滤波器。POTS 分离器可全部或部分集成到 ATU-R 和 ATU-C 中。

(2) 双绞线

双绞线由两条铜导线互相缠绕而成,用于 ADSL 时,其长度不能超过 18 000 英尺(1 英尺=0.304 8 m);用于 VDSL 时,长度不能超过 1 371 km(在这两种情况下,环路长度在最大距离内有多种变化,实际长度决定了其支持的数据速率,环路越长,支持的数据速率越小)。

(3) xTU-R

xTU-R Modem 放置在用户端(家用或商用)。xTU-R 可以是外部 Modem,如插到计算机中的一块网卡,在有些情况下也可以是较大件网络设备的一部分,如路由器。用于 ADSL 时,这种 Modem 就称为 ATU-R,而用于 VDSL 时,则称为 VTU-R。

(4) xTU-C

xTU-C 与 xTU-R 配对使用,位于中心局。通常 xTU-C 是网络接入设备的一部分。它由插入接入架的卡组成。每块卡上可以有不止一个的 Modem,或者 Modem 的功能可在几块卡间分配,但在某一时刻,一个 xTU-C 只与一个 xTU-R 连接。用于 ADSL 时,这种 Modem 称为 ATU-C,用于 VDSL 时,则称为 VTU-O(O 表示 VDSL 节点,通常位于光纤点上)。

注意:xTU-C 可放置于中心局之外,数据可通过高速连接(如 OC-3 光纤)返回。

(5) DSLAM

DSLAM 是 xDSL 技术中较为流行的缩写,它代表数字用户线接入复用器(Digital Subscriber Line Access Multiplexer)。DSLAM 可把用户线路的业务集中到进入骨干交换设备的较高速链接上。

(6) NSP 网络

NSP 网络是实现综合服务网络的重要一部分。NSP 是一种通用术语,可指因特网服务提供商、娱乐提供商、公司网络,或指用户通过 xDSL 网络获取服务的任何一种类型的提供商。

(7) 线路编码

xDSL 使用的线路编码是指调制方案。此处讨论的是用于 ADSL 和 VDSL 技术的线路编码,用于 ADSL 的标准线路编码是离散多音频调制(DMT),而 VDSL 采用无载波幅度/相位调制(CAP)和正交幅度调制(QAM)两种线路编码。CAD 和 QAM 常指单一载波调制方案,而 DMT 指多载波调制方案。

CAP 是通过使用数字滤波器产生的,因而称为无载波,在大多数方案中,数字滤波器产生正弦波和余弦波,其信号与载波调制方案(QAM)非常相似(有时完全一样)。

基于对称 SDMT 的多路载波系统以及被称为 Zipper 的 DMT 技术将在后面讨论。

(8) 主干/ATM 网络

在讨论 ADSL 和 VDSL 系统时,存在连接用户线到网络服务端的主干网络。运行其上的协议是多种多样的,异步转移模式(ATM)是骨干网的基础传送机制。

(9) 数据用户线

DSL 技术有多种类型可供选择。由于大多数用户只下载数据而不上传数据,两种DSL——非对称数字用户线和超高速数据用户线——提供的下行速率比上行速率更高。根据不同的环路长度,DSL 系统可以提供 126 kbit/s～52 Mbit/s 的速率。当前 ADSL 建设的重点是高速互联网接入。

8.3.3　ADSL

1. 参考模型

图 8.3.2 给出 ADSL 的参考模型。ADSL 和 POTS 在同一对线上共存,POTS 分离器由一个低通滤波器(LPF)和一个高通滤波器(HPF)组成,它将模拟电话信号从数字数据信号中分离出来。高通滤波器可以和中心局侧或远端终端侧(即用户侧)的 ATU(ADSL 的收发器)集成。在用户侧,低通滤波器通常安装在住宅入口,即安装在地下室或 NID(网络接口设备)内。ATU-C 为局端 ADSL 收发器,ATU-R 为远端 ADSL 收发器,PHY 为物理层。

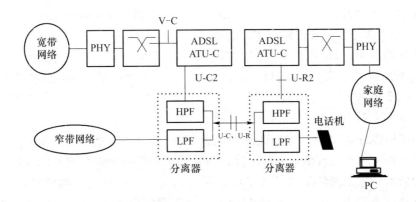

图 8.3.2 ADSL 的参考模型

2. 性能参数

ADSL 传输系统为用户提供不对称的容量。在下行方向（指向用户），它提供的最大容量为 6 Mbit/s；在上行方向，它提供的最大容量为 640 kbit/s。从总体上来说，ADSL 的最大数据速率取决于传输距离、线路规格和受干扰情况，如表 8.3.2 所示（假设电缆截面积相同）。表中的数值是基于 DMT（离散多音频）Modem 得出的。

表 8.3.2 ADSL 的性能参数

距离/m	电缆（美国线规）	下行数据速率/(Mbit·s^{-1})	上行数据速率/(kbit·s^{-1})
550	24	1.7	176
410	26	1.7	176
370	24	6.8	640
270	26	6.8	640

3. 传送模式

ADSL 标准提供三种类型的传送方式：①比特同步数据，如 DS1（9.544 Mbit/s）或 E1（2.048 Mbit/s）；②分组数据，如利用 HDLC 协议；③ATM 传送。

4. 频谱和比特分配

ADSL 中的 DMT 信号频谱分配情况如图 8.3.3 所示。语音信道：0～4 kHz。上行信道：30～138 kHz。下行信道：138～1 104 kHz。

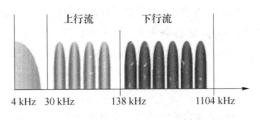

图 8.3.3 ADSL 中的 DMT 信号频谱分配情况

ADSL 采用 DMT，共 256 个子载波，在每个子载波上采用 QAM 调制，承载 2～15 bit 信息，子载波频点间隔为 4.3 125 kHz。

对于独立的上行和下行传输，标准中提出两种带宽分配策略：第一种方法是对于上行和下行传输采用重叠频谱,并应用回波抵消(EC)技术;第二种方法是利用频分双工(FDD),这时,上行和下行频带不使用任何两个相同的载波。

上行频率的范围是 30~138 kHz(载波 6~32),下行频率则一直延伸到 9.104 MHz(载波 256)。最低端的几个载波不加调制,以避免与 POTS 产生干扰。传输功率谱在所有的载波上几乎都是平坦的。对于上行和下行传输,在整个频带上的平均额定功率谱密度(PSD)分别是—38 dBm/Hz 和—40 dBm/Hz。在下行方向,对距离短的用户线使用功率削减方法,以避免远端接收器的功率饱和。对于距离较长的用户线,T9.413 版本 2 提供可选(6 dB)的功率放大以减少同一电缆内其他业务的干扰。通频带内的波动不应大于±3.5 dB。分配给一个载波的比特数和它准确的传输功率是由系统初始化时那一载波上的信号噪声比(SNR)以及所需的总比特率决定的。在工作过程中,有可能调整比特分配或改变传输功率,以补偿由于噪声变化或电缆传递函数的缓慢漂移(如因温度变化)而引起的线路状况变化。

5. 纠错

为了改善误码比特率(BER)或提高系统性能,即在给定 BER 下增加容量,使用前向纠错(FEC)方法。ANSI 规定使用 R-S 编码并结合交织。另外,还可采用格状编码,可以进一步减小 BER 或提高信噪比余量。

对时延敏感型数据(如视频会议或 TCP/IP 会话等应用)及时延非敏感型数据〔如视频点播(VOD)〕可采用不同的技术措施。对时延敏感型数据不进行交织,要在延时小于 2 ms 内传输(单向)。对时延非敏感型数据实行交织,以增加时延为代价,提高抵抗脉冲噪声的能力。ANSI 标准允许同时传输时延敏感型数据和经过交织的数据。

6. 比特率适配

在符合 T9.413 版本 2 标准的 ADSL Modem 内,上行比特率和下行比特率可以设定为 32 kbit/s 的任意倍数,这是 DMT 传输方式所特有的。在 Modem 启动时,可以采用两种策略。

(1)人工速率选择(必选功能)。系统按操作者设定的速率启动。可以根据用户请求的类型设定。

(2)自动速率选择(可选功能)。在启动时,由 Modem 自行确定特定线路的传输容量并按此速率初始化,也称为启动速率适配或可变比特率 ADSL。因为它使每一条线路的吞吐率达到最大。操作者可以对基本的参数(如时延、BER 和 SNR)进行控制。

在 T9.413 版本 2 的详细附件中有动态速率调整(DRA)机制。它的目的是在数据传输过程中,随着时间的改变,如果信道条件或所需的业务发生变化,允许对 Modem 进行重新配置,并避免长时间的重新启动。该机制允许上行和下行方向上的速率变化(增加或减少),同时允许在快速和交织通路之间进行带宽的重新分配。然而,这些调整可能会引起大约几十毫秒的中断。

7. ADSL 的特征

ADSL 最重要的特征是可以在现存的双绞线网格上以重叠和不干扰传统模拟电话业务(POTS)的方式提供高速数字业务。例如,高速 Internet 和在线访问、远程办公、VOD 等可以提供给每个电话用户。ADSL 技术提供的非对称带宽特性为上行 64~640 kbit/s,下行 500 kbit/s~6 Mbit/s。上行可保证良好的端到端性能,对 TCP/IP 应用也是如此。这些基本特性反映了 ADSL 技术的两个重要优点。

（1）不用铺设新的电缆。这使其成为使用光纤用户环路之前一种有用的解决方案。

（2）ADSL 可以对每个普通电话用户接入。这一点对于网络运营商来说是很重要的，因为可大大降低成本。

除了由于环路长度和其他因素导致 ADSL 线路上整体速度的变化外，ADSL 上各种业务所需的速率也会发生变化。因此，与其试图为 ADSL 定义容量固定不变的信道去适应业务，不如使用一种灵活的带宽管理机制。这种机制有如下特点：具有安全性，可以适应不断变化的业务，也可以提供必要的灵活性，以支持那些当前还不能确定其速率的新业务，并可利用由压缩技术的改进带来的比特率变化。通常，中心局侧和用户侧的 ADSL 设备分别称为 ATU-C（局端 ADSL 收发器）或 LT（线路终端）、ATU-R（远端 ADSL 收发器）或 NT（网络终端）。ADSL 段常作为接入网的独立部分。这样，ADSL 可以接入到局端的 ATM 交换机或利用 ATM 传输连接光纤接入网，如图 8.3.4 所示。

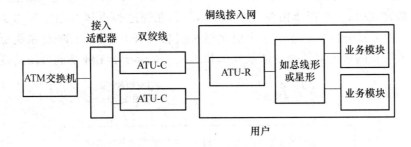

图 8.3.4　ADSL 接入到局端的 ATM 交换机

（1）ADSL 与光纤接口描述

ADSL 与光纤接口如图 8.3.5 所示。ADSL 通过适配器与光纤网络相连，光纤网络与异步传输模式（Asynchronous Transfer Mode，ATM）相连。

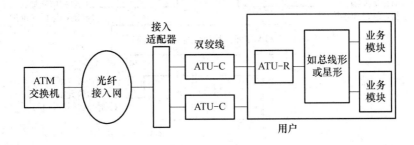

图 8.3.5　ADSL 与光纤接口

（2）ATM 映射

ANSI 标准提供 ATM 接口，此时，对上行和下行 ATM 速率不必要限制。

ADSL Modem 在一根无均衡的双绞线上提供透明的数据传输。它提供两种可供选择的方法，分别是慢速通路和快速通路，如图 8.3.6 所示。这两种方法也许称为低时延或中等时延更为合适。慢速通路上的数据流在送到 DMT 调制器之前、前向纠错编码之后进行交织，这提高了纠错能力，但带来了额外的时延。快速数据不进行交织，因而时延较小，但纠错能力也较差。

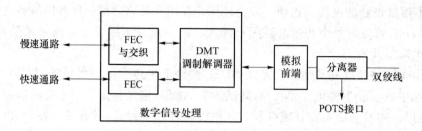

图 8.3.6　ADSL Modem 在一根无均衡的双绞线上提供透明的数据传输

ATM 功能模块将从快速通路发出收到的 ATM 信元流进行复接或分接。两种信元流以独立的方式进行处理。复接分接按照 ATM 信元标头的内容进行处理,为此提供特定的可动态更新的表格。从 ADSL 总体业务的角度看,ADSL 传输系统中可以定义两类服务质量:具有低时延和较大误比特率的快速通路,以及具有较好误比特率性能但时延较大的慢速通路。在连接建立时,应根据使用业务的 QoS 要求,在快速和慢速通路之间做出选择。上述 ATM 信元的复接分接功能基于整个信元标头(包括 VP),因此,ADSL 系统可以和基于 VP 进行 QoS 管理的接入网结合。图 8.3.7 和图 8.3.8 示出 ATM 功能模块的概貌。

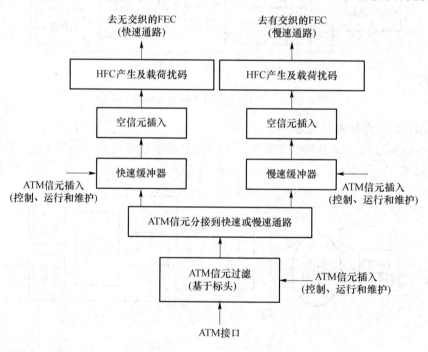

图 8.3.7　ATM 功能框图(从 ATM 接口到 DMT Modem)

（3）ATM 传输

ADSL 传输是基于 ATM 信元进行传送的。在面向 DMT Modem 的方向上,利用空信元插入提供对 DMT Modem 的比特率适配特性。在两个端点——用户端(ATU-R)和局端(ATU-C)——可以使用同样的芯片集。在这两个 ADSL 端点 ATM 接口实现的功能基本相同,但发送/接收比特率不同。因此,快速和慢速缓冲器既可用于下行,也可用于上行。接收到的 ATM 流的信元定界是基于 ATM 标头内的 HEC 域,因此,在发送方向,正确的

HEC 域被插入 ATM 信元标头内。

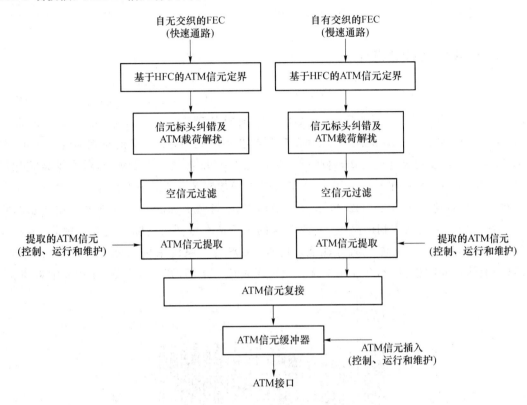

图 8.3.8　ATM 功能框图(从 DMT Moden 接口到 ATM)

（4）定界

为了便于定界处理,在发送侧要进行扰码。利用 HEC 检错和纠错功能,可以在快速和慢速传输通路进行特定的性能监视。来自快速通路和慢速通路的 ATM 信元被复接成一个 ATM 流。一个 ATM 信元缓冲器提供给输出接口使用。ATM 接口可以在总线配置方式下使用:在 ATU-C 中作为从设备或者在 ATU-R 中作为主设备。前者允许在一个网络局端设备(如 SDH STM-1 或 SONET OC-3 接口)上连接多个 ADSL 系统,后者则允许多个业务模块连接到 ADSL 系统上。

对于运行和维护功能方面,在快速和慢速通路上,ATM 接口提供两个方向(进、出 DMT Modem 方向)ATM 信元的插入和提取处理。信元提取是根据信元标头进行的。提取出的信元在单板控制器(OBC)上处理。因此,ADSL 系统中 ATM 传送的运行和维护可以自主实现。ATM 接口上的信元插入和提取还用于信令功能,如用于 ADSL 系统 VP/VC 资源的分配。许多特定的 VP/VC 可以动态确定。

8. 典型 ADSL 产品的特点

（1）无须重新拉线,一对普通电话线用户可传输 6～10 Mbit/s 数据信号。

（2）最大传输距离为 9.5 km。

（3）该线路在传输高速数据的同时还可传输话音信号。

（4）RJ45 口(以太接口)可自适应交叉线和直连线。

（5）即插即用。

（6）具有一个 RJ45 口，支持 10 Mbit/s 或 10/100 Mbit/s 普通交换机或集线器。

（7）具有一个 RJ45 接口，支持电话机接口。

8.3.4　ADSL2＋

2002 年 7 月，ITU 公布 ADSL 的两个新标准——ADSL2（G.992.3）和无分离器 ADSL2（G.992.4）。2003 年 3 月，在第一代 ADSL 标准的基础上，ITU 制定 G.992.5，也就是 DSL2plus（ADSL2＋）。ADSL2＋（G.992.5）标准在 ADSL2（G.992.3）的基础上进一步扩展，ADSL2＋主要的变化是速度更快，将频谱范围从 1.1 MHz 扩展至 2.2 MHz，最大子载波数目相应由 256 增加至 512，如图 8.3.9 所示。它支持的净数据速率的最小下行速率可达 16 Mbit/s（下行最大传输速率可达 24～25 Mbit/s）。ADSL2＋打破了 ADSL 接入方式带宽限制的瓶颈，使其应用范围更加广阔。高达 24 Mbit/s 的下行速率可同时传输多达 3 个视频流，实现了大型网络游戏、海量文件下载等功能。此外，ADSL2＋系统采用频分复用技术，打电话、传真和上网可同时进行，不会互相干扰。用户无须拨号上网，开机即在线，使用非常方便。

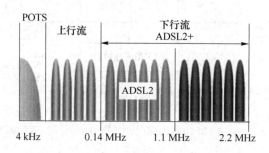

图 8.3.9　ADSL2＋频谱

中国电信采用 ADSL2＋技术的超级 ADSL 宽带，理论上最大的下行速率为 24 Mbit/s，上行速率为 1 Mbit/s。

8.3.5　VDSL

1. 系统参考模型

由于距离短，VDSL 不会延伸到中心局，必须在距离用户住宅 1～3 km 的节点处终止。图 8.3.10 为 VDSL 的网络参考模型。它实质上是一种光纤到节点的结构，在铜线接入网上存在一个光网络单元（Opitcal Network Unit，ONU）。和 ADSL 一样，VDSL 也必须和现有的窄带业务共存。业务分离器容许 VDSL 和 POTS 或 ISDN-基本速率接入（PRA）共享同一物理传输线。

2. 传送模式

虽然电信和有线电视（CATV）部门都已经利用 ATM 传送视频娱乐业务，但其更为可能的传送模式是同步传送模式（STM）。因此，要求 VDSL 收发器既能按照 ATM 方式工作，又能按照带有相关网格定时信号的 STM（SDH）方式工作。

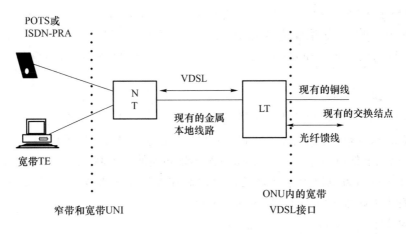

图 8.3.10　VDSL 的网络参考模型

VDSL 提供两个或四个通路,包括一个或两个下行通路和一个或两个上行通路,其比特率可由网络控制。这些通路具有可编程的延迟时间,VDSL 收发器要传送时延敏感型业务(如 POTS/视频会议)和对冲击噪声敏感的业务(如数字编码视频信号)。低时延业务经快速通路传送(无交织或采用浅交织),而对冲击噪声敏感的业务最好经慢速通路传送(采用深交织)。快通路的最大时延为 1 ms,交织通道的最大迟延为 10 ms。

3. 性能

VDSL 应设计成能够同时在光节点 ONU 和用户之间进行非对称和对称的传输。表 8.3.3 列出 5 种上行和下行数据速率组合的标称值。在理想情况下,根据对称特定业务的需要,VDSL 应能够处理同一组合内的对称和非对称速率,提供这种灵活的能力与所选的双工方式密切相关。

表 8.3.3　上行和下行数据速率组合的标准值

距离/m	电缆(美国线规)	下行数据速率/$(Mbit \cdot s^{-1})$	上行数据速率/$(Mbit \cdot s^{-1})$
254	26	52	6.4
254	26	26	2.6
762	26	13	3.2
762	26	13	9.3
1 143	26	13	1.6

VDSL 系统需要满足对其距离和服务质量的要求,考虑到各种传输损伤,如来自其他 xDSL 系统的串扰〔包括近端串扰(NEXT)和远端(FEXT)串扰〕、冲击噪声、射频输入噪声、系统噪声和宽带环境噪声,其误比特率为 10^{-7} 时要求系统余量为 6 dB。在同一多线对的电缆内 ADSL 和 VDSL 系统在频谱上可以兼容,并且无须复杂和额外的实际限制就可以开展这两种业务。另外,VDSL 必须和其他 xDSL 系统〔如 ISDN-BRA(基本速率接入)、ISDN-PRA(基群速率接入)和 HDSL〕在频谱上兼容。

4. 发送频谱

VDSL 的频带位于 300 kHz～30 MHz,最大宽带发送功率为 19.5 dBm。对于 VDSL 发送器的功率谱密度存在两种要求。如果电磁干扰(EMI)(即射频输出噪声)不成问题(如埋地电缆），在整个 VDSL 频带内，功率谱密度的上限值为 -60 dBm/Hz。在电磁干扰必须被严格限制的情况下（如架空电缆），业余无线电频带功率谱应低于 -80 dBm/Hz，功率谱密度的上限值为 -60 dBm/Hz。在上行和下行方向，须进行功率补偿，以减少自远端串扰。

5. 功率消耗

ONU 位于屋外，因此对其功耗和散热有严格的限制。事实上，虽然光 ONU 通过一条单独的电缆供电（ONU 通过光纤连接到中心局），但能提供给 ONU 的电力仍然有限。而且由于不能采用风扇帮助降温，所以对其散发的热量必须加以限制。在传送宽带业务时，位于 ONU 线路卡上的每条线路的平均功耗应该限制在 3 W。当 VDSL 收发器处于静止模式时，要求功耗大大减小，因此必须提供某些电源休眠设施。

6. 传输技术

对于 VDSL，ANSI/T1E9.4 提出了四种不同的传输技术：SDMT（TDD-DMT）时分双工多载波传输、Zipper（FDD-DMT）频分双工多载波传输、CAP/QAM 频分双工单载波传输、MQAM（Multi-QAM）频分双工多个单载波传输。

（1）SDMT

SDMT 是 DMT 的一种时分双工（TDD）实现。上行数据和下行数据交替在铜线上传输，并占用整个频带。上行和下行容量的比率由交替帧的占空比决定，这样就可以灵活分配上行和下行传输的通路容量，从非常不对称到完全对称。帧内码元间插入了静默期，以便在另一方向开始接收前将通路的回波响应减弱到可以忽略的程度。

为防止并存的收发器彼此产生近端串扰，所有 VDSL 传输帧必须是同步的。虽然这限制了速率上的灵活性，但 SDMT 仍然提供了在同一线扎内以任意（但相同）上行/下行比率初始化的能力。

与 FDD DMT 相比，SDMT 技术的一个优点是在该时分复用模式中，VDSL 收发器的主要部件（如 FFT 模块）由发送器和接收器共享，因此在很大程度上降低了 Modem 的复杂度。SDMT 技术的另一优点是在保持载波数（256）不变的情况下，可以改变系统带宽（5.52 MHz、11.04 MHz、22.08 MHz），从而使低比特率业务，达到更好的性能。

为避免射频进入业余无线电频带，可以简单地抑制与这些频带相重叠的载波。为实现陡峭边沿（Steep Edge）和深度抑制（Deep Null），还采用了其他技术，如发送码元窗口整形（Windowing）或使用哑载波（Dummy Tones），前者减少了频谱溢出，提高了 FFT 的频率选择度，后者不携带数据而用临近载波的线性资源和进行调制，其目的是形成所需的频谱。

（2）Zipper

Zipper 技术采用 DMT 调制，但上行和下行传输使用不同的载波。图 8.3.11 表示一种用于对称业务的载波分配方案。这种逐个载波分配方式使得 Zipper 技术非常灵活，几乎可以以任意比例选择上行和下行的传输容量比。而且，在同一电缆内，Zipper VDSL 系统和非对称系统 ADSL 可以很容易地共存，因为通过仔细选择上行和下行载波，可以避免 ADSL 进入 VDSL 的近端串扰（反之亦然）。

分离上行和下行数据不依靠滤波，而是基于两种传输方向上载波的正交性。为确保正交性，Zipper 系统要求：① 利用循环后缀（除了循环前缀外）扩展 DMT 码元，以补偿传播时延；②两端所有发送器之间保持时间和频率上的同步。满足上述两个条件后，还可避免来自相邻线对的近端串扰和同一线对内的传输回波,如图 8.3.11 所示。

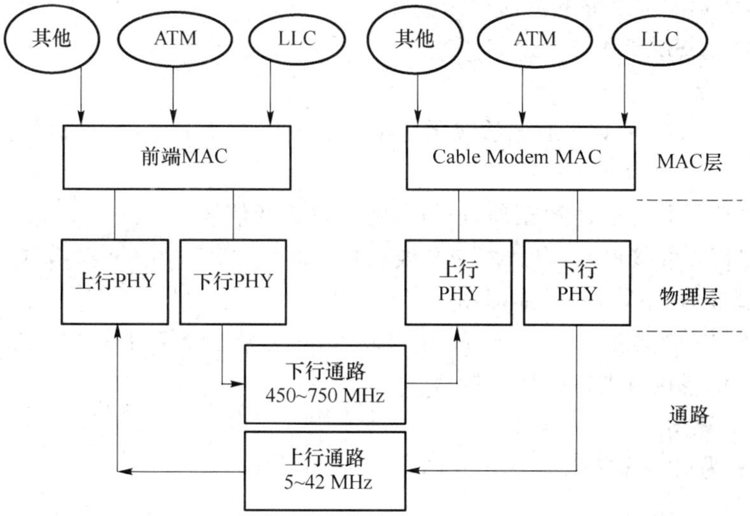

图 8.3.11 Cable Modem/前端分层体系结构

为了保证码元在时间上充分对齐,须在所有发送器之间保持同步。采用某种测距方式(时间提前)确保 VTU-O(ONU 一侧的 VDSL 终端单元)和 VTU-R(远端一侧的 VDSL 单元)同时发送 DMT 码元。为保证正交性,发送器和接收器需要保持同步。

后缀引入冗余度,降低传输效率。使用大量载波(1 024 个或更多)可以获得较高的双工效率,但同时也需要大量快速傅里叶变换(FFT)模块。而且,和 SDMT 相比,Zipper 技术须对每个 DMT 码元计算两次快速傅里叶变换(FFT),这导致收发器更为复杂,且增加功耗。

为了消除射频干扰,可以使用哑载波、FFT 窗口、频率域上的干扰抵消和在时间域利用自适应滤波实现抑制。然而,由于载波数量很多,在 Zipper 下具有更好的频率选择性,所以,只要令射频频带内的某些载波功率为零,就可以达到对这些射频频带的功率谱密度进行抑制的要求。由于同时进行上行和下行传输且没有时分双工帧,所以这种技术的插入时延小于 SDMT。

(3) CAP/QAM

单载波 VDSL 规范允许在网络和用户之间进行点到点和点到多点的传输。下行和上行发送器可以设计成 CAP 或 QAM 发送器。下行和上行接收器应该可以对收到的 CAP 或 QAM 信号进行检测和译码。对于下行传输,数据采用差分编码,其信号星座图有 16 个点。对于上行传输,如果是点到点配置,数据经差分编码,其信号星座图有 256 点。使用 R-S 编码并结合交织技术。R-S 编码的参数(N 和 K)是可编程的。交织器是一个由 DAVIC 为FTTC(光纤到路边)而规定的三角形卷积交织器。下行频谱位于上行频谱的上端。

(4) MQAM

上行和下行传输最多可以并行使用 6 个载波,这些频带位于业余无线电频带之间。无线电爱好者使用的频率段的信噪比很低,因此,频率缝隙产生的容量损失是有限的。每个频带有一个固定的中心频率以及上行和下行传输对应的码元速率。范围在 300 kHz~1.8 MHz的最低的频带用于下行传输,这样可以允许 MQAM VDSL 系统和 ADSL 系统共存。上行和下行频带的频带分离基于模拟和数字滤波。下行(和上行)频带是同步的,这就为支持对称和非对称业务提供了足够的灵活性。

7. 典型的 VDSL 产品

(1) 产品特点

- 无须重新布线,1 对普通电话线用户可单独传输 10 Mbit/s 数据信号。
- 最大传输距离为 9.5 km。
- 该线路除了传输高速数据外,还可同时传输话音信号。
- RJ45 口(以太接口)可自适应交叉线和直连线。
- 产品型号为 ZEV-10,即插即用。
- 一个 RJ45 口支持 10 Mbit/s 或 10/100 Mbit/s 普通交换机或集线器。
- 一个电话线接口支持电话机接口。

(2) 应用示意图

图 8.3.12 为典型 VDSL 应用示意图。

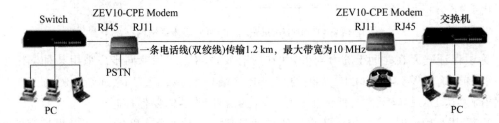

图 8.3.12　典型 VDSL 应用示意图

第9章 移动通信数字电视传输网

9.1 移动通信的传输速率

各种移动通信标准信号的传输速率列于表 9.1.1。

表 9.1.1 各种移动通信标准信号的传输速率

手机移动通信标准	理论传输速率	实际应用速率
2G	19.2 kbit/s	9.6 kbit/s
2.5G	171 kbit/s	56 kbit/s
3G	1.92 Mbit/s	100~300 kbit/s
4G	100 Mbit/s	40~70 Mbit/s
5G	20 Gbit/s	约 10 Gbit/s
6G	1 Tbit/s	约 100 Gbit/s

在表 9.1.1 中,理论传输速率指的是在静止状况下的速率,随着移动速度的增加,接收速率会降低,移动速度越快,速率降得越低。并且,只有 4G、5G、6G 的传输速率才能满足传输数字电视信号的要求。

从表 9.1.2 可知,当移动上网速率稳定在 100 kbit/s 时,电视业务才能顺利开展,当然最好是 2 Mbit/s 以上的速率,这个速率只有 3G 以上的移动通信网才能满足。

表 9.1.2 上网速率与视频分辨率的对比效果

速率指标	视频指标	效果描述
40~64 kbit/s	160×120 图像分辨率、15 帧/秒	采用 MPEG-4 压缩编码标准,小窗口播放,看不清字幕,声音清晰
64~80 kbit/s	320×240 图像分辨率、20 帧/秒	采用 MPEG-4 压缩编码标准,全屏播放,可看清字幕,声音清晰,画质较差
80~100 kbit/s	320×240 图像分辨率、24 帧/秒	采用 MPEG-4 压缩编码标准,全屏播放,可看清字幕,声音清晰,画质较好,具有 VCD 效果
1 Mbit/s 左右	720×576 图像分辨率、25 帧/秒	采用 H.264 标准,可看标准清晰度电视,具有 DVD 效果
1~2 Mbit/s	1280×720 图像分辨率、30 帧/秒	采用 H.265 标准,可看高清晰度电视

  TD-SCDMA 是我国具有自主知识产权的通信技术标准,是中国电信行业第一个完整的移动通信技术标准,得到中国通信标准化协会(CWTS)及 3GPP 国际组织的全面支持,是 ITU 正式发布的第三代移动通信空间接口技术规范之一。

  TD-SCDMA 集码分多址(CDMA)、时分多址(TDMA)、频分多址(FDMA)等技术的优势于一体,采用智能天线、联合检测、接力切换、同步 CDMA、软件无线电、低码片速率、多时隙、可变扩频系统、自适应功率调整等技术。它是具有系统容量大、频谱利用率高、抗干扰能力强等优点的移动通信技术。而 TDS-OFDM 调制技术通过时域和频域混合处理,简单方便地实现了快速码字捕获和稳健的同步跟踪,形成与欧洲、日本多载波技术不同的自主核心技术。

  进入 4G 的宽带时代,中国移动作为手机电视运营产业链的核心,已与各种内容服务提供商合作,协同产业链的其他合作伙伴共同推动数字电视业务的发展。到了 5G 的宽带时代,数字电视业务不仅有丰富的高清视频内容,更有灵活的运营,从各个方面满足消费者的需求,成为数据业务的宠儿,成为人们不可或缺的随身化信息工具,成为继广播、互联网等之后的新兴媒体,其带来的商业价值是非常值得期盼的。

9.2 4G 移动通信技术

  中国提出的 4G 技术 TD-LTE(即 TD-SCDMA Long Term Evolution,是指 TD-SCDMA 的长期演进)已于 2011 年 2 月 10 日被国际电信联盟批准,成为第一个 4G 移动通信国际标准。TD-LTE 是 TDD 版本的 LTE 的技术,FDD LTE 的技术是 FDD 版本的 LTE 技术。TD-SCDMA 是 CDMA 技术,TD-LTE 是 OFDM 技术,不能对接。

  继我国自主研发的 TD-SCDMA 成为第三代移动通信国际标准之后,我国自主研发的 TD-LTE 技术又成功入选 4G 国际移动通信标准,这是我国在全球移动通信领域取得的重大进展。4G 的射频范围为 2 300~2 400 MHz。

  TD-LTE 的专利占有情况:Inter-Digital 公司占 13%;美国高通公司占 13%;诺基亚公司占 9%;三星公司占 9%;爱立信公司占 8%;中国华为占 8%;中国中兴占 7%(注:中国共占 15%)。

  华为 4G 为澳大利亚提供移动通信服务。澳大利亚无线宽带运营商 Vividwireless 宣布与华为联合进行移动通信服务。峰值速率高达 128 Mbit/s,稳定速率为 40~70 Mbit/s。经使用证明,华为的 4G 技术足够成熟,能为用户提供特别快速的移动宽带服务。在覆盖范围内,能快速、低成本地实现快速、高质量的移动宽带服务。

  从 2010 年开始,4G 在国内普遍投入使用。根据工业和信息化部规划,TD-LTE 规模试验以形成商用能力为目标,通过进一步扩大部署和应用的规模,使端到端产品达到规模商用的成熟度,并带动国际运营商选择和部署 TD-LTE。

  中国 TD-LTE 商用网成为全球规模最大的 LTE 网。室外部分使用 1.9 GHz 频段,TD-SCDMA 升级到 TD-LTE,建 8 通道 2.6 GHz 的 TD-LTE 基站;室内部分部署 2 通道 2.3 GHz 的 TD-LTE 设备。

  (1) LTE 的发展历史

  早在 2004 年 11 月份 3GPP 魁北克的会议上,3GPP 就决定开始 3G 系统的长期演进研究项目。世界上主要的运营商和设备厂家通过会议、邮件讨论等方式,开始形成对 LTE 系统的初步需求。

LTE 需要系统提高峰值数据速率、小区边缘速率、频谱利用率,并在降低运营和建网成本方面进一步改进,同时为了使用户能够获得"Always Online"的体验,需要降低控制和用户平面的时延。

在无线接入网(RAN)侧,由 CDMA 技术变为能够更有效对抗多径干扰的 OFDM 技术。OFDM 技术具有抗多径干扰、实现简单、灵活支持不同带宽、频谱利用率高、支持高效自适应调度等优点。

(2)LTE 的必选技术

为进一步提高频谱效率,MIMO(多输入/多输出)技术成为 LTE 的必选技术。MIMO 技术利用多天线系统的空间信道特性,能同时传输多个数据流,从而有效提高数据速率和频谱效率。

为了降低控制系统和用户链路的时延,满足低时延(控制系统时延小于 100 ms,用户链路时延小于 5 ms)的要求,Node B-RNC-CN 的结构必须简化,RNC 作为物理实体将不复存在,Node B 将具有 RNC 的部分功能,成为 eNode B(即 Evolved Node B,演进型 Node B 之意)。eNode B 间通过 X2 接口进行网状互联,接入 CN。这种系统的变化必将影响到网络架构的改变,SAE(系统架构的演进)在进行中,3GPP 同时也在为 RAN/CN 的平滑演进进行规划。

(3)LTE 的优缺点

2009 年,全球第一个 LTE 商用网推出。从 2010 年开始,全球运营商对 LTE 的兴趣持续高涨。2010 年 12 月底,全球开通 LTE 商用网络。

中国移动在 2010 年世博会期间启动 4G TD-LTE 网络服务,下载速度最高可以达到 100 Mbit/s。

LTE 系统具有如下优点。

① 能灵活支持 1.4 MHz、3 MHz、5 MHz、10 MHz、15 MHz、20 MHz 带宽。

② 下行使用 OFDMA,最高速率可达到 100 Mbit/s,能满足高速数据传输的要求。

③ 上行使用 OFDM 衍生技术 SC-FDMA(单载波频分复用),在保证系统性能的同时能有效降低峰均比(PAPR),减小终端发射功率,延长使用时间,上行最大速率可达到 50 Mbit/s。

④ 充分利用信道对称性等 TDD 的特性,在简化系统设计的同时提高系统性能。

⑤ 系统的高层总体上能与 FDD 系统保持一致。

⑥ 将智能天线与 MIMO 技术相结合,提高系统在不同应用场景的性能。

⑦ 应用智能天线技术降低了小区间干扰,提高小区边缘用户的服务质量。

⑧ 进行时间/空间/频率三维的快速无线资源调度,保证系统吞吐量和服务质量。

⑨ 频谱利用率高:TD-LTE 一个载频为 1.6 MHz,WCDMA 一个载频为 10 MHz。

⑩ 采用智能天线和联合测试引入所谓的空中分级。

⑪ 避免呼吸效应,TD-LTE 不同业务对覆盖区域的大小影响较小,易于网络规划。

LTE 系统具有如下缺点。

① 同步要求高:TD 需要 GPS 同步,同步的准确程度会影响整个系统。

② 码资源受限：TD-LTE 只有 16 个码，远远少于业务需求所需要的码数量。

③ 干扰问题：上下行、本小区、邻小区都可能存在干扰。

④ 移动速度慢：TD-LTE 为 120 km/h；WCDMA 为 500 km/h。

9.3　5G 移动通信技术

1. 5G 的工作频段

5G(5th-generation)是第五代移动通信技术的简称。手机在利用该技术后无线下载速率可超过 10 Gbit/s。这一新的通信技术名为 Nomadic Local Area Wireless Access(移动本地无线接入)，简称 NoLA。

5G 的工作频段是 C-band(频谱范围为 3.3～4.2 GHz 和 4.4～5.0 GHz)和毫米波频段(1～10 mm 的波长范围)26 GHz/28 GHz/39 GHz。相应地，3GPP 量身打造了 n77、n78、n79、n257、n258 和 n260 波段，如表 9.3.1 所示。5G 采用宽频方式定义频段，形成几个全球统一频段，大大降低了终端(手机)支持全球漫游的复杂度。5G 在 C-band 频段上的最大带宽为 100 MHz，在毫米波上最大带宽为 400 MHz。带宽增大了，下载或上传的速度将大幅提升。另外，5G 采用更为先进的符号成型技术(如 Filter-OFDM)，降低了频谱边缘保护带的开销，相比 4G，在同样的标称带宽下，传输带宽有了明显的提升。

表 9.3.1　5G 采用的频段

频段号	频率范围/GHz	双工模式
n77	3.3～4.2	TDD
n78	3.3～3.8	TDD
n79	4.4～5.0	TDD
n257	26.5～29.5	TDD
n258	24.25～27.5	TDD
n260	37～40	TDD

从技术端来看，5G 技术涵盖毫米波和大规模多输入多输出(MIMO)天线运用，以实现无线整合及架构上的突破。毫米波方向性特强，90% 以上的波束能量都集中在 5 度到 8 度。波能量的集中和约束、辐射功率密度的提高和辐射波瓣的集中，使波与波之间的干扰减少，则点对点通信的准确性得到保证。5G 频率高，对于高功率、高密度、高性能的射频组件需求增加，其中氮化镓(GaN)符合其条件，满足 5G 对功率放大器高频需求。

此外，5G 大规模 MIMO 技术运用在基站，促使基站天线数量增多，加速天线及 D2D(Device to Device)核心技术的研发。而超密集组网(UDN)、高频段通信将使设备小型化，基站变成小型基站。移动终端在网络升级后，将提高载波技术应用，以及持续提升手机支持的频段。

5G 采用高频段的最大问题就是覆盖能力会大幅减弱，覆盖同一个区域时，需要的基站数量将大大超过 4G，如图 9.3.1 所示。

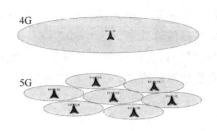

图 9.3.1　4G、5G 基站覆盖面积比较

2. 5G 中的新技术

通过子载波间隔扩展可实现可扩展的 OFDM 参数配置。

在 3G、4G 中，OFDM 子载波之间采用 15 kHz 间隔（即固定的 OFDM 参数配置），而 LTE 最高可支持 20 MHz 的子载波间隔。为了支持更丰富的频谱类型和连接尽可能丰富的设备，5G 将利用所有能利用的频谱，如毫米微波、非授权频段等。5G NR（New Radio，新空口）将引入可扩展的 OFDM 间隔参数配置。3GPP 已在 5G NR 第 14 版研究项目中，选定了实现子载波间隔 $2n$ 的可扩展 OFDM 参数配置，如图 9.3.2 所示。这一点至关重要，因为当 FFT 为更大带宽扩展尺寸时，必须保证不会增加处理的复杂性。而为了支持多种部署模式的不同信道宽度，5G NR 必须适应不同的参数配置，在统一的框架下提高多路传输效率。另外，5G NR 能跨参数实现载波聚合，如聚合毫米波和 6 GHz 以下频段的载波，因而具有更强的连接性能。

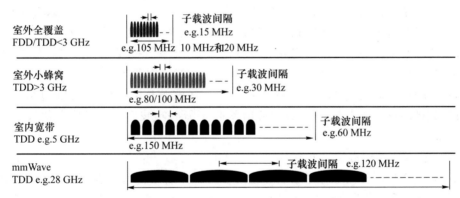

图 9.3.2　5G NR 不同频谱的带宽和子载波间隔

在 5G NR 设计中最重要的是选择无线电波形多址接入技术。正交频分复用（OFDM）体系包括循环前缀正交频分复用（CP-OFDM）和离散傅里叶变换扩频正交频分复用（DFT-S OFDM），这是面向 5G 增强型移动宽带（eMBB）和更多其他场景的正确选择。LTE 在下行链路中使用 OFDM，在上行链路中使用 DFT-S OFDM，研究表明，上行链路支持 DFT-S OFDM 和 CP OFDM，具有优势，基于场景自适应切换对于 DFT-S OFDM 的链路预算和 MIMO 空间复用都有好处。3GPP NR 第 14 版研究项目同意在 eMBB 下行链路中支持 CP-OFDM 并且针对 eMBB 上行链路 DFT-S-OFDM 与 CP-OFDM 形成互补。

（1）OFDM 新波形

传统 OFDM 的技术缺陷是波形频域扩散严重，需要较宽保护带，LTE 中为 10% 保护带需要严格同步，OFDM 波形无法灵活自适应，子载波间隔、CP 长度固定不变。OFDM 新波形的参数设计照顾"最差场景",采用基于滤波器组的 OFDM 新波形。

可通过 OFDM 加窗提高多路传输效率。

5G 将被应用于大规模的物联网,这意味着会有数十亿设备相互连接,5G 势必要提高多路传输的效率,以应对大规模物联网的挑战。为了相邻频带不相互干扰,频带内和频带外的信号辐射必须尽可能小。OFDM 能实现波形后处理(Post-Processing),如时域加窗或频域滤波,以提升频率局域化。如图 9.3.3 所示,利用 5G NR OFDM 的参数配置,5G 可以在相同的频道内进行多路传输。面对这一需求,止积极推动 CP-OFDM(循环前缀正交频分复用)加窗技术,大量的分析和试验结果表明,它能有效减少频带内和频带外的信号辐射,从而显著提高频率局域化。

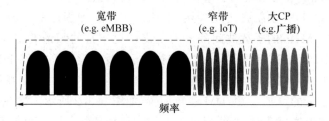

图 9.3.3　5G NR 针对不同服务进行高效多路传输

(2) 灵活、动态、自给式 TDD 子帧设计

5G NR 设计的另一个关键是构建一个可在相同频率上高效复用 5G 服务的灵活框架。针对 5G NR 框架设计的关键组件是自给式集成子帧。通过在相同子帧(如以 TDD 下行链路为中心的子帧)内包含数据传输和后解码确认来实现更低延迟。有了 5G NR 自给式集成子帧,每个传输都是在一个时期内完成的模块化功能(如下行授权、下行数据、保护时间、上行确认)。除了具有更低延迟外,该模块化子帧设计支持前向兼容性、自适应 UL/DL 配置、先进互易天线技术(如基于快速上行探测和下行大规模 MIMO 导向),并通过增加子帧头(如免授权频谱的竞争解决头)支持其他使用场景,这让该项技术成为满足许多 5G NR 需求的关键技术。

(3) 先进、灵活的信道编码方案

灵活的 5G NR 服务框架物理层设计包括可提供稳健性能和灵活性的高效信道编码方案。尽管 Turbo 码一直非常适合 3G 和 4G,但已证明,从复杂性和实现角度来看,当扩展到极高吞吐量和更大块长度时,低密度奇偶校验码(LDPC)具有优势。对于需要一个高效混合 ARQ 体系的无线衰落信道来说,LDPC 是理想的解决方案。因此,3GPP 选定先进的 LDPC 作为 eMBB 数据信道编码方案。

5G 信道纠错编码采用三种方案:控制信号采用极化码、信息数据采用 LDPC 码和增强型 Turbo 码。LDPC 非常接近理论极限,极化码可以达到理论极限。

(4) 先进大规模(Massive MIMO)天线技术

5G 促进了 MIMO 天线技术发展。通过智能地使用更多天线,可以提升网络容量和覆盖面,即拥有更多的空间数据流可以显著提高频谱效率,支持每赫兹传输更多比特,并且智能波束成形和波束跟踪可以通过在特定方向聚焦射频能量来扩展基站范围。5G NR 大规模 MIMO 技术将具有 3D 波束成形能力的基站,利用 2D 天线阵列开启 6 GHz 以下频谱的更高频段。借助快速互易 TDD 大规模 MIMO,测试结果显示,面向在 3~5 GHz 频段工作的 5G NR 新部署重用现有宏蜂窝基站是可行的。全新多用户大规模 MIMO 设计的测试结果显示,容量和小区边缘用户的吞吐量显著提升,这对提供更统一的 5G 移动宽带用户体验很关键。5G 设计不仅面向宏/小型基站部署支持使用 3～6 GHz 频段的更高频率,而且将面向移动宽带开辟 24 GHz 以上频段毫米波频段。在这些高频上可用的频谱充裕,能够提供极致的数据速度和容量的体验。但是,动用毫米波上传输,遭遇高得多的路径损失并且容易受阻挡。研究人员正利用基站和终端中的大量天线单元以及智能波束成形和波束跟踪算法展示持续宽带通信,甚至包括非视距通信和终端移动。

采用 MIMO 天线的 5G 通信收发系统如图 9.3.4 所示。发端二进制数据输入后通过空时信号处理设备送到多根发射天线,这些发射天线再经过矩阵信道送到接收端的多根接收天线进行接收,接收的多个信号再进行空时信道处理得到还原的二进制数据。

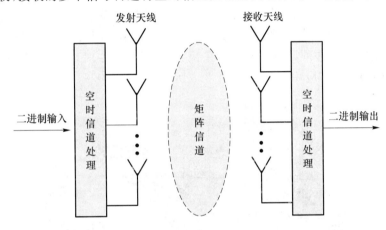

图 9.3.4　采用 MIMO 天线的 5G 通信收发系统

MIMO 技术是目前无线通信领域中的一个重要创新研究项目。通过智能使用多根天线(设备端或基站端)发射或接收更多的信号空间流,能显著提高信道容量;通过智能波束成形将射频的能量集中在一个方向上,可以提高信号的覆盖范围。上述两项优势使其成为 5G NR 的核心技术之一。从目前的理论来看,5G NR 通过天线的二维排布可以在基站端最多使用 256 根天线。

更多的天线意味着占用更多的空间,要在空间有限的手机终端设备中容纳更多的天线显然不现实,所以,只能在基站端叠加更多的 MIMO。

引入有源天线阵列后,基站侧可支持的协作天线实用数量达到 128 根。此外,原来的二维天线阵列还可拓展成为三维天线阵列(如图 9.3.5 所示),形成新颖的 3D-MIMO 技术,支持多用户波束智能赋型,减少用户间干扰,结合高频段毫米波技术,将进一步改善无线信号的覆盖性能。

3D-MIMO 可在水平和垂直两个维度进行信号方向的调整,可以使能量更加集中、方向更加准确,降低小区间和用户间的干扰,通过更多的空分,支持更多的用户在相同资源上并行传输,提升小区的吞吐率。

图 9.3.5　大规模 MIMO

(5)先进频谱共享技术

频谱是移动通信最重要的资源,获得更多的频谱意味着网络可以提供更高的用户吞吐量和容量。但是频谱稀缺,必须寻找充分利用现有资源的创新方式。现在,正开创频谱共享技术,如 LTE-U/LAA、LWA、LSA、CBRS 和 MulteFire。5G NR 设计支持全部频谱类型,灵活地利用潜在频谱共享新规范,因为帧结构的设计具有前向兼容性。5G 将频谱共享提升到新的水平。这些创新将提供更多可用频谱,也通过支持可动态适应载荷的协作式分层共享机制提高总体利用率。

(6)新型帧结构

5G 传输数据帧更短、更灵活。子帧长度变短可降低系统时延,提高系统传输效率,但要求提高基站和终端处理速度。因为要分场景、分业务需求调整传输间隔长度,在满足业务需求的同时提高系统的传输效率和系统容量。

(7)灵活的框架设计

显然,要实现 5G 的大范围服务的话,仅有基于 OFDM 优化的波形和多址接入技术是远远不够的。在设计 5G NR 的同时,还要设计一种灵活的 5G 网络架构,以进一步提高 5G 服务多路传输的效率。这种灵活性既体现在频域上,又体现在时域上,5G NR 的框架能充分满足 5G 不同的服务和应用场景,如图 9.3.6 所示。

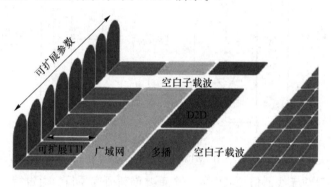

图 9.3.6　5G NR 灵活的框架设计

9.4　移动通信网数字电视传输系统

1. 移动通信网传数字视频所采用的数字视频标准

移动通信网传数字视频只能采用 H.264 和 H.265 标准。

(1) H.265 传数字视频时的传输速率

H.263 可以用 1.3～1.8 Mbit/s 的传输速率实现标准清晰度广播级数字电视(符合 CCIR601、CCIR656 标准要求的 720×576)。而 H264 由于算法优化,可以实现用低于 1 Mbit/s 的速率实现标清数字图像传送。H265 相比 H.264 进步更为明显,可以实现利用 1～2 Mbit/s 的传输速率传送 720p(分辨率为 1 280×720)普通高清音视频传送。

5G 的最高传输速率可达 10 Gbit/s,因此可传 4K 超高清电视,而超高清电视则采用 H.265 视频压缩标准。

H.265 标准保留 H.264 原来的某些技术,同时对一些相关的技术加以改进,使用先进的技术来改善码流、编码质量、延时和算法复杂度之间的关系,达到最优化设置。H265 编码标准会更加适应各种类型的网络,如 Internet、LAN、Mobile、ISDN、GSTN、H. 222. 0、NGN 等网络。具体的研究内容包括提高压缩效率、鲁棒性和错误恢复能力,减少实时的时延,减少信道获取时间和随机接入时延,降低复杂度等。

(2) H. 265 的技术特点

H. 265 旨在有限带宽下传输更高质量的网络视频,仅需原先的一半带宽即可播放相同质量的视频,即智能手机、平板等移动设备将能够直接在线播放 1080p 的全高清视频。H. 265 标准同时支持 4K(4 096×2 160)和 8K(8 192×4 320)超高清视频。可以说,H. 265 标准让网络视频跟上了显示屏高分辨率化的脚步。

2013 年以前,有线电视和数字电视广播主要采用 MPEG-2 标准。但是,H. 265 标准的出台使得广播电视公司纷纷放弃 MPEG-2,因为对于同样的内容,H. 265 可以减少 70%～80% 的带宽消耗。这就可以在现有带宽条件下轻松支持全高清 1080p 广播。

在同等画质和码率下,理论上 H. 265 比 H. 264 占用的存储空间要节省 50%,若存储空间一样大,那么意味着,在一样的码率下,H. 265 的画质会比 H. 264 的更高一些,理论上提升 30%～50%。

H. 264 可以在低于 2 Mbit/s 的传输带宽下实现标清数字图像传送,而 H. 265/HEVC 可以在低于 1. 5 Mbit/s 的传输带宽下实现 1 080p 全高清视频传输。

H. 265 编码的极大优势使得它在网络适应性方面有着不可逾越的优点,让它在低带宽网络环境下也能传输更高质量的视频,即在现有网络环境下,在线视频观看将更加流畅,企业也将付出更少的带宽成本。

2. 移动通信网数字电视直播系统

采用 4G、5G 移动通信网的数字电视传输系统如图 9.4.1 所示。它包括直播单元、管理单元、传输网络和手机用户。直播单元完成节目制作、播出,在该单元采用音视频数据编码高压缩技术,国际上多采用 H. 264、H. 265 标准。管理单元完成内容保护、设备管理、收费、通知和文件传输等方面内容。传输网络包括卫星传输、地面广播传输和移动蜂窝网传输三种传输方式。用户手机一般都既能接收广播网信号又能接收移动蜂窝网信号。

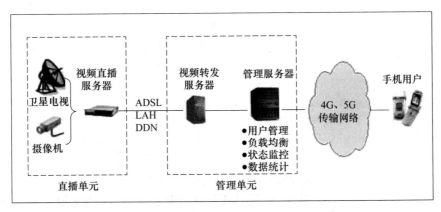

图 9.4.1　采用 4G、5G 移动通信网的数字电视传输系统

3. 手机电视传输系统

采用 4G、5G 移动通信网的数字直播系统如图 9.4.2 所示。其主要的应用如下。

（1）利用 4G、5G 手机视频，实现新闻类节目的现场报道及娱乐类节目的现场互动。

（2）利用 4G、5G 通道，实现专业摄录设备节目信号的实时传输。

（3）利用 4G、5G 通道和互联网，实现文件化节目异地高速传输，提高时效性。

（4）利用 4G、5G 技术，收集观众或通信员拍摄的突发事件、热点新闻以及新闻线索，通过电视台进行多种媒体平台的发布。

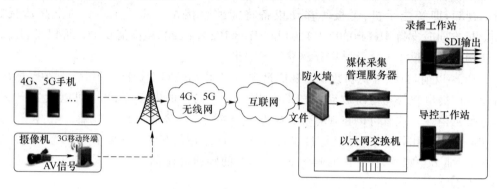

图 9.4.2　手机电视传输系统框图

4. 移动直播数字电视应用举例

移动数字电视直播节目应用系统如图 9.4.3 所示，主要内容如下。

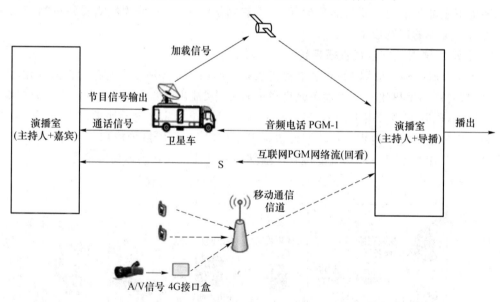

图 9.4.3　移动数字电视直播节目应用系统

（1）移动数字电视现场直播报道：利用 4G、5G 手机，通过 4G、5G 网络将现场信号实时传到 A 演播室。使用 4G、5G 手机卡，配置蓝牙耳机和备用电池，当电池容量充满时进行4G、5G 直播时图像比较流畅，一块新电池可连续拍摄约 1.5 小时。

（2）利用 4G、5G 接口盒对专业摄像机拍摄的现场进行报道：通过 4G、5G 网络将信号实时传到 A 演播室。使用的设备包括 DVCPro50 摄像机，4G、5G 接口盒，接口盒使用的摄像机电池，4G、5G 接口盒的传输码率足以使画面清晰流畅。

（3）台内 PGM 直播信号回传到 A 演播室：通过总台网站将 PGM 直播信号发布到专用的 IP 上，在 A 演播室利用 4G、5G 无线网卡登录该网页并进行直播信号的回看，解决两地互动问题。联通 IP 专线：联通 2 Mbit/s 速率的 IP 专线直接布置在 B 演播室，由于速率的限制，直播时只可以同时保证 3 部手机同时接入，或者 2 个 4G、5G 接口盒同时接入，或者 2 部手机和一个接口盒同时接入，但是参与节目直播只提供一路信号接入 B 演播系统。

5. H. 264 与 H. 265 相结合的数字电视传输方案

充分考虑到客户现有设备网络的状况和系统将来的扩展能力，推出 H. 264 与 H. 265 相结合的视频直播编解码、传输加速解决方案：即将 H. 264 编码推流到云端，转为 H. 265 码流，再传输 H. 265 码流到终端，最后解 H. 265 码流播放。H. 264 与 H. 265 相结合的视频传输方案如图 9.4.4 所示。具体流程如下。

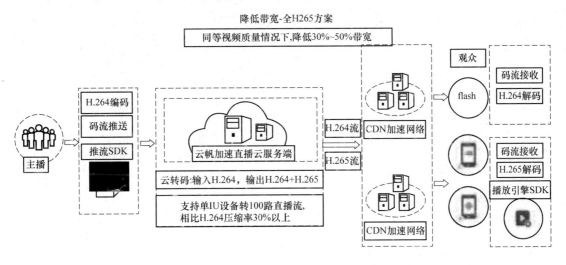

图 9.4.4　H. 264 与 H. 265 相结合的视频传输方案

（1）在推流端依然采用 H. 264＋AAC 的视音频编码方案，推送高清 H. 264 直播视频流，为解决在弱网环境下高清码率流畅传输的问题，可以选用主播端推流加速。

（2）云转码。H. 264 视频流进入云帆加速直播云服务端，开启 H. 264 到 H. 265 的实时转码，可同时输出 H. 264 和 H. 265 直播流，支持 H. 265 截图、H. 265 录制 FLV、MP4，以供后续点播。

（3）H. 264/H. 265 解码播放，经云转码平台，同时输出 H. 264、H. 265 不同编码格式的视频流，经云帆加速 CDN 分发至终端，通过一定的约定规范，CDN 可以做到智能识别并响应不同编码格式的视频资源。支持 H. 265 视频的 Android、iOS、OTT 客户端可以访问到 H. 265 视频，不支持 H. 265 视频的 App 端、Flash 端可以访问到原 H. 264 码流。对于 H. 265 解码 SDK，可采用网络上发布的开源 H. 265 解码器，也可以选用云帆 H. 265 解码 SDK，对多项技术进行优化后，可降低软解过程对 CPU 的占用，减少手机发热，以及避免出现画面错位、音视频不同步等问题。

在现有网络环境下，网络视频高清与流畅似乎是矛盾的存在点，点播可以下载或缓冲一段时间再看，而直播过程则采用多种方式降低码率，牺牲质量来换取流畅播放。受限于主播端网络，在编码推流过程中会降低质量，自然也使所有用户的观看体验变差，这比部分用户网络不佳的情况更加恶劣。提供主播端推流加速 SDK,支持高清视频的实时无卡顿推流,从源头上保障视频的质量。

对云帆加速并经过优化实现了较大突破,可支持单一台服务器转 100~128 路 H. 265 直播流,相比 H. 264 压缩率提高了 30%~50%。

现在市场上使用的设备以支持 H. 264 格式为主,在现实情况下不能马上将所有设备升级替换,但为了发挥 H. 265 的低码流、高质量的技术特点,在中途传输过程采用 H. 265 编码标准,通过一个编码、转码过程,将高质量的视频信号在低码流情况下传输,同时还完整保留了高质量画面,在不影响现有 H. 264 系统的情况下,新老技术相互兼容,完整对接。使用云帆加速 CDN 即可实现 H. 265 传输直播,方便快捷。

第 10 章　数字电视显示技术

10.1　图像数据格式

1. 几种典型数字电视设备数据格式

表 10.1.1 列出几种典型的数字电视设备的数据格式。

表 10.1.1　几种典型的数字电视设备的数据格式

系统	编 码 方 式	Y 像素结构(宽×高)	U、V 像素结构	每秒帧数
电视电话	QCIF	176×144＝22×18×(8×8)	88×72＝11×9×(8×8)	25
VCD	MPEG-1(CIF) (SIF)	352×288＝44×36×(8×8)(PAL)	176×144＝22×18×(8×8)	25
		352×240＝44×30×(8×8)(NTSC)	176×120＝22×15×(8×8)	30
DVD	MPEG-2(D1)	720×576＝90×72×(8×8)(PAL)	360×576＝45×72×(8×8)	25
		720×480＝90×60×(8×8)(NTSC)	360×480＝45×60×(8×8)	30
HDTV	MPEG-2 (高级窄屏)4∶3	1 440×1 152＝180×144×(8×8)	720×576＝90×72×(8×8)	25
		1 440×960＝180×120×(8×8)	720×480＝90×60×(8×8)	30
	MPEG-2 (高级宽屏)16∶9	1 920×1 152＝240×144×(8×8)	960×576＝120×72×(8×8)	25
		1 920×960＝240×120×(8×8)	960×480＝120×60×(8×8)	30

注:QCIF 是 Quarter Common Intermediate Format(四分之一公用中间隔式);CIF 是 Common Intermediate Format (公用中间隔式);SIF 是 Source Input Format(源输入格式);VCD 是 Video Compact Disk(视频光盘);DVD 是 Digital Video Disk(数字视频光盘);HDTV 是 High Definition Television(高清晰度电视);D 是 Definition(分辨率)。由于 H.264 标准采用 4×4 整数变换,故表中应采用 4×4 数据格式。

2. 极高清晰度成像格式

ITU-R BT.1201 建议书提出极高清晰度成像(HRI)的格式和规范。建议的提出主要考虑到超高清晰度图像能够在计算机图形、印刷、医疗、数码相机和电视电影等领域的图像系统中使用。极高清晰度成像的格式和规范如表 10.1.2 所示。

表 10.1.2　极高清晰度成像的格式和规范

HRI 格式	HRI-0	HRI-1	HRI-2	HRI-3
空间分辨率(抽样点数)	1 920×1 080	3 840×2 160	5 760×3 240	7 680×4 320
对应清晰度电视名称(近似)	1K 普通高清电视	4K 高清电视		8K 高清电视

3. 不同数据格式一帧图像的像素数比较

在数字技术领域,一般用构成图像的像素数描述数字图像的大小。由于像素数量往往非常大,通常以 K 为单位表示,如1K=1 024,2K=2 048,UHD=4 096。这样,1K 图像即水平方向上有1 024 个像素的图像,2K 图像即水平方向上有2 048 个像素的图像,UHD 图像即水平方向上有4 096 个像素的图像。图 10.1.1 为不同数据格式一帧图像的像素数比较,图 10.1.2 为 1K、2K、4K 与 8K 画面尺寸。

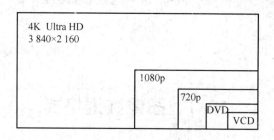

图 10.1.1   不同数据格式一帧图像的像素数比较

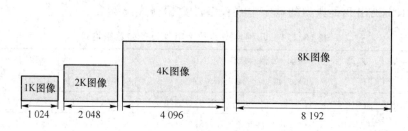

图 10.1.2   1K、2K、4K 与 8K 画面尺寸

10.2   标准清晰度电视显示

垂直清晰度是指图像可以分解出多少水平线条数,最大垂直清晰度由垂直扫描总行数决定。由于隔行扫描将造成局部的并行,所以实际的垂直清晰度还要把总的有效扫描行数乘以一个 Kell 系数。在 2:1 隔行扫描方式中,Kell 系数为 0.7,即垂直清晰度为有效电视行数的 0.7 倍。水平清晰度定义为图像上可以分清的垂直线条数。水平清晰度与图像传感器的像素数和视频系统的频带宽度有直接关系。水平清晰度和垂直清晰度采用统一的度量标准,所以当屏幕上的水平线条间隔和垂直线条间隔相同时,图像的垂直清晰度和水平清晰度数量应该是一样的。图像的宽高比系数是大于 1 的,图像的水平清晰度线数应该是实际能分清的黑白垂直线条数除以宽高比系数。水平清晰度的计算公式为水平清晰度 TVI/PH=有效时间(μs)×2×频带宽度(MHz)/宽高比系数,其中,TVL 为电视线,PH 为每个图像高度。

以我国 GB 3174-82 彩色电视广播标准为例,每帧图像为 625 行,去掉 50 行消隐之后,有效行数为 575 行。所以,我国现行电视标准的垂直清晰度为 575×0.7=403 TVL/PH。因为垂直清晰度不受频带宽度的限制,所以这就是实际传送到用户电视接收机的接收清晰度。

我国电视标准规定行周期为 64 μs,去掉 12 μs 的行消隐时间,有效行时间为 52 μs,标称视频带宽为 6 MHz,所以我国现行电视标准的水平清晰度为水平清晰度(SDTV)=52 μs×

2×6 MHz$/4/3 = 468$ TVL/PH。

最大水平清晰度是由视频带宽和有效行时间等因素决定的。因为 1 MHz 信号的周期为 $1\ \mu$s，所以在一行时间内将产生 52 个周期。又因为电视线定义为黑和白的过渡，所以在一个有效行里，1 MHz 的信号将产生 104 条黑白线条。104 除以宽高比系数，即为 78 TVL/PH。这就是我们通常计算我国 PAL 制图像清晰度时，每 1 MHz 视频带宽可以产生大约 80 电视线水平清晰度的依据。10 MHz 的视频带宽即可以产生 800 TVL/PH 的水平清晰度。

标准清晰度电视（SDTV）显示是指其画面质量高于普通电视，但低于高清晰度电视，具有多功能及不同传输格式的全数字化电视。SDTV 一般采用 720 × 576 采样格式，从数据上看，SDTV 的像素密度与目前电视一样，甚至更低一些，但由于传统电视的缺点，实际收看时，画面质量与理论值相比，下降较多。而 SDTV 采用了全数字技术完全避免了模拟信号广播中的缺点，如由电波等干扰而造成的画面不清晰或不稳定、画面静噪音、亮色互串等。数字技术无失真问题，实际收看效果基本与理论值相同，故 SDTV 电视接收机的图像质量肯定要比模拟电视的好。

10.3　HEVC 技术简介

HEVC 是 High Efficiency Video Coding 的缩写，是一种新的视频压缩标准，用来以替代 H.264/AVC 编码标准，2013 年 1 月 26 号，HEVC（即 H.265）正式成为国际标准。其特点是，支持 1 080p 以上的 4K×2K 和 8K×4K 分辨率，将视频压缩率提高至 H.264 的约 2倍。也就是说，能以原来一半的编码速度发送相同画质的视频。例如，按照 20 Mbit/s 发送的 H.264 格式视频内容，在相同画质的条件下用 HEVC 格式发送只需 10 Mbit/s 的速度。

HEVC 的应用示例如图 10.3.1 所示。在广播电视、网络视频服务、电影院及公共大屏幕（Public Viewing）等众多领域，4K×2K 和 8K×4K 视频发送将变得更容易实现。个人计算机及智能手机等信息终端自不用说，平板电视、摄像机及数码相机等 AV 产品也会支 HEVC。

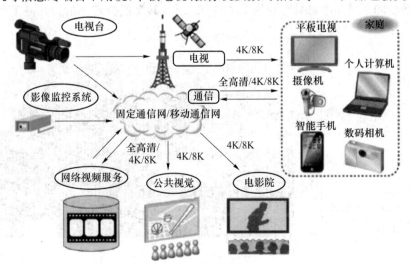

图 10.3.1　HEVC 的应用示例

10.4 4K UHD、HDR

1. 4K UHD

4K 技术是一种分辨率更高的超高清显示规格,4K 的名称得自其横向分辨率约为 4 000 像素。按照国际通信联盟(ITU)定义的标准,4K 分辨率为 3 840×2 160,长宽比为 16:9,按照这个标准,该规格下显示设备的逐行扫描线可达到 2 160,即常说的 2 160p。

4K 技术(Ultra High Definition,UHD)分为 4K UHD 和 8K UHD 两个层次,3 840×2 160 超高清电视是针对目前的 FHD(Full High Definition,全高清)电视 1 920×1 080 的叫法。它是指电视的物理分辨率达到 3 840×2 160(4K×2K)及以上,通过芯片解码同等分辨率的片源,可以向下兼容 1080p 的全新一代电视。

传统像素由 R(红色)、G(绿色)、B(蓝色)构成。FHD 面板像素为 1 920×1 080,每种像素由 3 种子像素组成,共有 620 万种颜色,而 4K 面板的分辨率为 3 840×2 160,即 2 490 万种颜色,因此 UHD(4K)分辨率是 FHD(2K×1K)的 4 倍。

2. HDR

HDR 是英文 High Dynamic Range 的缩写,即高动态范围,是用来实现比普通数字图像技术更大曝光动态范围(即更大的明暗差别)的一组技术。HDR 最初的概念来自 CG 动画,由著名的显卡公司 NVIDIA 提出,主要是为了实现游戏画面多层次的光色渲染,以获得层次丰富的 CG 画面。后来,这一渲染效果被广泛运用到数码摄影领域,以获得低反差、色彩绚丽、细节层次明显的照片。

人眼从真实景物世界所能感觉到的亮度范围可达到 100 000:1,瞬时对比度范围可达到 10 000:1(即在同一瞳孔开度下可辨别的亮度范围)。而现今的电视显示器对比度范围大致能做到 2 000:1,远达不到人眼的感知范围。所以,人们从电视上所看到的仅仅是一个屏幕表现,而非窗外景色的真实再现。图 10.4.1 表示在真实世界中,人眼瞬时可感知的亮度范围(从暗处的 2 cd/m² 到明亮处的 10 000 cd/m²),其亮度分辨率能力远高于目前的任何显示设备。

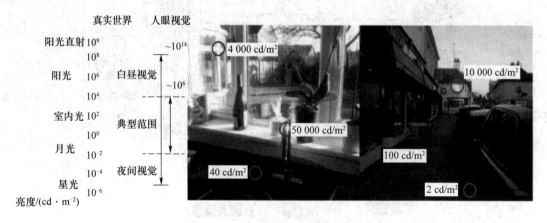

图 10.4.1 真实世界的亮度值

　　CRT 曾长期占据显示屏统治地位,因此多项光电转换标准以 CRT 特性为基础制定,至今仍在广播和显示业界发挥作用。通常 CRT 电信号到屏幕光亮度之间保持固定的电-光转换特性,如图 10.4.2 所示,其中虚线表示的乘幂规律,幂指数为 2.4。为此,演播室视频信号需实现预校正,使人眼对景物亮度呈近似线性的观感。ITU BT.601、BT.709 和 BT.2020 均规定演播室信号的预校正 Gamma 值为 0.5,其与 CRT 固有的 Gamma 值 2.4 相乘,则系统传递景物光强的 Gamma 值为 1.2,这是人眼在室内较暗环境观看图像较为适宜的变换值,它较好地反映了人眼视觉系统对真实世界景物的客观响应。

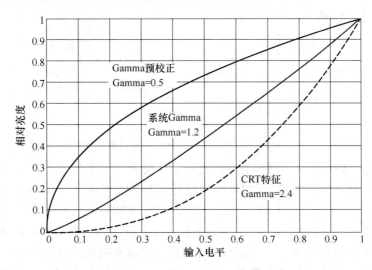

图 10.4.2　电-光转换特性

　　BT.709 及以前的电视系统为兼顾显示器的光电转换特性,对摄像机信号进行非线性光电特性的预校正特性参数,这可将模拟的视频噪声在显示亮度范围内均匀分配,使整个电视系统达到最佳的观看效果。但幂指数为 0.5 的预校正压缩了景物图像的亮度范围,使高亮度区域信号表现力不足。以 CRT 为主的显示器亮度不超过 $100\ \text{cd/m}^2$,在 BT.709 及其以前的广播标准中,包括量化为 8bit 甚至 10bit 的数字电视信号,它们均建立在屏幕亮度不超过 $100\ \text{cd/m}^2$ 的基础上。而现今消费级别的液晶显示器亮度可达到 $400\ \text{cd/m}^2$,高质量产品的亮度可达到 $1\ 000\ \text{cd/m}^2$,某些专门用途的商用产品则可实现 $4\ 000\sim5\ 000\ \text{cd/m}^2$ 的高亮度。这类新型显示器光电特性基本为线性,若沿用 BT.709 的预校正特性,则完全不能发挥其效能,即使采用 BT.709 的 10 bit 信号,也只能提高暗光区分辨率,对高亮度区域没有贡献,难以实现高动态范围显示。

　　为摆脱以 CRT 为基础的光电转换特性束缚实现 HDR 显示,现已有多个创新的标准化建议,其中,杜比 Vision 提出的感知量化(Perceptual Quantizer,PQ)成为 SMPTE ST2084标准,可实现高达 $10\ 000\ \text{cd/m}^2$ 的屏幕亮度,由 BBC 提出的 10 bit HDR 建议支持 $1\ 000\ \text{cd/m}^2$HDR 显示。图 10.4.3 为不同光电转换特性中亮度和信号码量级化的对应关系,其中 BT.709只有 $100\ \text{cd/m}^2$ 亮度范围,DICOM 是医学数字成像和通信领域的标准,规定医学图像质量,10 bit 可实现 $5\ 000\ \text{cd/m}^2$ 以上的高亮度,杜比 Vision 则有 107 高动态范围,支持 $10\ 000\ \text{cd/m}^2$ 亮度,BBC 的 HDR 方案亮度则可支持到 $1\ 000\ \text{cd/m}^2$。

　　图像数字化处理后,视频噪声主要来自量化,如何用尽量少的 bit 来实现更大的动态范

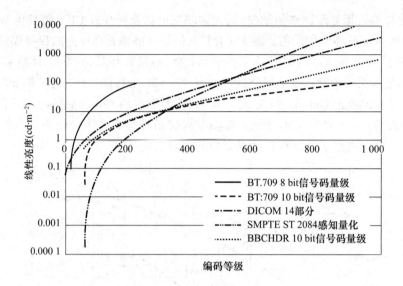

图 10.4.3　不同光电转换特性中亮度和信号码量级化的对应关系

围是人们研究追求的目标。人眼对亮度变化的分辨能力与亮度的大小有关，研究人眼心理物理学特性的 Weber 定律指出，可察觉的物理亮度差与亮度成正比，即人眼在可察觉亮度差的边界上，Weber 分数$(\Delta L/L)$是常数。人眼锥细胞的 Weber 分数在 2％～3％，表示受试者能可靠地检测出物理亮度在 2％到 3％的变化。Barten 根据人眼心理物理学规律，并经过大量试验得出复杂的 Barten 模型，Barten 模型是图像研究领域公认的基础，成为图像显示中人眼最小亮度差分辨率阈值的理论依据。ITU BT. 2246 给出 Weber 和 Barten 模型曲线，如图 10.4.4 所示。

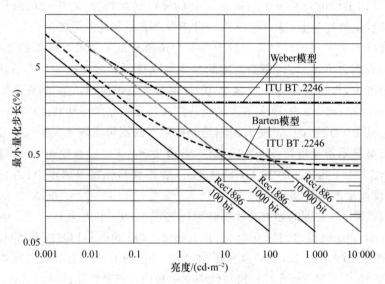

图 10.4.4　人眼可察觉亮度差阈值曲线

　　BT. 1886 根据 CRT 的 Gamma 特性，规定幂指数为 2.4 的电-光转换特性。图 10.4.5 给出三种 12 bit 量化的 BT. 1886 随亮度变化的最小对比度特性，在高亮度区，BT. 1886 量化误差小于人眼对比度阈值,但在低亮度区则高于人眼对比度阈值,这表明在高动态范围显示的高亮度区,BT.1886 量化浪费过多的 bit,而在低亮度区则 bit 量化太粗,bit 数不足。

如图 10.4.5 所示,杜比实验室根据 Barten 模型,按照不同的亮度表现范围,画出三条逼近 Barten 模型的不同对比度阈值曲线,分别对比 0.9JND(可觉视差)、0.68JND 和 0.46JND,取 12 bit 量化,三条线都位于 Barten 阈值曲线下方。其中,显示亮度在 10 000 cd/m² 时,12 bit 量化只能达到 0.9JND,接近可察觉阈值的边界,在 1 000 cd/m² 亮度时则阈值达到 0.68JND,而在 100 cd/m² 亮度时,12 bit 量化则可做到 0.46JND。

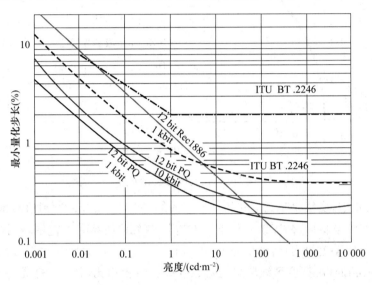

图 10.4.5　杜比感知量化曲线(12 bit)

杜比 PQ 用不同的函数规律来逼近 Barten 模型,低亮度区为平方根关系(斜率−1/2),高亮度区是斜率接近 0 的对数关系,低亮度和高亮度之间的中间区域则为变化的斜率,中间区斜率的平均值表现为 BT.1886 的变换斜率。

$$Y = L\left(\frac{V^{1/m} - c_1}{c_2 - c_3 V^{1/m}}\right)^{1/n} \tag{10-4-1}$$

式中,Y 是屏幕亮度;V 是视频信号值,$0 \leqslant V \leqslant 1$;$L = 10\ 000$;$m = 78.843\ 8$;$n = 0.159\ 3$;$c_1 = 0.835\ 9$;$c_2 = 18.851\ 6$;$c_3 = 18.687\ 5$。

杜比实验室提出的感知量化是个比较复杂的公式,用于对视频信号质量进行评判的主监视器,商业名称叫杜比 Vision。杜比 PQ 是电:光转换特性,与 BT.1886 作用相同,规定显示器端的变换关系,从显示端人眼的亮度分辨阈值来确定量化 bit 的要求。对比 PQ 并非针对广播,一方面,它采用绝对亮度而非广播界习惯的相对亮度;另一方面,它需要 12 位以上的比特量化深度,这对视频信号演播室处理和存储难度不大,但内容发布和传输时将占用较大传输带宽。

BBC 提出 10 bit 量化的 HDR 方案,支持亮度到 1 000 cd/m²。BBC 方案从演播室信号入手,用人眼对摄像机摄取景物的亮度差敏感阈值来定义光-电变换特性的量化分辨率要求,属于视频显示的预校正,作用与 BT.709 相同,这与杜比方案从显示屏亮度着手的出发点不同。在低亮度区,与 BT.709 基本上相同,而在超过 100 cd/m² 的高亮度区,则采用对数规律，使高亮信号不产生饱和，如图 10.4.6 所示。

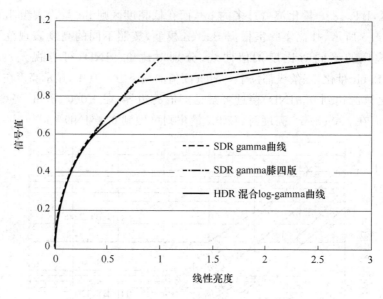

图 10.4.6　BBC HDR 方案

在图 10.4.6 中，实线是 BT.709 的预校正曲线，在 100 cd/m² 达到信号饱和，虚线是摄像机企业的专有转换特性，尚无统一标准。专有特性为扩展高亮度范围，在接近 100 cd/m² 处增加了一个形如膝盖的拐点，使信号不至于出现饱和，BBC 方案为右下方的点划线，低亮度区与 BT.709 相同，高亮度区线段呈现对数规律。两者相比，杜比 PQ 是一种更精确的模型，其人眼阈值曲线十分接近 Barten 模型，即在可表现的亮度范围内，对量化 bit 的使用更经济。BBC 方案则与现有的 ITU 标准有一定的兼容性，阈值曲线与 BT.2246 的 Schreiber 曲线相似，呈现两条折线的合成，量化误差略大，但更适合广播界的需求和目前的显示技术现状，有相当强的竞争力。

美国消费电子协会在 2015 年 8 月宣布 HDR 兼容的显示器需达到 HDR10 媒体档次的视频表现力。HDR10 媒体档次需支持如下内容。

- 光电转换特性 ETOF 符号 SMPET ST 2084。
- 色采样：4：2：0。
- 比特深度：10 bit。
- 彩色空间符合 BT.2020。
- 支持元数据 SMPTE ST 2086。

BT.2020 尽管在像素空间分辨率、色域范围、像素比特深度、帧刷新率方面有很大提高，但光电转换特性仍沿用 BT.709 的特性（仅有微小的变化），图像动态对比度并没有改观。为此，SMPTE ST 2084 整合杜比 Vision 的光电转换特性，使显示器最高显示亮度达到 1 000～10 000 cd/m²，彩色动态对比度达到 4 000：1。新的光电转换方法提供更深的色彩饱和度和色谱范围，以实现 HDR 显示。ATSC3.0 综合考虑杜比 Vision 和 BBC 等提出的建议，采用适当的方案，为 4K UHD 提供更多绚丽多姿的图像再现方式。图 10.4.7 为普通 HDTV 视频和 HDR 视频图像表现力的比较。

图 10.4.7　普通 HDTV 视频(左)和 HDR 视频(右)图像表现力的比较

10.5　超高清晰度系统和超高清晰度电视

超高清晰度电视(Ultra High Definition Television,UHDTV)致力于在与家庭和公共场所使用环境相对应的合适显示器尺寸上,呈现几乎涵盖人类视野全部范围的宽视场,从而为观众提供增强的视觉体验。SMPTE 于 2009 年颁布了第一部完善的 UHDTV 标准,随后 ITU 于 2012 年颁布了 Rec. ITU:R BT. 2020《超高清晰度电视系统节目制作和国际交换用参数值》。SMPTE 和 ITU 的这两部标准的核心内容区别不大,且两者分别在 2013 年和 2014 年进行了版本更新。超高清显示比高清显示可以带来更细腻、逼真的图像,更强的临场感和更精确的视觉信息,为平板电视技术发展开启了新篇章。

实现超高清显示需要超高清系统,从发到收都支持超高清,涉及多个关键技术和关键设备,而超高清电视是整个系统的终端设备。国家广播电视产品质量监督检验中心紧跟新技术发展和检测市场需求,于 2013 年上半年成立技术项目组,对超高清系统、超高清电视的关键技术进行研究,包括系统、面板、接口等,并对超高清电视的测量进行研究,提出光学显示性能测量方法的一些想法。

1. 超高清晰度系统

超高清晰度系统主要包括超高清信号制作、发送、接收和显示部分。ITU-R BT. 2020 规定了 UHDTV 图像空间特性、图像时间特性、系统色度参数、信号格式和数字表示。

UHDTV 的图像宽高比为 16:9,像素数分为 2 种,一种是 4K 系统,即 3 840×2 160,一种是 8K 系统,即 7 680×4 320,像素宽高比为 1:1 的方形像素,目前产业较为成熟的是 4K 系统。

帧频包括 120 Hz、60 Hz、59.94 Hz、50 Hz、30 Hz、29.97 Hz、25 Hz、24 Hz 和 23.98 Hz。随着超高清画面视角的加大,人类视觉系统的临界闪烁频率(Critical Flicker Frequencies,

CFF)也随之提高,因此需要提高帧频,减少人们在观看 UHDTV 节目时画面的闪烁次数。另外,当系统的视场变大时,物体速度(角度/秒)通常会变快。例如,当保持拍摄角度不变时,HDTV 屏幕上的物体会比 SDTV 屏幕上的物体运动得更快,而保持类型显示器(如 LCD)会有运动感知模糊的问题,这就需要在某一帧频上,在闪烁和运动感知模糊之间做出折中,目前好的方式就是提高系统帧率。

UHDTV 扫描方式采用逐行扫描方式。HDTV 等电视系统都采用隔行扫描,一是为了与之前模拟电视系统的扫描方式相兼容,二是为了降低传送码率。但隔行扫描中的反交错技术不能真正实现完整画面,而现有的视频编码技术(如 HEVC 等)的效率很高,不需再使用隔行技术来降低带宽。目前,很多电视显示器在显示画面时,都会将接收到的场图像先合并成帧图像,再采用 MEMC(运动估计和运动补偿)等技术将帧图像内插,形成高达 120 帧/秒,甚至更高帧频的图像序列,因此再在电视前端输出场信号意义不大。

UHDTV 还将系统的 R、G、B 三基色色度坐标选到可见光谱色的轨迹上,色域覆盖率较 HDTV 系统的有所增加,如图 10.5.1 所示。

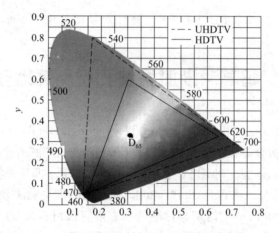

图 10.5.1　UHDTV 和 HDTV 的色域对比

UHDTV 的宽色域的要求决定了图像信号的编码格式,更多的编码位数使得色度数值更为精确,连续色度值之间的色差更小,最终达到人眼不可察的程度。因而,UHDTV 系统采用 10 bit 或 12 bit 两种编码格式。

目前,超高清晰度摄像机已经投入使用,可以拍摄 4K 图像。3 840×2 160/30 Hz 的 4K 电视节目的原始码率达到 6 Gbit/s,3 840×2 160/60 Hz 的 4K 图像的原始码率达到 12 Gbit/s。采用 H.264 压缩至 100 Mbit/s 后观看效果良好,但要保证基本观看效果,码率要达到 50 Mbit/s。目前主流的编码方式采用 H.264 编码,但要完美呈现超高清效果,并在有限的广播信道中传输,需要采用更高效的视频压缩方案。ITU 于 2012 年 8 月正式批准通过了 HEVC/H.265 标准,标准全称为高效视频编码(High Efficiency Video Coding),编码效率较 H.264 提高了一倍,可将 3 840×2 160/60 Hz 的 4K 图像的码率压缩至 40 Mbit/s 以下。H.265 的推广可从根本上解决 4K 图像的信源问题,并使广播应用成为可能。我国自有知识产权的 AVS 标准也开始研究超高清图像的编码,以适应未来数字电视广播。

2. 超高清晰度电视

超高清电视要实现超高清显示,必须具备超高清信号接收、超高清信号处理和超高清面板等基本要素。

固有分辨力达到 3 840×2 160 的液晶面板为超高清(4K)面板。不同企业生产的面板主要分为 VA 屏(软屏)和 IPS 屏(硬屏)两大类。因为超高清显示主要用于大屏幕显示,而且固有分辨力较高,所以面板尺寸主要集中在 55 英寸(1 英寸=2.54 cm)和 65 英寸,其他尺寸包括 39 英寸、50 英寸、58 英寸、60 英寸、84 英寸和 85 英寸。

显示屏的一个关键技术是驱动接口,其传输速率和刷新率直接影响显示效果。目前,常用的驱动接口有两种:一种是传统的 LVDS 接口;一种是 V-by-One 接口。LVDS 是一种低压差分信号技术接口,LVDS 支持的最高数据传输速率为每对 1.05 Gbit/s,而 V-by-One 的最高数据传输速度为每对 3.75 Gbit/s,支持刷新频率 240 Hz、色彩 12 bit。如果采用 LVDS 处理 30 bit 色彩(每个色彩为 10 bit)、240 Hz 的数据,将需要 96 根(48 对)LVDS 信号线。所以越来越多的显示屏采用 V-by-One 接口作为驱动接口。

目前超高清电视主要采用 HDMI1.4a 和 USB3.0 接口。HDMI1.4a 最大视频带宽为 340 MHz,最大视频速率为 8.16 Gbit/s,HDMI 1.4a 支持超高清的非压缩格式,包括 3 840×2 160p@24 Hz/25 Hz/30 Hz,也就是说目前通过 HDMI 接口传输的超高清图像格式只支持到 30 Hz。HDMI 2.0 版本可支持更快的传输速度,每路速率可达到 6 Gbit/s,支持色彩深度为 30 bit/36 bit/48 bit,可传递 3 840×2 160@120 Hz 视频信号。

除了采用 HDMI 接口外,还可采用 USB 接口,目前较多采用的是 USB 3.0 版本。通过 USB 接口可以传输解码 H.264 的 4K 图像。USB 3.0 接口的最大速率为 4.8 Gbit/s,理论上可以支持 3 840×2 160@24 Hz 格式的视频信号。

芯片是超高清电视实现真正超高清画质显示的重要器件。芯片主要完成图像解码、图像上变换和图像显示等功能。目前超高清电视基本采用双芯片的处理模式,一个芯片负责图像处理,另一个芯片负责运动补偿。

如采用 HDMI 1.4a 接口,最大帧频只支持到 30 Hz,而人眼感知画面抖动的最低频率是 50 Hz,也就是说,对于帧频低于 50 Hz 的画面,人眼可感觉到明显的画面抖动。要改善这一现象,需要将帧频上变换至 60 Hz 或 120 Hz 后再显示。帧频上的变换需要使用运动补偿芯片来实现,与传统平板电视的倍频功能类似,在两帧图像之间加插一帧运动补偿帧,将帧频提升。

图像处理芯片除了完成图像解码功能外,还可以实现图像格式上变换,将 1 920×1 080 格式的图像通过运算、估计,上变换至 3 840×2 160 后进行显示。上变换技术有主芯片内置和外挂处理芯片两种实现方式。

目前,4K 芯片方案已经基本成熟,使超高清电视实现真正的超高清显示成为可能。主流的芯片企业包括 MTK、MSTAR、REALTEK 等,国内企业也在致力于 4K 芯片的开发。

超高清电视要处理 4K 画面,数据率较高,而且目前大多电视都具备智能功能,所以电视还需要基本的运行配置,以支持超高清图像数据处理。运行配置主要是指对 CPU、GPU 有一定的要求。CPU 和 GPU 至少应为多核高性能。目前较多采用的是双核 CPU、双核 GPU,而 GPU 的显存等效频率和显存位宽也很重要,例如,显存等效频率采用 1 800 MHz 或 1 600 MHz,显存位宽采用 32 bit 或 64 bit。

10.6　立体显示技术

3D 显示技术也称为立体显示技术。一百多年前,法国物理学家李普曼在世界上首次提出物象可以用立体的形式展现出来。随着科技的发展,先后出现了种类繁多、各具特色的 3D 显示技术。

10.6.1 立体电视技术原理

立体电视又称为三维电视(3D TV),准确的术语应该是 Stereoscopies Television,它与现行电视的主要区别是,现行电视只传送一个平面的信息,而立体电视传送的是物体的深度信息、立体电视与立体电影的原理大体相同,它是利用人眼的立体视觉特性来产生立体图像的。立体电视显示的图像如图 10.6.1 所示。

图 10.6.1　立体电视显示的图像

人眼的立体视觉特性是立体电视与立体电影的共同基础。人类在观看周围世界时,不仅能看到物体的宽度和高度,而且能知道它们的深度,能判断物体之间或观看者与物体之间的距离。这种三维视觉特性产生的主要原因是:人们双目同时观看物体时,两只眼睛视轴存在间距(约 65 mm),左眼和右眼在看一定距离物体时,所接收到的视觉图像是不同的,如图 10.6.2 所示。大脑通过眼球的运动、调整,综合左右眼两幅图像的信息,产生立体感。在单用左眼和右眼观看物体时所产生的图像移位感觉就叫作视差。理论分析可知,在没有任何工具的情况下,人眼可看到立体物体的最远距离不超过 1 km。

要产生立体图像信息必须采用立体摄像机。立体摄像机具有两个镜头和两个摄像器件,用来代替人的两只眼睛摄取图像,两个镜头之间的距离及其光轴之间的夹角和距离必须模仿人两个眼球的动作,随着拍摄物体的距离变化不断进行调整,以使拍摄的两个图像的视差与人眼直接观看的视差相同。立体摄像机输出的左右两个图像信号需用两个通路传送到显像端,一般不能简单地用一个频道传送一套立体电视节目,必须采取频带压缩或码率压缩等方法才能用普通电视频道传送立体电视节目。立体电视的显像端必须分别显示左右两个图像,并确保左眼只能看见左眼图像,右眼只能看见右眼图像。

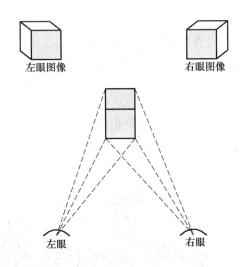

图 10.6.2 左、右眼看一立体物体产生的视差

10.6.2 立体电视显示的实现方式

1. 第一类眼镜式立体电视

第一类立体电视利用人的两眼的视差特性来实现立体电视,其方式主要有色分法、光分法、时分法和全息电视法等。方式虽然各异,但其基本出发点相同,而且做法大体相似:在发送端用两台摄像机,模拟人的左、右两眼进行摄像,产生一对视差图像信号,将信号编码成一路信号进行传送,接收端将其解码成两路信号,在屏幕上同时显示两幅图像,由人的两眼分别观看,从而获得立体感。

(1) 色分法

色分法又叫补色法,在接收机荧屏上用互补的两种颜色分别显示供左、右两眼观看的图像。例如,送到左眼的图像只有品红色图像,送到右眼的图像只有绿色图像,人们观看时要戴有色眼镜,使左眼只能看见品红色图像,右眼只能看见绿色图像,然后在大脑中融合成一个彩色立体图像。用这类色分法传送立体电视图像信号时,可以在一个电视频道内传送一套立体电视节目。

图 10.6.3 互补的两种颜色眼镜

（2）光分法

光分法将用于左、右两眼观看的图像分别用偏振方向正交的两个偏振光投射到人眼,观看时人们需戴上一副通透过偏振光的眼镜,使两眼分别看到各自所需的图像。显示器可用两个显像管组成,在每个荧光屏前加一块只能透过一个方向偏振光的极化板,两个荧光屏的夹角为 90°,它们发出的偏振光通过与两个荧光屏都成 45°角的半反射镜投射到观看者的眼镜上,或者在两组电视投影管前分别加一块极化板,用互相垂直的偏振光向同一个屏幕上投射出左右两眼的图像,这是戴眼镜观看方法中图像质量最好的一种方法,但观看时不能歪头,如图 10.6.4 所示。

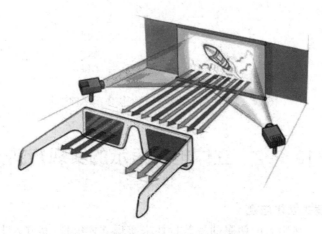

图 10.6.4　戴偏振光眼镜观看立体电视

（3）时分法

时分法以一定速度轮换地传送左右眼图像,显像端在一荧光屏上轮流显像左右图像。时分法 3D 技术的原理并不复杂,就是通过时分法快门式的 3D 眼镜轮流开关切换,分别控制进入左右两眼的画面,从而在观看者的大脑中形成 3D 立体感如图 10.6.5 所示。

图 10.6.5　时分法 3D 技术的原理

2. 第二类裸眼式立体电视

（1）柱状透镜式技术

在液晶显示屏前面加上一层柱状透镜,使液晶屏的像平面位于透镜焦平面上,因此每个柱状透镜下面的图像像素被分成几个子像素,这样就能以不同方向投影每个子像素。柱状透镜最大的优势在于柱状透镜不会阻挡背光,所以不会影响亮度。

这种 3D 显示器在显示屏前增加一个多透镜屏,用一排垂直排列的柱面透镜控制左右图像的射向,使右眼图像聚焦于观看者右眼,左眼图像聚焦于观看者左眼,从而让观看者在不同角度看到不同的影像,产生立体幻象。

目前厂商已经可以把透镜的截面做到微米级,使得条纹状立体图像更加精细。因此这种技术目前广泛用于高清晰的 3D 数字电视、3D 手机、3D 大屏幕显示等。

这种立体影像显示技术是在普通的液晶显示器后加上一层黑色和透明垂直条纹间隔排列成的图案层,相当于把 3D 眼镜放在显示器里,不过光栅层与液晶层之间的距离以及条纹的宽度必须相当精确,才能使得背光板的光透过该光栅之后,到达左眼的光线只经过奇数行的像素,到达右眼的光线只经过偶数行的像素。这种方法的局限是,观看者只有在某一确定位置才能欣赏到 3D 影像,当然如果采用棋盘式光栅,观看的范围和角度会更加自由,如图 10.6.6 所示。

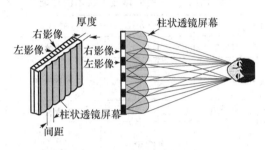

图 10.6.6　柱状透镜技术

（2）狭缝光栅式技术

在图 10.6.7 中,狭缝光栅式的显示器件被划分为一些竖条,一部分竖条用于显示左图像,而另一部分竖条用于显示右图像,左右相互间隔。而在显示器件的前方则有一些柱状的狭缝光栅。这些光栅的作用在于能够允许左眼看到左图像,并阻挡右眼看到左图像;同时,光栅允许右眼看到右图像,并阻挡左眼看到右图像。光栅式的优点很明显,观看者不需要配戴眼镜,而其缺点跟优点同样的明显。

- 观看者只能站在几个固定的角度才能出现立体效果。
- 现阶段的清晰度非常低。
- 工艺难度与成本都很高,尤其难以在大屏幕上实现。

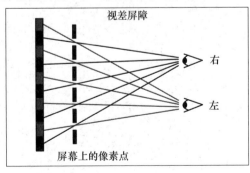

图 10.6.7　狭缝光栅式的显示原理

（3）全息法

全息法是一种采用全息摄像的三维立体电视技术，播放这种运用全息摄像技术制作的电视节目，一家人可以从各个角度看立体电视，甚至围成一个圈看电视。

全息技术是利用干涉和衍射原理记录并再现物体真实三维图像的技术。传统意义上的全息技术包含两步：第一步是利用干涉原理记录物体光波信息，这是拍摄过程，被摄物体在一部分激光辐照下形成漫射式的物光束，另一部分激光作为参考光束射到全息底片上，和物光束叠加产生干涉；第二步是利用衍射原理再现物体光波信息，这是成像过程，记录着干涉条纹的底片经过显影、定影等处理程序后，便成为一张全息图（或称全息照片），全息图的每一部分都记录了物体上各点的光信息，故原则上它的每一部分都能再现原物的整个图像，通过多次曝光还可以在同一张底片上记录多个不同的图像，而且能互不干扰地分别显示出来。

表 10.6.1 总结了一些立体显示技术的性能。

表 10.6.1　一些立体显示技术的性能

观看方式	采用技术		应用方式	成熟度	优缺点
眼镜式	主动快门式	时分法	3D 电视	★★★★	优点：3D 成像质量最好
	被动式	光分法	3D 影院	★★★★	优点：成像质量较好。 缺点：造价高
		波分法	3D 影院	★★★★	优点：成像质量较好
		色分法	初级 3D 影院和电视	★★★	优点：造价低廉。 缺点：3D 效果差，色彩丢失严重
裸眼式	狭缝光栅式技术		3D 电视机和显示器	★★	优点：不需配戴眼镜。 缺点：3D 效果差，难以实现大屏幕
	柱状透镜式技术		3D 电视机和显示器	★★	优点：不需配戴眼镜。 缺点：3D 效果差，难以实现大屏幕
	全息法			★	优点：从各个角度观看皆可。 缺点：技术不成熟

参 考 文 献

[1] Wu D，Hou Y，Zhu W，et al. On end-to-end architecture for transporting MPEG-4 video over the Internet[J]. IEEE Transactions on Circuits & Systems for Video Technology，2002，10(6)：923-941.

[2] Wu D，Hou Y T，Zhu W，et al. Streaming video over the Internet：approaches and directions[J]. IEEE Transactions on Circuits and Systems for Video Technology，2001，11(3)：282-300.

[3] Deggim H . The International Code for Ships Operating in Polar Waters (Polar Code)[M]//[S. l.]：Sustainable Shipping in a Changing Arctic，2018.

[4] Eizmendi I，Velez M，Gomez-Barquero D，et al. DVB-T2：The Second Generation of Terrestrial Digital Video Broadcasting System [J]. IEEE Transactions on Broadcasting，2014，60(2)：258-271.

[5] Stadelmeier L，D Schneider，Zollner J，et al. Channel Bonding for ATSC3.0[J]. IEEE Transactions on Broadcasting，2016，62(1)：1-9.

[6] 极化码.[E/OL]https：//blog. csdn. net/weixin_30293079/article/details/96222234. 2017.

[7] 余兆明. 数字电视和高清晰度电视[M]. 北京：人民邮电出版社，1997.

[8] 余兆明，李晓飞，陈来春. 数字电视设备及测量[M]. 北京：人民邮电出版社，2000.

[9] 余智，余兆明. 数字电视传输中的关键技术：第一讲 数字电视传输系统[J]. 中国多媒体视讯，2003(3)：.

[10] 查日勇，李栋，余兆明. 数字电视传输中的关键技术：第二讲 能量扩散技术(能量随机分析)[J]. 中国多媒体视讯，2003(4)：31-33.

[11] 王明伟，余兆明. 数字电视传输中的关键技术：第三讲 数据交织[J]. 中国多媒体视讯，2003(5)：22-25.

[12] 查日勇，余兆明. 数字电视传输中的关键技术：第四讲 旋转不变 QAM 星座的获得和 Offset-[J]. 中国多媒体视讯，2003(6)：27-29.

[13] 余智，余兆明. 数字电视传输中的关键技术：第五讲 数字调制技术[J]. 中国多媒体视讯，2003(7)：22-26.

[14] 余智，余兆明. 数字电视传输中的关键技术：第六讲 M-QAM 调制[J]. 中国多媒体视讯，2003(8)：28-32.

[15] 斯通贝克. 有线电视宽带 HFC 网络回传系统[M]. 北京：中央广播电视出版社，1999.

[16] 卢官明. 数字电视原理[M]. 北京：机械工业出版社，2009.

[17] 余兆明，李欣. 数字电视传输与组网技术[M]. 北京：科学出版社，2013.

［18］　余兆明,朱虎,余智. 移动数字电视技术[M]. 北京:人民邮电出版社,2016.

［19］　徐孟侠. 评中国地面数字电视广播传输标准[J]. 电视技术,2009(01):10-13.

［20］　GB20600-2006,中国数字电视地面广播传输 DTTBS 标准[S]. 北京:国家标准化管理委员,2006.

［21］　滑洪涛. 移动数字电视标准 ATSC-MPH 分析[J]. 电视技术,2011,35(8):28-34.

［22］　Vangelista L, Benvenuto N, Tomasin S,et al. Key technologies for next-generation terrestrial digital television standard DVB-T2 [J]. IEEE Communications Magazine,2009,47(10):146-153.

［23］　Takada M,Saito M. Transmission system for ISDB-T[J]. Proceedings of the IEEE,2006,94(1):251-256.

［24］　Xiang S K, Huang Q J, Jiang G Q, et al. The digital video conversion interface system of ITU-R BT. 656 based on FPGA [J]. Electronic Measurement Technology,2009,56(3):159-166.

［25］　Lachian M, Gomez-Barquero D. Bit-interleaved coded modulation (BICM) for ATSC 3.0[J]. IEEE Transactions on Broadcasting,2016, 62(1):181-188.